国家“十二五”重点图书
船舶与海洋出版工程

中国海洋工程年鉴

（2015版）

中国船舶信息中心
中国海洋工程网
编

上海交通大學出版社

内容提要

本书是国内首部全面反映我国海洋工程行业发展的史料文献，详实记载我国2014年度海洋工程行业领域的行业政策规划、海洋油气产业、海洋工程产业、海洋工程装备分类、主要海洋工程装备制造和科研设计企业、重大项目完工及国际合作交流等整体发展状况。

读者对象：国内外海洋工程装备制造企业、各大造船厂、中海油系统、海洋工程施工企业、海洋工程设计院所、船舶与海洋工程类高校等国内海工相关企业中的工程技术人员、高级管理者、经营者、科研工作者及行业主管部门的决策者。

图书在版编目（CIP）数据

中国海洋工程年鉴：2015版 / 中国船舶信息中心，中国海洋工程网编．—上海：
上海交通大学出版社，2015
ISBN 978-7-313-13792-0

Ⅰ. ①中… Ⅱ. ①中… ②中… Ⅲ. ①海洋工程—中国—2015—年鉴 Ⅳ. ① P75-54

中国版本图书馆 CIP 数据核字（2015）第 225524 号

中国海洋工程年鉴（2015版）

编　　者：中国船舶信息中心
　　　　　中国海洋工程网
出版发行：上海交通大学出版社
地　　址：上海市番禺路951号
邮政编码：200030
电　　话：021-64071208
出 版 人：韩建民
印　　制：上海普顺印刷包装有限公司宝山分公司
经　　销：全国新华书店
开　　本：889mm × 1194mm 1/16
印　　张：16.75
字　　数：442千字
插　　页：30
版　　次：2015年10月第1版
印　　次：2015年10月第1次印刷
书　　号：ISBN 978-7-313-13792-0/P
定　　价：500.00元

中国海洋工程年鉴编辑委员会

朱　恺　中国船级社副总裁

叶银灿　国家海洋局第二海洋研究所总工程师

陈　刚　中国船舶及海洋工程设计研究院副院长

胡劲涛　上海船舶研究设计院院长

安斌峰　中国船舶重工集团公司第七一四研究所副所长

刘　楠　上海佳豪船舶工程设计股份有限公司董事长

刘生法　广州船舶及海洋工程设计研究院副院长

童小川　上海船舶设备研究所所长

顾长石　上海船舶工艺研究所副所长

袁鹏斌　海隆石油工业集团总工程师

颜东升　中国船舶重工集团公司第七二三研究所检测中心主任

胡　震　中国船舶重工集团第七〇二研究所研究员

孟　梅　哈尔滨工程大学教授

崔维成　上海海洋大学深渊科学与技术研究中心主任

吴雄斌　武汉大学电子信息学院教授

刘平礼　西南石油大学副教授

李海森　哈尔滨工程大学教授

李少香　青岛科技大学环境与安全工程学院副院长

刘顺安　吉林大学机械科学与工程学院教授

毕卫红　燕山大学信息学院教授

桂洪斌　哈尔滨工业大学（威海）船舶与海洋工程学院副院长

王军成　山东省科学院学术委员会主任

杜林秀　东北大学轧制技术及连轧自动化国家重点实验室教授

张　苓　北京中天油石油天然气科技有限公司总经理

孙贵林　江苏亨通高压电缆有限公司总经理

陈少忠　江阴中南重工股份有限公司董事长

李东林　株洲南车时代电气股份有限公司执行董事兼总经理

马延德　大连船舶重工集团设计研究所有限公司总经理
宋士林　国家海洋局北海海洋技术保障中心总工程师
李茂林　长沙矿冶研究院有限责任公司副总经理
辛湘杰　中油新星纳米工程技术有限公司董事长
韩浩平　江苏神龙海洋工程有限公司工程管理部经理
时　振　上海时振焊接技术有限公司总经理
徐林业　武汉港迪电气有限公司副总裁
胡道平　洛帝牢紧固系统（上海）有限公司中国区总经理
赵淑洲　广东敬海律师事务所高级合伙人
段裘佳　广州鸿海海洋专用设备有限公司董事总经理
周东荣　交通运输部上海打捞局工程船队总经理
曲　杰　中海油能源发展装备技术有限公司海管技术服务中心总工程师
唐立志　中国石油天然气管道局第六工程公司总工程师
孟庆义　河北恒安泰油管有限公司董事长
范卫民　太原重工股份有限公司董事总经理

委　　员（以下排名不分先后）

张晓灵　中海油（天津）管道工程技术有限公司总工程师
刘锦昆　胜利油田胜利勘察设计研究院有限公司首席技术官
文世鹏　中石化胜利油田海洋采油厂副厂长
田海庆　中石化胜利石油管理局钻井院海洋研究所所长
金　余　上海船厂船舶有限公司副总经理
温剑波　重庆齿轮箱有限责任公司董事长、总经理
汤　敏　武汉船用机械有限责任公司副总经理
罗为民　中国船舶重工国际贸易有限公司副总经理
蔡连财　中远航运股份有限公司技术总经理
奚崇德　上海佳豪船舶工程设计股份有限公司副总工程师

施　炜　中远船务工程集团有限公司海工经营部总经理

朱晓环　海洋石油工程股份有限公司科技信息部总经理

罗　超　海洋石油工程股份有限公司科技信息部高级主管

李东亮　中国海洋石油总公司集团采办部战略采办处高级主管

李　想　中海油服钻井事业部高级队长

薛　萍　中国电子科技集团公司第二十三研究所研究员

胡安康　中集船舶海洋工程设计研究院有限公司总经理

庄建国　中船第九设计研究院工程有限公司副总经理

王　伟　渤海船舶重工有限责任公司副总工程师

叶天源　重庆前卫海洋石油工程设备有限责任公司副总工程师

白　勇　杭州欧佩亚海洋工程有限公司总裁

戚　涛　上海利策科技股份有限公司董事长

吴敏华　中国船级社实业公司总经理

李红涛　中国船级社天津分社副主任

江华涛　法国船级社海洋工程部总经理

张　戟　中港疏浚有限公司总工程师

佘　良　广东粤新海洋工程装备股份有限公司总工程师

何冠中　上海三航奔腾建设工程有限公司总工程师

唐立志　中国石油天然气管道局第六工程公司总工程师

李　泽　江苏龙源振华海洋工程有限公司总经理

王世明　上海海洋大学工程学院院长

王宏志　大连海事大学油液检测中心主任

邓　露　湖南大学教授

周世良　重庆交通大学河海学院副院长

姚立纲　福州大学机械工程及自动化学院院长

王　林　江苏科技大学土木工程与建筑学院常务副院长

张永康　东南大学教授

封面图片来源

图 1　渤海船舶重工有限责任公司

图 2　杭州国海海洋工程勘测设计研究院

图 3　SMD 时代艾森迪智能装备有限公司

中国海洋工程年鉴编辑出版工作人员

地　　址： 北京市朝阳区科荟路 55 号院（邮编：100012）
上海市城银路 555 弄绿地领海 13 号楼 9F（邮编：200444）

编 辑 部： 电话 010–53255318　021–36586025

发 行 部： 电话 021–36586023　传真 021–66740223

E–mail： offshore601@163.com

www.csic.org.cn　www.chinaoffshore.com.cn

编辑说明

在“提高海洋资源开发能力，发展海洋经济，保护海洋生态环境，坚决维护国家海洋权益，建设海洋强国”的号召下，中国的海洋工程产业迎来了战略性的巨大发展机遇。因为要提高海洋资源开发能力，发展海洋经济，保护海洋生态环境，维护国家海洋权益，建设海洋强国，最根本的就是要依靠海洋工程产业技术装备的高端发展和应用，要依赖过硬的技术装备，尤其是深海装备技术研发与应用。

在海洋油气装备建造的国际市场格局方面，近年来中国整个产业链企业奋起直追，不断挑战、冲击韩国、新加坡和欧美占据优势地位的领域，令世界刮目相看。在海洋工程产业链中设计、研发、建造、配套、材料、总成、总包和服务的多方面深入发展，开始逐步向高端市场进军。中国许多船厂和海洋工程企业纷纷以欧美的技术质量、中国的成本价格和世界级的性价比这样一个简单明了的发展定位，逐步确立和增强国际竞争力。

另一方面，世界海洋工程界也同样深切地感受来自中国海洋工程行业发展的机会。基于中国在海洋工程行业的井喷式发展，越来越多的国际公司纷纷与中国公司广泛合作，在中国建点布局，视全球海洋工程建造转移中国的发展趋势为黄金机遇。

2015 版《中国海洋工程年鉴》详实记载我国 2014–2015 海洋工程行业领域的行业政策规划、海洋油气产业、海洋工程产业、海洋工程装备分类、主要海洋工程产业聚集区、主要海洋工程装备制造和科研设计企业、重大项目完工及国际合作交流等整体发展状况。《年鉴》汇总国内海洋工程技术和装备的制造商和供应商，创建一个海洋工程装备制造商与油气终端用户的交流平台，发挥合力，辅助开发、试制、设计、建造、运营等相关企业协力抢抓历史机遇、强化品牌意识、拓展市场空间，推广优质产品、业绩和成功经验，重点展示和推荐给相关政府部门、海洋油气公司、船东、投资机构、施工单位、国际知名海洋工程承包商及国内外海洋工程建设项目招标机构，为我国海洋工程事业发展助力。

2015 版《中国海洋工程年鉴》编辑工作由中国海洋工程年鉴编辑委员会、中国船舶信息中心和中国海洋工程网共同负责，在编辑过程中广泛征求了国家相关部委、主管部门、行业协会、工程学会、生产企业等各界领导、专家、学者的意见和建议。在此向关心和支持年鉴编辑工作的行业同仁一并表示感谢！

本年鉴收录的文字、数据、图表等信息量多，对书中存在的疏漏和错误，恳请读者给予指正。我们力争使之成为一部具有权威性、史料性、参考性的连续性出版物。

中国海洋工程年鉴编辑委员会

二〇一五年八月

目　录

第六章 2014主要省市海洋工程装备产业发展情况

第七章 2014中国海洋工程装备主要建造企业发展情况

第八章 2014中国主要海洋工程装备研发设计单位发展情况

第九章　2014中国海洋工程装备产业主要政策

第十章　国际合作与交流

第十一章 2014-2015 年全球海洋工程装备产业数据

第十二章 2014年中国海洋工程发展大事记

图表索引

青岛杰瑞自动化有限公司

船舶行业纳入中国北斗产业化应用联盟单位

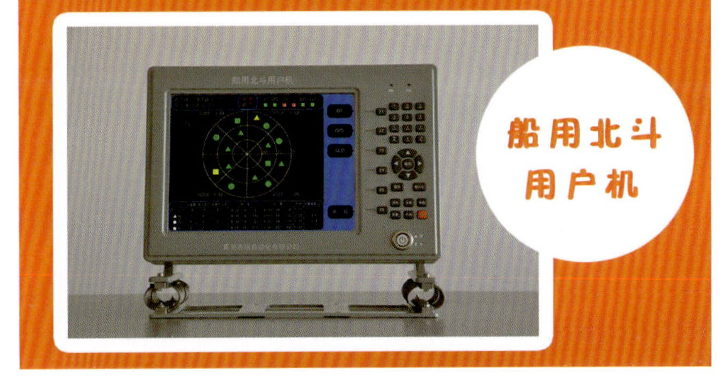

青岛杰瑞自动化有限公司是中国船舶重工股份有限公司的全资子公司，是一个以军为本，军民结合，集科研、生产、经营、科技交流与服务为一体的综合性高新技术企业，主要从事卫星定位定向、通信导航、能源装备、工业智能控制装备等方面的研究、开发、生产、服务及系统集成业务。

公司前身是中国船舶重工集团公司第七一六研究所青岛自动化部（对外名称：青岛自动化研究所），是青岛市重点引进的大院大所之一。公司是"中国卫星导航定位协会"理事单位，是被正式纳入"中国北斗产业化应用联盟"单位，是"中国太阳能光热工程联盟"成员单位。

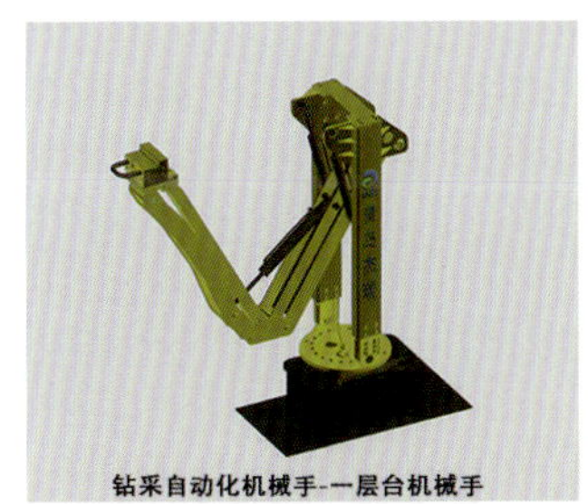
钻采自动化机械手-一层台机械手

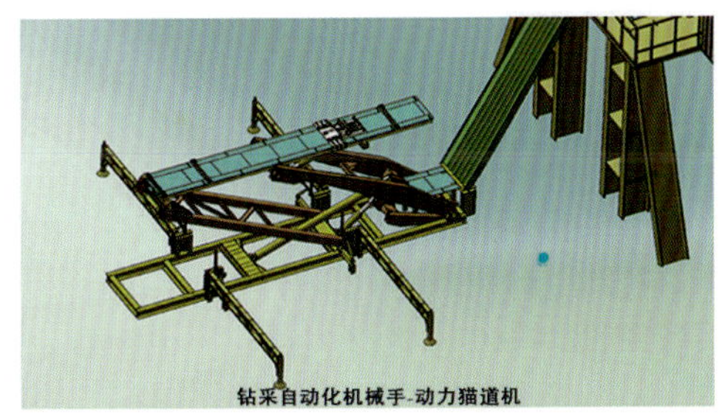
钻采自动化机械手-动力猫道机

嵌入式北斗单兵应急搜救示位标

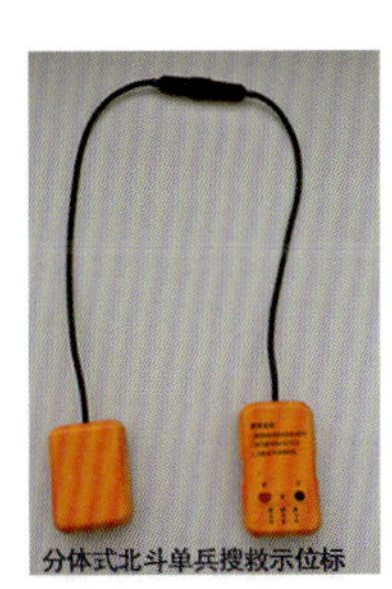
分体式北斗单兵搜救示位标

地址：山东省青岛市深圳路21号　　邮编：266061

电话：0532-58820827　　传真：0532-58820800

EIDE MARINE SERVICES
EIDE INTERVENTION 1

EIDE MARINE SERVICES
EIDE INTERVENTION 2

CSIC
渤船重工

创新超越
兴船报国

CSIC

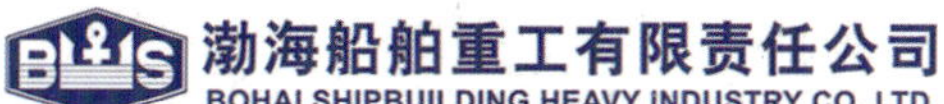

渤海船舶重工有限责任公司
BOHAI SHIPBUILDING HEAVY INDUSTRY CO.,LTD.

SGOT海上溢油应急收油技术应用领域

适用于海上钻井平台、江河湖滩原油开采点、海岸码头油品储运站及江河湖海原油运输船等原油泄漏应急处理，也可适用于水面蓝藻的收集处理。

SGOT海上溢油应急收油技术参数

- 封闭水域作业额定收油能力：n×100m³/h
- 开敞水域单机作业额定清油速度：1km²/h（配合船舶、围油栏）
- 开敞水域单船作业额定清油速度：3km²/h（配合船舶、围油栏）
- 收油功效>200
- 浮油回收率>85%
- 回收油含水率<1%
- 外排水含油<30mg/L
- 单位面积油膜残留比<万分之一
- 油膜厚度：所有
- 油粘度：所有
- 作业海况：3级
- 作业环境温度：≧－16℃（渤海湾最低温度）

SGOT海上溢油应急收油技术特点

- 收油速度快；
- 适用于各种厚度油层回收，尤其是薄油层回收；
- 适用于各种粘度油品回收；
- 也可收集海面垃圾，收油作业不会因海面垃圾堵塞停机；
- 油水分离装置小巧高效，收集液分离后可达外输油标准，大大降低应急抢险运输压力；
- 有一定的随波性和抗风浪性能，能满足海洋作业要求；
- 对大面积溢油有区域固定控制能力。

SGOT海上溢油应急收油技术发展经历

- 2010年5月，公司向英国石油公司提供的漏斗型控油罩技术成功应用于墨西哥湾漏油事故处理；
- 2010年7月，SGOT海上收油器成功应用于大连金州的漏油事故处理；
- 2011年11月，中国海上搜救中心组织交通部科技司、海事局、救捞局、水运局、环保中心和中石油安全环保及海上应急指挥中心、中石化安全环保局、中海油质量和健康安全环保部九家单位的代表专家参加了SGOT海上应急收油系统现场作业演示，演示取得圆满成功；
- 2012年6月，中国航海学会组织召开了“SGOT下沉式旋流场海上溢油回收装置”项目科技成果鉴定会，与会专家通过了该项目“总体技术达到国际先进水平，在下沉式旋流技术应用方面处于国际领先水平”的鉴定意见；
- 2012年，SGOT海上应急收油系统荣获“国家重点新产品证书”；
- 2011年5月，《人民日报》刊登了《巧收海上漏油》一文，对我司海上收油事迹进行了报道；2013年8月，《人民日报》刊登了《百倍速度回收溢油污染》一文，介绍我司关于海上应急收油系统的创新技术；
- 2014年3月，公司作为东南亚唯一一个环保企业代表参加东盟地区论坛海上溢油区域合作研讨会“AFR Seminar on the Regional Cooperation on Offshore Oil Spill”，董事长张苓在会上做了“海上溢油应急管理与防控措施”的演讲，介绍了SGOT下沉式旋流收油技术，赢得了各国政府的高度评价和关注；
- 2014年12月，SGOT海上应急收油设备被列入工业和信息化部、科技部、环境保护部三大部委联合发布的《国家鼓励发展的重大环保技术装备目录（2014年版）》推广类第七项106。

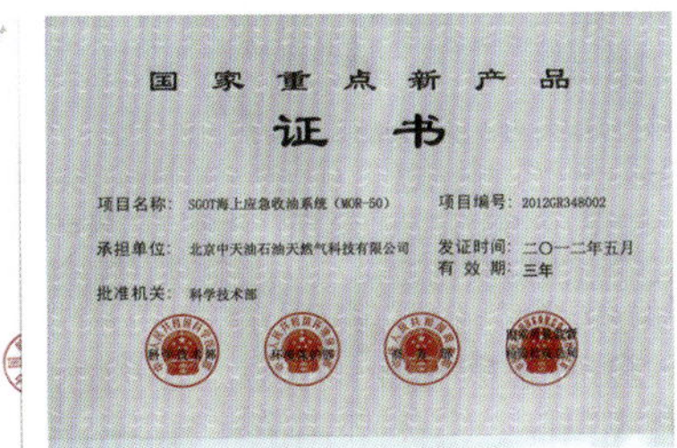

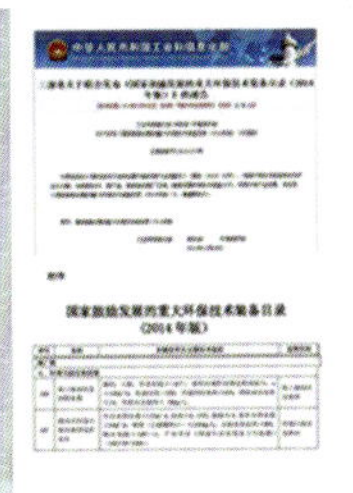

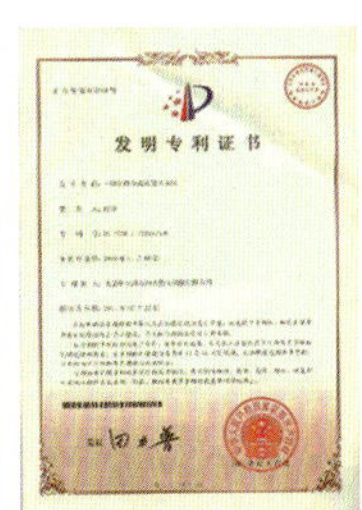

地址：北京市朝阳区东四环中路82号金长安C座2110室　电话：010-65188928/2891　传真：010-65182891-800
网址：www.sgotnet.com.cn　邮箱：zhongtianyou@sgotnet.com.cn

检测中心认可的部分检测标准及依据:

- 《电工电子产品基本环境试验规程》GB/T2423系列
- 《军用装备实验室环境试验方法》GJB150A
- 《电子产品环境应力筛选方法》GJB1032
- 《可靠性鉴定和验收试验》GJB899A
- 《可靠性增长试验》GJB1407
- 《军用设备和分系统电磁发射和敏感度要求》GJB151A
- 《军用设备和分系统电磁发射和敏感度测量》GJB152A
- 《航天系统电磁兼容性要求》GJB3590
- 《舰船电磁兼容性要求》HJB34A
- 《电磁兼容 试验和测量技术》GB T 17626系列
- 《无线电骚扰和抗扰度测量设备和测量方法规范》GB/T 6113系列
- 《电磁屏蔽室屏蔽效能的测试方法》GB/T12190
- 《家用电器、电动工具和类似器具的电磁兼容要求》GB 4343
- 《工业、科学和医疗(ISM)射频设备 电磁骚扰特性 限值和测量方法》GB 4824
- 《信息技术设备的无线电骚扰限值和测量方法》GB 9254
- 《轨道交通 电磁兼容》GB/T 24338
- 《核仪器环境条件与试验方法》GB/T8993-1998
- 《船级社电气电子产品型式认可试验指南》GD01-2006
- 《军用方舱通用试验方法》GJB2093
- 《海上导航和无线电通信设备和系统—船载雷达—性能要求、测试方法和要求的测试结果》IEC62388
- 《航行和无线电通信设备及系统—通用要求—试验方法和试验结果要求》IEC60945
- 《航行和无线电通信设备及系统—电子海图显示和信息系统—操作性能要求—试验方法和试验结果要求》IEC61174
- 半导体分立器件试验方法GJB128A
- 电子及电气元件试验方法GJB360B
- 微电子器件试验方法和程序GJB548B
- 微波元器件性能测试方法GJB2650

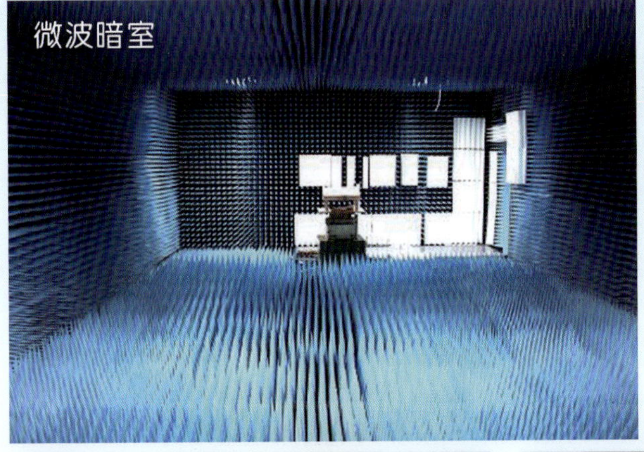
微波暗室

摇摆试验台

罗经安全距离测试

轻量级冲击设备

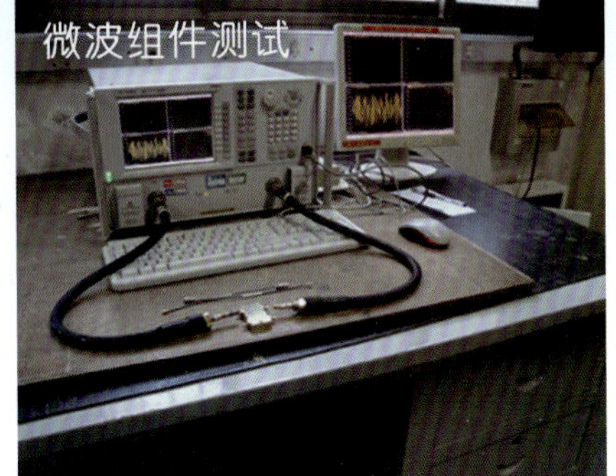
微波组件测试

为我国水下作业技术提供了强有力的支持与保障

海上油气田安防系统，远程AUV，水下机械手、潜水控制仪等水下作业装备，海底管线专用巡检机器人等专用检测装备以及水下声纳、水下电视等水下探测与观测设备，多项技术水平达到国际领先水平。

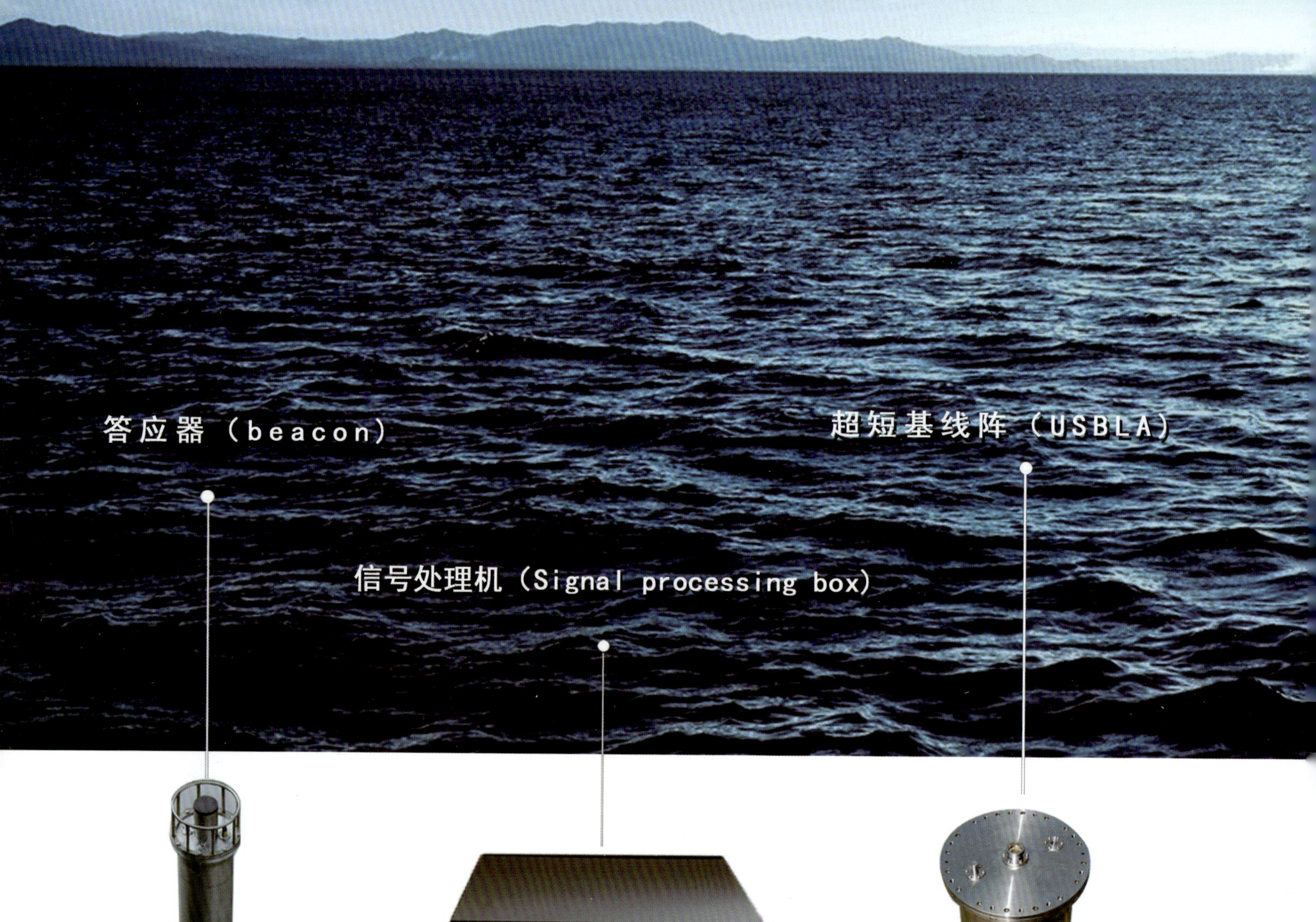

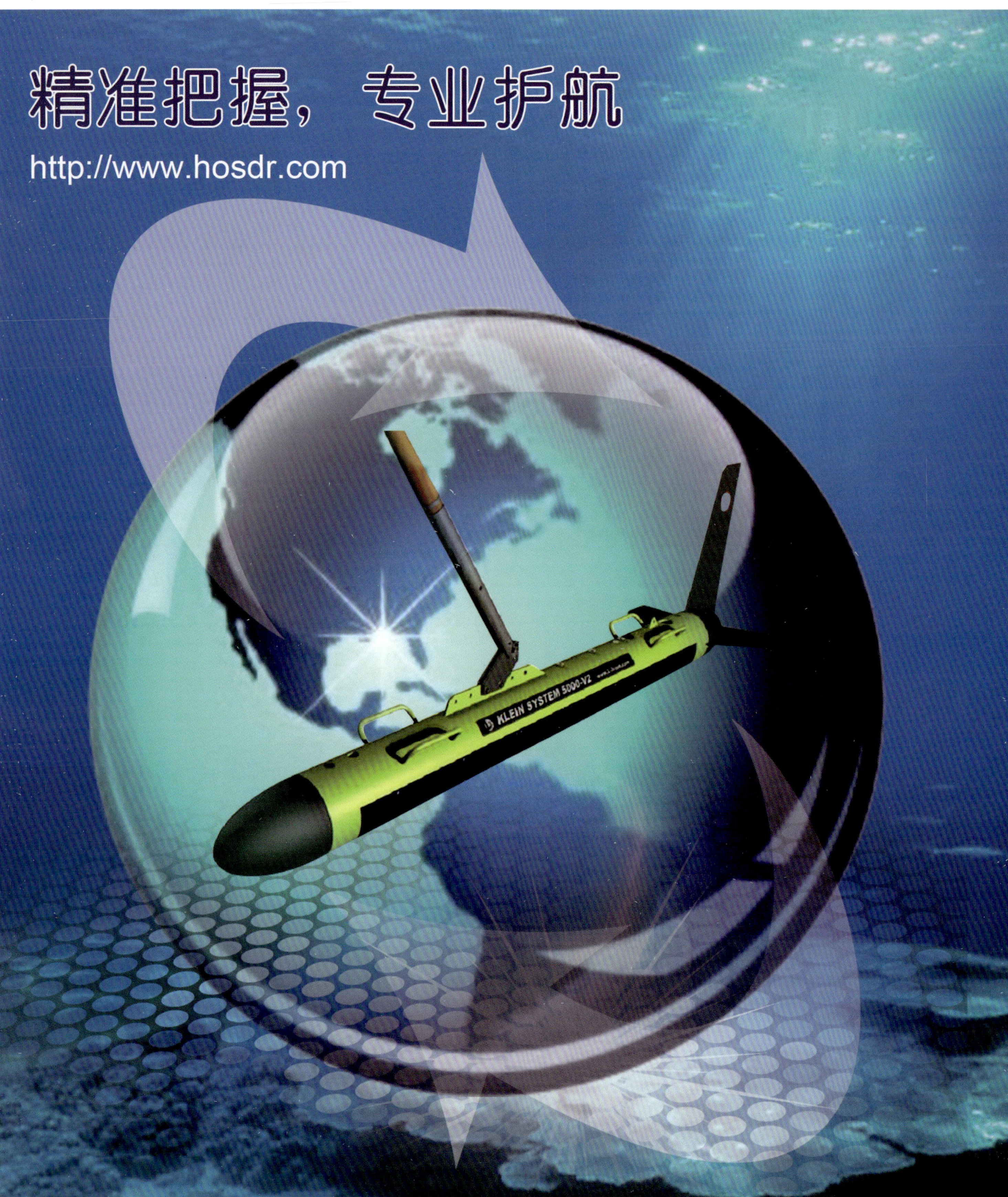
精准把握，专业护航
http://www.hosdr.com
KLEIN SYSTEM 5000-V2

2008奥帆赛场10米大型资料浮标

海洋环境监测浮标系列

我所研制的海洋资料浮标系统的技术水平处于国内领先地位，目前由我所研制制造并业务化运行的10米大型海洋资料浮标、6米浮标、3米浮标、2.6米浮标、波浪浮标、漂流浮标、北极浮标各类浮标共计170多个，主要分布在渤海、黄海、东海、南海等海区，用户面向国家海洋局、中国气象局、中国科学院、地方港务局，为我国海洋预报、气象预报、海洋工程建设提供实时观测数据。其中10米大型浮标2009年获得“国家自主创新产品”证书，2008年奥运会、2010年亚运会等赛事水上项目赛场环境的实时数据的提供均来自此类型浮标。

山东省科学院海洋仪器仪表研究所

山东省科学院海洋仪器仪表研究所始建于1966年，主要从事海洋环境监测领域的基础研究、应用基础研究、关键共性技术研究及相关成果转化；开展国内外科技合作交流；建设海洋监测科技创新平台，面向社会提供公益服务；承担相关专业研究生培养任务。

研究所现有编制442人，从事海洋监测设备研究的技术人员300余人，其中高级研究人员人120余人；享受国务院政府特贴科技人员7名，外专千人计划专家1人，泰山学者专家4人，1人获国家“政府友谊奖”，三人获“齐鲁友谊奖”。拥有山东省有突出贡献的中青年专家及青岛市专业技术拔尖人才10余名。设有山东省科学院博士后工作站分站。

以我所为依托，建有国家海洋监测设备工程技术研究中心、国家海洋仪器装备国际联合研究中心、国家海洋监测设备产业技术创新战略联盟和国家海洋高技术领域成果产业化基地4个国家级创新平台， 山东省海洋监测仪器装备技术重点实验室和山东省特种焊接技术重点实验室2个省级重点实验室。通过了质量管理体系认证、国家认监委的海洋计量认证，取得了制造计量器具许可证。

2.6米泡沫浮标

2008奥帆赛场3米监测浮标

3米泡沫浮标

极区海气耦合观测浮标

SBF3-2型波浪浮标

一体式6米海洋环境监测浮标

为"蛟龙号"检测

为美国福特公司提供检测

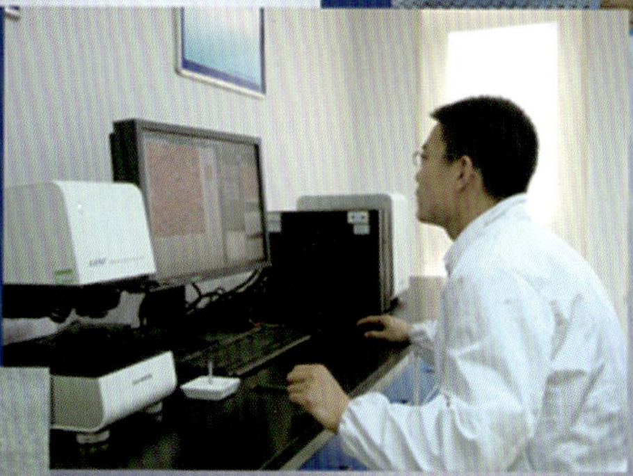

制动器试验场景

OLYMPUS三维金相显微镜

自主研发的带摄像头的安全帽和手电

试验台

100T电动葫芦试验台

国家桥门式起重机械产品质量监督检验中心
江苏省特种设备安全监督检验研究院无锡分院
NATIONAL CENTER OF SUPERVISION AND INSPECTION ON PREODUCT QUALITY OF OVERHEAD GANTRY CRANE MACHINERY

国家桥门式起重机械产品质量监督检验中心坐落在美丽的太湖之滨、全国宜居城市——江苏无锡，隶属江苏省特种设备安全监督检验研究院，2011年3月由国家质量监督检疫相关部门批准建成。占地2.3万m²（35亩），净资产近2.5亿，拥有2000多台（套）先进检验仪器装备，价值近6000万元，其中60%以上为进口设备。拥有科研办公及试验面积共3万m²，目前内设机械结构试验室、制动器试验室、电动葫芦试验室、制动电机试验室、电机能效试验室、超载限制器试验室、高度限位器试验室、材料理化及金相实验室、无损检测实验室、钢丝绳及吊具试验室、起重机安全监控系统试验室、新技术及标准开发研究室等多个专业技术科室，拥有职工近280人，其中研究员级高级工程师4人。高级工程师53人、博士及博士后6人、硕士69人，高级检验师证5张、美国ASME检验师证4张（ASME主任检验师证1张）、检验师证162张、三级无损检测证12张、CWI证2张、国家特种设备评审员证32张，是中国特检院、法国BV、英国劳氏授权的合作检验机构。中心目前开展各类起重机及其部件、零件的型式试验、委托检验，开展起重运输与工程机械的深度检验检测及产品性能试验，开展新产品开发设计、体系认证咨询等业务，是授权的电动机能效标识能效检测实验室，并拥有擦窗机、高空作业吊篮等相关行业诸多产品的CNAS检验资质。

实验室

安全保护装置电器实验室

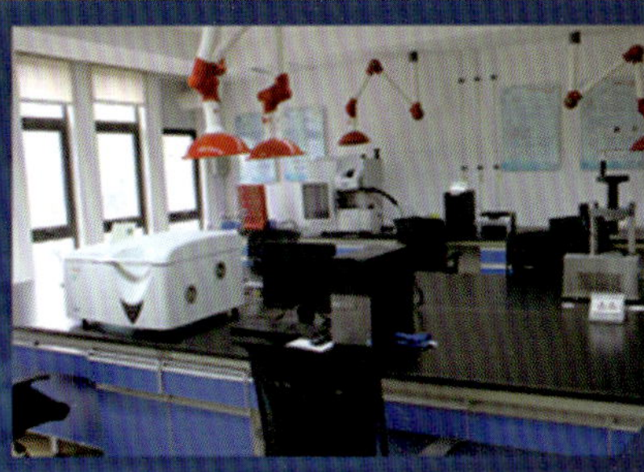
材料分析实验室

300T卧式静载试验台

大扭矩安全制动装置动态试验台

大型港机防风抗滑装置动态试验台

中小型电机性能试验台

地址：江苏省无锡市惠山经济开发区堰新路330号　　邮编：214174
电话：0510-83252918　　传真：0510-83252910
http://www.ncsic.org

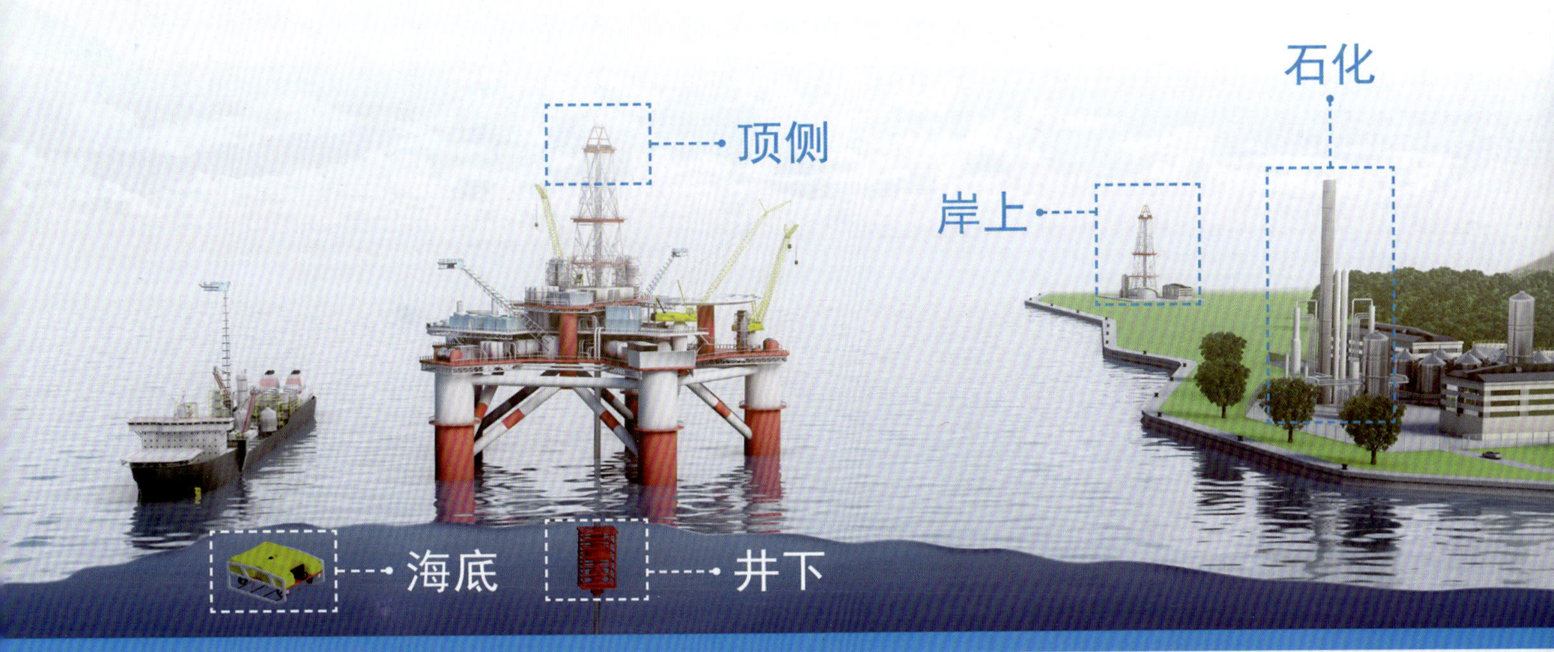

NORD-LOCK®

洛帝牢楔形制锁方案

洛帝牢楔形制锁技术利用张力来锁紧受到极端振动的螺栓连接。该紧固系统由一对垫片组成，一边为凸轮，反面为放射状齿，形成一个楔形效应并防止螺栓旋转松动。楔形制锁产品包括了洛帝牢防松垫圈、车轮螺母、组合式螺栓以及客户定制方案。

优势:

- 能达到和保持精确的预紧力。
- 只需标准工具即可快速安装与拆卸。
- 使用润滑能提升锁紧功能。
- 耐腐蚀性强。
- 可重复使用。

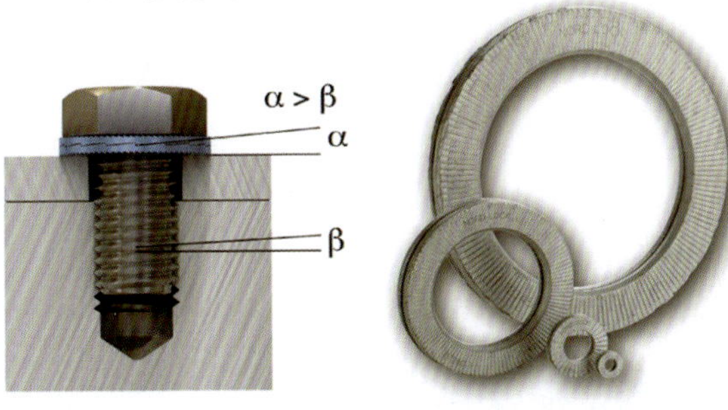

SUPERBOLT™

超级螺栓多顶推预紧器

超级螺栓多顶推预紧器旨在消除不安全的和费时的螺栓连接方法。多顶推预紧器取代或改装现有的螺母和螺栓，且只需手动或气动工具即可安装和拆卸。超级螺栓产品包括了螺母型和螺栓型预紧器、弹性伸缩螺母、预先设计方案和特殊定制产品。

优势:

- 直接替代六角螺母，盖形螺母和螺栓。
- 只需手动工具来安装和拆卸。
- 与液压拉伸方式相比是个更加安全的连接方法。
- 适合安装在空间受限的地方。

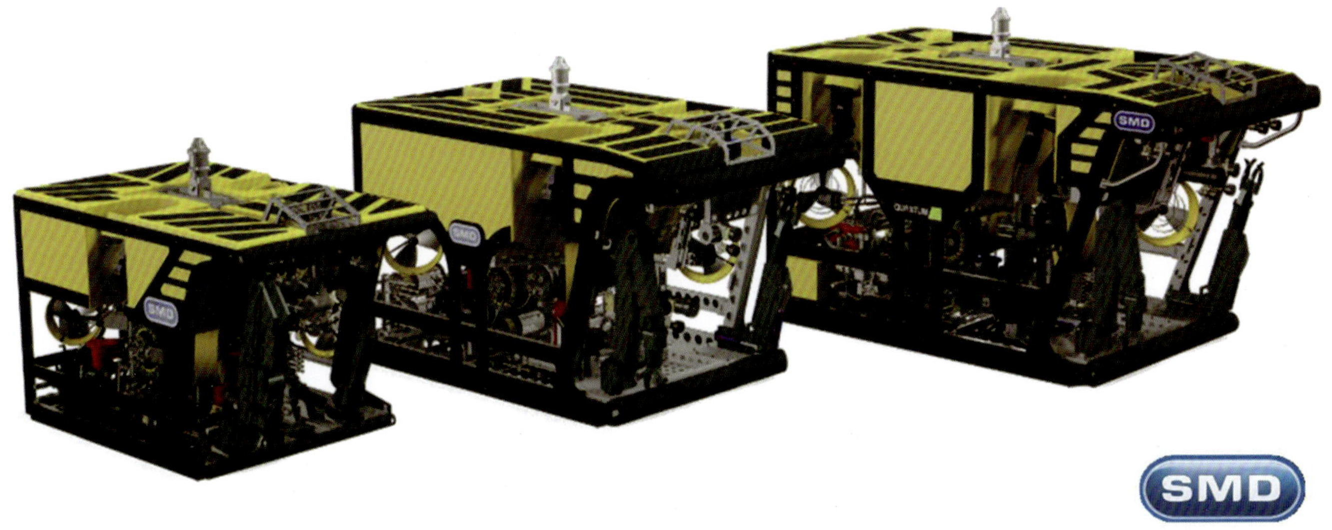

轻型工作级ROV － Atom

功率：100HP

重量：2T

工作载荷：150KG

框架负重：1.5T

产品应用：该款机器人适用于钻井服务、勘探和轻型施工作业，可在空间有限的甲板上进行装配，便于操作与维护。

中型工作级ROV － Quasar

功率：150HP

重量：3.5T

工作载荷：250KG

框架负重：3T

产品应用：该款机器人具有可增配设备、仪器的空间，便于维护，是一款集勘探、施工建设和钻井服务作业功能于一身的全能型业界领先设备。

重型工作级ROV － Quantum

功率：200-250HP

重量：5T

工作载荷：350KG

框架负重：4T

产品应用：该款机器人适用于重型施工作业。预留增加设备、仪器的空间大，适用于进行大功率深水作业，是海底施工和勘察的最佳装备。

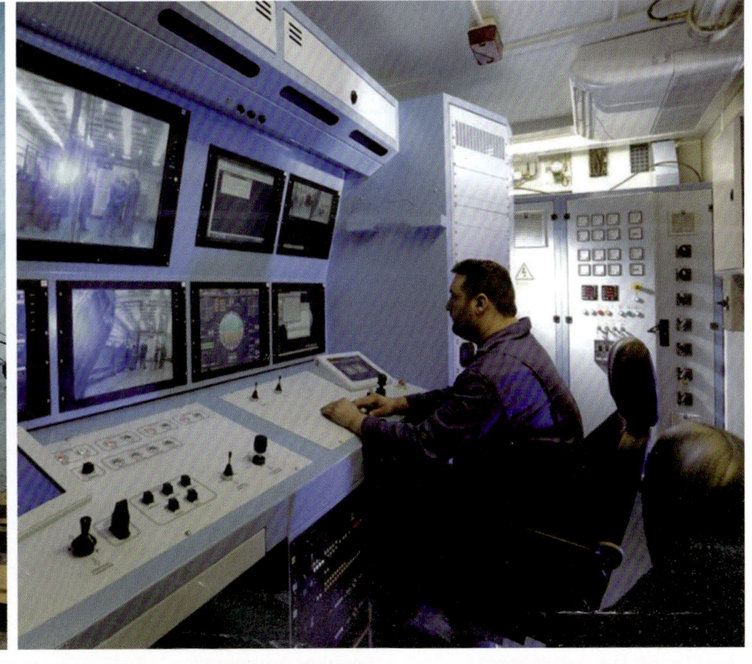

CODEC

HTGD

UGLAND

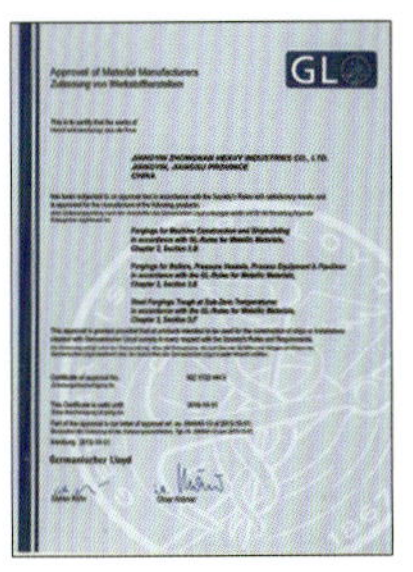

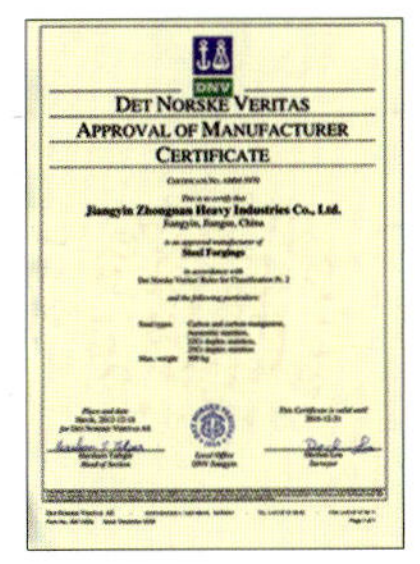

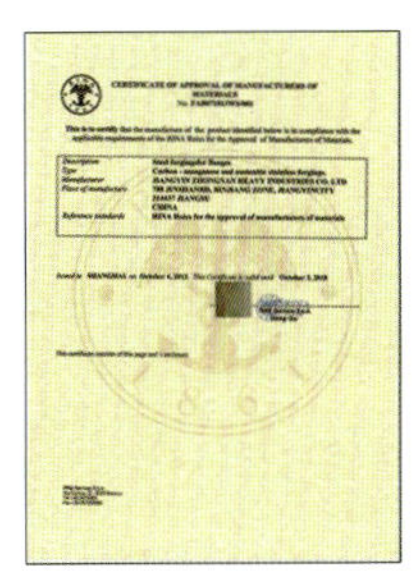

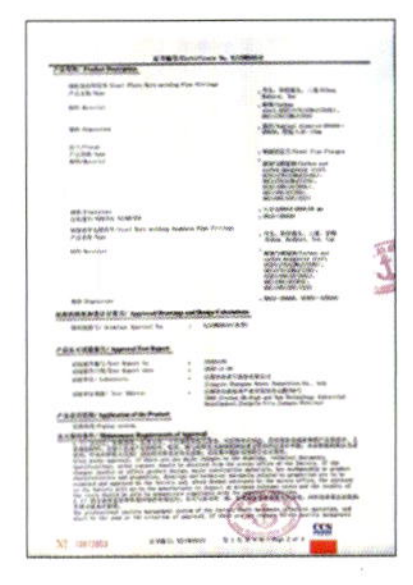

江阴中南重工股份有限公司

目前公司着重于新兴产业涉及包括海洋工程及核电产品。产品已经应用于多个海洋工程项目，如：**烟台莱福士海洋工程有限公司**的Beacon Pacific 半潜式钻井平台、North Dragon 半潜式钻井平台（GM4-D1、2、3）、COSLProspector半潜式钻井平台（H256）、Super M2 FnG Design JAck Up 400尺自升式钻井平台(H1283\1284\1285)、D90半潜式钻井平台(H1278)、JU2000E自升式钻井平台(H267)；**大连中远船务工程有限公司**的半潜式可移动海洋平台、FPSO钻井平台；**中远船务(启东)海洋工程有限公司**的圆筒型钻井平台、自升式钻井平台和半潜式海洋石油平台、FPSO；**上海外高桥造船有限公司**的375尺 CJ46 JACKUP 自升试钻井平台、400尺 JU2000E JACKUP 自升试钻井平台、半潜式钻井平台石油918 ；**中船澄西船舶（广州）有限公司**的VLCC改装成FPSO船名为伊利亚贝拉，萨卡丽玛，玛丽卡；**上海船厂船舶有限公司**的S6030 - 33 3000英尺钻井船、S6034 -35 钻井驳、S8003 S8008 12缆物探船、S8002 多缆物探船；**大连船舶重工集团海洋工程有限公司**的海洋石油982钻井平台；**广州广船国际股份有限公司**的5000英尺海洋钻井平台；**上海振华重工(集团)股份有限公司**的300尺自升式钻井平台（ZP10-1585）、400尺自升式钻井平台（ZP12-1856、ZP14-2125、ZP14-2126）、自升式风电安装船（ZP14-2200)等。

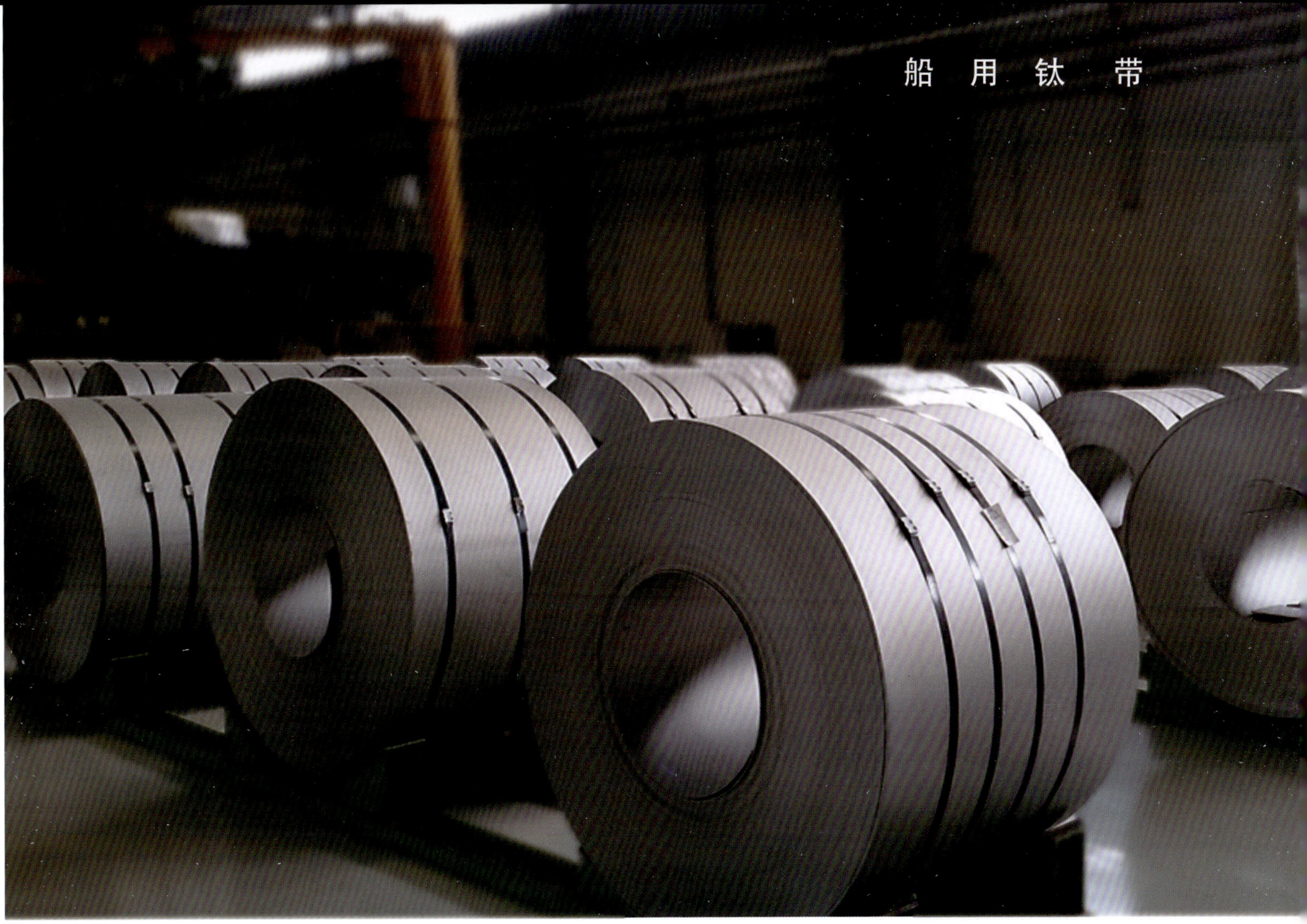

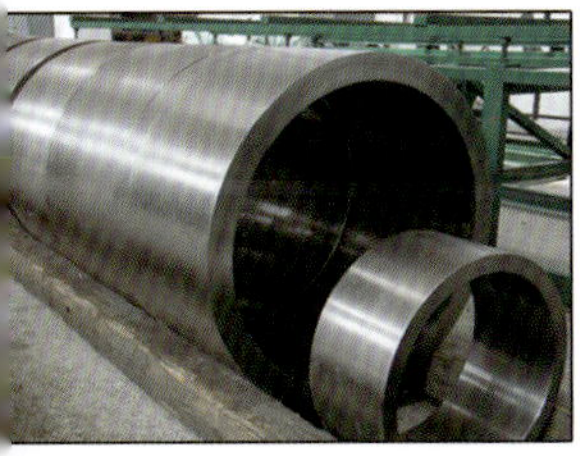

船用钛合金环材

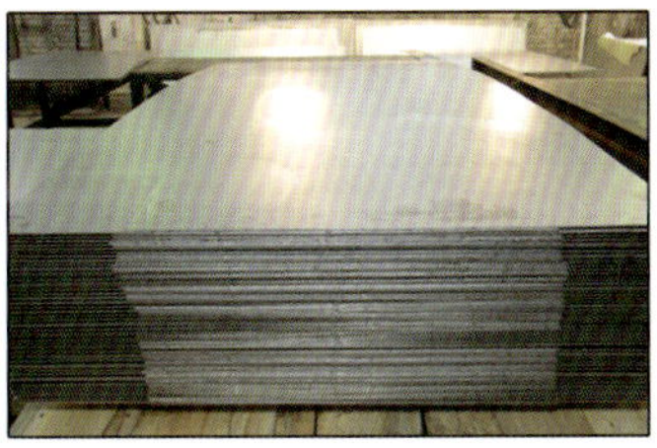

船用钛合金管材

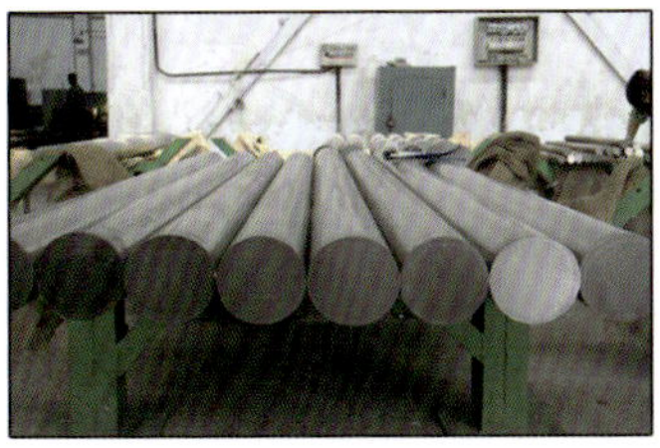

船用钛合金棒材

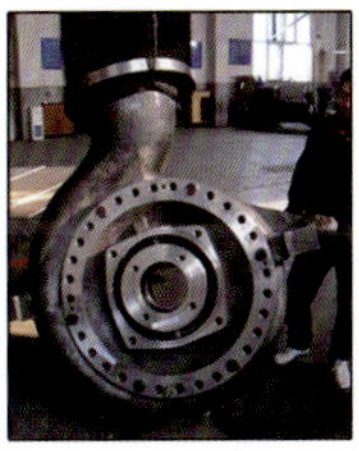

船用钛合金泵阀

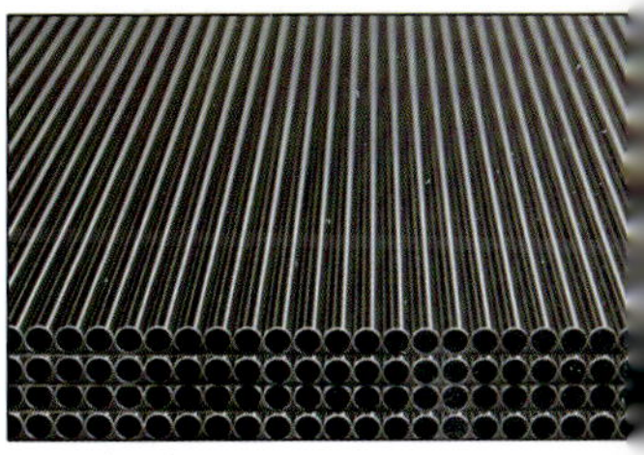

船用钛合金管材

吉林大学移动平台探测技术研发中心

团队负责人黄大年教授充分利用团队形成的能力，承担国家亿元级投入对地探测装备重大项目。

首先，结合国家 “深部探测技术与实验研究专项”（ 简称 SinoProbe ），组织主要来自于中国科学院和高校系统的国家高层次优秀科研人员近五百多人，形成跨学科和跨部门联合攻关的大团队，开展国家大型探测仪器装备项目的立项工作，国家财政总投入约3.3亿元，启动SinoProbe后续第九项目“深部探测关键仪器装备研制与实验”，研发大型地学信息处理解释一体化软件系统，解决地学海量数据的集成与管理；陆地大功率电磁勘探系统，突破数公里地下电性结构探测；无人机航磁探测系统，实现大面积高效率高精度对地探测任务；无缆自定位万道地震勘探系统，揭示深部构造和属性精细结构；万米超深科学钻探整机装备，直接获取和验证地下信息；仪器装备试验与示范基地，建设和完善高端装备研发、比对测试和相关规范化管理。团队主要负责研发“海量深探数据处理、解释、建模一体化”大型软件系统部分。着重攻关核心技术，扭转高端装备长期依赖进口和国外垄断局面，提升我国重型装备在深部探测和找矿中的技术水平。为下阶段更好地实施国家《地壳探测计划》，促进能源和矿产资源勘探开发，提供坚实基础和技术支撑。目前，SinoProbe-09总体进展顺利，成果显著，获得国内外同行和央视等大型媒体的极大关注和积极评价。

SinoProbe入选由两院院士评比的“2011年中国十大科技进展新闻”，并在2012年春晚科技频道节目公布；入选“2012年度中国地质科学院十大科技进展特别进展”；入选由国土部、科技部、教育部、中科院、国家自然基金委25位院士组成的评委会选出的“中国地质学会2013年度十大地质科技进展”。

此外，团队负责人作为首席专家和有关成员，负责策划、协调和组织高科技联合攻关团队，开展科技部863“十二五”主题项目，航空高精度探测仪器装备军民两用敏感技术研究。目前，该项目进入中期阶段，总体进展顺利，所设计的多个攻关方向均如期获得重大突破，填补了我国快速移动探测高灵敏度传感器的多项空白，迅速缩短与国际当前水平的差距。

团队还承担“ 国家矿藏保障工程 ”和“国家海洋能源资源保障工程”两个项目中的软件工程课题；承担“重载荷智能化物探专用无人直升机研制”课题；承担国防某探测装备技术课题，为海洋资源精确调查和国防安全提供技术支持。

近年来，团队参与了多项国家重大项目，从项目策划、立项到组织实施均获得到了锻炼和提高，积累了丰富的科研经验并在实战中迅速成长。这支年轻和精干的科研队伍，在组织形式、装备配备和人员训练方式上采用了东西方相结合的科学管理办法，在多项国际和国内大型科研成果汇报活动中频繁展示其全新的亮点，获得了同行的一致好评和认可。团队目前已经拥有国际高水平的专业人员、国际一流的科研基础设施和来自综合性大学的优势支撑环境、拥有与高端科研研发相适应的一整套科学管理方式，具备了承担高难度和高水平科研攻关的综合实力。在近期频繁的国际交流合作中，来自发达国家的同行也一致认为，该团队在快速移动平台联合探测软硬件研究方面，是最具有挑战力和发展潜力的国际高水平团队。

目前，该中心的科研建设和上升能力获得国内外同行高度关注和积极评价，2013年6月，入选国土资源部“第一批国土资源科技创新团队培育计划”，2014年入选中国侨界贡献奖创新团队，均为吉林大学唯一入选团队。

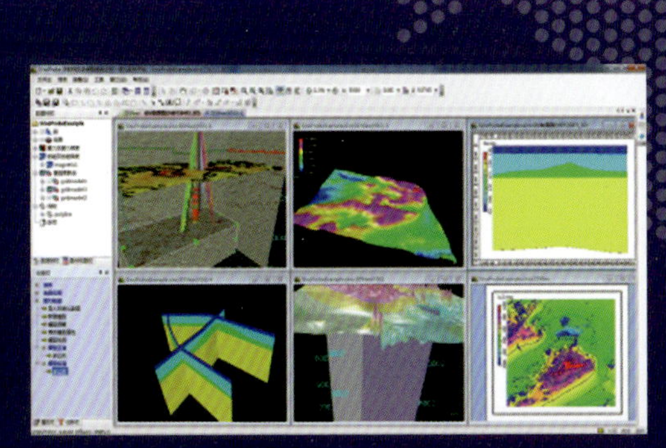

< 面向复杂地质目标的地学信息处理解释一体化软件平台

运算能力达40万亿次/秒的吉林大学 >
高性能计算中心

< 完善高端软件培训及资质认证

地址：长春市西民主大街 938 号 吉林大学移动平台探测技术研发中心　邮编：130021
电话：0431-88502425　传真：0431-88502425　邮箱：wangyuhan@jlu.edu.cn

吉林大学移动平台探测技术研发中心

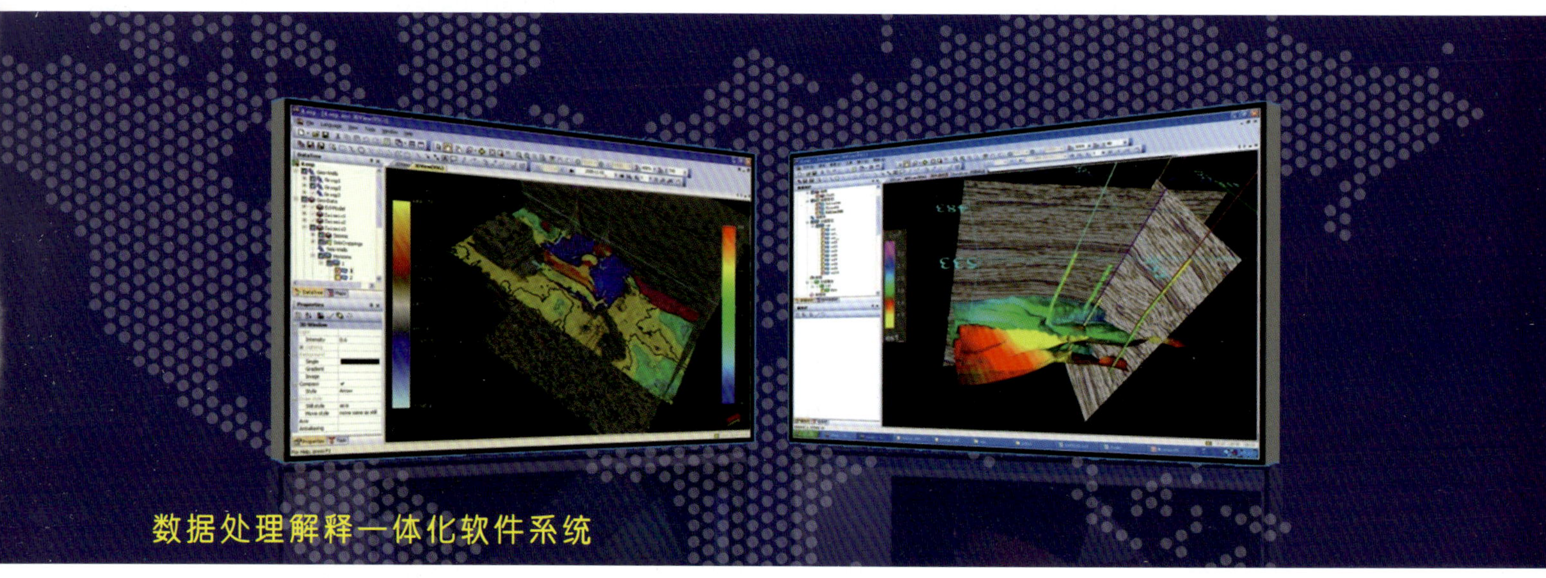

瞄准国际前沿研究技术方向，围绕国内油气和矿产资源勘探需求，发挥吉林大学综合性学科优势，发展对地探测尖端科学技术。为资源能源勘探和环境应用领域以及国防安全提供先进装备技术研发基础和支持。

——吉林大学移动平台探测技术研发中心

我国疆域幅员辽阔，蕴藏丰富矿产资源，为国民经济持续高速度发展提供了潜在资源储备。然而，在复杂陆地和海域环境条件下有效实施大面积资源勘探调查实现重大找矿突破目标，迫切需要一系列先进的科学探测技术手段形成有效的技术支撑。发展高效率、高精度（海、陆、空）快速移动平台联合探测装备技术，同时发展与此相关联的海量数据综合信息处理、解释和地质建模一体化所需的大型软件平台技术，可为实现这一目标提供的技术保障。

2010年10月，在国土资源部、科技部、教育部有关部门支持下，由吉林大学引进的“千人计划”国家特聘专家黄大年和殷长春教授牵头，联合校内其它相关学科优势科研力量，成立了“吉林大学移动平台探测技术研发中心”团队，主要由精干的年青教师和科研人员组成，配备有可与国际一流院校相媲美的科研环境和设备。旨在提高探测仪器和技术的自主研发能力，突破技术瓶颈。研发具有大深度、大面积和高效率的快速移动探测系统和综合地球物理资料处理和解释软件系统。

团队所研发的物探用无人机、高灵敏度传感器和大型软件系统三大内容均为对地探测的关键仪器装备，是国际前沿研究的热点技术，是展示国家高科技发展实力的战略性研究项目。团队取得的一系列阶段成果已经产生了积极社会效益，随着科研进展和攻关目标逐一实现，采用先进的快速移动探测技术将对军事探测工程和油气矿产资源探测工程带来变革性的推动作用，已成为行业内的共识和期待。

移动平台探测技术是一项将多学科探测手段和技术融为一体的高科技工程技术，发展适用于陆地车载、航空机载、飞艇搭载、水面船载和潜航综合地球物理探测的搭载平台和相关探测仪器系统；发展针对各类探测数据和移动平台参数特点以及计算机软件环境的高效率和高分辨率多参数海量数据处理解释方法和快速计算软件处理技术。

针对应用需求和技术研发要求，团队制定了增强培训计划，投入近百万元，由国际一流专家对人员进行封闭式高强度培训和国际资质认证，使之系统性掌握与先进探测技术相关的研发思路和技能。目前，团队从基础研究入手攻关核心技术，通过软硬件结合、交叉学科融合、跨部门联合途径，研发移动平台探测高端仪器装备，形成了承担大型科研项目的能力。其中，硬件研发方向：设计和研发新一代智能化无人机搭载平台，研发、引进和集成先进的机载探测传感器和相关设备，形成机载一体化高精度和高效率联合探测系统；软件研发方向：针对与此相配套的海量探测数据处理和多元信息分析需求，充分利用计算机科学发展的最新技术，在大型集群机和微型机硬件设备上研发大型软件分析平台技术，面向三维地质目标实现重、磁、电、震和井中探测多方法信息融合，减小勘探风险。

地址：长春市西民主大街 938 号 吉林大学移动平台探测技术研发中心　邮编：130021
电话：0431-88502425　传真：0431-88502425　邮箱：wangyuhan@jlu.edu.cn

山东交通学院

始建于1956年山东交通学院是以培养路、海、空、轨交通专业人才为主的普通高等本科院校，2011年学校成为“全国高校毕业生就业50强”典型经验高校。学校占地面积2200余亩，分为无影山校区、长清校区、威海校区3个校区办学。专业设置以工为主，以交通为特色，涵盖文、理、工、经、管、法、艺7大学科门类，拥有船舶与海洋工程等53个本科专业。

江苏海马通信科技有限公司

军民两用船舶灯光信号双语收发设备

公司主产品“船舶灯光信号双语收发设备”实现了用计算机代替人工收发灯语信号。极大地提高了识别准确率和通信速度，减轻了信号员的劳动强度。该设备既可收发传统的莫尔斯码，也可收发汉字码。并与人工灯语无缝对接。操作简便，易于掌握。不但可以完全替代现有的灯语设备，也可用以装备目前没有广泛使用灯语设备的渔船等海洋船舶，便于在应急情况下多一种相互联系的有效手段。

图1：灯光信号在国际航海中是通用的通信手段，但是灯光信号的发送和识别还是依靠人工

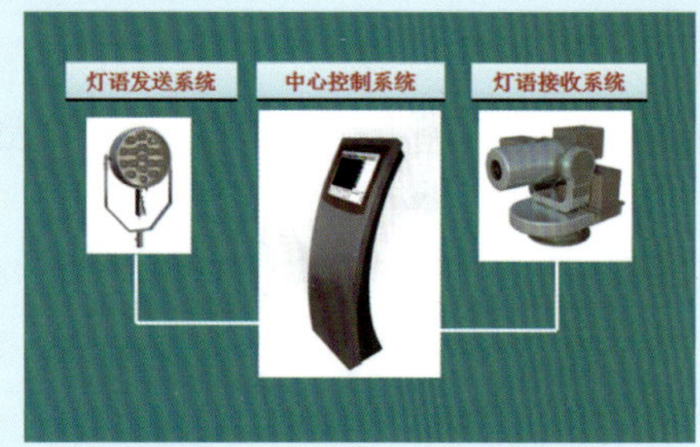

图2：船舶灯光信号双语收发设备，主要包括双语信号灯，双语接收设备和中心控制系统

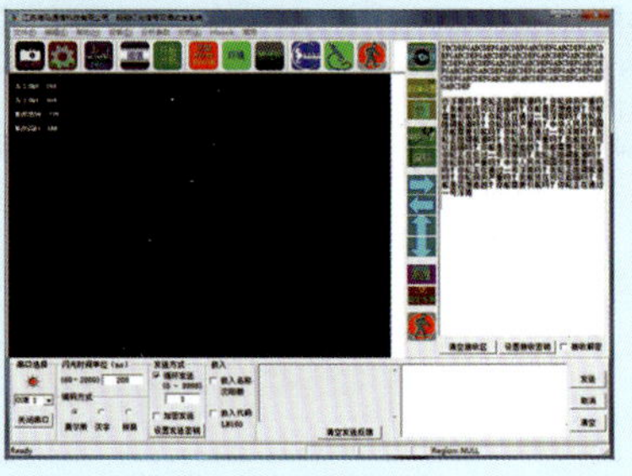

图3：中心控制系统的用户界面，显示收到的对方灯语信息，接受键盘输入并发送灯语信息

国家发明专利

船舶灯光信号的自动获取和识别系统专利号（201010259807.9）

一种能够实现双语快速收发的船舶灯光信号编码方式专利号（201410569654.6）

船舶用数字化灯光通信系统专利号（201510014715.7）

软件著作权

海马船舶灯光信号双语收发系统软件 v1.0，2014SR154799

本产品与人工灯语的比较

性能	人工灯语	本设备产品
通信内容	简单内容	任意复杂文字内容
准确性	误码率高	准确率99%以上
速度	每分若干莫尔斯码	最快每分180莫尔斯码/拼音字符，60汉字码
难易	两年培训才能熟练	经1小时就可熟练掌握使用
汉字通信	无	能使用汉字通信
信号个数	一个	可同时识别画面内10个以上信号
工作时间	不能连续工作	24小时无间断工作
即时编码	无	能够即时编码
保密	没有保密机制	可随时设定身份验证码和密码机制
抗干扰	受人为、气象因素影响，易被干扰	不受人为因素干扰，受气象因素的影响也大大降低
信号存储	无	随时存储接收、发送的信号，以备查询

地址：江苏南京雨花台区中国（南京）软件谷西春路1号创智大厦9层906室
邮编：210012
电话：025－86827206
传真：025－86827206
手机：18114016795
联系人：冯正永
邮箱：zfeng1999@163.com

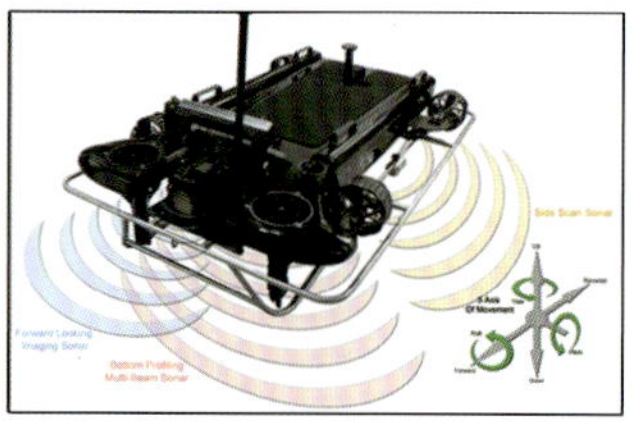

天津市华通机电设备工贸有限公司

TIANJIN CITY HUATONG ELECTROMECHANICAL EQUIPMENT INDUSTRY AND TRADE CO., LTD.

WWW.SUHT.COM.CN

公司产品有海洋工程船用电缆桥架,包括不锈钢,无铜铝,钢制热浸锌电缆桥架。规格包括:梯形,托盘。规格齐全,质量上乘,已形成系列产品。广泛应用于船舶制造和海洋工程。为客户提供包括现场勘察，项目规划、图纸设计、制作安装、现场指导等一系列服务

Products:including marine cable tray: stainless steel (316SS),copper-free aluminum, hot dip galvanized, fire-resistsntcable tray (including the Channel,tray,Ladder,Wire mesh type),Complete specifications,high-quality,has formed a series of proudcts. Marine switchgear and other distri-bution box for electric power and communications, is widely used in shipbuilding and marine engineering.Service; In-cluding On-site Investigation.Project Planning. Design drawings.Production installation.On-site Guidance and other a series of services for customers.

ABS船检证

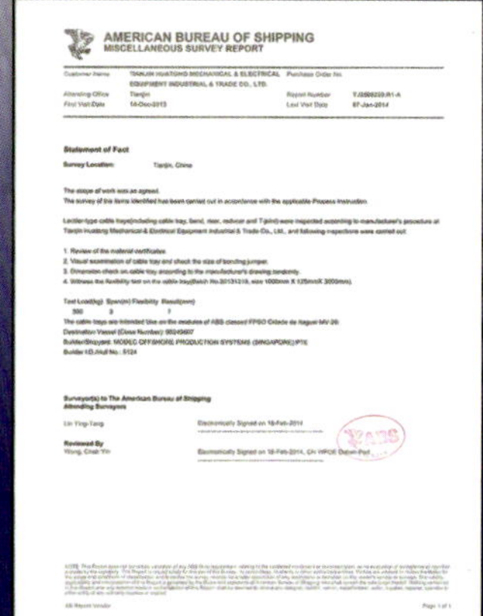
AMERICAN BUREAU OF SHIPPING
MISCELLANEOUS SURVEY REPORT

CCS船检证

中国船级社
CHINA CLASSIFICATION SOCIETY
工厂认可证书
CERTIFICATE OF WORKS APPROVAL

DNV船检证

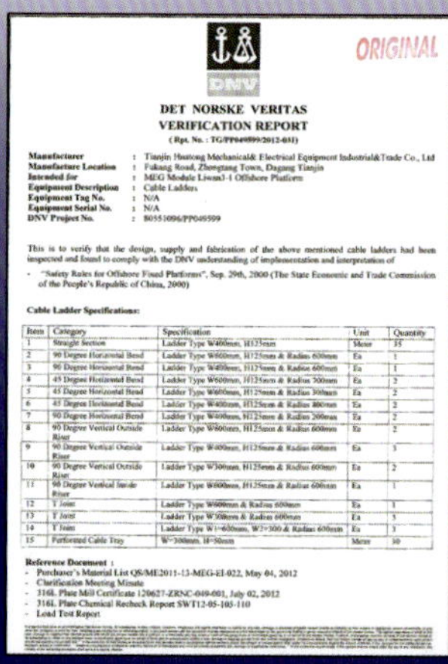
DET NORSKE VERITAS
VERIFICATION REPORT

BV船检证

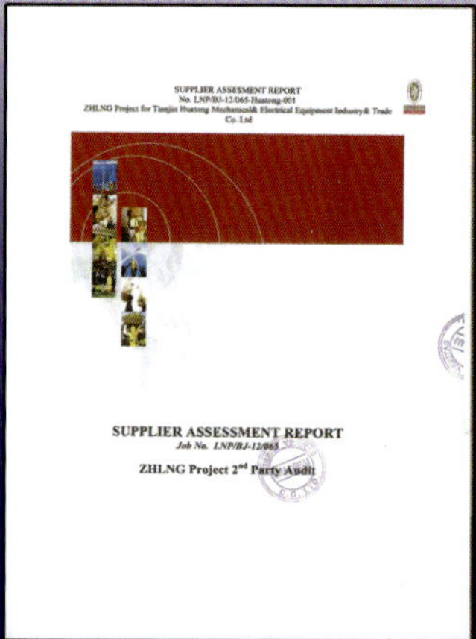
SUPPLIER ASSESSMENT REPORT

无铜铝合金四通

无铜铝合金梯形直通

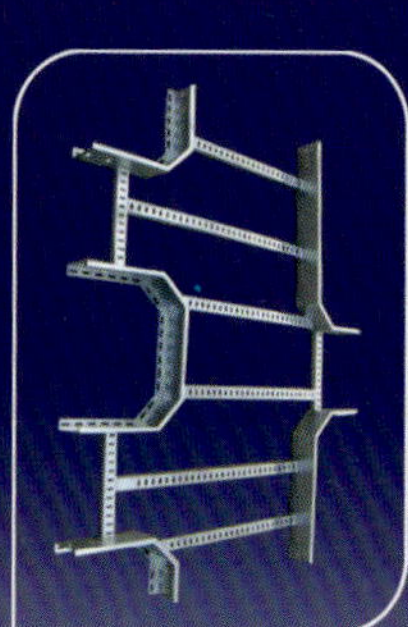
非标五通

无铜铝合金弯通

不锈钢(316SS)三通

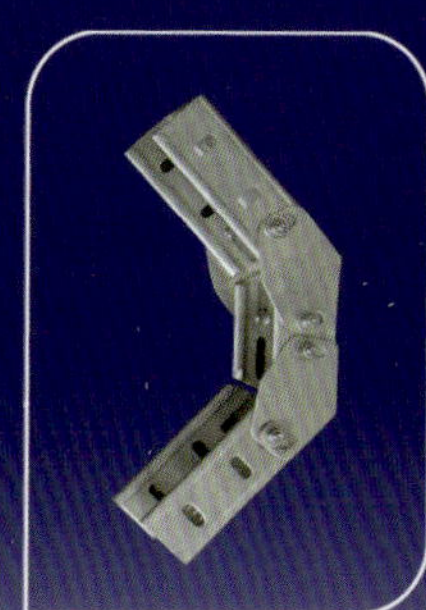
可调弯通

地址:天津市滨海新区大港中塘镇星火技术密集区福康路东侧8号　邮编:300270
电话:022-63275717　传真:022-63278250
手机:13820560886　联系人:苏金赏
手机:13920926777　联系人:苏文亮

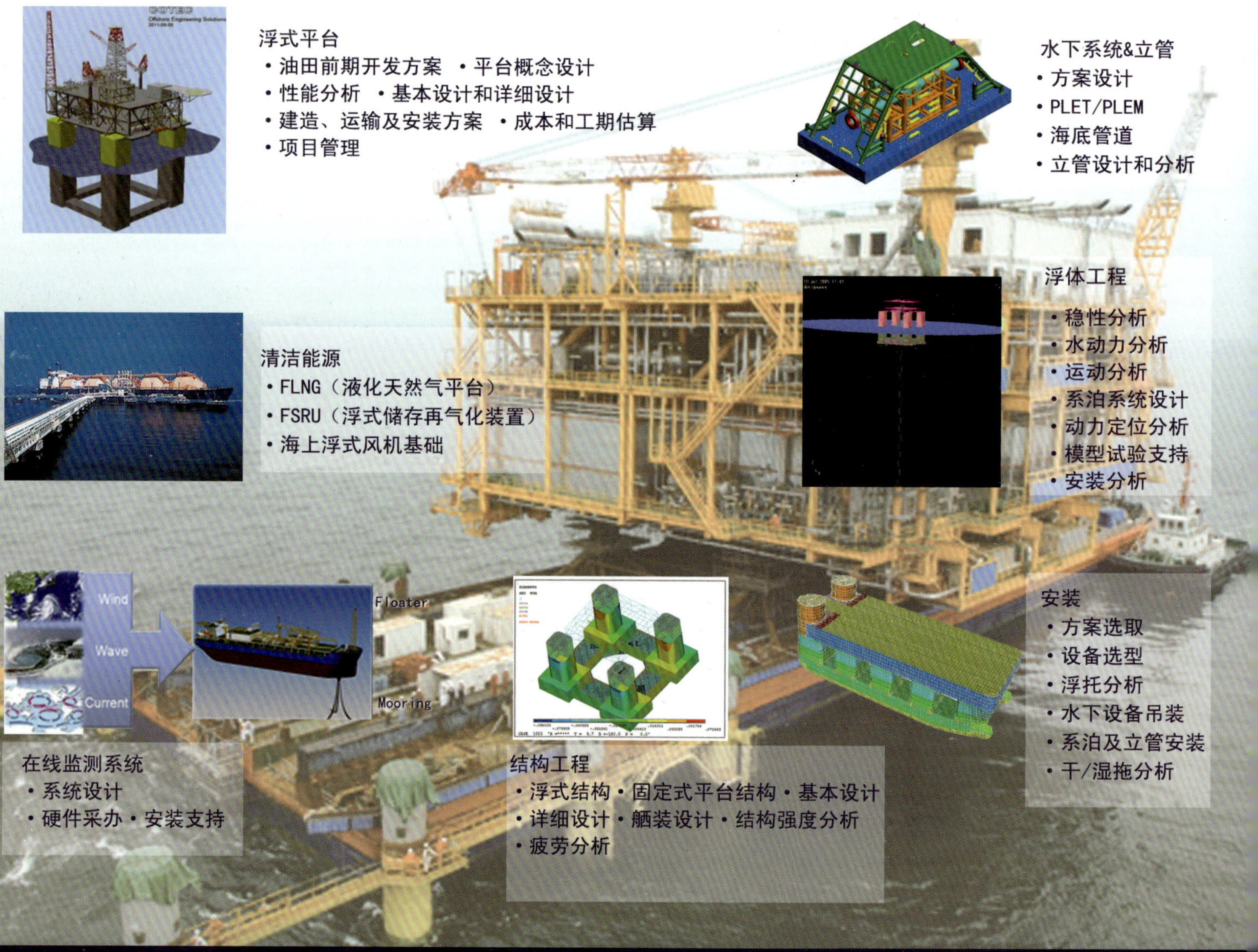

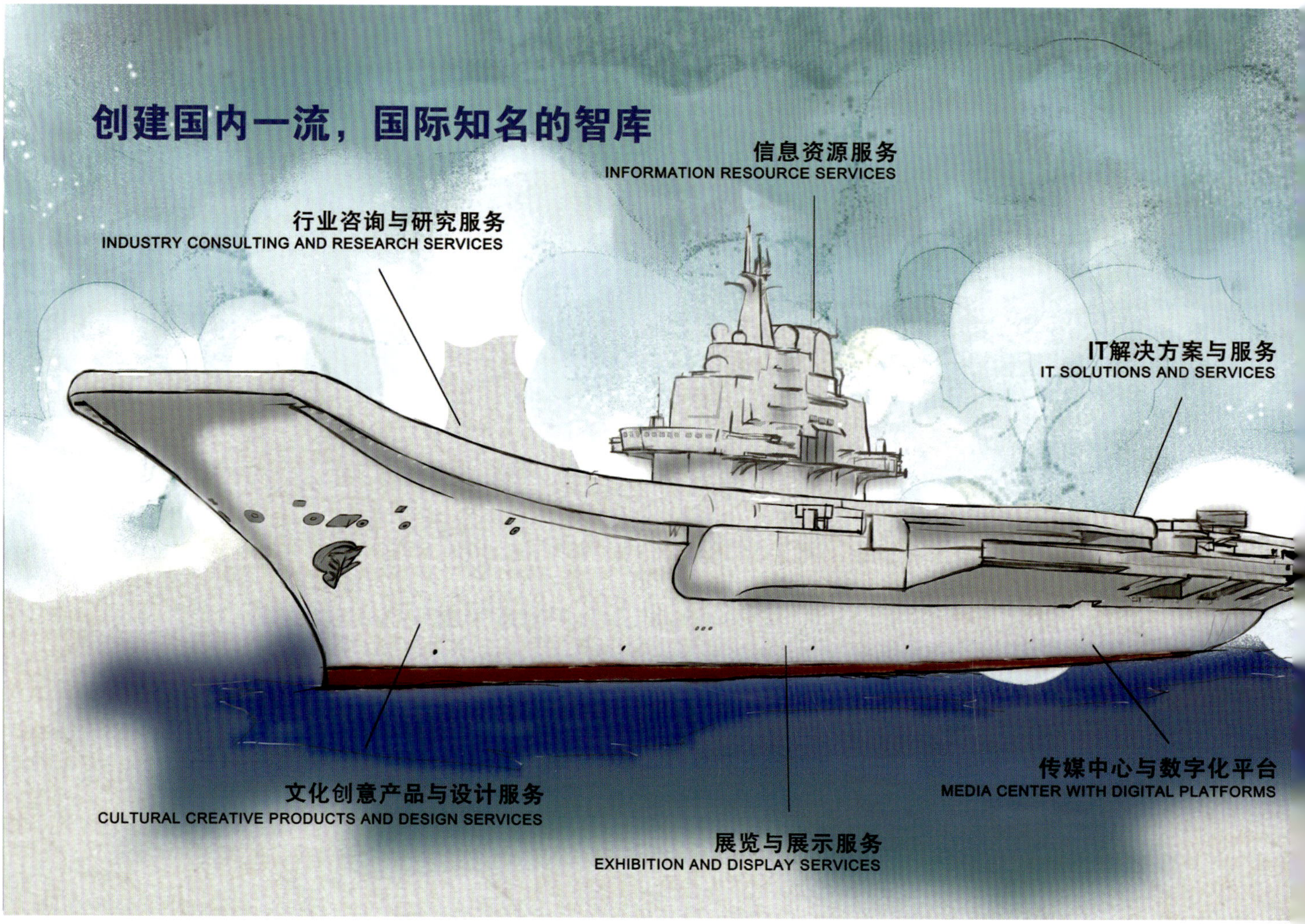

第一章　世界海洋工程装备产业总体情况

海洋工程装备产业范畴

海洋工程装备是海洋资源开发、相关产业发展的必要基础设施，属于高投入、高产出、高风险、高附加值的技术导向型产业，其产业关联效应突出，特别是对钢铁、机械、有色、造船、石化、轻纺等工业的带动作用尤为显著。根据国家发展改革委员会、科技部、工业和信息化部、国家能源局组织编制的《海洋工程装备产业创新发展战略（2011–2020）》的定义，海洋工程装备是指为海洋资源（特别是海洋油气资源）勘探、开采、加工、储运、管理、后勤服务等方面的大型工程装备和辅助装备。海洋工程装备的狭义概念是指海洋油气资源开发装备，包括：海洋油气钻井装备、海洋油气生产装备、海洋工程船舶，以及这些装备的配套设备和系统。随着海洋资源开发范围的拓展，海洋工程装备的范畴将进一步扩大。本年鉴研究的范围即为狭义概念的海洋工程装备。

（一）勘探与开发装备

勘探与开发装备是在海洋油气资源调查、勘察和钻井过程中使用的装备，主要包括：物探船、工程勘察船、自升式钻修井/作业平台、座底式钻台、半潜式自航工程船、钻井船、起重铺管船、铺缆船、半潜自航工程船、全球综合资源调查船等。

钻井装备是其中的主要装备类型，数量多，价值量大。自升式钻井平台受桩腿结构限制，主要用于水深150米以下的海域，市场价格一般在2亿美元左右；当代先进的半潜式钻井平台和钻井船，最大工作水深均能达到3 000米以上，市场价格约为5~7亿美元。钻井系统是钻井装备的核心设备，价格昂贵，通常在几千万至上亿美元不等。

（二）生产与加工装备

生产与加工装备用于海洋油气资源的生产阶段，可分为固定式生产平台和浮式生产平台。

固定式生产平台主要包括：导管架平台、混凝土平台等。混凝土平台对地基要求很高，使用受到限制。导管架平台使用水深一般小于300米。

浮式生产装备主要包括：浮式生产储卸油装置（FPSO）、半潜式生产平台（Semi–FPS）、张力腿式平台（TLP）、深吃水立柱式平台（SPAR）、浮式液化天然气生产储卸装置（LNG–FPSO或FLNG）、浮式液化石油气生产储卸装置（LPG–FPSO）、浮式钻井生产储卸装置（FDPSO）等。

浮式生产储卸油装置（FPSO）——其尺度、处理能力和成本等变化很大。小型FPSO日处理原油3~5万桶，超大型FPSO可日处理原油20万桶以上。具有储油能力，可用在没有输油管道或铺设管道成本高昂的油田，基本不受工作水深限制，也能适应各种海况。甲板面积大，上部油气处理设施的布置相对容易，可经油轮改装，也可重新改装、布置。

半潜式生产平台（Semi-FPS）——原油日处理能力从2~25万桶不等，甲板宽大，可支持数量较多的立管，水动力性能较好，适用于水下井口多且分散的油田，基本不受工作水深限制，能适应各种海况。

张力腿式平台（TLP）——其张力钢索始终处于张紧状态，生产作业时几乎没有升沉运动和平移运动，可使用干式采油树，非常适用于重油或石蜡含量高的油田。但其工作水深受到张力索重量的限制。

深吃水立柱式平台（SPAR）——可使用干式采油树，减少油井维护成本，基本不受工作水深限制，甲板可变，载荷也比较大。但建造过程中浮体和上部模块的总装比较困难，成本高。

浮式钻井生产储卸油装置(FDPSO，Floating Drilling Production Storage and Offloading)是一种新型的可在深水油田应用的钻井、生产、储卸油一体的浮式装置。FDPSO是在FPSO的基础上发展起来的——即在FPSO上扩展增加钻井功能。

（三）储存与运输装备

储存与运输装备是海洋油气开发过程中用于油气储存和运输的装备，主要为储运船舶和管道，包括浮式储卸装置（FSO）、穿梭油船、穿梭LNG船、浮式液化天然气储存及再气化装置（LNG-FSRU）、海底管道等。

浮式储卸油装置（FSO）则为FPSO变种，本身不具备油气生产加工能力，主要功能是储存和卸油，通常与半潜式生产平台、张力腿式平台、深吃水立柱式平台等装备配合使用。

穿梭油船指专门用于海上油田向陆地运送石油的一型油船。由于海上石油转运技术要求较高，该型船大多配备一系列复杂的装卸油系统，同时船舶大多配备动力定位系统、直升机平台设施，造价远远高于同等吨位油船。

穿梭LNG船是往返于海上油气田和岸上接收站或浮式液化天然气储存及再气化装置（LNG-FSRU）之间的重要装备，具备特殊系泊等功能，是海上边际油气田开发链中重要的一环。

浮式液化天然气储存及再气化装置（LNG-FSRU）既可作为LNG运输船具有运输LNG的功能，又有替代陆上LNG储罐储存LNG的功能。现有的LNG-FSRU主要包括锚泊系统、卸货系统、船壳及货物围护系统、再气化系统、蒸发气处理系统等五大系统。

海底管道是通过密闭的管道在海底连续地输送大量油（气）的管道，是海上油（气）田开发生产系统的主要组成部分，也是目前最快捷、最安全和经济可靠的海上油气运输方式。

（四）作业与辅助服务装备

作业与辅助服务装备是在海洋油气资源开发的各个阶段用于工程作业和辅助服务的各类船舶，主要有：起重船/浮吊、三用工作船和多用途工作船、平台供应船、压裂船、潜水作业支持船、半潜运载船（驳）、生活支持平台（船）、修井平台（船）、平台守护船、环保/救援船、ROV支持船、多功能动力定位船等。

起重船、半潜运载船（驳）、潜水支持船、ROV支持船等主要用在海洋油气田的海上建设阶段；多用途工作船、平台供应船、守护应急船等主要用于配合钻井平台和生产平台开展工作。

（五）水下系统和作业装备

水下系统和作业装备指在海洋油气开发中处于水面以下的作业系统和装备，主要有：水下基盘、水下管汇和井口头、水下采油树、水下防喷器、水下成橇化生产装置、水下抽油设备、水下集输管汇系统、水下压缩机、水下分离器、水下增压泵、水下控制系统、水下脐带缆系统、水下设施测试装置及系统、管道铺设张紧器、海底电缆、水下设施应急维修设备、应急减灾和消防设备、ROV/AUV和多功能水下机械手、载人深潜器、海底管线切割/焊接设备、海底挖沟机、海底管线检测和维修设备等。

（六）配套设备和系统

配套设备和系统是海洋工程装备不可或缺的、通常总装企业不能制造、由专业供应商提供的设备和系统，主要有：地震勘探系统、锚泊系统、动力定位系统、海洋平台甲板机械、海洋平台控制系统、海洋平台电站、海上发电用内燃机/双燃料燃气轮机/天然气压缩机、分油机、压载泵、钻机、自升式平台钻井系统、钻井/生产隔水管、自升式平台升降系统/锁紧系统/滑移系统、FPSO单点系泊系统、海上钻井/修井/固井/井下作业系统、油气加工处理系统、水下铺管系统、海洋物探专业设备等。

配套系统和设备技术含量、复杂性、价值量也比较大。例如，一套包括井口、采油树、BOP、管汇在内的水下系统的价格通常在1亿美元以上。

海洋工程装备产业特点

海洋工程装备是海洋经济发展的前提和基础，处于海洋产业价值链的核心环节，是战略性新兴产业的重要组成部分，也是高端装备制造业的重要方向，具有知识技术密集、物资资源消耗少、成长潜力大、综合效益好等特点，是发展海洋经济的先导性产业。

（一）多学科交叉

海洋工程装备是海上油气资源开发的前提条件，涉及油气资源勘探开发、矿产资源勘探开发、船舶及海洋结构物设计、海洋环境保护、海洋探测等多个技术门类，集信息、新材料、新能源等新兴技术于一体。

（二）产业链长

海洋工程装备是平台结构、钻采系统、生产模块、处理系统、生活模块、系泊及定位系统、动力系统、海事设备系统、通信导航系统等众多系统的集成，需要使用造船、冶金、机电、纺织、化工、能源、采掘、新材料等多个产业的产品。

（三）专业化程度高

海洋工程装备面向海洋油气开发的调查、勘探、开发、生产、储存和运输、拆卸等阶段，各阶段都会使用不同装备，而且在同一阶段内根据不同的海洋环境条件、作业要求，也会使用不同的装备，使海洋工程装备呈现出多品种、小批量的特征。例如，钻井装备主要在勘探阶段使用，自升式钻井平台主要面向150米以内的浅水海域，半潜式钻井平台主要面向深水且海况恶劣的区域，钻井船主要面向深水且海况较好的区域。而在欧洲北海、挪威海以及北冰洋海域，还要使用特殊定制的钻井装备。

（四）高风险、高投入、高可靠性

海洋环境复杂恶劣，海上作业的难度和风险比陆上明显增加，使海洋工程装备的造价很高，尤其是深水油气开发装备，技术集成度高、设计制造周期长、过程控制复杂、可靠性和安全性要求高、资金投入量大，动辄数亿、十几亿美元。

海洋工程装备产业格局

2014年，由于国际油价持续走低，世界海洋工程装备产业的市场格局以及产业格局都出现了较大的变化。2014年，全球海洋工程装备新接订单规模为416艘（座）/340亿美元，出现较大程度下滑。其中，钻井装备订单总额为129亿美元，同比下降54%；生产装备订单金额为30亿美元，同比下降76%；全球钻井装备订单规模为43艘（座），总价值129亿美元，在海工装备总成交中占据最大比重。其中自升式平台订单虽然较上一年相比出现了大幅度下滑（32座/75亿美元）；半潜式钻井平台与钻井船等深水装备成交情况进一步回落。

2014年，世界各国海洋工程装备产业格局也出现了较大的变化。中国以139亿美元的订单总额位居榜首，市场份额由2013年的24%上升到了2014年的41%，首次超过韩国拔得头筹；新加坡的市场份额基本保持稳定，订单总额为43亿美元，市场份额13%，位居第二；而韩国2014年订单总额为41亿美元，仅位居第三位。中国、新加坡、韩国正逐渐形成三足鼎立之势。

（一）韩国海洋工程装备产业

2014年，韩国海工装备产业遭遇到了比较大的挑战，全年韩国海洋工程装备订单金额共计约41亿美元，占世界市场份额的12%，与2013年190亿美元相比，下降了78%。

韩国在2014年的订单成交集中在生产储运装备领域，共接获4座生产储运装备订单，包括2座LNG-FSRU，1座LNG-FPSO和1座浮式生产储运装备。伴随着钻井装备领域的整体收缩，韩国在长期占有绝对优势的钻井船领域也遭遇重创，仅由三星重工接获了2份订单。

从手持订单量来看，韩国以504亿美元的订单总额居世界首位。从单位价值量来看，韩国同样以约6.1亿美元/座的高价值订单位居榜首。韩国船厂需要在2015年交付47座/艘海工装备，且有很多是属于钻井船、FPSO等高端装备及FLNG等新型装备，对于韩国海工装备产业来讲，2015年面临比较大的交船压力。

2014年，韩国海工装备产业为产业的持续健康发展做出了积极努力，推动由“海洋装备总包”向“油气开发工程总包”的转型。此外，三星重工与三星工程还在2014年积极促进合并事项，确保在海洋工程领域从工程、设计、制作到安装等的综合性竞争力和主导权。虽然由于资本运作方面的问题，最终合并计划落空，但双方依旧会在今后的海洋工程项目上继续加大合作。

（二）新加坡海洋工程装备产业

2014年，新加坡海洋工程装备新接订单金额共计约43亿美元，占世界市场份额的12.6%，与2013年的84亿美元相比下降了48.8%。尽管新加坡海工装备订单总量下降幅度不小，但新加坡占世界新造订单金额的比重基本维持不变。

2014年，新加坡在订单成交上主要集中于钻井装备领域，共接获12座钻井装备订单，包括2座钻井船和10座自升式钻井平台。其中2座钻井船订单是新加坡首次接获此类装备订单，并采用自主设计打破韩国垄断。在生产储运装备领域，新加坡获得了世界全年全部7座FPSO改装订单中的4座。此外，新加坡还全球首次获得了FLSO的改装订单，将Moss型LNG船改装为浮式天然气液化装置。

从手持订单量来看，新加坡手持订单总额为145亿美元，全球排名第4位。从单位价值量来看，截至目前新加坡的手持订单为2.1亿美元/座，仅次于韩国，世界排名第二。

总的来说，2014年，新加坡虽然在订单总量上出现了一定程度的下滑，但是在钻井船和FLNG领域都实现了突破，并且在传统优势领域依然占有30%~40%的份额。

（三）其他国家海洋工程装备产业

2014年，韩国、中国、新加坡以外的其他国家海洋工程装备新接订单金额共计117亿美元，占世界市场份额的34%。与2013年的141亿美元相比下降了17%，但是占世界市场的份额提高了14%。在这些国家里，阿联酋与挪威分别以28亿美元和22亿美元的新接订单总额位列前两名。

以挪威、荷兰为代表的欧美国家主要集中于海工船以及高端配套装备的设计制造，主要设计建造商包括荷兰Damen、Bluewater Energy，挪威HavyardLeirvik、KlevenVerft、Ulstein以及Vard等，这些企业在海工船市场以及系泊系统市场占有非常重要的地位。

能源国家船企在2014年表现参差不齐，巴西船企自2012年接获了总额达183亿美元的订单之后，近两年都表现不佳，在2014年更是没有大型海工装备成交，仅收获6亿美元订单。而阿联酋凭借在自升式钻井平台领域的强力表现，在2014年收获了28亿美元的订单，同比上升250%。

2014 中国海洋工程装备产业发展情况

2014年，中国新接订单规模大幅回落。新接订单数量为167艘（座），同比减少52%，占全球总新接订单数量的40.1%；新接订单总金额为139亿美元，同比减少45.5%，占全球总新接订单金额的40.9%。

按订单数量来看，中国企业2014年接单以油气勘探开发装备和海洋工程支援船舶为主，分别占全部接单数量的46.7%和50.3%，而油气生产储运装备接单数量较少。油气勘探开发装备接单数量为78艘（座），其中主流钻井装备有22艘（座），建造支持船舶有56座。自升式钻井平台、半潜式钻井平台等钻井装备仍然是中国企业重要的接单类型，2014年共获得14座自升式钻井平台订单，5座半潜式钻井平台订单，以及少量钻井船和钻井驳船。

中国海洋工程装备建造市场手持订单前三名的企业分别是中集来福士、招商局重工、大连船舶重工，大连中远和上海船厂紧随其后。这五家企业在各个领域上都拥有国内领先的设计及建造实力，但是又各有侧重。中集来福士在半潜式钻井平台领域拥有较强的实力，手持订单达41亿美元；招商局重工和大连船舶重工在自升式钻井平台领域具有非常强的技术实力，手持订单分别达到了40亿美元和26亿美元，且大船重工拥有自主知识产权的“DSJ系列”，利润空间进一步上升；大连中远则是在FPSO改装建造上手持订单达到了17亿美元；上海船厂的“Tiger系列”钻井船也是接连获得订单，手持4艘钻井船订单，总金额为24亿美元。

虽然中国在海洋工程装备的订单量以及订单金额上有了大幅提升，但在单价上却并不占优势。以自升式钻井平台为例，韩国手持自升式钻井平台订单的平均单价为6.10亿美元，全球的平均单价为2.29亿美元，而中国只有2亿美元上下，低于世界平均水平，更远低于韩国。此外，中国在高端装备的建造上属于空白，所接获的订单基本都属于价值量不高、建造条件成熟的自升式钻井平台以及浮式生活装置。目前基本未涉足冰区作业的钻井平台，以及TLP、SPAR、LNG-FPSO等高端装备的设计制造。尤其在海工装备的高端配套领域，完全由国外巨头公司控制，造成中国海工装备产业链不成熟且未形成专业化分工，总装价值量偏小，利润较低。

不仅如此，中国在自主设计上仍很欠缺。虽然在自升式钻井平台的接单量上，中国在2013和2014年都超越了新加坡，但新加坡所接获订单的80%左右都是采用自主设计，拥有完全的自主知识产权，而中国基本采用欧美设计，所得利润又进一步减少。加强自主设计研发，以及高端装备的建造能力，是目前中国亟需解决的问题。

另外，中国企业基本不具备承担总包项目的技术能力和管理能力。欧美大型企业如美国McDermott、法国Technip等具备超强的总包实力，而韩国、新加坡的主要企业也逐步进入此领域。中国企业除中海油的海油工程公司在中海油的项目中承揽总包业务外，其他企业尚不具备此能力。这也导致中国企业所获订单基本都是装备建造订单，不具备自主选择配套设备的能力，丢失了采购、工程、服务等具有高额附加值的环节，在竞争中处于被动地位。

但是仍然要看到，随着研发设计水平和建造能力的不断提升，中国海工装备建造企业的国际竞争力和国际市场份额也在稳步提升。2012年，中国企业共接获海工装备订单146亿美元，占全球市场份额的20%；2013年，中国企业加大了接单力度，共接获255亿美元订单，占世界份额的38%；2014年，中国在世界海工装备市场大幅下滑的前提下，仍然接获了139亿美元订单，占世界份额提高到了41%，在世界海工市场上份额逐年提升。

（编写：王　婧　闫　阳　周东荣　曲　杰　刘祯祺　王　科）

第二章 中国海洋油气产业发展情况

中国油气资源现状

近年来，中国经济发展保持适度平稳增长，工业化和城镇化不断深入，作为主要能源消费品的油气资源的需求量有望保持刚性增长。与此同时，中国油气产量也取得一系列的进展。2006年，中国原油产量为1.84亿吨，天然气产量为586亿立方米。2014年，中国原油产量为2.1亿吨，天然气产量为1 329亿立方米，分别增长了14%和127%。尽管如此，每年的油气产量仍然远远不能满足快速增长的油气资源需求。要解决油气资源短缺与经济高速增长对油气需求量增加的矛盾是一个极大的挑战，同时也是当务之急。

2014年，中国石油消费量达5.18亿吨，同比增长4.0%。2014年，石油对外依存度升至59.5%，而这一数字在本世纪初仅为32%（见图1）。自中国1993年首度成为石油净进口国，我国原油对外依存度由当年的6%一路攀升，到2006年突破45%，其后每年均以2个百分点左右的速度向上攀升，到2008年突破50%警戒线，仅仅用了15年。

对清洁能源的需求推动了中国天然气消费的快速增长。2003年至2012年中国天然气消费量年均增速为17.4%，在全球十大消费国中增速最快。2014年我国天然气表观消费量约为1 830亿立方米，同比增长8.9%，增速为近10年的最低点，但仍远高于世界平均水平。从产量看，国内天然气产量为1 256亿立方米，煤制气供应量约10亿立方米；天然气进口量为590亿立方米，同比增长11.5%，对外依存度上升至32.2%（见图2）。

总的来说，中国油气产量的增加远远不能满足

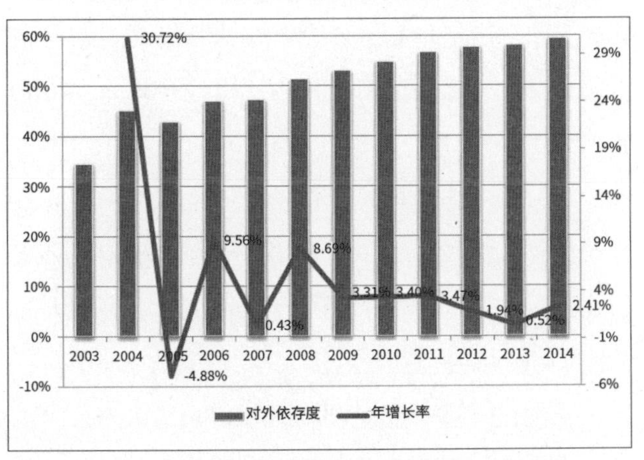

图1 中国石油对外依存度变化趋势图(2003-2014年)

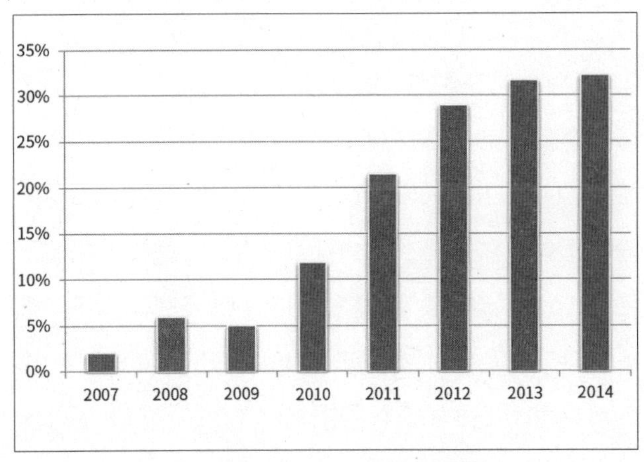

图2 中国天然气对外依存度变化图

油气消费量的上升，供需矛盾十分尖锐，油气净进口量和油气对外依存度的持续攀升是日益突出的问题。《全国矿产资源规划》中有这样的预测，到2020年中国石油对外依存度将上升至60%，而到2030年则将突破70%。按照目前的形势，石油对外依存度很有可能提前达到预测值。油气资源对外依存度的不断高升给中国能源安全带来极大挑战，面临巨大风险。

作为全球能源消费大国，要从容地摆脱资源制约，防止油气对外依存度过高对能源安全产生的冲击，就必须采用多途径、多手段、多元化的方法解决能源问题，有效破解各种能源隐患及困境。除了调整能源结构，提高能源利用效率，以及加快石油战略储备等行动，增加油气资源产量也是极其重要的方向。在陆地油气资源储藏量有限的情况下，开发海洋油气资源成为必然之选，并且也是非常紧迫的任务。

海洋油气资源开发利用情况及趋势

（一）海洋油气资源储量丰富

覆盖地球71%面积的海洋拥有丰富的油气资源。海洋油气的储量占全球总资源量的34%，目前探明率为30%，尚处于勘探早期阶段。丰富的资源现状让全世界再次将目光瞄准了海洋这座宝库。

中国海洋油气资源储量十分丰富。按照2008年公布的第三次全国石油资源评价结果，中国海洋石油资源量为246亿吨，占全国石油资源总量的23%；海洋天然气资源量为16万亿立方米，占总量的30%。而中国海洋油气探明程度远低于世界平均水平。总的来说，中国海洋油气开发利用尚处于储量发现的高峰期和开发的初期，中国海洋油气具有极大的开采潜力。

（二）海洋油气资源开发进展迅速

根据中石油经济技术研究院发布的《2014年国外石油科技发展报告》，近年来全球新增的油气发现量主要来自于海上，尤其是深水和超深水，过去五年来，全球重大油气发现的70%来自深水。随着作业水深的不断加大，天气和环境对作业人员和装备的挑战更为严峻，加之高温高压、含硫等给作业带来的难题、对技术和装备创新提出了更高要求。未来十年，随着技术的创新突破，传统的勘探开发方式将被颠覆，深水油气勘探开发的成本和风险将大幅降低。

根据 BP 的统计，1990 年以后全球陆上的油气产量进入稳定期，全球油气产量增长主要来自海洋。2009年后海上石油对石油产量增长贡献率超过50%，2012年海洋石油产量已经占世界石油总产量的31%，预计到2020年这个比例将会提高到40%。

从成本角度来看，深海石油开采成本明显低于非常规石油、核能、清洁煤、海上风电等新能源，全球用于海洋油气开发尤其是深水区油气项目的投资也相应不断增加，预计海洋油气开发市场将长期处于增长态势。

从中国的能源需求来看，在陆域资源不足和产量增长有限的情况下，开采海洋资源将成为解决中国能源短缺，保障能源安全的重要战略举措。过去10年间，中国新增石油产量53%来自海洋。进入新世纪以来，海洋石油产量所占比重逐年增加，2000年产油1180万吨，天然气42亿立方米。2005年产油2 763万吨，占全国总产量的6.5%；产气50亿立方米，占全国总产量的10.3%。迄今为止，中国已形成松辽油区、东部及南方油区、西部油区、近海四大产油区（见图3）。

目前，中国海洋油气勘探正由300米以内的浅水区逐渐向深水海域扩展，近几年，在1 500~3 000米

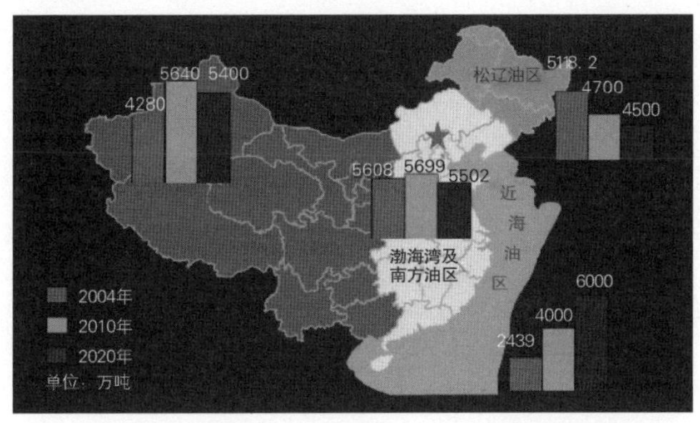

图 3　2010 年后中国形成并起的四大产油区

海洋石油勘探开发技术方面，中国逐渐取得了一些进展，预示着中国企业可以更多地参与国外海洋石油开发项目。在近海油田的开发中，主要集中在渤海、珠江口、琼东南、莺歌海、北部湾和东海六个含油气盆地，并形成了四个油气开发区：渤海油气开发区、珠江口油气开发区、南海西部油气开发区和东海油气开发区，其中渤海地区是中国近海勘探和开发中相对最成熟的区域，也是中国海上油气的主产区。

（三）国家政策大力支持海洋油气开发

近年来，国家相关部门出台了一系列有力政策鼓励海洋油气资源的勘探开发。《国民经济与社会发展"十二五"规划》要求积极发展海洋油气、海洋工程装备制造等新兴产业。《石油和化学工业"十二五"发展指南》提出要重点开拓海域及主要油气盆地和陆地油气新区，推进深水勘探开发重大装备、深水水下生产设施、深水工程施工作业重大装备及应急维修装备的研制。《全国海洋经济发展"十二五"规划》对中国海洋油气业进行了规划部署：加大海洋油气勘探力度，稳步推进近海油气资源开发，加强勘探开发全过程监管和风险控制。提高渤海、东海、珠江口、北部湾、莺歌海、琼东南等海域现有油气田采收率，加大专属经济区和大陆架油气勘探开发力度。依靠技术进步加快深水区勘探开发步伐，提高深远海油气产量。到2015年，争取实现新增海上石油探明储量10亿至12亿吨，新增海上天然气探明储量4 000亿~5 000亿立方米；海上油气产量达到6 000万吨油当量。进一步优化发展沿海石油石化产业，加大对现有化工园区的整合力度，推动产业集聚升级。强化沿海液化天然气接卸能力和油气输配管网建设，提高储备周转与区际调配能力。国务院办公厅于2014年11月发布的《能源发展战略行动计划（2014–2020年）》提出加快海洋石油开发，按照以近养远、远近结合，自主开发与对外合作并举的方针，加强渤海、东海和南海等海域近海油气勘探开发，加强南海深水油气勘探开发形势跟踪分析，积极推进深海对外招标和合作，尽快突破深海采油技术和装备自主制造能力，大力提升海洋油气产量。

重点企业海上油气开发战略及装备需求

中国海洋石油总公司、中国石油天然气集团公司、中国石油化工集团公司（分别简称"中海油"、"中石油"和"中石化"）三大石油公司承担着中国海洋油气开发的任务。其中，中海油是目前中国海洋油气开发的主要力量，生产了中国境内大部分海洋油气。

（一）中海油海洋油气开发战略、现状及装备需求

中海油自1982年成立到2012年的30年间，累计发现地质储量近40亿吨、生产油气5.85亿吨，油气年产量由成立之初的9万吨增加到5 000多万吨，建成了"海上大庆"油田，形成了上中下游一体化的产业格局，初步建立起比较完整的海洋石油工业体系。30年的成绩实现了中海油发展历史上的"第一次跨越"。

继"第一次跨越"之后，中海油针对2012年以后的发展提出了"二次跨越"发展纲要，对其未来

发展做出了总体部署：第一步到2020年，公司的油气总产量比2010年翻一番，专业技术服务领域的国际竞争力基本达到国际一流；第二步到2030年，油气总产量比2010年增长两倍，专业技术服务领域的国际竞争力达到国际一流（见图4）。

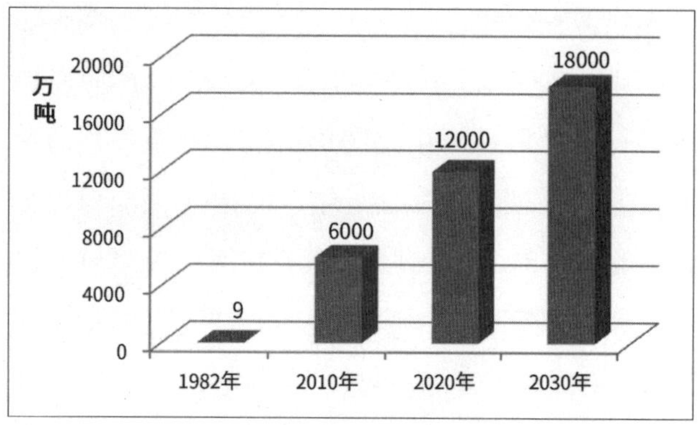

图 4 中海油油气产量增长情况及计划

2014年，中海油继续做强油气主业，渤海主力地位更加凸显，南海深水勘探开发取得新突破，东海天然气勘探成果持续扩大，海外油气勘探开发取得新进展。全年生产原油6 868万吨、天然气219亿立方米，国内油气产量连续五年保持了5 000万吨级水平。

2014年，中海油坚持“寻找大中型油气田”，油气勘探取得国内外全面突破。在中国近海勘探、深水勘探和海外勘探方面都取得新的突破，全年获得20个新发现，成功评价了18个含油气构造，储量替代率达112%。在中国海域，自营采集二维地震数据约2.05万千米，自营与合作采集三维地震数据约2.28万平方千米；完成探井117口。全年获得15个勘探新发现，成功评价17个含油气构造，在中国海域的自营探井勘探成功率达50%至70%。并且，发现并总结出新的油气成藏模式，指导深水勘探获得中国海域首个自营深水天然气重大发现——“陵水17–2”千亿立方米储量大气田，证明了琼东南盆地巨大的勘探潜力；应用该模式在乐东凹陷再次获得新发现“陵水25–1”。在辽东湾转变勘探层系，获得新发现“锦州23–2”；发现“渤中22–1”，揭示了渤海深层天然气的巨大潜力；以及成功评价了“旅大21–2”亿吨级油田和“渤中8–4”油田。推动勘探开发一体化，成功评价“乌石17–2”油田，增加原油优质储量。珠江口盆地古近系勘探获得进展，成功发现“陆丰14–4”构造，使该区“一大带多小、联合开发”的新局面初现雏形。

在海外勘探中，中海油实施“突出重点领域、优化投资组合”战略，重点项目获得实质性进展。海外取得5个新发现，包括美国墨西哥湾的Rydberg、乌干达的Rii–B、英国北海的Blackjack和Ravel及尼日利亚的OML138区块Usan区域的新发现。此外，还成功评价了一个含油气构造。

2014年，公司油气净产量达432.5百万桶油当量，同比上升5.1%。截至2014年底，包括“垦利3–2”油田群、“文昌13–6”、“番禺10–2/5/8”、“番禺34–1/35–1/35–2”、“恩平24–2”、“惠州25–8”油田/“西江24–3”油田西江24–1区联合开发项目、“流花34–2”气田等新项目均已陆续投产，多个项目比计划提前投产。此外，原计划2015年投产的加拿大K1A油砂项目提前至2014年投产。

近年来，中海油大力推动深水发展战略。截至目前，已投入数百亿元，建成从水深300米到3 000米的深水油气装备序列。中海油已具备全球3 000米水域内物探、勘察、钻完井作业等物质保障水平。装备规模持续壮大，结构持续优化、质量不断提高，作业能力显著提升；自主研发的测井设备投产并远销海外，高端设备研发取得突破。“十二五”以来，随着“海洋石油981”深水半潜式钻井平台、“海洋石油201”深水铺管起重船、“海洋石油720”深水物探船以及在南海成功开钻的“兴旺号”钻井平台等一系列深水装备相继投入使用，中海油“深水舰队”正向国际高端深水油田市场迈进，已具备走出国门、参与国际高端深水市场竞争的实力。

其中，为突破深水勘探开发的关键技术，依靠自主研发、中国制造，中海油打造了以3 000米深水半潜式钻井平台“海洋石油981”为代表，包括3 000米深水铺管起重船、3 000米深水工程勘察船以及深水物探船、大马力深水三用工作船在内、能在3 000米以内超深水作业的深水高端油气装备序列，这些装备分别担负从地球物理勘探、地质勘察、钻井作业、海底铺管、物资保障等不同职能，成为中国深海油气开发的“联合舰队”。2014年8月，“海洋石油981”在南海北部陵水区块发现中国首个深水自营大气田。2015年初，“海洋石油981”走出国门，在孟加拉湾海域水深1 700多米的地方开钻，完钻井深超过5 030米，创下我国深水半潜式钻井平台作业井深最高纪录。2014年，“海洋石油720”先后转战南海西部和东部，成功获得陵水气田开钻需要的7 800平方千米地震资料。与“海洋石油981”同期入列服役的深水工程船“海洋石油201”已累计完成9个项目，铺设海底管道326千米，累计吊重逾15万吨，在我国首个深水气田荔湾3-1项目中海管铺设深度达到1 500米，铺管速度纪录突破6千米/天，效能相当于国内其他铺管船的近5倍。此外，“海洋石油286”、“海洋石油289”和“海洋石油291”等深水工程船入列“服役”，填补了我国深海水下施工装备的“空白”，使我国具备了深水油气田“一站式”开发能力。

根据中海油田服务股份有限公司（以下简称“中海油服”）2014年业绩报告，截至2014年底，中海油服经营的钻井平台有44座（包括33座自升式钻井平台和11座半潜式钻井平台）（见图5），生活平台2座；拥有72艘自有工作船，以及管理49艘工作船；在物探和工程勘察领域，拥有7艘物探船，6艘综合性海洋工程勘察船和2支海底电缆船队。2014年中海油服在建大型装备达49艘；12缆物探船“海洋石油721”、深水钻井平台“COSL Prospector”等顺利交付使用；新增油田增产作业支持船“海洋石油640”，填补了国内该类型特种船舶的空白。

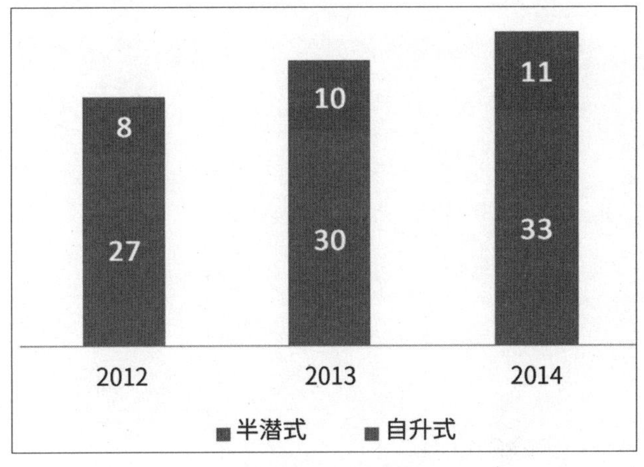

图 5　中海油服海洋平台发展情况

（二）中石油海洋油气开发战略、现状及装备需求

目前，中石油投入勘探开发的海洋油气区块全部在渤海湾滩海，石油资源量为16.08亿吨，探明率为14.9%。经过多年努力，已先后在辽河、大港、冀东海域发现多个工业油气田。至2007年，冀东油田具有探明石油地质储量6.8亿吨，控制储量3.7亿吨，预测储量3.3亿吨。根据中国第三次油气资源评价，大港探区石油资源蕴藏量20.56亿吨，天然气资源蕴藏量3 800亿立方米。辽河滩地区已发现6个含油气区带，累计探明石油地质储量1.2679亿吨，探明天然气地质储量16.28亿立方米，在笔架岭和海南油田基本形成了年产20万吨的生产能力（见图6）。

中石油还拥有南海油气勘探及开采许可，其南海矿权总面积16.93万平方千米，共22个区块。南海探区水深200~3 000米，平均水深1 212米（见图7）。

中石油已经有了一定的海洋工程装备基础，拥

图 6　渤海探区勘探形势图

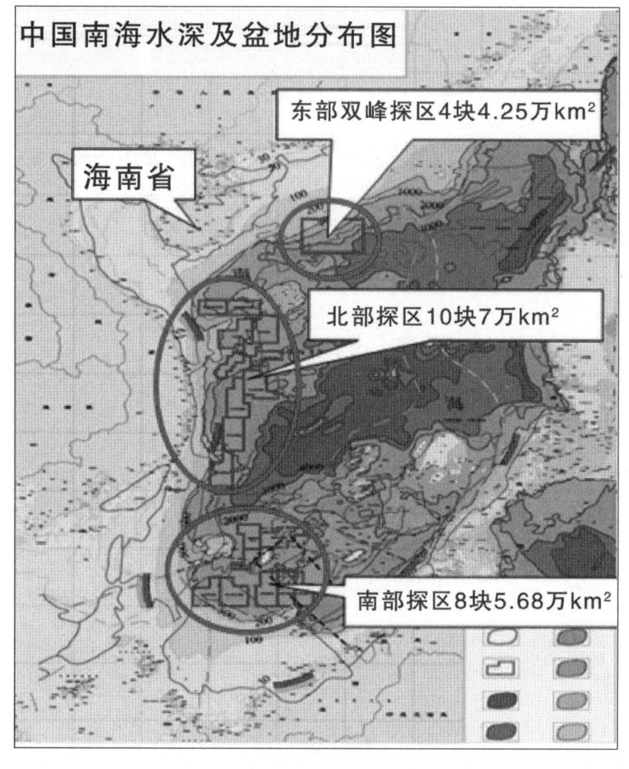

图 7　中国南海水深及盆地分布图

有移动式平台16座，包括：钻井平台11座、作业平台3座、试采平台2座、座底式平台2座、自升式平台9座，

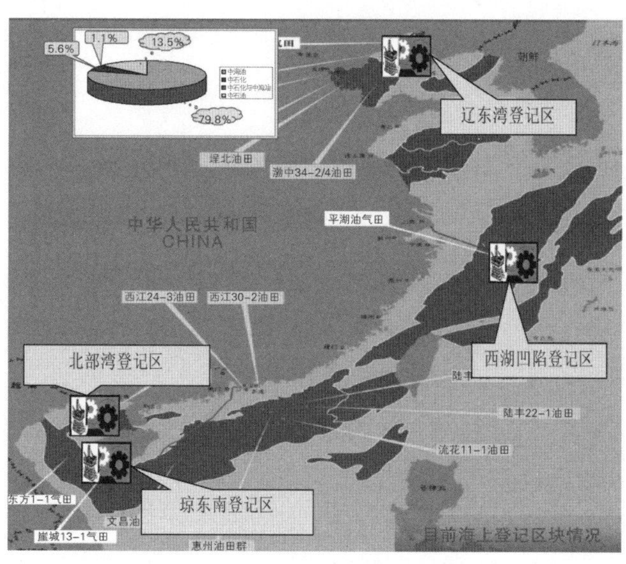

图 8　中石化登记海洋油气区块

船舶25艘。

今后几年，中石油将不断加强海上业务，作业环境也将从滩浅海逐渐向深海转变，海洋油气勘探开发投资将持续增长、海洋工程技术服务市场需求将日益旺盛，海洋钻采平台、海洋管线等海洋结构物的建造安装将明显增加。

（三）中石化海洋油气开发战略、现状及装备需求

自从20世纪60年代走向海洋以来，中石化在中国渤海湾、东海、南黄海、雷琼、北部湾、琼东南6个盆地登记总面积83 998平方千米（见图8），与中海油联合登记6个区块，中石化海域滩区目前已落实石油储量40 630万吨。

中石化正积极实施“走出去”战略，业务拓展至埃塞俄比亚、肯尼亚、苏丹等地。有迹象显示，中石化正在加大对非洲油气资产的投资。

中石化经过40年的发展，油气勘探开发装备有了很大进展，已拥有海上钻井平台12座，大型开发平台5座，普通开发平台104座，作业平台5座，工程船舶40艘（见表1）。

表1 中石化现有海洋装备情况

现有钻井装备

名称	型式	作业水深/m	钻井能力/m	建造时间
新胜利1号	自升式	50	7 000	2014年
胜利2号	坐底式	6.8	4 500	1988年
胜利3号	坐底式	9	6 000	1988年
胜利4号	坐底式	5.5	7 000	1982年
胜利5号	自升式	15	6 400	1980年
胜利6号	自升式	30.5	7 000	1980年
胜利7号	自升式	30	4 000	1980年
胜利8号	自升式	20	5 000	1981年
胜利9号	自升式	35	6 000	1978年
勘探2号	自升式	91.4	6 000	1977年
勘探3号	半潜式	200	6 000	1984年
勘探4号	半潜式	600	7 500	

现有修井作业装备

名称	型式	作业水深/m	钩载能力/kN	建造时间
胜利作业1号	自升式	15	800	1988年
胜利作业2号	坐底式	7	800	1995年
胜利作业3号	自升式	25	1 000	2002年
胜利作业4号	自升式	18	1 350	2007年
3个修井模块	模块式			2001年

总的来说，中石化海洋石油勘探开发技术及装备水平还需要进一步大幅度提升，才能满足现代化海洋开发的需求。目前中石化登记海域多属于浅海海域，也有少量海域水深在500米以上。在一段时间内近浅海油田仍是中石化海洋油气的主要开发阵地。浅海新油田，特别是数量众多的中小型区块，资源情况与油田环境差异大，经济适应的开发模式和装备有现实需求；浅海已开发油田安全性及提高采收率成为需要迫切解决的问题。

“十二五”期间中石化根据海洋勘探开发形式的发展需求，结合国内外海洋石油工程技术发展趋势，坚持满足高效高速勘探开发海上油田需求的原则，按照自行研发与引进相结合的思路，合理规划海洋石油工程技术发展、加大科研投入及装备设施的配套完善。具体发展目标包括：继续完善配套渤海浅海油气田（程岛油田、辽宁东区块）勘探开发技术装备，在“十二五”建成500万吨生产能力，具备东海等浅海中深水区开发大型油气田的能力。发展配套浅海（水深60~150米）物探、钻井、开发、工程服务技术装备，形成具有自主知识产权的设计制造能力。初步配套和探索深水（水深500~2 000米）油气田勘探开发技术，争取在南海琼东南等深水区块开发打开新局面。同时，加强基础研究设施建设，大幅提高海洋工程的科研设计能力，力争海上油气田技术与装备的研究水平达到国际先进水平。

（编写：战玉萍　唐晓丹　周长江　张广浩　栗超群　李　威）

第三章 2014中国海洋工程行业发展总体情况

2014年，原油价格大幅下跌并持续在低位徘徊，全球海上油气开发节奏放缓，世界海洋工程装备市场正在进入调整期。全球海洋工程装备市场一路下滑，市场环境出现了不利变化，但我国海工骨干企业凭借自身优势，努力承接订单。2014年，中国海洋工程装备产业首次超越韩国，领跑订单榜。尽管订单金额与上年相比下降较多，但是发展能力进一步提升，也取得了一些重要的突破。

行业基本情况

中国海洋工程装备建造企业和科研机构主要分布在东南沿海地区，辽宁、山东、江苏、上海、广东、福建等为中国海洋工程装备大省（市），汇聚了中国大部分研发设计机构、建造企业和一批骨干配套企业。配套企业在湖北、湖南、重庆、陕西和河南等地也有较多分布。

从地区分布看，以环渤海地区、长江三角洲地区和珠江三角洲地区是海洋工程装备的主要聚集区，可以说，海工装备制造业三大基地正在形成。

环渤海地区以大连、天津、青岛、烟台等地为主，聚集了大连船舶重工集团有限公司（简称“大船重工”）、大连中远船务、中海油天津塘沽基地、烟台中集来福士海洋工程有限公司（简称“中集来福士”）等基地和企业，产品集中在自升式钻井平台、半潜式钻井平台、钻井船等方面。

长江三角洲地区以南通、上海等地为主，代表企业有上海外高桥造船有限公司（简称“外高桥造船”）、上海船厂船舶有限公司（简称“上海船厂”）、南通中远船务工程有限公司（简称“南通中远船务”）、中远船务(启东)海洋工程有限公司（简称“启东中远船务”）、上海振华重工（集团）股份有限公司（简称“振华重工”），该地区产品更侧重于高端装备，产品种类除各类移动钻井平台外，还有居住平台、圆筒形FPSO、物探船等。

珠江三角洲地区是中国南部的海工装备基地，以广州地区为主，包括中船澄西船舶（广州）有限公司（简称“中船澄西（广州）”）、中船黄埔文冲船舶有限公司（简称“中船黄埔”）、招商局重工（深圳）有限公司（简称“招商局重工”）、广东粤新海洋工程装备股份有限公司（简称“粤新海工”）、广东广机海事重工有限公司（简称“广机海工”）等海工船建造企业，同时辅以各类平台、FPSO的修理或改装业务。

按照所属行业，中国海洋工程装备建造企业主要由船舶系统企业、石油系统企业和机械制造企业三大类构成（见表2）。

表2　中国海洋工程装备产业格局

企业类型	典型企业	业务类型	主要特点
船舶系统企业	中船重工、中船工业、中远船务、中集来福士等	装备建造（海洋平台及海洋工程船舶+通用配套设备）	建造能力、设施设备、工艺流程和配套产品相近，具备先天优势
石油系统企业	中海油、中石油、中石化等	装备建造（平台+专用配套设备）、海洋工程服务	熟悉海洋油气开发程序，在油气处理模块及相关系统的设计建造、海上安装作业和承接订单方面具备优势
机械制造企业	振华重工等	装备建造（海洋平台及海洋工程船舶）	行业跨度较大，技术上不占优势，但在资本运作、企业管理、市场营销方面实力较强

生产经营情况

（一）主要海洋工程产品完工交付情况

2014年，中国企业完工交付自升式钻井平台7座、深水半潜式钻井平台1座。其中中集来福士交付自升式钻井平台4座、深水半潜式钻井平台1座，南通中远船务船厂交付自升式钻井平台1座，外高桥造船交付自升式钻井平台2座（其中1座与中国石油海洋工程公司共同打造），大连船舶重工集团海洋工程有限公司（简称“大船海工”）交付自升式钻井平台1座（见表3）。

振华重工交付的公司首座300英尺自升式钻井

表3　2014年中国企业交付的主要海洋工程装备产品

企业	名称	数量
中集来福士	自升式钻井平台	4
外高桥造船	自升式钻井平台	1
外高桥造船 中国石油海洋工程公司	自升式钻井平台	1
南通中远船务	自升式钻井平台	1
大船海工	自升式钻井平台	1
中集来福士	深水半潜式钻井平台	1
大连中远船务	FPSO改装	2
振华重工	自升式钻井平台	1

平台具有100%设计自主知识产权，同时具有很高的核心配套件国产化程度；中石化重点建设的“新胜利一”号自升式海上钻井平台交付，该平台由胜利石油工程公司完全自主设计，设备国产化率超过90%，是胜利石油工程公司目前尺寸最大、配套最先进的海上钻井平台；中集来福士交付中海油的“海洋石油932”自升式钻井平台是中集来福士自2011年以来交付的第6座Super M2自升式平台。

在海洋工程船方面，中国企业继续取得较好成绩。2014年5月，南通中远船务设计建造集输油管道加工、敷设、安装和起重功能于一体的特种深水铺管重吊船“顺峰1号”成功交付，中远船务拥有该船详细设计和生产设计的自主知识产权；太平洋造船集团（简称“太平洋造船”）自主设计品牌“SP”海洋工程支持船2014年取得包括新船交付、首次在东南亚和墨西哥市场上斩获订单等一系列进展。

（二）主要海洋工程产品新订单承接情况

2014年，中国承接各类海洋工程装备订单31座、海洋工程船149艘，接单金额达147.6亿美元，占全球市场份额的35.2%，比2013年提高了5.7个百分点，位居世界第一。接单类型日趋丰富，除了在传统的自升式/半潜式钻井平台、FPSO改装、海工船等优势领域接单以外，还首次接获了LNG-FRU、半潜式修井平台、自升式天然气压缩平台等装备订单，专业定制性更强。新接各类海洋工程平台20座和3艘钻井船（见表4）。其中自升式钻井平台14座，承接企业分别为外高桥造船、中集来福士、振华重工、武汉船用机械有限责任公司（简称“武汉船机”）、武昌船舶重工有限责任公司（简称“武船”）、大连中

表4 2014年中国新接主要海洋工程装备产品订单

企 业	名 称	数 量
外高桥造船	自升式钻井平台	6
中集来福士	自升式钻井平台	3
振华重工	自升式钻井平台	2
武汉船机	自升式钻井平台	1
武船	自升式钻井平台	1
大连中远船务	自升式钻井平台	1
中集来福士	半潜式钻井平台	2
新扬子造船	半潜式钻井平台	2
宏华集团	半潜式钻井平台	1
中集来福士	自升式天然气压缩平台	1
中集来福士	钻井船	1
上海船厂	钻井船	2

远船务、江苏新扬子造船有限公司（简称“新扬子造船”）、宏华集团、上海船厂。

科技开发与技术进步

2014年，中国企业在海洋工程装备研发、设计、建造及海工配套设备科技开发方面取得一系列成果，海洋工程装备研发和建造继续向着系列化、深水化和高端化发展。

（一）海洋工程装备系列化研发

上海船厂为华彬集团OPUS公司建造的TIGER系列船，首艘船TIGER I于2014年底命名，第二艘TIGER II已成功下水。上海船厂最初与OPUS OFFSHORE公司签订的“2+2”艘Tiger系列钻井船建造订单中的后续两艘选择船订单也已正式生效。

中集来福士承建的挪威Beacon公司北海深水半潜式钻井平台开工，这是中集来福士承建的第六座将在挪威北海海域作业的深水半潜式钻井平台，其设计是中集来福士在总结前5座系列化北海深水半潜式钻井平台设计和建造经验的基础上、与欧洲设计公司Global Maritime合作进行优化升级的，中集来福士拥有GM4-D设计80%的知识产权。

大船海工为中海油服建造的“海洋石油982”半潜式深水钻井平台是其为中海油田服务股份有限公司建造的A5000系列半潜式钻井平台的首制产品，也是大船海工建造的第19艘400英尺自升式钻井平台。

南通中远船务设计建造的“腾达18”钻井辅助船命名，是南通中远船务承接该系列钻井辅助船中的第4艘，该系列的前三艘已交付并在东南亚近海投入使用；粤新海工一艘58.7米锚拖供应船交付给泰国客户，该船是粤新海工成熟产品之一58.7米系列船的升级优化产品，设计和建造水平均达到了世界领先水准。

（二）深水海洋工程装备建造

中集来福士为挪威FrigstadDeepwater公司承建的目前世界上最新一代的超深水半潜式钻井平台——第七代超深水双钻塔半潜式钻井平台，其中第一座FrigstadDeepwater Rig Alfa正在顺利建造中，第二座FrigstadDeepwater Rig Beta也已开工，第三座Frigstad超深水钻井平台也将在中集来福士建造。

世界最先进的3 000米超深水DP-3动力定位的第六代钻井船生活模块N612在上海中远船务开工。该项目由上海中远船务负责设计、建造和调试，设计难度大，建造技术要求高，在国内尚属首例，完工交付后，将打破国外此类项目的长期垄断。

由南通中远船务设计建造的世界先进特种深水铺管重吊船“顺峰1号”、“顺峰2号”先后成功交付，该系列铺管船集输油管道加工、敷设、安装和起重功能于一体，入级ABS船级社，中远船务拥有该系列船详细设计和生产设计的自主知识产权。

中集来福士联合著名海工设计公司Bassoe Technology设计的中深水半潜式钻井平台BT5000，是针对英国北海大陆架设计的中深水半潜式钻井平台，装备有最新设计的钻井系统，最大工作水深可达1 500米，最大钻井深度为9 144米，服务温度为零下10度，采用8点锚泊定位系统，以及DPS-1动力定位辅助系统，通过优化船体线型，具备在恶劣海况下的优良运动性能，相比现有同类型平台，作业能力明显提高，是最新一代性能优异的中深水经济型半潜式钻井平台，BT5000将是中集海工下一个半潜平台主打产品。

（三）海洋工程装备高端化研制

亚洲拖力最大，世界最先进、装置最齐全的深水三用工作船“海洋石油691”号海试成功，该船将主要服务于我国大型深海钻井平台“海洋石油981”，造价超过8亿元，代表着中国乃至世界海洋工程装备制造的最高水平，“海洋石油691”配备了ROV水下机器人库房，能够存放和便捷收放水下机器人，可在3 000米的深海起抛锚。武船为巴西国家石油公司制造的世界最大型水下立管支撑浮体上的首套刚性立管在水下安装成功，武船为巴西石油公司共建造了四套浮体系统，并已全部运抵巴西。

（四）海洋工程配套设备研发与建造

中海油服自主研发的Welleader®旋转导向钻井系统顺利完成首次海上定向井作业，Welleader®是中海油服历时5年自主研发的、具有完全知识产权的旋转导向钻井系统，打破了国外同类产品的技术垄断。

由振华重工提供全套桩腿、升降系统和电控系统的一艘阿联酋起重工程船顺利完成全程升降测试，标志着该公司首次出口的核心配套件成功交付用户，这也是国产海工核心配套件首次出口国外，改变了我国国内桩腿、升降系统、锁紧装置等海工装备的核心配套件依赖进口的现状。此外，该项目的桩腿建造使用国产高强钢，实现了国产高强钢的首次出口。

武汉船机历时9个月自主研制的船艉A型吊架及拖缆绞车顺利通过客户验收，标志着武汉船机在该领域打破了国外垄断，填补了国内空白。宏华集团与武桥重工集团联合研制成功的宏海号22 000吨桁架拱形移动式起重机主要用于各种海上石油钻井平台的吊装、下水以及桩腿、悬臂梁、钻机井架等平台上大型模块的整体安装，是目前全球起重能力最大的移动式起重机。

主要海洋工程建设项目

（一）荃德海工装备产业园落户江苏盐城

2014年2月23日，中国石油大学、中船重工集团第七〇二研究所、江苏省盐城市建湖县人民政府及江苏荃德集团举行荃德海工装备产业园项目合作签约仪式。荃德海工装备产业园项目是合作各方紧抓国家全面深化改革的战略机遇、准确把握国家产业政策、发挥各自特色优势、政产学研合作的重大成果，对我国海洋工程装备产业的长远发展具有重要的战略意义。落户于建湖开发区的荃德海工装备产业园主要实施海工新材料、海上钻机、水下采油装置、水下管汇、军工舰用装备等海洋工程高端装备产业链项目。产业园计划2014年3月开工建设，2015年完成约37万平方米厂房建设、设备安装调试并部分竣工投产，2017年项目全部竣工投产。

（二）中船重工海洋装备科技城项目落户青岛高新区

2014年9月3日，中国船舶重工集团公司与青岛市人民政府就海洋装备科技城项目签订协议。根据协议，中船重工集团将分别在高新区规划建设总投资约50亿，占地800亩的中船重工海洋装备研究院暨青岛国际海洋装备科技城项目和占地600亩的中船重工海洋装备产业园，围绕海洋资源开发装备、海洋环境监测系统、海洋装备研制工艺等，开展海洋水文气象观测设备、水下智能探测设备、船舶及海洋工程装备配套设备等海洋装备关键技术和产品的研发、转化、实验、服务和产业化，建成综合实力强、专业特色明显、部分专业具有国际影响力的海洋装备研发及产业化基地。预计到2020年，汇聚国内外知名海洋装备研发公司及海洋装备企业达100家，工业总产值达200亿元，初步建成以中船重工为龙头的具备科技创新、人才集聚功能、拥有较高国际知名度的海洋装备科技研发基地，带动全国海洋装备产业发展。

（三）中船海洋装备机电产业园落户南京

2014年9月21日，中国船舶工业集团公司与南京市人民政府就具体推进总投资56.3亿元的“南京中船海洋装备机电产业园项目”达成协议。中船集团根据自身发展战略和南京市产业发展需要，计划整合相关产业资源，通过科学规划、精心布局，以南京中船绿洲机器有限公司为重要依托，在南京江宁滨江经济开发区打造集研发、设计、制造为一体世界一流的海洋装备机电产业园区，以加快推进高端船舶及海洋装备机电设备产业化发展，破解我国船舶、海工等海洋装备核心关键机电配套长期依赖国外的局面，同时积极推动发展南京高端装备制造业。

（编写：唐晓丹　丁江明　王树青　李东亮）

第四章 2014中国主要海洋工程装备发展情况

2014年下半年，受全球石油价格下跌影响，世界各大石油公司大幅削减海上石油和天然气勘探生产资本支出，使得全球海工市场陷入低迷，中国海工市场也蒙受了不利影响。从政策层面看，2014年，工信部发布了《海洋工程装备（平台类）行业规范条件》等法律法规，规范和引导海工装备市场发展。从中国海洋工程装备技术的发展现状来看，中国在自升式钻井平台、半潜式钻井平台、导管架平台和FPSO、平台供应船等方面也具备了一定的发展基础，但与发达国家尚有差距。

钻井装备

海洋钻井装备作为海上油气勘探开发的重要装备之一，目前已在世界范围内受到了普遍关注。随着海洋钻井装备技术的发展，钻井装备的工作范围逐渐从浅海移向深海、由浅油气层转向深油气层、由简单地质层迈向复杂地质层等。

尽管中国海洋石油钻井装备产业发展迅速，初步具备部分深水钻井装备的设计、建造能力，但是与钻井装备产业发展成熟的国家相比，钻井装备研发设计能力仍比较落后。虽然低端装备已具备完全自主设计能力，但是高端装备，尤其是超深水钻井装备的设计、建造能力与钻井装备产业发展成熟的国家相比，仍有不小差距。从钻井装备自主设计和总包能力来看，中国除少数企业具有自升式钻井平台设计、建造的自主知识产权，能进行基本设计外，多数企业主要还是采用国外的设计。半潜式钻井平台等其他作业平台的核心技术基本依赖国外。大部分中国企业只能制造低端产品，即使能制造高端产品的企业，也不具备自主配套能力，有些产品还不具有自主知识产权，需为此付出高额的专利费。中国离海洋石油钻井装备产业先进国家还有很长一段路要走。

（一）自升式钻井平台领域

2014年1月8日，大连中远船务承建的LeTourneau Super 116E Jack Up自升式钻井平台开工。该平台基于“LeTourneau Super 116E”设计进行建造，总长70.09米，型宽62.8米，型深7.92米，桩腿长度145.3米，最大工作水深350英尺，最大勘探深度3万英尺，入美国船级社(ABS)，是大连中远船务继Foresight 1号和2号自升式平台建造项目后开工的第三个自升式平台建造项目，也是2014年大连中远船务开工的第一个项目。

2014年2月21日，在洋山港海事局的指挥调度下，第二座JU2000E型自升式大型海洋石油钻井平台靠泊上海外高桥造船有限公司海洋工程码头。JU2000E型是上海外高桥造船有限公司为国外船东承建的拥有三角形船体的自升式海洋石油钻井平台。该平台甲板面积相当于13个标准篮球场，相当于55层楼高，可居住140人。

2014年2月28日，中集来福士建造的第七座Super M2自升式钻井平台H211项目按期取得ABS证书。

2014年4月16日，中集来福士为中海油建造的“海洋石油932”自升式钻井平台交付。“海洋石油932”型长59.745米，型宽55.78米，型深7.62米，桩腿长125米，最大工作水深91米，最大钻井深度91 44米，额定居住110人，入级美国船级社（ABS）。该平台（Super M2船型）基础设计由美国Friede&Goldman公司提供，中集来福士完成详细设计和施工设计，由新加坡Ocean Challenger公司全程监造。该平台是中集来福士自2011年以来交付的第6座Super M2自升式平台。2014年上半年，中集来福士将陆续向中海油交付3座自升式平台。除“海洋石油932”外，另一座多功能自升式平台Guardian ESV2月份已完成交付并在渤海湾作业，作业情况良好。另一座Super M2自升式钻井平台于5月交付。

2014年5月20日，招商局重工海门基地为中海油田服务股份有限公司建造的“海洋石油944”自升式钻井平台正式开工，总造价14亿元人民币。“海洋石油944”自升式钻井平台可在400英尺水深内的各种海域环境条件下开展钻井作业，最大钻井可变载荷为6 500吨、最大钻井作业深度可达9 144米。其中采用大桩靴设计在全球尚属首次，填补了中国海域软层土区作业平台空缺，可同时一次定位钻探56座海底油井。作为中国实施南海战略的重大项目，这一平台预计2015年10月交付使用。

2014年6月26日，中国制造的400英尺海上自升式钻井平台在江苏南通中远船务船厂正式交付，并被命名为“凯旋一号”。“凯旋一号”作业水深400英尺，钻井深度35 000英尺，技术水平和建造质量处于全球领先水平。

2014年8月13日，中集来福士为马来西亚企业建造的最大作业水深400英尺的JU2000E型自升式钻井平台Coastal Driller 4001在山东烟台交付。这座钻井平台型长70.36米，型宽76米，型深9.45米，可以容纳140人居住。平台最大钻井深度10 668米，最大作业水深122米(400英尺)，最低作业温度零下20度，入级美国船级社。

2014年10月22日，上海振华重工自主研发的第一座JU-2000E型400英尺自升式钻井平台——“振海2号”在带缆卷扬机及拖轮的协助下，脱离半潜驳，在常熟锚地顺利下水。该平台主体型长70.4米，型宽76米，型深为9.45米。其工作水深为400英尺，最大钻井深度35 000英尺，额定人员140人，最大作业可变载荷6 488吨，入级美国船级社（ABS）。由于全球石油价格的暴跌，2014年全球钻井装备市场并不景气。中国虽然在钻井装备的新接订单量以及金额上有所下滑，但是在全球中所占比重有所上升。中国全年新承接油气勘探开发装备接单数量为78艘（座），其中主流钻井装备有22艘（座），建造支持船舶有56座。而自升式钻井平台、半潜式钻井平台等钻井装备仍然是中国企业重要的接单类型，2014年中国共获得14座自升式钻井平台订单。新接订单如表5所示。

表5　2014年新接钻井平台订单

企业	名称	数量/座
上海外高桥造船有限公司	自升式钻井平台	6
烟台中集来福士海洋工程有限公司	自升式钻井平台	3
振华重工	自升式钻井平台	2
武汉船用机械有限责任公司	自升式钻井平台	1

（续表）

企业	名称	数量/座
武昌船舶重工有限责任公司	自升式钻井平台	1
大连中远船务	自升式钻井平台	1

（二）半潜式钻井平台领域

2014年6月18日，烟台中集来福士海洋工程有限公司承建的挪威Beacon公司北海深水半潜式钻井平台Beacon Atlantic在烟台开工建造，将于2016年交付。该型深水半潜式钻井平台总长106.75米，型宽73.7米，型深42米，最大作业水深为500米，最大钻井深度为8 000米，采用GM4–D设计。这项设计是中集来福士在总结前5座系列化北海深水半潜式钻井平台设计和建造经验的基础上，与欧洲设计公司Global Maritime合作进行优化升级的，中集来福士拥有GM4–D设计80%的知识产权。该平台专为挪威大陆架和北海海域设计，可在包括北极圈内巴伦支海等所有挪威海域作业，装配国民油井华高（NOV）最新设计的井架系统，配置DP–3动力定位系统，满足挪威石油安全管理局（PSA）、挪威海事局（NMD）和挪威海上工业标准（NORSOK）的要求，入级挪威船级社（DNV）。

2014年7月1日，大船海工作为总包商为中海油田服务股份有限公司建造的“海洋石油982”（A5000–01）半潜式深水钻井平台开工。“海洋石油982”（A5000–01）半潜式钻井平台是海工公司为中海油田服务股份有限公司建造的A5000系列半潜式钻井平台的首制产品。这是一种安全、可靠、高效的深海钻井平台，它具备DP–3能力，最大作业水深1 500米（5 000英尺），钻井深度可达9 144米（30 000英尺）。平台适应在世界范围内全年作业，尤其适用于中国南海。

2014年10月25日，中集来福士为中海油服建造的“兴旺号”深水半潜式钻井平台在渤海海域试航。“兴旺号”深水半潜式钻井平台型长104.5米，型宽70.5米，型高37.55米，最大工作水深1 500米，最大钻井深度7 600米，额定居住人员130人。上面配置了世界最先进的钻井系统（NOV）和DP–3动力定位系统，是我国最先进的深水半潜式钻井平台之一。

（三）钻井船方面

2014年1月1日，3 000米超深水DP–3动力定位的第六代钻井船生活模块N612在上海中远船务点火开工。N612钻井船生活模块长28.7米，宽36.5米，高23.7米，建成自重达1 900吨，其中钢结构约800吨；内安装应急电力系统、集成控制系统、内外通系统等，由上海中远船务负责设计、建造和调试。该项目设计难度大，建造技术要求高，在国内尚属首例，完工交付后，将打破国外此类项目的长期垄断。

2014年4月22日，广东中远船务为新加坡Energy Drilling公司设计建造的海洋辅助钻井驳船“Edrill–1”签字交付。该船是广东中远船务建造的首艘海洋钻井辅助驳船，总长99.97米，宽29.87米，型深11.35米，可供170名船员生活居住，其功能主要是为边际油田提供钻井、修井服务，或为需插桩定位的海域进行钻井作业，作业水深可达到2 000米，钻井深度可达5 000米以上。

2014年4月30日，上海船厂船舶公司为华彬集团OPUS公司建造的TIGER 2钻井船在崇明基地“新祥生”坞内缓缓下水。该船是TIGER系列钻井船中的第二艘，于2013年3月27日开工建造，2013年12月28日入坞铺底，4个月坞内实现了12只总段搭载。

2014年11月8日，中国首艘智能化、拥有完全自主知识产权的3 000英尺深水钻井船“OPUS TIGER1”号命名仪式在上海举行。该船由上海船厂船舶有限公司承担设计、建造、总包任务，最大工作水深为5 000英尺，总长170.3米，型宽32米，定员150

人，其船舶管理系统、中压变频管理系统和排管等系统都完全实现了智能化。

2014年，尽管海上钻井承包商闲置或拆解更多的钻井船及钻井平台以应对可能比预期更长的市场低迷，但是中国各船厂仍然依靠本身的实力，承接了部分半潜式钻井平台和钻井船订单。其中包括5座半潜式钻井平台订单，以及少量钻井船订单。在半潜式钻井平台领域，烟台中集来福士表现突出，新接了2座订单；江苏新扬子造船有限公司不仅获得了2座订单，其中还包含了2座备选（见表6）。

表6　2014年新接半潜式钻井平台和钻井船订单

企业	名称	数量(座/艘)
江苏新扬子造船有限公司	半潜式钻井平台	2
烟台中集来福士	半潜式钻井平台	2
宏华集团	半潜式钻井平台	1
烟台中集来福士	多功能钻井船	1
上海船厂船舶有限公司	钻井船	2

生产装备

2014年初，惠生海洋工程有限公司宣布与美国新泽西州VGS公司签署协议，为该行业提供全球首个驳船装载的浮式LNG再气化装置(LNG-FRU)，该装置将安装于印度近海。该FRU装置为VGS所有，将在一个新建的非自航式驳船上执行再气化任务，每日气体输出最大值可达1 000MMscf。该装置被固定在一个距离印度东海岸安得拉邦省约8千米近海、位于卡基纳达港东北的码头结构上，在一个为LNG商运储罐用作卸载处的固定浮式存储装置旁边。另外，该FRU的规模能够灵活调整以适应未来再气化扩能的需求，例如在未来几年内可增产750MMscf/d气体以满足该区域迅速增长的天然气需求。基于签订的协议，惠生海洋工程将负责该装置的设计、采购、建造、安装以及调试的一站式交钥匙服务。项目由公司上海运营中心主导，在惠生全资拥有的南通生产基地建造。

2014年7月，大连船舶重工集团有限公司成功承接了GE公司2艘FPSO的4个模块建造项目。该项目包括FPSO的主发电机控制间和自动电气模块两个模块建造。钢结构总量约1 022吨，油漆面积约22 100平方米，电缆敷设约47.5千米。计划2015年底交付。

2014年8月5日，舟山中远船务承建的FPSO P68项目顺利铺底。P68项目总长305米，型宽54米，型深31米，主要用于油气分离、处理含油污水、动力发电、供热、原油产品的储存和运输，是集人员居住与生产指挥系统于一体的综合性大型海上石油生产基地。该船具有抗风浪能力强、适应水深范围广、储/卸油能力大，以及可转移、重复使用等优点，广泛适用于远离海岸的深海、浅海海域及边际油田开发。

2014年8月22日，大船重工为中国海洋石油总公司建造的“海洋石油118”FPSO-6号船签字交工。该项目合同周期仅21个月，打破了历次承接FPSO周期的最短记录。该项目是中国南海首艘采用双底双舷侧船体结构，国内首艘压载舱涂层执行PSPC标准、结构疲劳设计寿命为30年、15年单点不解脱、不进坞，且要求满足南海500年一遇台风不解脱条件的FPSO。

2014年10月24日、27日，由大连中远船务为巴西ENSEADA公司及日本MODEC改装的FPSO“PETROBRAS 76”轮和“阿尔加维”轮正式完工交付，两艘FPSO最终将服役于巴西国家石油公司。“阿尔加维”轮改装后的系泊方式为发散式系泊，原油处理能力15万桶，天然气800万立方米，储油能力160万桶，作业水深达2 300米。改装过程中的火炬塔结构吊装，高度约150米，达到了中远船务历史性最高。“PETROBRAS 76”轮改装过程中，船东先后追加了3次合同，在大连中远船务完成了近100%的钢结构工程，90%的涂装工程和70%的管系工程及部分电器和风道工程。

2014年12月1日，蓬莱巨涛海洋工程重工有限公司接获关于YAMAL LNG项目中另外两条生产线模块建造工作量的确认函。该项目建造总周期约为36个月。2014年8月，蓬莱巨涛与海外承包商Yamgaz公司签订建造合约，承接俄罗斯YAMAL液化天然气项目的模块建造，为迄今蓬莱巨涛承接的最大规模建造合约。连同近日接获的海上天然气田平台制造及FLNG模块建设等项目，蓬莱巨涛自2014年7月至今接获并确认生效的订单总金额约为人民币42亿元(约相当于53亿港元)。

表7 2014年新接主要生产装备订单

企业	名称	数量/座
烟台中集来福士	自升式天然气压缩平台	1
武汉船用机械有限责任公司	自升式海工平台	3
惠生海洋工程有限公司	LNG-FRU	2

海洋工程船舶

2014年国际原油价格暴跌导致石油公司不断削减海洋油气勘探开发投资，海上钻井活动随之减少，钻井平台市场也因此深受影响。同时，浮式生产市场的成交量在2014年也受到不利影响。随着各种生产平台的订单数的减少，使得主要为大型生产装备提供服务的海洋工程船舶的需求也出现大幅下降。其中，平台供应船（PSV）下滑幅度最大，三用工作船（AHTS）受钻井平台尤其是自升式钻井平台订单下降的影响，订单量也有所下滑。而其他海工辅助船虽然整体成交量减少，但也不乏市场表现较好的船型。得益于新交付的平台产生大量运输需求，2014年，半潜运输船成交量锐增。此外，水下施工船、潜水支持船、居住平台等船型成交较为平稳。

尽管市场环境不佳，但是中国船企和海工骨干企业凭借自身优势，继续以低首付、低总价的优惠条件抢单，在细分市场的市场份额继续提升。从2010年之后，中国OSV手持订单总量就超越韩国、新加坡等国，成为世界OSV建造大国。中国企业建造的主要船型为平台供应船、三用工作船等。

2014年1月3日，由江苏省镇江船厂（集团）有限公司为美国潮水公司批量建造的VARDPSV08全电力推进海洋石油平台供应船首船在镇江船厂顺利下水。该船是我国内首次采用西门子最先进的BlueDrivePlusC交-直-交电力供应系统，运用变频电力驱动技术，大幅度提高船舶运行效率，降低能耗，减少氮氧化物和温室气体的排放；船体采用高强度钢减轻空船重量，实现了同类船舶甲板载货能力的最大化。该船的外观设计采用了海洋工程船舶领域世界顶级流线型清洁设计，满足ABS船级社A1OFFSHORESUPPORTVESSEL、AMS、ACCU、DPS-2、ENVIRO、UWILD、HAS、FIRFIGHTINGVESSELCLASS1等最新入级标志要求，处于同类产品的国际领先水平，代表了当今全球范围PSV船舶的发展潮流。

2014年初，江苏新东方海洋装备有限公司开工建造江苏首艘PSV海洋平台供应船。该供应船型号为UT755，总长76.7米，型宽16米，最大吃水约5.8

米，入级挪威船级社，建造周期为18个月。公司还和新加坡船东签订了CJ–46型钻井平台（2+4）建造合同意向书，获得大型海工平台的订单。

2014年1月8日，南通中远船务为船东公司设计建造的海洋铺管船“顺峰1号”前往舟山海域进行航行试验和动力定位系统调试。“顺峰1号”铺管船全长153.6米，型宽35米，型深9.8米，自重12 520吨。该船设计严格遵循ABS（OSV–2012）、特种船舶规范SPS设计要求和IMO(Safe return to port)最大限度的保障海上救生要求，最大作业水深可达1 500米，可同时用10点锚泊系统在200米浅海工作，拥有DP–3动力定位系统，具备1300吨起重能力。

2014年1月，太平洋造船建造的ULSTEINPX105系列平台供应船（PSV）“SeaSpear”号正式交付挪威船东DeepSeaSupply。该船由DeepSeaSupply和BTGPactual共同拥有，双方各占50%股份。PX105系列大型平台供应船采用X–BOW型船体设计，长88.9米，宽19米，为4 700载重吨，可容纳23人。该船具有成本效益和节约燃油，船员不仅更舒适，还提高了航行的安全性。

2014年2月，南通润邦海洋工程装备有限公司首制60.5米 AHTS开工。该船设计总长60.5米、型宽15.8米、型深6.5米、吃水5.2米；两台主机总功率5 150BHP，配备CPP可调桨、艏艉侧推、DP–2动力定位系统和FI–FI一级外消防系统，服务航速12节，系柱拉力65吨，满足海上钻井平台及大型设施的拖带、定位、锚泊、救援作业要求，可以为平台运送燃油、淡水、钻井水、盐水、泥浆、干散料等物资和少量人员。该船是润邦海洋为新加坡Martens Marine公司建造的，也是继PX121系列船后开工的又一型海工辅助船舶。

2014年3月21日，广东中远船务承建荷兰VROON B.V公司的第四艘平台供应船N571顺利开工。该船全长83.4米，宽18米，型深8米，设计吃水6.7米，航速14.5节，甲板面积达830平方米，达4 200载重吨，同时配备DP–2动力定位系统。

2014年4月，由扬帆集团舟山船厂为浙江新润海运建造的73M海洋平台供应船成功交付使用。该船是舟山市首艘交付使用的海洋平台供应船，总长73.30米，型宽17.00米，设计吃水5.50米，入中国船级社。

2014年4月，由MAC和马尾船厂共同设计的系列60米长DP–2 PSV中的首艘船已在中国福建马尾船厂下水了。该型新船是基于过去8年MAC投资建造的系列9艘58米长PSV之后的又一系列船。此次的新版60米长设计采用了所有最新的船级社规则和法规，满足船级社和挂旗国的要求，能为50人提供住宿，下甲板预留了一台船用起重机的空间。下水的首艘船按照美国船级社规则建造，入级ABS A1、(E)海上支援船、FFV–1、SPS、AMS、DPS–2等符号。

2014年4月25日，芜湖新联造船有限公司为新加坡建造的64米海洋平台供应船在三山新厂成功交付。这标志着该公司建造国际高端海工船取得了新的突破，也填补了安徽省船舶工业进军国际高附加值海洋工程船领域的空白。据悉，64米平台供应船属于当前世界上高附加值海洋工程船之一，船体为钢质全焊接结构，由两台主机驱动两台全回转舵桨装置推进，并配备国际先进的动力定位系统（DP–2）。该船总长64米，型宽16米，型深6.5米，垂线间长57.6米，设计吃水4.9米，结构吃水5.4米。全船配员60人，无限航区航行，主要能够实现在钻井平台和岸线间运送甲板货物、淡水、燃油、散装水泥、泥浆、钻井水、盐水、甲醇及类似化学品，常用物资或设备等，并还兼有对外消防功能，救助功能和溢油回收功能。

2014年5月，中国浙江造船向船东Seatankers深海供应部门交付平台供应船“Sea Springer”号。该型船长88.9米，型宽19米，配备了柴电推进系统，货物甲板面积大约1 000平方米，4 500载重吨。由Ulstein提供设计及各种设备包，包括所有的配电和电力推进系统、桥楼和通信系统等。6月，中国浙江造船“Sea Supra”号平台供应船交付使用。

2014年6月9日，航通船业一艘65米抛锚供应船顺利交付。该船全长65米，型宽16.8米，型深7米，航行于无限航区。该船同时具备岸上和海洋平台之间的一般材料、设备和人员的运输、离岸平台拖吊、锚操作、溢油回收、外消防等功能。其设计满足特种用途船舶安全规则（SPS2008）和海事劳工公约（MLC2006）的要求。

2014年7月15日，广东中远船务为新加坡CHELLSEA公司建造的第三艘海洋工程平台供应船UT771-WP（N605）顺利开工。该平台供应船全长85.7米，宽18米，型深7.8米，甲板面积约840平方米，载重达4 400吨，满足DYNPOS AUTR动力定位能力的要求。

2014年9月5日，振华重工为海隆石油工业集团有限公司建造的一艘3 000吨浅水石油铺管起重船成功交付并正式命名为“海隆106”。此次交付的3000吨浅水起重铺管船是振华重工根据客户需求量身订做的市场热销船型。该铺管船具备水下8至300米铺管能力，铺管管径为6至60英寸(含包敷层)。船舶在固定起重高度30米的状态下，预计最大起重能力为3 000吨，在全回转35米的状态下预计最大吊重为2 000吨。

2014年9月23日，中集来福士建造的2艘5万吨半潜运输船同时在烟台基地出坞。在坞内期间，完成了所有计划工作内容，同时，还顺利完成了应急发电机动车及负载试验、主发电机动车等一系列重要的交验项目。

2014年10月23日，粤新海工一艘58.7米锚拖供应船SC Universe正式交付给泰国客户。该船是粤新海工建造的58.7米系列船的升级优化产品。SC Universe已入级美国船级社（ABS），船级符号包括XA1, Towing Vessel, Anchor Handling Vessel, Fire Fighting Vessel Class 1, Offshore Support Vessel, E, XAMS, XDPS-1。动力系统配备两台马力为5 150匹的CAT 3516C主机，符合美国环境保护署（EPA）所颁布的海洋2层商业法规。推进系统配备两台8吨Kawasaki艏侧推和一组Becker高程性能舵。同时船上的Kongsberg定位系统功能让船舶在4级浪高和7级风速以及洋流在2节的恶劣环境中仍能正常操作，并可胜任各种离岸海洋工程支持工作。

2014年11月10日和11日，润邦海洋工程装备有限公司分别为新加坡Martens Marine、ITG建造的60.5米 AHTS、PX121H平台供应船相继成功下水。PX121H载重量为4 000吨，系挪威Ulstein设计的中高端、电力推进的中型PSV。该船型长83.4米，型宽18米，货舱甲板面积840平方米，能装载燃油、淡水、压载水、钻井水和水泥多种货物；其独特的X-Bow船艏设计，可有效减少海浪抨击，保持航速稳定，并可显著降低噪声等级。该船同时满足DNV GL船级社DYNPOS-AUTR(DP-2)动力定位要求和“Clean Design”标准，具有装载能力大、适航性好、操作灵便等特点，同时还具备了绿色环保的优点。系柱拉力65吨的AHTS船长60.5米、型宽15.8米、型深6.5米，配备CPP可调桨、艏艉侧推、DP-2动力定位系统，为KCM 58.7米AHTS设计的改进版。该船入级ABS船级社，可满足海洋钻井平台等大型设施的拖带、定位、锚泊、救援作业要求，也可以为海工平台运送物资和少量人员。

2014年12月8日，芜湖新联造船厂为新加坡船东建造的首艘70米潜水支持船按期交付。该船总长70

米，垂线间长62.4米，型宽16.6米，型深7.2米，设计吃水5.6米，结构吃水5.9米，最大2 800载重吨，定员60人，航速12.5节。该船船体为钢质全焊接结构，双全回转舵桨装置柴-电推进系统。该船的设计满足2008年版特殊用途船舶安全规则及2006年版海事劳工公约要求。燃油舱为双壳保护，满足国际防止船舶造成污染公约附则1第12A条要求。该船主要用于近海区域遥控水下机器人和潜水支持，在钻井平台和岸线间运输淡水、柴油、常用材料和设备等物资，服务于无限航区。

表8　2014年部分企业新接海洋工程船舶订单

企业	名称	数量/艘
招商局工业集团	潜水支持船	1
振华重工	潜水支持船	2
振华重工	深水起重铺管船	1
厦船重工	平台供应船	5
广东中远船务	平台供应船	12
武船	平台供应船	8
武船	起重铺管船	1
武船	三用工作船	3
南通润邦海洋工程装备有限公司	平台供应船	2
芜湖新联造船厂	平台供应船	2
镇江船厂	平台供应船	1
马尾船厂	平台供应船	1
太平洋造船	三用工作船	3
太平洋造船	平台供应船	5
太平洋造船	锚拖供应船	4
南通通顺船舶	锚拖供应船	2
舟山五洲船舶修造有限公司	平台供应船	1
东南造船厂	锚拖供应船	2
大连中远船务	海底工作船	4
上海佳豪	三用工作船	2

海洋工程配套

2014年1月2日，武汉船机与烟台中集来福士成功签订了3 200吨液压插销升降系统（1+7）设备合同。该项目船东是马来西亚某公司。此次承接的3 200吨液压插销升降系统是目前国内建造的举升能力最大的液压插销式升降装置。

2014年1月5日，武船为巴西国家石油公司制造的世界最大型水下立管支撑浮体上的首套刚性立管在水下安装成功。这是世界上首次受压的刚性立管与海底浮体系统的成功配合安装，现在已进入第一批刚性立管的预调试阶段，很快将交付巴西国家石油公司。交付后，刚性立管系统将和海上浮式储油船FPSO进行连接投入到海底石油天然气的生产中。首套立管成功安装到武船生产制造的浮体系统上，证明了这一世界首制装备在实践中的可操作性。

2014年初，华菱集团衡钢公司与中船集团黄埔造船有限公司签订了1 356吨自升式海洋钻井平台桩腿支撑用管合同，在国内同品种中创造了钢级最高、壁厚最大两项记录。中国以往X80钢级以上的海洋钻井平台支撑用管基本依靠进口，因此此次海洋钻井平台承建方向国内钢管生产企业下达的1 300多吨X100钢级钢管订单具有重大意义。

2014年4月23日，武汉船机500吨拖鲨鱼钳通过CCS空载试验船检，各项性能指标满足技术规范。该项目是武汉船机为一艘78米三用工作船配套提供，前期武汉船机为该船提供了两台国内自主研制的最大吨位——350吨双滚筒拖缆机。鲨鱼钳主要用于辅助350吨双滚筒拖缆机实现拖带、起抛锚等工作。与常规项目相比，鲨鱼钳具有吨位大、控制精度高等特点，技术设计及现场装配调试难度较大。

2014年5月6日，由振华重工提供全套桩腿、升降系统和电控系统的一艘阿联酋起重工程船顺利完成全程升降测试，成功交付用户。这是国产海工核心配套件首次出口国外，打破了海外市场垄断的局面。

2014年5月，武汉船机为300英尺自升式海洋钻井平台研制的核心设备、中国首套具有自主知识产权的电动齿轮齿条升降系统和锁紧装置通过国家科技部验收。此次研制的电动齿轮齿条升降系统采用变频电机驱动，锁紧装置采用液压驱动锁紧方式，完成平台与桩腿间力的传递。该课题来自于国家高技术研究发展计划项目（863计划）。由于目前国内自升式钻井平台升降系统和锁紧装置基本依赖进口，此项目研制成功，突破了国外对该产品的技术封锁，打破了这一领域长期被国外供应商垄断的局面，提高了海洋工程装备设计的自主配套能力。

2014年6月12日，武汉船机研制的首个自主设计制造船艉A型吊架及拖缆绞车顺利完成空载、负载、超载、张力标定、耐久等五项试验，各项数据达到设计要求，通过出厂验收。船艉A型吊架及拖缆绞车，是一种拖缆机和门架吊机的组合式产品，安装在布缆船上，用于海缆埋设机的吊放和拖曳的作业，为布缆船的重要配套设备。

2014年7月28日，渤海船舶重工与第七六〇研究所签订两艘海上系泊测试平台建造工程合同。这是渤海船舶重工与第七六〇研究所的首个合作项目，也是其首次承接该类型船舶的建造合同。

2014年8月10日，武汉船机首台250吨三滚筒拖缆机通过会检。该拖缆机是武汉船机为上海船厂12 000HP三用工作船配套，船东为中海油服，是国内首次自主研制的250吨三滚筒拖缆机，产品采用了五对离合器实现任意两个滚筒的联动，而国外进口的三滚筒拖缆机采用四对离合器仅能实现每个滚筒单独动作。同时，产品首次采取工控机技术对设备进行全程电脑监控，首次使用环网冗余控制技术，使设备更加智能化，系统更稳定，技术达到国际领先水平。

2014年11月，上海电气携Cyeco船舶压载水处理装置参加了第十六届中国国际工业博览会，并展示了在能源、工业及现代服务业等多个领域的国际领先技术产品及创新服务水平。作为船舶配套行业的领先制造商，上海船研环保的Cyeco压载水处理系统无论在技术研发上，还是在生产工艺上都有着绝对的行业优势。船研环保Cyeco压载水处理系统已经获得了IMO及CCS、ABS、USCG-AMS、LR等多家权威船级社的认证，并已成功安装在海工船、科考船、散货船、集装箱船、油船等多种船型上。

2014年11月，由南京高精船用设备有限公司申报的大功率海工可调桨推进系统项目喜获中国机械工业科学技术三等奖。南京高精船用研发的大功率可调桨推进系统主要用于海工工程船上，是海工领域的高端核心配套部件。该系统由桨毂组件、轴系组件、配油器、液压系统、电控系统和齿轮箱组成，采用大功率条件下的桨毂、齿轮等关键零部件的有限元疲劳强度分析方法，基于优化概念的大型号齿轮箱的减重设计方法，基于面元法计算桨叶水动力性能，长轴系校中分析，长轴系液压站稳定性设计，大扭矩离合器设计，考虑多因素影响齿轮啮合设计等等。南京高精船用自主研发的可调桨和齿轮箱系列产品桨毂最大直径可达1 560毫米，桨叶的最大设计直径可达6 700毫米，齿轮箱最大中心距可达1 550毫米，最大传递扭矩可达160kW/rpm，最大推力达到180吨。

2014年11月24日，天津惠蓬海洋工程有限公司与招商局重工有限公司签署了“GUSTO MSC CJ50-X120-E”型自升式钻井平台桩腿及有关配件的制作合同。根据合同，天津惠蓬将进行配备在COSL“HYSY944”号上的桩腿制作、安装以及建设工作。该HYSY944号将成为中国海洋石油总公司首次经营的“大型Pile Shoe自升式平台（可以在脆弱的水下地面上经营）”，最大作业水深400英尺，最大钻井作业深度30 000英尺。同时，该平台的桩腿主要配件采用“EQ70”特殊钢材，在零下20摄氏度的海域上可以顺利进行钻井工作，该HYSY944号预计在2016年交付。

2014年12月8日，武汉船机与上海佳豪船舶工程设计股份有限公司签订能力共享合作协议，依托武汉船机的船海工程装备系统集成和功能性辅助平台总成建造能力与上海佳豪的船海工程总体设计及总成建造能力，推动互利双赢发展。双方合作范围包括但不限于功能性辅助平台总体设计与总成建造；锚绞舵吊等甲板机械、甲板拖带系统、推进及动力定位系统、平台升降系统、锚泊定位系统、以及有关新型特种装备研制配套与系统集成。

（编写：闫　阳　曲　杰　刘祯祺　王　科）

第五章 2014中国海洋工程装备技术发展情况

海洋工程装备技术研发

钻井装备方面，相关装备技术研发取得重要进展。由哈尔滨工程大学与大船重工等合作设计的我国120米及以上水深自升式钻井平台自主研发项目产品在市场投标中获得订单，打破了我国百米水深以上大型自升式钻井平台设计长期依赖国外技术的局面；振华重工为新加坡KS能源公司建造的首座300英尺自升式钻井平台建造完工，振华重工拥有该平台100%设计自主知识产权，该平台也是核心配套件国产化程度最高的钻井平台，填补了我国在钻井平台自主设计、核心配套件等相关领域的技术空白，其升降系统、锁紧系统、悬臂梁及钻台滑移系统、桩腿材料、主配电系统、克令吊等核心配套件均由振华重工自主设计、制造，平台国产化配套件比例高达20%，远高于国内5%的平均水平；中远船务集团所属南通中远船务设计建造的LeTourneau Workhorse自升式钻井平台“凯旋二号”是我国建造的自升式钻井平台中规格最高的平台之一，技术水平和生产能力处于全球领先水平，中远船务拥有生产设计和详细设计自主知识产权。

生产装备方面，在多类相关装备技术领域有新的进展。中集来福士建造的Taisun 200B自升式气体压缩平台是中集来福士自主设计的第一座自升式生产平台；国内首艘中小型LNG运输船“海洋石油301”在上海江南造船厂下水，该船可装载3万立方米的液化天然气；江苏韩通船舶重工有限与CIMC ENRIC SJZ GAS签订了全球首艘CNG（压缩天然气）运输船建造合同，该船由中集海洋工程设计研究院设计；惠生海洋工程有限公司（下称“惠生海工”）与美国Vessel Gasification Solutions （VGS）签署一份具有约束力的协议，为其提供首个驳船装载的浮式LNG再气化装置（FRU），该FRU的规模能够灵活调整以适应未来再气化扩能的需求，惠生海工将负责该装置的设计、采购、建造、安装以及调试的一站式交钥匙服务；大连中远船务承建的因泰型28 000立方米LNG运输船（N588）开工，该船是国内首艘绿色新能源标准船舶，其船型集成了当今世界LNG运输船最先进的技术，是采用C型液货舱型式和双燃料主机推进系统方式的中小型LNG运输船。

海洋工程船舶方面，中远船务设计建造的世界先进特种深水铺管重吊船“顺峰1号”、“顺峰2号”系列铺管船集输油管道加工、敷设、安装和起重功能于一体，可同时用10点锚泊系统在200米浅海工作，也可以利用DP-3级自动定位功能在1 500米深海工作，中远船务拥有该系列船详细设计和生产设计的自主知识产权，为我国建造大型特种深水铺管重吊系列船积累了宝贵经验。

海洋工程配套方面，武汉船机成功研制出国内首台组合拖缆吊车及国内首套自升式9 000米海洋

表9　2014年海洋工程装备的重点科研方向

<table>
<tr><td rowspan="23">工程与专项</td><td rowspan="10">深海天然气浮式装备（一期工程）</td><td>天然气液化系统设计、集成及试验验证</td></tr>
<tr><td>天然气预处理用大型塔器研制</td></tr>
<tr><td>天然气液化用大型混合冷剂压缩机研制</td></tr>
<tr><td>天然气液化用大型板翅式换热器冷箱研制</td></tr>
<tr><td>海水-混合冷剂换热器研制</td></tr>
<tr><td>LNG液力透平研制</td></tr>
<tr><td>天然气液化系统硫回收装置研制</td></tr>
<tr><td>LNG蒸发汽再液化装置研制</td></tr>
<tr><td>货物外输/转驳装置研制</td></tr>
<tr><td>LNG潜液泵研制</td></tr>
<tr><td rowspan="2">自升式平台品牌工程</td><td>自升式钻井平台</td></tr>
<tr><td>自升式作业支持平台</td></tr>
<tr><td rowspan="11">水下油气生产系统（一期工程）</td><td>水下控制系统与关键设备研发</td></tr>
<tr><td>水下安防系统工程化研制</td></tr>
<tr><td>水下混输增压泵研制</td></tr>
<tr><td>水下两相湿气流量装置研制</td></tr>
<tr><td>水下阀门工程化研制</td></tr>
<tr><td>水下工程安全作业仿真测试装备研制及关键技术研究</td></tr>
<tr><td>水下多路液压快速接头及单路液压接头研制</td></tr>
<tr><td>水下湿式电气通用接头及水下电缆小型连接器研制（Ⅰ期）</td></tr>
<tr><td>水下通用仪控部件研制（Ⅰ期）</td></tr>
<tr><td>水下控制系统对接盘、锁紧机构研制</td></tr>
<tr><td colspan="2" rowspan="4">特种作业装备
10万吨级半潜工程船自主研发
3 000米深潜水作业支持船自主研发
海工装备建造专用大型超吊高浮吊船自主研发</td><td>500米水深油田生产装备TLP自主研发</td></tr>
<tr><td></td></tr>
<tr><td></td></tr>
<tr><td></td></tr>
<tr><td colspan="2" rowspan="4">关键系统和设备
海洋大功率往复式压缩机研制
高性能大型拖缆机关键技术及核心部件研制
FPSO失效数据库及风险评估系统研发</td><td>浮式钻井补偿系统研制</td></tr>
<tr><td></td></tr>
<tr><td></td></tr>
<tr><td></td></tr>
</table>

模块钻机井架；宏华集团研制成功全球起重能力最强的“宏海号”起重机；振华重工研制成功国内首个钻井VFD控制系统，并已成功安装于“振海2号”，并且国内首批带升降功能的大功率动力定位推进系统完工；我国首艘千吨“浮式滑移扒杆”起重机通过评审；由上海中远船务负责设计、建造和调试的世界最先进的3 000米超深水DP-3动力定位的第六代钻井船生活模块N612在上海中远船务点火开工，该项目设计难度大，建造技术要求高，在国内尚属首例，完工交付后，将打破国外此类项目的长期垄断。

海洋工程科研项目

（一）工业和信息化部海洋工程装备科研项目

为进一步落实《“十二五”国家战略性新兴产业发展规划》和《海洋工程装备制造业中长期发展规划》，实施《海洋工程装备工程实施方案》，加快提升海洋工程装备制造业创新能力，在调整和修订《海洋工程装备科研项目指南（2013版）》的基础上，工业和信息化部编制发布了《海洋工程装备科研项目指南（2014年版）》。

该指南从工程与专项、特种作业装备、关键系统和设备三个方面，提出了2014年海洋工程装备制造业的重点科研方向。提出实施深海天然气浮式装备（一期工程）、自升式平台品牌工程、水下油气生产系统（一期工程）等工程与专项。《指南》提出了2014年海洋工程装备制造业的40余个重点科研方向（见表1），旨在通过这些项目的实施，大幅提升中国海洋工程装备制造业的创新能力。

（二）工业和信息化部 2015 年智能制造专项项目

智能制造已成为当今全球制造业发展趋势，是我国今后一段时期推进两化深度融合的主攻方向。为推进智能制造发展，2015年3月9日，工业和信息化部下发了《2015年智能制造试点示范专项行动实施方案》，决定自2015年启动实施智能制造试点示范专项行动，以促进工业转型升级，加快制造强国建设进程。将聚焦制造关键环节，在基础条件好、需求迫切的重点地区、行业和企业中，选择试点示范项目，分类开展流程制造、离散制造、智能装备和产品、智能制造新业态新模式、智能化管理、智能服务等6方面试点示范。

在《2015年智能制造试点示范专项行动实施方案》的指导下，2015年6月，国家工信部公布了2015年智能制造专项项目，94家公司的相关项目获入选，其中船舶与海洋工程领域的专项项目如表10所示。

表10 2015年智能制造专项项目表（船舶与海洋工程领域）

序号	申报单位名称	项目名称
1	上海振华重工（集团）股份有限公司	海洋工程装备智能制造综合标准化试验验证
2	中国船舶重工集团公司第七一六研究所	大型船舶分段焊接智能车间参考模型研究
3	上海船舶工艺研究所	海洋工程装备及高技术船舶智能制造综合标准化试验验证研究
4	烟台杰瑞石油装备技术有限公司	面向海洋油气装备的网络化协同制造
5	重庆红江机械有限责任公司	高技术船用新型柴油机燃油喷射系统智能制造新模式应用项目

（三）国家发改委海洋工程装备科研项目

2014年国家发改委继续组织实施海洋工程装备研发及产业化专项。根据“市场为牵引、创新为驱动、总装为龙头、配套为骨干”的发展思路，按照《海洋工程装备工程实施方案》中明确的重点内容，结合海洋工程开发进展需要，以国内国际两个市场需求为导向，通过总装制造带动配套设备，着力突破海洋勘探装备、钻采设备、运输装备、生产装备、工程船舶的设计建造核心技术，全面提升自主研发和设计、专业化制造及配套设备能力，为我国发展海洋经济提供有力支撑。

根据《海洋工程装备工程实施方案》安排，结合我国海洋工程装备研发及产业化基础，市场需求和工程订单情况，专项采取自上而下、上下结合的方式组织申报。基本原则如下：

一是战略导向。按照《海洋工程装备工程实施方案》明确的海洋工程装备创新发展目标和重点内容，分批推进海洋工程主力和新型装备、关键配套装备和系统的研发及产业化，不断提升我国海洋工程装备自主创新能力和研制能力。

二是订单优先。按照海洋工程装备发展的市场需求，对已获得工程设备的装备或设备研制，优先予以支持。对于水下关键设备和系统，重点支持已落实应用工程的项目。

三是技术先进。主要面向深远海油气开采，重点支持代表国内先进水平且实用的技术装备。

四是统筹兼顾。针对需求，开展部分关键装备的工程化设计和论证，适当兼顾前瞻性研究，为未来海洋工程装备发展做好技术储备。

2014年专项支持研发重点及目标如表11所示。

表11　2014年重点支持项目

类别	研发重点	研发目标
主力海洋工程装备及配套设备和系统研发及产业化	1. 大型海上天然气浮式存储和再气化装置（LNG-FSRU）	完成27万立方米LNG-FSRU设计和实船建造
		实现浮式LNG再气化系统、电动超低温潜液泵、超低温管罚系统、双燃料发电机组、海水源热泵机组等配套设备和系统的产业化
	2. 深水半潜式生产平台	完成设计和实船建造
		实现大型电站及相关设备系统、油气生产处理系统等配套设备和系统的产业化
	3. 深水半潜式生产平台（FPS）	完成30万吨级FPSO的设计和实船建造（改造）
		实现惰性气体系统、生活模块系统、自动化集成控制系统等配套设备和系统的产业化
	4. 3 000米深水完井修井船	完成设计和实船建造
		实现可伸缩全回转推进器、自安装钻井模块等配套设备和系统的产业化

（续表）

类别	研发重点	研发目标
主力海洋工程装备及配套设备和系统研发及产业化	5. 超大型油轮用海上浮式系泊和原油输送装置	实现具备系泊30万吨油轮能力、作业水深100米的超大型油轮海上浮式系泊和原油输送装置的设计和实船建造
		实现水下管汇、流体旋转接头等配套设备和系统的产业化
	6. 海上油田溢油回收船	完成溢油回收舱容2 000立方米、溢油回收能力达到400米/小时的大型环保船设计和实船建造
		实现溢油回收装置、溢油检测系统等配套设备和系统的产业化
新型海洋工程装备研发	1. 新型立柱式生产平台（SPAR）	完成1 500米水深SPAR基本设计并通过船级社审核，力争取得工程订单
	2. 深海油气工程专用移动工作站	完成1 500米水深、排水量800吨的深海油气工程专用移动工作站设计并通过船级社审核
海洋工程水下关键设备和系统研发及产业化	1. 大型水下作业机器人（ROV）	完成主要用于海上平台的水下检测、钻探和支持及海底管线安装、维护等工作的大型水下作业机器人的工程化应用研制，并通过船级社审核，实现海底作业任务的工程应用示范
	2. 水下生产系统连接设备	完成水下连接器研制并通过船级社审核，建立水下连接设备设计、生产、测试、安装服务体系，实现海底作业任务的工程应用示范
	3. 海底管道检测系统	完成300米内海底管道检测系统的研制并通过船级社审核，实现海底作业任务的工程应用示范

（四）国家发改委新兴产业重大工程包

2015年7月，国家发改委公布将组织实施新兴产业重大工程包。通过政策引导和适当的投资支持，探索政府支持企业技术创新、管理创新、商业模式创新的新机制，增强发展新兴产业、新兴业态的动力，拓展新的投资领域，释放消费需求潜力，形成新的经济增长点。2015–2017年，将重点实施包括海洋工程装备工程在内的六大工程建设。

其中，海洋工程装备工程方面，重点突破深水半潜式钻井平台和生产平台、浮式液化天然气生产储卸装置和存储再气化装置、深水钻井船、深水大型铺管船、深水勘察船、极地科考破冰船、大型半潜运输船、多缆物探船等海洋工程装备及其相关配套系统和设备的设计制造技术，并通过海上试验和实际应用，发挥示范带动作用，促进创新成果向工程化和产业化的转化能力。通过工程实施，基本形成健全的研发、设计、制造和标准体系，推动我国海洋工程装备创新发展，自主设计、总包建造、核心设备配套等能力明显提升，海洋工程装备产业结构得到持续优化，创新成果工程化和产业化能力显著提升，产业协调发展，对国家重大需求的支撑作用和国际竞争力进一步增强。海洋工程装备产业重大工程包2015-2017年度实施重点如表12所示。

表12　海洋工程装备产业重大工程包2015-2017年度实施重点

年度	工程重点	内容
2015 年	1. 深水半潜式钻井平台	工作水深1 500 米以上，最大钻井深度9 000 米以上，可变载荷5 000 吨以上，自主设计建造；实现污水处理装置、高低压变配电设备、燃油供给系统、空压机组、空调设备等系统和设备的自主研制和配套
	2. 深水大型铺管船	工作水深3 000 米以上，起重能力5 000 吨以上，具有S 型、J 型铺管能力；实现升沉补偿绞车、铺管张紧器、全电力推进系统、伸缩式全回转推进装置、动力定位系统、全回转起重机、锚泊系统等系统和设备的自主研制和配套
	3. 南海深水勘察船	工作水深3 000 米以上，可进行各类海上施工和水下作业，自主设计建造；实现动力定位系统、电站系统、水下机器人及其收放装置、起重装备等系统和设备的自主研制和配套
	4. 极地科考破冰船	海冰1.7 米厚（含0.2 米雪）工况下船首连续破冰速度2~3 节，具备首向航行冲撞破冰和后向破水平冰的能力，自主设计建造；实现空调冷藏制冷系统、系泊绞缆机等系统和设备的自主研制和配套
	5. 极地甲板运输船	载重2.5 万吨以上，破冰能力1.5 米以上，航速不低于2 节，具有北极航线常年航行能力，自主设计建造；实现大面积货物甲板加热融冰、大型舱室保温抗冰冻等系统和设备的自主研制和配套
	6. 南海岛礁浮动平台	适用于南海西沙海域，总长100米以上，最大吃水3.5 米，抗3 米浪高和50 米/秒风速，自主设计建造；实现发电系统、推进系统、制淡系统、系泊系统、空调通风系统、无线电通信系统、污水处理系统等系统和设备的自主研制和配套
	7. 大型半潜运输船	载重9 万吨以上，具备冰区航行功能，最大作业下潜深度16 米，下潜（或上浮）时间不超过8 小时，自主设计建造；实现锚机绞车、空调冷藏、压载水处理及吊机设备等系统和设备的自主研制和配套
	8. 多缆物探船	16 缆以上，B 级冰区加强，全球无限航区，三维地震采集作业，航速5 节时拖力130 吨以上，自主设计建造；实现物探电缆绞车、抛缆绞车、电缆收放系统、动力系统、物探系统等系统和设备的自主研制和配套
	9. 海洋工程总装研发设计能力建设	建立和完善新型海洋工程装备经济技术论证及概念设计、水动力试验、结构性能分析计算、功能概念分析研究、系统设计及配套设备选型研究和论证等研发设计平台

（续表）

年度	工程重点	内容
2015年	10. 海洋工程机电设备创新平台建设	建立和完善国际先进水平海洋工程锚系设备、动力定位设备、起吊设备、波浪补偿设备以及各种泵、阀等新型机电配套系统和设备的相关设计和试验条件，形成自主创新能力
2016年	1. 新型超深水钻井	工作水深3 600 米以上、钻井深度12 000 米以上，满足南海等海域恶劣海况作业要求，自主设计建造；实现主发电机组、应急发电机组、甲板吊机、锚机等系统和设备的自主研制和配套
	2. 深水圆筒型浮式储卸装置	储油量15 万吨以上，适用于北海等海域，自主设计建造；实现系泊定位系统、拖带设备、甲板吊机、变配电设备、污水处理设备、中央空调系统等系统和设备的自主研制和配套
	3. 大型半潜式多功能工程船	排水量5 万吨以上，装载量3.8 万吨以上，具有运输、起重、拖带等多种功能，自主设计建造；实现综合电站系统、全回转推进系统、动力定位系统等系统和设备的自主研制和配套
	4. 深水浮式生产储卸装置	工作水深1 500 米以上，储油量30 万吨以上，适合世界主要油气产区，自主设计建造；实现主发电机组、应急发电机组、甲板吊机、原油外输装置、中压配电系统、SEM 管理系统、油气自动化集成控制设备等系统和设备的自主研制和配套
	5. 海底管线巡检船	具备6~60 米水深海底管道定期路由调查和日常巡查，海底管道油气泄漏探测及泄漏点查找，海底管道潜水作业及水下机器人检测支持，自主设计建造；实现甲板特种机械、船用水下机器人、海底巡检装备等系统和设备的自主研制和配套
	6. 卧式水下采油树	工作水深100 米以上，额定工作压力6.9 兆帕以上，温度级别负18 摄氏度–正121 摄氏度，产品规范级别PSL3G，自主设计建造；实现电液复合控制系统、水下采油树配套工具等系统和设备的自主研制和配套
	7. 海上油田综合安保监测系统	跟踪目标1 万个以上，跟踪处理范围30 海里以上，跟踪速度14 节以上，适用于海上油田水上、水下设备远程监测，自主设计建造；实现雷达、红外、视频、水声等系统和设备的自主研制和配套
	8.南海人工岛礁工程	总面积1万平方米以上，基础平台设计寿命100 年以上，可抵抗南海百年一遇风浪，载员50~100人，自主设计建造；实现垃圾污水处理装置、独立式能源系统、浅水区工程机械等系统和设备的自主研制和配套
	9. 海洋工程动力系统创新平台建设	建立和完善国际先进水平双燃料发动机、驱动型燃气轮机、发电机/电动机、变频传动设备、新型动力系统和设备的相关设计和试验条件，形成自主创新能力
	10. 海洋工程检测试验中心创新平台建设	建立和完善专业试验和检测设施，承担国家海洋工程通用系统和设备技术检测、产品鉴定和相关标准的制订

（续表）

年度	工程重点	内容
2017 年	1. 经济型深水钻井船	工作水深1 500 米以上，最大钻井深度9 000 米以上，排水量5 万吨以上，具有较好的经济性，自主设计建造；实现钻井系统、平台电站、推进系统、隔水管系统、甲板吊机、动力定位系统、锚泊系统、散料及泥浆系统等系统和设备的自主研制和配套
	2. 浮式液化天然气生产储卸装置	工作水深1 500 米以上，储量10 万立方米以上，适用于中国南海和英国北海等海域，自主设计建造；实现双燃料发电机组、液化天然气货物维护系统、装卸系统、单点系泊系统、天然气压缩机等系统和设备的自主研制和配套
	3. 半潜式生产平台	工作水深2 000 米以上，原油处理能力15 万桶/日以上，天然气处理能力100百万标准立方英尺/日以上，自主设计建造；实现生产模块、大功率平台电站等系统和设备的自主研制和配套
	4. 浮式液化天然气存储再气化装置	储量17 万立方米以上，再气化装置600 吨/小时以上，液货舱蒸发率不大于0.13%，自主设计建造；实现再气化模块、大功率双燃料发动机、大功率应急发电机、低温管和阀件等系统和设备的自主研制和配套
	5. 物探及勘探设备研发创新平台建设	建立和完善国际先进水平多缆物探设备、钻井设备、井控设备、固井设备等系统和设备的相关设计和试验条件，形成自主创新能力
	6. 水下设备研发试验检测创新平台建设	建立和完善海洋工程水下采油设备、井口设备、安装及监控设备、维护及检修设备、封堵设备、以及其他各类海洋工程装备调试验、试验、检测和相关标准制订条件，形成自主创新能力

海洋工程领域专利情况

中国海洋工程装备产业领域的专利申请基本上呈逐年递增趋势。特别是从2007年至今，申请量快速增加，这表明了近年来海洋工程装备产业领域的专利申请呈现极为活跃的态势。相当多的船企与新兴资本将目标对准了利润丰厚的海洋平台、浮式生产系统等这些细分产业，使得海洋工程装备产业在近几年得到了迅猛发展和长足进步。

2014年，中国公开的海洋工程装备领域专利申请总量为616项，比2013年有小幅增长。从海洋工程装备产业领域国内专利申请的分类号统计中可以看出，海洋平台（即B63B35/44分类号）的专利数为170项，占比超过了1/4，远大于其他领域的申请量。可以看出，海洋平台领域的专利申请仍然十分活跃，属于目前技术研发的重点区域。

（编写：唐晓丹　周长江　张广浩　栗超群　李　威）

第六章 2014主要省市海洋工程装备产业发展情况

辽宁省

（一）企业和科研院所

辽宁省拥有船舶及海洋工程装备制造企业200余家，其主要集中在大连市和葫芦岛市，海洋工程装备制造代表企业有5家，分别为大连船舶重工集团有限公司、大连中远船务工程有限公司、渤海装备辽河重工有限公司、渤海船舶重工有限责任公司、葫芦岛华越重工有限公司。另外，大连理工大学位于辽宁省。该校船舶工程学院船舶与海洋工程本科专业是国家级高等学校特色专业建设点。

（二）主要产品

辽宁省主要海洋工程装备产品包括风电安装船、钻井平台、钻井船、浮式生产储油卸油装置（FPSO）等。

（三）科技开发与技术进步

2014年5月16日，大连中远船务建造的首艘因泰型28 000立方米LNG运输船上船台。该项目的成功为大连中远船务进一步开拓中小型LNG运输船建造市场，提升公司的技术水平、建造能力和项目管理打下了坚实的基础。2014年11月，经辽宁省优秀新产品奖评审委员会审定、辽宁省政府批准，大连中远船务申报的“FPSO系列改装与模块建造”项目荣获辽宁省第十届优秀新产品一等奖。

大连船舶重工引进并二次开发TRIBON M3、CADDS5等设计软件，以供详细设计、生产设计使用；成功研发13 000箱集装箱船、LNG船、30万吨级深水FPSO、500英尺自升式钻井平台、第六代3 000米深水半潜式钻井平台等新产品。

（四）海洋工程产业园区建设

辽宁省依托自身传统装备制造业的产业优势，推动海洋工程装备制造产业快速发展，重点打造大连、葫芦岛、丹东、盘（锦）营（口）四大海工装备制造基地，推进临港临海装备制造业聚集区建设，支持海工装备制造优势企业转型升级。

葫芦岛龙港海洋工程工业区位于辽宁省葫芦岛半岛北麓，南依丘陵，三面环海，西南距葫芦岛3千米、东北距锦州港10海里，是国家沿海经济带和葫芦岛市“三点一线”重点区域开发开放的重要组成部分。园区规划面积19.6平方千米，深水海岸线6 700米，是葫芦岛市海洋工程装备制造基地和船舶修造基地。园区内骨干企业有：渤海船舶重工有限公司、葫芦岛华越重工有限公司、辽宁东宝集团船舶制造有限公司、葫芦岛新宇重工钢构有限公司等。

盘锦海洋工程装备制造基地位于辽东湾新区，基地规划区域面积27.6平方千米、内海海域面积11.3平方千米、内海岸线22.4千米、水深可达18~20米、设计地耐力30吨/平方米。基地主要企业有渤海装备辽河重工有限公司、辽宁宏冠船业有限公司、忠旺铝材、合力叉车等企业。主营业务包括船舶设计、制造、维修，船舶钢板、船用舱口盖、精密铸造管件、各类压力容器等船舶配套设备制造，海洋平台及装备、海上作业装备设施研发等海洋工程装备制造。

旅顺经济技术开发区于1992年成立，2013年11月，经国务院批准，晋升为国家级经济技术开发区，定名为旅顺经济技术开发区，实行现行国家级经济技术开发区政策。园区规划面积88平方千米，下辖12个行政村，总人口10万人。开发区的支柱产业包括机车制造业、港口物流业、重大装备制造产业、船舶制造产业等。区内骨干企业包括中远集团、中国北车集团、日本今治株式会社、大连重工起重集团、大连船舶重工集团、大连大显集团等。截至2014年9月底，旅顺经济技术开发区实现财政一般预算收入11.6亿元，增长21%；固定资产投资128亿元，增长7.6%；开复工3 000万元以上项目40个，总投资660亿元，其中，新开工14个，总投资达到187亿元；引进内资53.3亿元，增长19.8%；新签约项目8个，总投资达到97亿元，其中，总投资13.5亿美元的全球公共采购项目将于明年开工；国家级高新企业达到11个，实现产值21亿元，增长3.8%；新注册企业142个，增长1倍以上。

河北省

（一）企业和科研院所

河北省主要的海洋工程企业包括中海油田服务股份有限公司、山海关船舶重工有限公司等。

（二）主要产品

河北省主要的海洋工程装备产品包括FPSO和浮式储油船（FSO）改装，自升式钻井平台及海洋风电安装船的建造，生活模块及其他配套产品；海洋工程服务包括物探勘察服务、钻井服务、油田技术服务及船舶服务。

（三）科技开发与技术进步

2014年，中海油服通过不断的技术积累和创新，重点研究稠油开采、南海深水勘探开发、低孔低渗、高温高压油气田开发等技术难题，取得了一批重要的标志性成果及专利，科研成果在作业中发挥了重要作用，效益显著。自主研发的旋转导向钻井系统（WELLEADER）和随钻测井系统（DRILOG）均成功完成首次海上作业。深水钻完井液和固井技术的现场应用取得了重大突破，已获得1 500米水深的实际操作经验，具备2 500米水深的钻井液及固井技术服务能力。自主研发的ELIS成像测井系统实现了三维声波、二维核磁共振、阵列侧向、油基泥浆电成像等测井关键技术的突破，相关技术达到国际先进水平。

天津市

（一）企业和科研院所

天津市聚集了博迈科海洋工程股份有限公司、天津鑫正船舶海洋重工有限公司、天津俊昊海洋工程有限公司等海工装备龙头企业，以及天津钢管集团股份有限公司（TPCO）等配套企业及海洋工程总承包等上下游企业；还聚集了国家海洋局海洋技术中心、天津海水淡化与综合利用研究所、中船重工第七〇七研究所、天津修船技术研究所、天津大学等一批高水平研究院所和院校。

（二）主要产品

天津市在海洋工程装备领域的主要产品和服务包括：海上平台维修、钢结构的设计与建造、生活模块设计与建造、电气模块设计与建造、海上工程施工以及海洋工程装备相关的机械、电气、管线、仪表的设计安装与维修。

（三）科技开发与科技进步

天津市滨海新区自主创新重大项目“深海大型

采油装置高精度称重工程样机研制项目”2012年4月获得滨海新区科委立项支持，由博迈科海洋工程股份有限公司与天津大学共同承担完成。项目立项当年即创造了很好的经济效益，是公司产学研合作的典范研发项目，在澳洲铁矿项目、中东KJO项目、MV26 FPSO模块项目等工程中成功实施，综合性能达到国际先进水平，获得外方业主的高度评价。

2014年6月30日至7月3日，天津俊昊海洋工程有限公司在“俊昊3”船上进行的“用于海底管道保护装置智能非潜水安装装置（气动）”海上试验取得圆满成功，从挂好上下两层水泥压块到成功释放第一层、第二层，仅仅需要10分钟左右完成，其中释放仅需几秒钟即可。该装置填补了国内水下自动安放水泥压块的空白，意味着比人工潜水员下水摘钩作业节省了很多时间，大大提高施工效率且安全可靠。在2014年7月26日开工的曹妃甸单点维修项目水泥压块摆放工程中，该装置及多波束声纳应用取得成功。

（四）海洋工程产业园区建设

天津市塘沽海洋科技园成立于1992年，地处天津滨海新区核心区域，总体规划面积57.79平方千米，已开发面积25平方千米，已累计注册企业2 200余家，是国务院批准的国家级海洋经济试点海洋科技创新示范基地。园内聚集了以中国海洋石油总公司、中海油田服务股份有限公司、海洋石油工程股份有限公司为代表的涉海企业60多家。

塘沽海洋科技园形成了以海上油田开采服务业、海洋工程装备制造业、海洋工程建筑业、海洋工程船舶工业、海洋化工业、海洋交通运输业等六大海洋产业为支柱的产业格局，集聚发展、上下游产业对接的格局初步形成，2014年实现总产值580亿元。

2014年园区建设成果：中国海洋石油总公司天津研发产业基地项目。项目总占地面积约61万平方米，一期规划建设总面积约45万平方米，总投资约48.5亿元。项目由南北两个功能区组成，北区为工业设施及作业准备基地，占地面积26万平方米；南区为科研办公基地，占地面积35万平方米。该项目建成后，将成为我国最大的海上油田——渤海油田的海上石油生产指挥、勘探开发研究、海上作业支持和准备的主要基地。2014年9月24日，中海油天津研发产业基地主体结构封顶。

山东省

（一）企业和科研院所

山东省主要海洋工程装备制造企业包括青岛北海船舶重工有限公司、烟台中集来福士海洋工程有限公司、海洋石油工程（青岛）有限公司、青岛武船重工有限公司、大宇造船海洋（山东）有限公司、国营青岛造船厂、黄海造船有限公司。另外，山东省坐落着中国海洋大学。中国海洋大学工程学院前身是始建于1980年的海洋工程系，1993年成立工程学院。学院设有海洋工程系及海洋工程山东省重点实验室。

（二）主要产品

山东省拥有青岛、烟台、威海三大海洋工程装备制造基地，主要海洋工程装备产品包括自升式钻井平台、半潜式钻井平台、FPSO、三用工作船、平台供应船以及水下驳船等。其中，自升式钻井平台涵盖从150英尺、300英尺、375英尺到400英尺、425英尺等不同工作水深的产品序列；半潜式钻井平台拥有COSL系列深水半潜式钻井平台以及Schahin系列深水半潜式钻井平台等品牌产品。

（三）科技开发与科技进步

2014年3月10日，烟台中集来福士于2011年为自主创新设计的半潜式起重生活平台SSCV-

218项目申请的新船型发明专利（专利号ZL 201110196551.6），历经3年时间终获国知局专利授权。该项目获得2013年山东省科学技术进步一等奖。SSCV-218是当前中国唯一的深水半潜式平台自主设计，标准着中集来福士已经实现深水半潜平台从概念设计到实船建造交付的全面贯通。

（四）海洋工程产业园区建设

山东省主要的海洋工程产业园区包括青岛国家高新技术产业开发区、青岛海西湾船舶与海洋工程产业基地等。

青岛国家高新技术产业开发区是1992年经国务院批准设立的国家级高新区，规划面积9.8平方千米。2006年6月，国务院批准在胶州湾北部扩大高新区面积9.95平方千米。2015年2月，青岛市政府对青岛高新区范围进行了调整，将蓝色硅谷核心区、海洋科技创新及成果孵化带和青岛（胶南）新技术产业开发试验区纳入青岛高新区范围。调整后，青岛高新区总开发面积327.756平方千米。

青岛国家高新技术产业开发区由胶州湾北部园区、青岛高科技工业园、市南软件园、青岛科技街、青岛高新技术产业开发试验区以及青岛蓝色硅谷核心区构成，形成了一区多园的发展格局，并形成了科技服务业、软件与信息技术产业、海洋生物医药产业、海工装备研发产业、高端装备制造产业、节能技术与新材料产业“1+5”产业格局。

作为高新区“1+5”产业格局的重要组成部分，海工装备产业集聚效应初显：已引进海水淡化设备、船舶压载水设备、水下机器人、潜水遥控定位浮标、海洋能装备、基于北斗的近岸海域综合信息监测系统等一批高端海工装备产业项目，总投资超过100亿元。其中，竣工投产项目15个，开工在建项目4个，签约待建项目7个，已达成意向的项目12个；引进中船重工青岛海洋装备研究院、中国科学院声学研究所青岛研发基地、中国科学院北斗导航总体部青岛研发中心、中船重工七一〇所青岛海洋装备研发基地、中船重工（青岛）海工装备科技有限公司、中船重工（青岛）轨道交通装备有限公司等一批高端海洋装备研发机构和企业；汇聚了包括侯保荣院士、顾国彪院士、千人计划专家张大刚博士、美国堪麦斯公司研发和技术总监莫文辉博士等多位国内外高层次人才；规划建设海洋仪器装备设计仿真平台、海洋智能化仪器装备综合测试中心、国家海洋防腐蚀工程技术研究中心、北斗导航近岸海域综合信息监测平台、海洋技术交易市场等一批海洋装备公共平台，初步构建起海工装备研发及产业化的自主创新体系。园区内重大项目包括：

中船重工青岛海洋装备研究院暨青岛国际海洋装备科技城项目。2014年9月，中国船舶重工集团公司与青岛市人民政府签署《关于共建海洋装备研发及产业化基地合作协议》，与青岛高新区管委、青岛市科技局签订了《中船重工青岛海洋装备研究院暨青岛国际海洋装备科技城共建协议》。根据协议，中船重工集团分别在高新区规划建设总投资约50亿，占地800亩的中船重工海洋装备研究院暨青岛国际海洋装备科技城项目和占地600亩的中船重工海洋装备产业园，围绕海洋资源开发装备、海洋环境监测系统、海洋装备研制工艺等，开展海洋水文气象观测设备、水下智能探测设备、船舶及海洋工程装备配套设备等海洋装备关键技术和产品的研发、转化、实验、服务和产业化，建成综合实力强、专业特色明显、部分专业具有国际影响力的海洋装备研发及产业化基地，合力做大做强海洋装备产业。

青岛迪玛尔深海装备产业园项目。2014年10月，青岛高新区管委与青岛迪玛尔海洋工程有限公司就青岛迪玛尔深海装备产业园项目签订投资协议。项目由国际著名深海装备专家、国家千人计划专家张大刚博士领衔建设，总投资5.6亿元，占地约82亩，规划建筑面积12万平方米，主要开展深海高端关键设备的技术研发、成果转化、工程设计、咨询服务等业务，主要包括：深海装备研发设计中心、技术转移中心、咨询服务中心和高端装备制造中心。

青岛海洋工程与技术联合研究孵化中心项目。2014年10月，中国海洋大学、青岛高新区管委与澳大利亚科廷大学签订战略合作协议，在高新区共建青岛海洋工程与技术联合研究孵化中心，进一步推动青岛市国际链接和产学研合作。

江苏省

（一）企业和科研院所

江苏省从事海洋工程装备制造的主要企业有惠生（南通）重工有限公司、南通中远船务工程有限公司、扬子江船业（控股）有限集团、南通润邦海洋工程装备有限公司、江苏省镇江船厂（集团）有限公司、招商局重工（江苏）有限公司等；另外还拥有江苏科技大学、中船重工第七〇二研究所等科研院所。

（二）主要产品

江苏省在海洋工程装备制造领域已经具备了一定的技术基础和较强的建造实力，海工装备产品覆盖从近海到深海的所有种类。主要海洋工程装备产品包括自升式钻井平台、半潜式居住平台、FPSO、浮式天然气液化再气化生产存储平台（FLRSU）、LNG再气化装置、钻井包、铺管起重船等。

（三）科技开发与科技进步

2014年，招商局重工（江苏）有限公司成为国家高新技术企业；400英尺自升式钻井平台国际合作研发及产业化项目获批江苏省重大科技成果转化项目；375英尺自升式钻井平台被确立为江苏省级新产品。

2014年6月13日，由江苏龙源振华海洋工程有限公司自主研发的具有世界领先水平的800吨自升式风电施工平台——“龙源振华2号”交付仪式在南通举行。作为龙源振华第一个试验性自升式工作平台项目，该项目本着低成本、先进性和特定适用性的原则进行设计，主要功能为海上风机安装，设计方为振华重工海工设计院。利用“龙源振华2号”，11月5日，龙源振华顺利完成国内近海第一台单管桩风机施工，困扰我国海上风电业界多年的施工难题终被突破，30米以内水深近海风电施工不再受潮汐影响制约。

（四）海洋工程产业园区建设

启东海工船舶工业园成立于2011年11月，位于江苏省启东市东南、长江北支口三条港至连兴港段，距启东市区18千米，距上海市城区60千米，距上海浦东机场80千米。园区规划用地面积35.8平方千米，近期控制规划用地面积约23.8平方千米，预留中远期发展用地11.9平方千米，利用沿江岸线20.8千米，腹地纵深1至2.5千米。主要代表企业有中远船务海洋工程（启东）有限公司、南通太平洋海洋工程有限公司、南通蓝岛海洋工程有限公司、宏华海洋油气装备（江苏）有限公司、江苏京沪重工有限公司、南通润邦海洋工程装备有限公司、启东丰顺船舶重工有限公司、启东胜狮能源装备有限公司、上海振华重工启东海洋工程有限公司等。

上海市

（一）企业和科研院所

上海市拥有上海外高桥造船有限公司、上海船厂船舶有限公司、上海振华重工（集团）股份有限公司、上海中远船务工程有限公司，中国船舶重工集团公司第七〇四研究所、中国船舶工业公司第七〇八研究所（即中国船舶及海洋工程设计研究院）、上海船舶研究设计院、上海佳豪船舶工程设计股份有限公司、上海交通大学等数量众多的海洋工程装备制造企业及科研院所，在海洋工程装备设计、建造安装、配套、工程管理等方面居于国内首位。

（二）主要产品

上海市主要海洋工程装备产品包括自升式钻井平台、半潜式钻井平台、深水钻井船、多缆物探船、FPSO上部模块、铺管船、挖泥船、抛石平整船以及风电设备安装船等。

（三）科技开发与科技进步

2014年，上海外高桥有限公司通过了上海市第二批高新技术企业认定，其参与研制并完成生产建造的“海洋石油981”获国家科技进步特等奖。

2014年10月，由上海船厂船舶有限公司牵头设计、建造的中国首艘自有产权的钻井船“华彬OPUS TIGER1”号建成。该船最大工作水深为5 000英尺，总长170.3米，型宽32米，定员150人，其船舶管理系统、中压变频管理系统和排管等系统都完全实现了智能化。

（四）海洋工程产业园区建设

上海长兴海洋装备产业园区成立于2007年4月，位于长兴岛中南和东南地区，位于长兴江南大道以北、兴冠路以东、新潘圆公路以南、兴港路以西的区域。园区规划面积7.13平方千米，可施工面积6.78平方千米。园区以高新技术船舶及海洋工程装备配套产业为中心，是上海六大产业基地之一与九大高新技术领域之一。园区代表企业有：振华重工、中远集团以及沪东中华造船集团等。

浙江省

（一）企业和科研院所

浙江省涉足海工装备制造领域的有舟山中远船务工程有限公司、浙江造船有限公司、浙江半岛船业有限公司和太平洋海洋工程（舟山）有限公司等7家企业；拥有国家海洋局第二海洋研究所、中船重工第七一五研究所和浙江大学等多所国内外知名的涉海科研院所和大专院校，杭州现代船舶设计研究有限公司、舟山欣海船舶研究院有限公司、浙江大学海洋研究所、浙江工业大学海洋研究院及浙江海洋学院，经过的近几年的发展，在海洋工程领域也取得了不错的成绩。

（二）主要产品

浙江省的海工装备制造业经过近几年的发展，海工产品类型已从先前单一的海工平台辅助船，开始进入海工装备主体产品领域。产品包括多用途工作船、三用工作船、平台供应船，海洋工程生活平台、FPSO以及半潜式海洋钻井平台等。

（三）海洋工程产业园区建设

浙江省主要的海洋工程产业园区包括浙江舟山群岛新区海洋产业集聚区、奉化市滨海新区海洋装备产业园、温州市海洋科技创业园等。

浙江舟山群岛新区海洋产业集聚区总体布局为“一城诸岛”，包括中国（舟山）海洋科学城及金塘、六横、衢山等区块，“十二五”期间重点开发面积31.6平方千米。重点打造港口物流与港航服务、船舶与临港装备、临港石化、海洋旅游、现代渔业、水产品精深加工与海洋生物、大宗物资加工和海洋清洁能源等八大产业集群。2014年4月，舟山群岛新区海洋产业集聚区浙江运达海上风电科技有限公司项目等7大项目集体开工。项目计划总投资达55.42亿元，全年计划投资24.70亿元。

浙江省奉化市滨海新区海洋装备产业园位于浙江省奉化市滨海新区西南侧，规划总面积3 400亩，结合奉化在临港船舶制造上的产业基础优势，引进海洋工程装备的修理与改装、海上钻井平台、生产平台等海洋工程装备及配套设备、海底资源环境监测、勘探设备、船用配套设施船舶控制与自动化系统、通讯导航、仪器仪表、辅机等）企业，逐步形成了以海洋工程装备产业为主的现代装备制造基地。

温州市海洋科技创业园是促进温州海洋技术产业发展，集科技研发、成果转化、创业服务等功能为一体的海洋科技孵化中心。该园区作为培育海洋科技自主创新企业和企业家的平台，旨在为初创的科技型企业提供场地设施、各类优惠政策和科技创业服务的后勤保障，总占地面积131.5亩，总建筑面积103 340平方米，内设管理服务区、后勤保障区及技术孵化区。

福建省

（一）企业和科研院所

福建省拥有马尾造船股份有限公司、厦门船舶重工股份有限公司、福建省东南造船厂等主要海洋工程船制造骨干企业。

（二）主要产品

福建省主要的海洋工程装备产品为各类海洋工程船舶，包括平台供应船、多功能平台供应船、三用工作船、半潜式支持船、工作拖船等。

（三）科技开发与科技进步

2014年年初，东南造船建造的75米平台供应船通过新产品技术鉴定。该型船具有ACCU周期性无人机舱，动力定位DP–2，两个360度全回转舵浆、两个艏侧推，并按照服务无限航区的要求设计。该型船机舱和居住舱室布置在船艏部和中部，货舱布置在中部和艉部，主甲板下设有五道水密横壁，可将全船分为艏尖舱、艏侧推舱、机舱、货舱、舵浆舱、艉尖舱，在货舱中部纵向布置四个大型水泥罐，两侧各布置三个泥浆舱。该型船总长75米，两柱间长67.85米，型宽17.25米，型深8.00米，设计吃水6.50米，总吨为2 899吨，净吨为869吨，载重量实测为3 247吨，实测航速为13.6节。该型船可用于钻井平台海上移位与定位，半潜式平台的锚泊定位。不仅可以装载供应压载水、钻井水、钻井管、泥浆、散装水泥、甲醇、基油、淡水及甲板货物等，而且还可以在两个钻井平台之间(或码头与钻井平台人之间)运送人员和材料；同时，具备一级对外消防、人员救助、海上泄油处理、海上原油回收等功能。

2014年2月，东南造船“船用全回转推进器平面加工工装”获实用新型专利证书，该专利曾于2012年获得“6.18”海峡两岸职工创新成果展金奖。同月，东南造船被福州市经济委员会、福州市财政局联合认定为“市级企业技术中心”。

广东省

（一）企业和科研院所

广东省主要海洋工程制造企业有招商局重工（深圳）有限公司、广州中船黄埔造船有限公司、中船澄西远航船舶（广州）有限公司、中船澄西船舶修造有限公司、广州广船国际海洋工程有限公司、广东中远船务工程有限公司、广东粤新海洋工程装备股份有限公司、广州航通船业有限公司等，主要海洋工程装备研发设计单位有广州船舶及海洋工程设计研究院、中石化石油工程设计有限公司等。另外，广东省还拥有华南理工大学等在海洋工程装备领域积淀深厚的科研院所。

（二）主要产品

广东省主要海洋工程装备产品包括钻井平台、移动式多功能修钻井平台、钻井模块，生活模块、海上起重船、大型铺管船、挖泥船、物缆船和钻探船、多用途工作船、全回转顶推轮、三用工作船以及平台供应船等。

（三）海洋工程产业园区建设

广东省致力于将珠江西岸打造为“先进装备制造产业带”，其中就包括了珠海高栏港海洋工程装备制造基地等海洋工程装备产业园区。

珠海高栏港海洋工程装备制造基地位于珠海高栏港经济开发区内。珠海高栏港经济开发区又称“珠海经济技术开发区”，在2013年正式升级为国家级经济技术开发区，是依托华南沿海主枢纽港高栏港而设立的经济功能区，开发总面积380平方千米。高栏港拥有珠江三角洲最大吨位的液体化工品和散货码头泊位，具备建设30万吨石化大码头的良好自然条件，主航道距国际航道（大西水道）-27米等深线11千米。珠海高栏港经济开发区利用岸线资源，规划了近40平方千米的海洋工程装备制造基地，大力发展临港装备制造产业。基地代表企业有：中海油、三一重工、珠江钢管、武桥重工、巨涛海洋工程、海重钢管、杭萧钢构、太阳鸟游艇等。

湖北省

（一）企业和科研院所

湖北省共有船舶和海洋工程装备制造及配套企业近400家，包括武昌船舶重工有限责任公司、武汉船用机械有限责任公司、中国舰船研究设计中心、武汉第二船舶设计研究所、武汉船用电子推进装置研究所等骨干企业；另外有科研设计机构20余家，包括武汉理工大学、华中科技大学、海军工程大学等。

（二）主要产品

湖北省主要海洋工程产品包括平台供应船、多功能平台供应船、三用工作船等。此外，湖北省还可为海洋工程船和海洋平台提供配套，产品涵盖特种甲板机械、海洋工程起重设备、平台升降系统、推进及动力定位系统、原油装卸系统等。

（三）科技开发与科技进步

武汉船用机械有限责任公司作为湖北省重要的海洋工程装备产业企业，2014年在科技开发与技术进步方面取得了重要成果。

2014年3月4日，该公司自主研发设计的首台315千瓦低压大扭矩液压马达及控制器顺利通过CCS负载试验船检，并于9月27日通过了耐久性试验。

2014年4月23日，武汉船用机械有限责任公司500吨拖鲨鱼钳通过CCS空载试验船检，各项性能指标满足技术规范，这是目前国内自主研制的最大吨位鲨鱼钳。鲨鱼钳主要用于辅助350吨双滚筒拖缆机实现拖带、起抛锚等工作。与常规项目相比，该产品具有吨位大、控制精度高等特点，技术设计及现场装配调试难度较大。

2014年5月，武汉船用机械有限责任公司为300英尺自升式海洋钻井平台研制的核心设备、我国首套具有自主知识产权的电动齿轮齿条升降系统和锁紧装置通过国家科技部验收。此次研制的电动齿轮齿条升降系统采用变频电机驱动，锁紧装置采用液压驱动锁紧方式，完成平台与桩腿间力的传递。该课题来自于国家高技术研究发展计划项目（863计划）。由于目前国内自升式钻井平台升降系统和锁紧装置基本依赖进口，此项目研制成功，突破了国外对该产品的技术封锁，打破了这一领域长期被国外供应商垄断的局面，提高了海洋工程装备设计的自主配套能力。

2014年6月12日，武汉船用机械有限责任公司研制的首个自主设计制造船艉A型吊架及拖缆绞车顺利完成空载、负载、超载、张力标定、耐久等五项试验，各项数据达到设计要求，性能优良，质量合格，通过出厂验收。船艉A型吊架及拖缆绞车，是一种拖缆机和门架吊机的组合式产品，安装在布缆船上，用于海缆埋设机的吊放和拖曳的作业，为布缆船的重要配套设备。

2014年8月10日，武汉船用机械有限责任公司首台250吨三滚筒拖缆机通过会检。该拖缆机是公司为上海船厂12 000HP三用工作船配套，船东为中海油服，是国内首次自主研制的250吨三滚筒拖缆机，产品采用了五对离合器实现任意两个滚筒的联动，而国外进口的三滚筒拖缆机采用四对离合器仅能实现每个滚筒单独动作。同时，产品首次采取工控机技术对设备进行全程电脑监控，首次使用环网冗余控制技术，使设备更加智能化，系统更稳定，技术达到国际领先水平。

（四）海洋工程产业园区建设

湖北省主要的海洋工程产业园区包括武汉国家高端船舶与海洋工程装备高新技术产业化基地和武桥重工桥梁与海工装备产业园等。

武汉国家高端船舶与海洋工程装备高新技术产业化基地是充分发挥湖北、武汉地区技术优势、人才优势、产业优势，整合武船、武汉船用机械有限责任公司、中船重工第七一九研究所、中石化石油工程机械公司、谢克斯特（天津）船舶工程有限公司、华中科技大学等企业和高校优势资源而组建定海洋工程装备“国家队”。该基地建设方案于2012年11月通过国家科技部专家组评审，于2014年3月公布列为2013年度A类国家高新技术产业化基地。

武桥重工桥梁与海工装备产业园位于武汉蔡甸区常福工业园内，占地1 500亩，制造研发海上风电、石油管道、打捞救援和海上钻井平台等高端海工装备。该产业园由中国最大桥梁装备企业武桥重工集团投资建设，总投资50亿元，已于2013年12月开工。

（编写：梁文川　王　静　丁江明　王树青　李东亮）

第七章　2014中国海洋工程装备主要建造企业发展情况

烟台中集来福士海洋工程有限公司

（一）企业基本情况

烟台中集来福士海洋工程有限公司（下称“中集来福士”）作为深水海工装备设计建造企业，拥有中集海洋工程研究院和烟台、海阳及龙口三个海工建造基地。中集来福士前身是创建于1976年的烟台造船厂。1996年烟台普泰造船有限公司与胜利油田实业集团公司、新加坡泰山烟台造船私人有限公司投资成立了烟台泰山造船有限公司，2001年烟台泰山造船有限公司更名为烟台来福士海洋工程有限公司。2010年1月，中国国际海运集装箱（集团）股份有限公司（下称“中集集团”）完成要约收购，成为中集来福士的控股股东，烟台来福士海洋工程有限公司更名为烟台中集来福士海洋工程有限公司。作为国内最早一批进入深海钻井装备制造企业，中集来福士已经发展成为国内最大的半潜式钻井平台建造商。2014年9月，中集来福士列入由工业和信息化部公布的首批船舶企业“白名单”。

中集来福士已经形成了包括半潜式钻井平台在内的四大主力型号的产品体系，具有定型设计和批量化制造能力。在专业化项目管理、履约能力、控制建造成本、EPC总承包、全产业链运营等方面，逐步向世界第一梯队的海工企业看齐。

（二）主要产品

中集来福士主要业务包括半潜式平台、自升式平台、浮式生产储油船、起重船、铺管船和其他特种船舶的设计及建造，产品涵盖了大部分海洋工程产品，拥有批量化、产业化建造高端海工产品的能力。在半潜式钻井平台建造领域，COSL系列深水半潜式钻井平台以及Schahin系列深水半潜式钻井平台已成为中集来福士品牌产品；在自升式钻井平台建造领域，中集来福士可设计和建造多种规格的自升式钻井平台，涵盖从150英尺、300英尺、375英尺到400英尺、425英尺等不同工作水深的产品序列。中集来福士还开创了模块陆地建造、大型驳船下水、2万吨吊机坞内合拢、-18米深水码头水下安装推进器等一系列创新型建造工艺。

（三）生产经营情况

在订单交付方面，中集来福士2014年全年共交付1座深水半潜式钻井平台，4座自升式钻井平台。4月16日和5月10日，向中海油交付300英尺Gulf DrillerI和Gulf DrillerII自升式钻井平台。6月6日，向中石化交付新胜利一号自升式钻井平台。该平台是胜利油田目前拥有的尺寸最大、配套最先进的海上钻井平台。8月13日，向沿海工程有限公司(Coastal Contracts Bhd)交付400英尺JU2000E型自升式钻井平台。11月19日，向中海油服交付“兴旺号”（COSLProspector）

自升式钻井平台。该平台从设计到交付仅用了35个月，是2009年以来业内新建同类深水半潜式钻井平台中建造周期最短的一座。

在项目建造方面，2014年2月28日，中集来福士为Frigstad建造的第二座第七代超深水双钻塔半潜式钻井平台开工建设。该平台是迄今为止世界上最大、功效最强、最先进的深水双塔钻井平台，其设计难度、技术参数、建造规格等各方面都代表了目前海工半潜钻井平台的最高水平。4月2日，中集来福士为Coastal承建的Taisun 200B自升式气体压缩平台在龙口基地开工，该平台由中集来福士独立完成平台的基础设计、详细设计、施工设计及项目建造，拥有完全自主知识产权，是中集来福士承建的第一座生产型自升式平台。6月18日，中集来福士为挪威Beacon公司建造的北海深水半潜式钻井平台Beacon Atlantic在烟台开工建造，这是中集来福士为挪威北海建造的第六座深水半潜式钻井平台。

在新接订单方面，2014年，中集来福士共获得11.21亿美元订单，当前在手订单总计约50亿美元，包括五座深水半潜式钻井平台，占全球在建的深水半潜式钻井平台22%市场份额。6月18日，中集来福士与船东Beacon Pacific Group Ltd就Beacon Pacific作为GM4-D系列的3号平台的建造合同及技术规格书达成共识，并于6月底签约，12月25日生效；11月19日，中集来福士获得C. Helios Limited一座深水半潜式生活平台CR600订单，该平台由中集来福士100%自主设计，是中集来福士获得的第十四座深水半潜式平台订单；12月23日，中石化与中集来福士签订了一座300英尺自升式钻井平台总包建造合同，这是继2012年双方签署战略供应商合作协议以来，达成的第二个大型海洋钻井平台合作项目。

（四）产品开发与技术进步

2014年3月10日，中集来福士于2011年为自主创新设计的半潜式起重生活平台SSCV-218项目申请的新船型发明专利（一种半潜式起重生活平台，专利号ZL 201110196551.6），历经三年时间终获国知局专利授权。该项目还获得2013年山东省科学技术进步一等奖。SSCV-218是当前中国唯一的深水半潜式平台自主设计，标志着中集来福士已经实现深水半潜平台从概念设计到实船建造交付的全面贯通。

2014年4月18日，中集来福士提报的“非对称无横撑型深水半潜式起重生活平台”项目荣获山东省科学技术进步一等奖。5月17日，中集来福士系列深水半潜式钻井平台项目获得中国工业大奖表彰奖。

2014年11月18日，中集来福士成为国内船舶及海洋工程行业中第一家通过知识产权体系认证的企业，烟台中集来福士、海阳中集来福士、龙口中集来福士、中集海洋工程研究院、铁中宝公司均获得知识产权体系认证证书。

大连中远船务工程有限公司

（一）企业基本情况

大连中远船务工程有限公司（下称“大连中远船务”）成立于1992年，1997年正式营业。大连中远船务位于环渤海湾港口群的要冲——大连，占地120万平方米，岸线总长3 200米。大连中远船务拥有30万吨级浮船坞、15万吨级浮船坞和8万吨级干船坞各1座，坞容总量达到53万吨；专用修船码头8座，配有3台200吨门式起重机，1台400吨门式起重机等各类配套吊运设施。公司目前拥有员工3 400余人，具有大专（含）以上学历者达85%以上，是中远船务集团的核心企业之一。

（二）主要产品

大连中远船务顺应形势发展，坚持改革创新，实现了从单一修船到修船、造船、海工三业并举的产品转型，目前以船舶与海洋工程产品的修理、改装、制造为主业。公司拥有OBO、PCTC、VLCC、VLOC、FPSO等多种特殊船型的修理和改装实力，先后成功改装完成了“海洋骄傲”“太阳神松寿”“卡普”“柏松”“旭日东升”等多个FPSO，被业界誉为“中国第一FPSO改装工厂”。大连中远船务还承接了世界最大深水钻井船、系列JACK-UP自升式钻井平台、小型LNG运输船、3万吨教学实习船、PSV、DSV、12 000吨抬浮力打捞工程船、模块运输船、22 000吨成品油轮以及系列30 000吨重吊船、57 000吨散货船、80 000吨散货船、82 000吨散货船、92 500吨散货船等海工和船舶建造项目，并为韩国三星自主设计建造了世界最大的50万吨级浮船坞。

（三）生产经营情况

在订单交付方面，2014年10月24日和27日，由大连中远船务为巴西ENSEADA公司及日本MODEC改装的FPSO“PETROBRAS 76”轮和“阿尔加维”轮正式完工交付，两艘FPSO最终将服役于巴西国家石油公司。“阿尔加维”轮改装后的系泊方式为发散式系泊，原油处理能力15万桶，天然气800万立方米，储油能力160万桶，作业水深达2 300米。改装过程中的火炬塔结构吊装，高度约150米，达到了中远船务历史性最高。“PETROBRAS 76”轮改装过程中，船东先后追加了3次合同，在大连中远船务完成了近100%的钢结构工程，90%的涂装工程和70%的管系工程及部分电器和风道工程。

在新接订单方面，2014年4月21日，大连中远船务从一家亚洲公司获得4艘应急响应救助船（ERRV）订单，预计在2016年上半年交付。2014年8月，大连中远船务与Maersk Supply Service公司签署了“4+2”艘海底工作船（Subsea Supply Vessel）建造合同。该合同总值为4.7亿美元（除了船东提供的配件以外），安排从2016年第四季度开始到2017年上半年陆续交付。

（四）产品开发与技术进步

2014年1月，大连市发改委发出“关于2013年大连市制造业重点领域首台（套）技术设备认定评审结果及第二阶段申报工作的通知”，认定大连中远船务“28 000立方米半冷半压式绿色LNG运输船”项目为2013年大连市制造业重点领域首台（套）技术设备，并给予政府资助。28 000立方米半冷半压式绿色LNG运输船采用双燃料驱动，为国内首艘绿色新能源标准船舶，产品的建造将进一步丰富大连中远船务新造船业务产品类型，提升公司在国内高技术船舶建造领域的市场份额，同时填补了我国中小型LNG运输船建造市场的空白。2014年5月16日，大连中远船务建造的首艘因泰型28 000立方米LNG运输船上船台。该船集成当今中小型LNG运输船最先进的技术，总长176.8米，型宽27.6米，型深18.5米，设计吃水7.8米；是单机单桨、双燃料主机驱动可调桨的推进型式；带PTO功能，配备可伸缩式艏侧推；液货系统为3个C型双耳式独立液货罐体，总装载量超过28 000立方米。该项目的成功为大连中远船务进一步开拓中小型LNG运输船建造市场，提升公司的技术水平、建造能力和项目管理打下了坚实的基础。2014年11月，经辽宁省优秀新产品奖评审委员会审定、辽宁省政府批准，大连中远船务申报的“FPSO系列改装与模块建造”项目荣获辽宁省第十届优秀新产品一等奖。

南通中远船务工程有限公司

（一）企业基本情况

南通中远船务工程有限公司（下称“南通中远船务”）是中远船务工程集团旗下的核心企业之一。公司主营业务：海洋工程装备制造、改造和船舶修理改装。客户遍布世界40多个国家和地区，已成为世界领先航运公司和海洋石油运营商在中国沿海首选的合作伙伴。

南通中远船务位于长江入海口北岸，拥有优良岸线1 120米，占地40万平方米，总体布局为“一滑道二坞三泊位”，10~15万吨级深水码头3座，15万吨级和8万吨级大型浮船坞各一座，拥有配套完善的水上、陆上设备设施和经验丰富、业务精湛的工程技术设计、项目管理和生产技能工人团队。

南通中远船务拥有海洋工程技术研发中心，是专业从事海洋工程装备技术设计和研发的国家级企业技术中心，集海工产品科研开发、技术设计、总装建造技术、建造工法、质量检测、技术咨询服务为一体，是中国海洋工程装备行业产品研发水平最高、科研设备设施最先进、研究领域覆盖面最广的研发中心。

（二）主要产品

近年来，南通中远船务凭借其技术实力和生产服务能力，在修船、改装的基础上，进入海洋工程装备制造领域，先后设计建造了圆筒型超深水海洋钻探储油平台、圆筒型FPSO、半潜式海洋钻井平台、自升式海洋工作平台、八角型钻井平台，以及海上风电安装船、穿梭油轮、海洋生活服务平台、钻井辅助船等一系列海工产品，多个高端海工产品成功交付，覆盖了从浅海到深海、从油气平台到海洋工程船舶的各种类型，在世界海洋工程装备制造领域打响了品牌，并已成为中国海洋工程装备制造领域的领跑者。

（三）生产经营情况

在订单交付方面，2014年2月28日，南通中远船务设计建造的“腾达18”钻井辅助船成功交付。“腾达18”是南通中远船务设计建造并交付该系列钻井辅助船中的第四艘，该系列钻井辅助船前三艘已在东南亚近海投入使用。

2014年3月7日，南通中远船务设计建造的特种深水铺管重吊船“顺峰1号”成功交付。“顺峰1号”是集输油管道加工、敷设、安装和起重功能于一体的海工特种工程船舶，入级ABS船级社，其作业铺管直径为4~60英寸，可同时用10点锚泊系统在200米浅海工作，也可利用DP3自动定位在1 500米深海，完成大型组块、平台模块、导管架等海洋工程结构物的起重吊装，以及S型铺管作业，中远船务拥有该船详细设计和生产设计的自主知识产权。

2014年6月26日，南通中远船务正式交付一座中国制造的400英尺海上自升式钻井平台，被命名为“凯旋一号”。“凯旋一号”作业水深400英尺，钻井深度35 000英尺，技术水平和建造质量处于全球领先水平。

2014年7月18日，南通中远船务自动化与南通迪施联合研发制造的“海龙”系列深井泵绞车工程顺利完工交付。Sea Dragon(SD-40)软管绞车系统是一种新型海水输送系统，软管绞车系统长4.4米，宽2.6米，高3.4米，管长41米，工作高度≤25米，工作压力≤17Bar，该设备广泛用于各类自升式海工平台、钻井平台及工程辅助船上，为平台提供冷却水、消防水、压载水等各种水源。该系统出厂前经过绞力试验、软管抗拉试验、软管水压试验等各种严格检验，确保其满足各种复杂海洋环境，已通过美国船级社(ABS)认证，并取得ABS产品认可证书。

在项目建造方面，2014年11月20日，南通中远船务设计建造的Le Tourneau Workhorse自升式钻井平台“凯旋二号”（N408），在启东中远海工被命名为“KS ORIENT STAR 2”。“KS ORIENT STAR 2”自升式钻井平台是我国建造的自升式钻井平台中规格最高的平台之一，技术水平和生产能力处于全球领先水平。中远船务拥有生产设计和详细设计自主知识产权。其型长69.49米，型宽67.06米，型深7.92米。工作水深400英尺，桩腿长度536英尺，桩腿结构为齿条四角桁架式，钻井深度可达30 000英尺，钻井包负载1 000吨，生活区可供150人使用。该系列平台的“凯旋一号”交付后由租家中海油服用于我国东部海域进行海上油井的钻探作业，并于10月20日顺利完成第一口油井的钻探作业任务，平台工作状况受到中海油服的多次赞许。

2014年6月3日、6月4日，南通中远船务承建的“希望7号”“希望8号”圆筒型海工生活平台先后顺利出坞。“希望7号”坞内工程主要包括6个推进器底座安装，增加Bilge Box，4.3米平台肘板安装和老结构挖补，发电机吊运和安装，外壳左右侧外挂梯安装，锚绞机平台、锚架安装，内部老结构焊缝修改，全船外壳油漆。“希望8号”坞内工程主要包括更换船体大量外板，增加Bilge Box，安装6个推进器底座及光车镗孔、5个海底门及推进器提升导管，4.3米平台及以下部分打磨油漆作业。

在新接订单方面，2014年一季度，南通中远船务新签并上报了为墨西哥船东Cotemar S.A.DE C.V公司设计建造的高德二号海工平台总包项目，合同金额2.17亿美元。该海工平台采用荷兰GUSTO MSC提供的OCEAN 500船型，由中远船务完成详细设计、生产设计和全部设备采购建造及设备系统安装调试。该海洋平台全长95米，型宽67米，型深35.7米，总高近60米；设计吃水8.6~20米，最大排水量达33 300吨，并配备世界先进的DP-3动态定位、8点锚泊辅助定位系统等。平台可供750名船员居住功能，预留240人的模块安装位置，最多可容纳990人。该平台满足国际海事组织船舶噪声级规则以及A468(XII)决议，同时满足挪威德国劳氏船级社(DNV GL)规范、国际海事组织IMO、国际劳工组织ILO、英国大陆架UKCS相关标准，以及美国船级社和美国海岸警卫队规范要求，是目前世界同类产品中，满足规范最多、要求最高、设备设施最先进的半潜式海洋平台；同时也是南通中远船务继前年“希望六号”圆筒型浮式生产储油船工程总包项目之后，获得的第二个超亿美元对外承包工程总包合同。

2014年8月，南通中远船务从Teekay Offshore Partners LP获得1座Sevan设计的圆筒浮式住宿平台订单，这是六座备选订单中的第一座，预计在2016年第三季度交付。

（四）产品开发与技术进步

2014年2月26日，南通中远船务的子公司南通中远船务自动化有限公司正式取得国家高新技术企业评审委员会评审认定的高新技术企业证书，标志着南通中远船务自动化有限公司正式跨入高新技术企业行列。

2014年5月15日，南通中远船务自动化与南通迪施签定了“海龙”系列绞车系列制造合作项目。作为中远船务旗下的两家专业配套企业，联手制造“海龙”系列绞车，将提升为海洋工程产品专业设备的配套能力，同时将进一步提升市场竞争力。为此，两家专业配套公司组建项目联合技术设计和攻关团队，确保建造项目优质按期完工。

2014年10月，南通中远船务的“浮式钻井储油平台总段下水及旋转合拢对接方法”专利夺得第十六届中国专利金奖。该项成果也标志着我国深海油气钻探成套装备设计制造水平的重大突破。

中海油田服务股份有限公司

（一）企业基本情况

中海油田服务股份有限公司（下称“中海油服”）是中国近海市场最具规模的综合型油田服务供应商。服务贯穿海上石油及天然气勘探，开发及生产的各个阶段。业务分为四大类：物探勘察服务、钻井服务、油田技术服务及船舶服务。

（二）主要产品

中海油服主营业务涉及石油及天然气勘探、开发及生产的各个阶段，包括：为石油、天然气及其他地质矿产的勘察、勘探、开发及开采提供服务；岩土工程和软基处理、水下遥控机械作业、管道检测与维修、定位导航、数据处理与解释、油气井钻凿、完井、伽玛测井、油气井测试、固井、泥浆录井、钻井泥浆配制、井壁射孔、岩芯取样、定向井工程、井下作业、油气井修理、油井增产施工、井底防砂、起下油套管、过滤及井下事故处理服务；上述服务相关的设备、工具、仪器、管材的检验、维修、租赁和销售业务；泥浆、固井水泥添加剂、油田化学添加剂、专用工具、机电产品、仪器仪表、油气井射孔器材的研制；机电、通讯、化工产品（危险化学品除外）的销售（以上国家有专项专营规定的除外）；经营该企业自产产品的出口业务和该企业所需的机械设备、零配件、原辅材料的进口业务（国家限定公司经营或禁止进出口的商品及技术除外）；承包境外海洋石油工程和境内国际招标工程；承包上述境外工程的勘测、咨询、设计和监理项目；上述境外工程所需的设备、材料出口；对外派遣实施上述境外工程所需的劳务人员；为油田的勘探、开发、生产提供船舶服务、起锚作业、设备、设施、维修、装卸和其他劳务服务；国内沿海、长江中下游、珠江三角洲普通货船、成品油船、化学品船及渤海湾内港口间原油船运输；天津水域高速客船运输；国际船舶危险品运输；船舶、机械、电子设备的配件的销售；船舶代理、货运代理。

（三）生产经营情况

2014年，中海油服实现营业收入337.20亿元，同比增长20.6%；实现归属母公司净利润74.92亿元，同比增长11.6%；实现扣非后净利润72.10亿元，同比增长10.4%；加权平均净资产收益率为17.02%。截至2014年底，中海油服共运营、管理44座钻井平台（包括33座自升式钻井平台、11座半潜式钻井平台）、2座生活平台、5套模块钻机。2014年先后租赁3座自升式钻井平台。另外，建造的深水半潜式钻井平台COSL Prospector于2014年11月交付。

2014年，中海油服运营的“海洋石油981”和“南海九号”等深水钻井平台运营情况良好。在南海深水钻探总包作业中，中海油服自主研发的ELIS测井系统及高端测井装备、深水钻井液、固井水泥浆体系等一批新技术实现了深水领域的成功应用，取得了“零事故、零污染、零故障”的业绩。

在国际市场方面，中海油服在亚太区域和印尼市场的业务规模和客户均有所增长，定向钻井业务连续中标，“海洋石油902”支持平台锁定长期合同，固井和泥浆业务成功立足于高端市场。“南海六号”钻井平台全年合同作业饱满。集物流、研发制造、设备维修及码头装卸运输等功能于一身的中海油服运营基地在新加坡落成。美洲区域，公司在墨西哥湾的作业平台满负荷运营，第三座自升式钻井平台COSL Hunter和第五套模块钻机“COSL 7”相继投入运营。

2014年，中海油服钻井板块装备力量得到进一步提升，高效完成了一批平台的租赁和改造，实现营业收入人民币177.1亿元，同比提高18.7%；油田技术板块实现营业收入人民币97.8亿元，同比增长47.3%；船舶板块实现营业收入人民币35.4亿元，同比增长6.7%；物探板块实现营业收入人民币26.9亿元，同比减少12.5%。

（四）产品开发与技术进步

2014年，中海油服的科研工作取得重大突破，重点研究稠油开采、南海深水勘探开发、低孔低渗、高温高压油气田开发等技术难题，取得了一批重要成果及专利，且科研成果在作业中发挥了重要作用，效益显著。自主研发的旋转导向钻井系统（WELLEADER)和随钻测井系统（DRILOG)均成功完成首次海上作业。深水钻完井液和固井技术的现场应用取得了重大突破，已获得1 500米水深的实际操作经验，具备2 500米水深的钻井液及固井技术服务能力。自主研发的ELIS成像测井系统实现了三维声波、二维核磁共振、阵列侧向、油基泥浆电成像等测井关键技术的突破，相关技术达到国际先进水平。

中国石油集团海洋工程公司

（一）企业基本情况

中国石油集团海洋工程有限公司（下称“中石油海洋工程公司”）是根据中国石油天然气集团公司加快海洋油气资源勘探开发步伐，持续推进专业化重组的战略部署，由中国石油天然气集团公司、辽河石油勘探局和大港油田集团公司三家联合出资，于2004年11月组建的海上石油工程技术服务公司，中国石油天然气集团公司控股。2007年12月，与原中国石油天然气第七建设公司和原中国石油集团工程技术研究院实施重组整合，2009年11月实施了持续重组。

中石油海洋工程公司注册资本39.4亿元，资产总额71亿元。现有钻井平台11座、作业试采平台5座，船舶24艘；初步建成青岛和唐山两大基地。并拥有中国石油海洋工程重点实验室，固井技术研究室，涂层材料与保温结构研究室；具备年生产固井外加剂15 000吨、防腐涂料5 000吨、预制保温管500千米的能力；固井外加剂、焊接、防腐保温技术位居行业领先地位。

中石油海洋工程公司拥有海洋石油工程设计甲级、海洋石油工程承包一级等资质，具有港口经营许可证、压力管道和压力容器等特种设备许可证，是国家高新技术企业。中石油海洋工程公司大力实施科技创新战略，着力解决海洋钻井、井下作业、海洋工程等技术瓶颈、形成海洋钻井工程、固井工程、井下作业、海洋工程、地面工程5大技术系列。拥有海上丛式井钻井、高含硫油气田钻井、海上油层改造、海底油气管道建设、复杂油气井固井等特色技术，具备120米水深的海上油气工程技术服务和综合保障能力。

（二）主要产品

中石油海洋工程公司业务范围涉及海洋石油钻完井、井下作业、试油试采工程；海上运输、基地码头保障服务；海洋工程设计、建造、安装、维护以及海洋石油相关业务研究、设计；油井水泥外加剂和防腐保温产品与技术服务、质量检验、油气工程质量监督、石油工程建设标准化管理等领域。

（三）生产经营情况

2014年2月26日，中石油海洋工程公司船舶事业部与唐山曹妃甸顺航港口服务公司近日签订《唐山生产支持基地260米码头泊位租赁合同》，标志着中石油海洋工程公司唐山基地正式对外运营。该基地位于曹妃甸工业区3号港池，占地95万平方米，码头岸线1 270米，主要设有泊位、库房料棚、堆场、油库、输灰泥浆5大服务区域，可提供海上作业施工的各类平台和船舶物资补给，以及仓储、海上作业人员运送、货物装卸、停靠码头、设备维修、应急支持等服务。该基地的正式对外运营，进一步丰富了中油海外部市场的经营形式。

2014年11月26日，“中油海16”自升式钻井平台交付仪式在上海临港工业区举行。该平台由中石油海洋工程公司和上海外高桥船厂联合打造，作业水深可达400英尺（约122米），钻井能力3.5万英尺（约10 668米），代表了国内400英尺海洋石油钻井平台技术的最高水平。该平台应用NOV（美国国民油井华高公司）钻井包，自动化程度达到国际同类型装备领先水平。管子处理系统是此次NOV钻井包的新亮点，由排管机、猫道机等设备组成，可代替人工实现钻台的全自动化操作，大大降低员工劳动强度。此外，VFD750变频升降系统、高效钻井控制系统Amphion也是平台的新亮点。

（四）产品开发与技术进步

2014年2月16日，中石油海洋工程公司工程技术研究院承担的“滩浅海海底管道外防腐检测评价技术研究”取得突破，为滩浅海海管外防腐检测提供了有效的技术手段，可满足滩浅海海底管道外防腐检测技术需求。工程技术研究院课题组首次提出基于电化学测量法的管道外防腐层缺陷的非接触式检测新方法，经检测方法水下应用适用性系统研究，通过管道沿线伴生电场信号的读取，实现管道外防腐层缺陷点的准确探查，突破了长期以来滩浅海海底管道外防腐层状况检测只能依靠蛙人（且无法检测填埋海管）的技术局限，解决了传统的管道接触式检测不适用于海管这一技术难题，填补了这一领域的技术空白。课题组根据此检测技术特点，辅以陆上埋地管道的成熟检测方法，研发出国内首套满足10米作业水深的海管外防腐检测装置。装置创新地通过双通道同步采集技术及三电极体系，配合分析评价软件，实现管道阴极保护状况和外防腐层缺陷的实时检测分析。这一装置还具备管道路由探测、埋深测量等功能，并在研发中解决了装置多种检测功能整合及由此带来的电磁干扰排除等技术难题。检测装置的管道路由探测精度在正负0.5米，埋深测量误差控制在5%以内，防腐层破损点定位精度为管道轴向正负1米，检出率95%，技术水平达到国际先进水平。

4月20日，中石油海洋工程公司工程技术研究院的“南海深水管线海上施工关键技术及装备开发应用”研究成果，通过了天津市科委组织的科技成果鉴定。专家一致认为，该项科研成果达到国际先进水平。

7月23日，中石油海洋工程公司工程技术研究院承担的海洋平台桩腿自动焊技术研究取得突破，形成海上桩管焊接施工的埋弧自动焊装备及配套工艺技术。海洋平台桩管焊接施工是海上钢结构制作过程中的重要环节。由于桩管壁厚大，坡口为大角度坡口，造成金属填充工作量大。同时，在海上施工中，受大风、海浪和潮涌等环境条件的影响，施工作业的有效时间有限，急需一套高效焊接工艺方法，进一步提高桩管焊接效率，适应海上作业快速、高效的施工要求。中石油海洋工程公司工程技术研究院根据技术需求，2013年年初进行立项研究，优选埋弧自动焊作为高效焊接方法，并通过对埋弧自动焊执行机构进行小型化设计与研制，对焊剂填充结构及控制系统进行优化设计，经过一年多的科技攻关，研制形成一套能够用于海上桩管接桩作业的埋弧自动焊专用设备，以及与设备配套的焊接工艺。这套装备与技术的应用，将有效缩短平台桩管焊接施工时间，减少工序，明显降低工程成本，进一步提升海洋桩管安装焊接技术水平。

海洋石油工程股份有限公司

（一）企业基本情况

海洋石油工程股份有限公司（下称“海油工程”）是中国海洋石油总公司控股的上市公司，是中国唯一集海洋石油、天然气开发工程设计、陆地制造和海上安装、调试、维修以及液化天然气、炼化工程于一体的大型工程总承包公司，也是远东及东南亚地区规模最大、实力最强的海洋石油工程EPCI（设计、采办、建造、安装）总承包之一，海油工程总部位于天津滨海新区。2002年2月在上海证券交易所上市。

海油工程现有员工8 000余人，形成了全方位、多层次、宽领域的适应工程总承包的专业团队；拥有国际一流的资质水平，建立了与国际接轨的运作程序和管理标准。海油工程的总体设计水平已与世界先进的设计水平接轨；在天津塘沽、山东青岛、广东珠海等地拥有大型海洋工程制造基地，场地总面积近350万平方米，形成了跨越南北、功能互补、覆盖深浅水、面向全世界的场地布局；拥有3 000米级深水铺管起重船——“海洋石油201”、世界第一单吊7 500吨起重船“蓝鲸”、5万吨半潜式自航船、3 000米级多功能水下工程船、深水多功能安装船、深水挖沟船等20艘船舶组成的多样化海上施工船队，海上安装与铺管能力在亚洲处于领先地位。

经过40多年的建设和发展，海油工程形成了海洋工程设计、海洋工程建造、海洋工程安装、海上油气田维保、水下工程检测与安装、高端橇装产品制造、海洋工程质量检测、海洋工程项目总包管理八大能力，拥有3万吨级超大型海洋平台的设计、建造、安装以及300米水深水下检测与维修、海底管道修复、海上废旧平台拆除等一系列核心技术，具备了1 500米水深条件下的海管铺设能力，先后为中海油、康菲、壳牌、哈斯基、科麦奇、Technip、MODEC、AkerSolutions、FLUOR等众多中外业主提供了优质服务，业务涉足20多个国家和地区。

（二）主要产品

海油工程主要承担海上油汽田开发工程、海底管道、海底电缆、油汽处理陆地终端、压力容器、海洋结构物装船和海上运输与安装的设计、咨询与现场技术服务，具有200米水深海上油汽田开发工程和浮式单点系泊系统以及海上油汽田开发简易设施的设计能力。还可以承揽海上及陆地油气田开发工程建设项目，包括各类导管架、组块、单点系泊及FPSO上部模块等工程的建造、安装以及联接调试，在海底管线和陆地终端建设、制管和钢结构建造物制造、橇块和压力容器及阳极铸造等方面具有雄厚实力。另外，海油工程还具有强大的海上石油平台安装、单点系泊安装及各种海底管道和海底电缆的铺设实力。

（三）生产经营情况

2014年，海油工程内抓管理，外拓市场，在国际市场开拓上持续发力，2014年前三季度，海油工程新签合同额超过230亿元人民币，国际订单额首次超过国内订单额，占比52%。共签订了Yamal、Zawtika等7个海外合同，累计金额达123.78亿元，其中Yamal项目合同额超过百亿元人民币，是公司有史以来中标金额最大、技术等级最高、投标时间最长的一笔订单。

2014年，海油工程完成6次海上浮托安装，数量创近年来之最。其中秦皇岛32-6CEPI组块浮托重量1.47万吨，创渤海之最；惠州25-8组块浮托由公司半潜式自航工程船“海洋石油278”实施，首次采用DP横向装船及浮托新技术，是世界上最大的半潜船安装世界上最大的DP浮托组块；垦利3-2组块浮托开创冬季浮托之先河；陆丰7-2项目组块成功实施具有世界难度的12 000吨组块低位浮托作业，锦州9-3项目10 500吨平台实现在渤海9米水深海域的低位浮托安装作业，标志着海油工程已全面掌握各类浮托安装技术。上述浮托技术的成功应用，标志着中国海上组块浮托技术实现了锚系浮托、DP浮托的全覆盖，为开发深水油气资源提供了宝贵经验。

2014年，珠海深水制造基地项目一期工程已基本完工，二期工程进度达19%。2014年3月份投产的“海洋石油289”完成了1个基盘管汇、2个电缆支撑架的水下安装、约16里柔性管（缆）铺设和深水锚桩的打桩、安装工作。多功能水下工程船“海洋石油286”建设项目基本完成。投资14亿元购置的深水挖沟多功能工程船于11月交船，2015年初投入使用。珠海深水基地和深水船舶的陆续投产将大幅提升海油工程深水能力，加快深水业务的发展。

（四）产品开发与技术进步

在水下生产系统方面，海油工程专门成立了水下技术研究所，对设计、建造、安装和测试各个环节的技术进行攻关和研究，已经形成以水下管道终端为切入点的水下产品设计、制造、测试和安装技术。

2014年，海油工程承担的国内首台卡爪式水下连接器完成海试，深水水下产品开发取得新进展；国产深水水下定位系统研发成功，打破了国外技术垄断；完成了国内最深水下基盘安装，作业水深达到338米；成功开展了国内首例水下裂纹干式舱焊接修复，实现了FPSO在位不停产的单点系泊系统整体更换；番禺35-1/2项目首批深水跨接管成功交付。

2014年1月3日，“2013年中国十大海洋科技进展”揭晓，海油工程完成的“中国建造的亚洲最大海上油气平台建成并安装成功”入选。相当于百层高楼的荔湾3-1中心平台，是海油工程第一个深水气田中心平台，其中心平台组块为中国最大、世界第二大组块。虽然是初涉深海，可这座平台从设计、建造到安装均由海油工程自主完成。当浮托重量达3.2万吨的荔湾3-1中心平台组块载荷平稳落在导管架上，海油工程完成了世界最具挑战性的海上浮托安装项目，实现了中国海上浮托安装作业水深从24米到190米、浮托重量由1.2万吨到3.2万吨的大幅跨越，为中国开发深水油气资源积累了宝贵经验。

2014年4月，海油工程在海上平台拆除作业中取得的突破性进展，并获国家认可。海油工程所著的《海上平台导管架拆除高压水水下切割施工工法》成功申报国家级工法，这将大大推进海上平台拆除的标准化作业。基于以往的作业实践，海油工程逐渐掌握了从英国引进的高压水研磨料切割设备的使用方法、参数设置、安装方法、切割效果判断等技能，形成了一整套成熟的高压水研磨料内/外切割方法，并在曹妃甸1-6油田设施弃置中得到成功应用，海油工程总结经验，编制了《海上平台导管架拆除高压水水下切割施工工法》，旨在为国内平台拆除作业提供标准范本。工法的成功申报对于推动我国海上平台的拆除具有里程碑意义，平台拆除业务将逐渐走向标准化、规范化。

大连船舶重工集团公司

（一）企业基本情况

大连船舶重工集团有限公司（下称“大船重工”）隶属中国船舶重工集团公司。2005年12月9日，原大船重工和原新船重工按照“优势互补，资源共享，降本增效，做强做大”的十六字方针进行整合重组，成立大连船舶重工集团有限公司。大船重工是目前国内唯一有能力提供产品研发、设计、建造、维修、改装、拆解等全寿命周期服务的船舶企业集团，也是国内唯一汇聚军工、造船、海洋工程装备、修/拆船、重工等五大业务板块的装备制造企业集团，先后取得了挪威船级社（DNV）颁发的ISO9001、OHSAS18001和ISO14001质量、健康安全和环境认证证书。大船重工造船基础设施完备，设计研发和生产建造实力雄厚，可以承担从千吨级渔船到三十万吨级超大型油轮，从常规散货船、油船到万箱级集装箱船、大型LNG船等各吨级、各种类船舶的设计建造任务。大船重工是中国首家跻身全球造船企业前五强的世界著名造船企业，被誉为“中国造船业的旗舰”。

大船重工是中国首家具有自升式钻井平台自主

知识产权和总承包业绩的海洋工程装备制造企业。从浅海区的50英尺、300英尺、350英尺及400英尺自升式平台，到Ocean Rig的Bingo 9000型、F&G的9500型、Bassoe Technology的BT3500型深海半潜式平台，以及海上浮式生产储油船（FPSO）、海洋综合检测船、海洋工程辅助船等，大船重工可以为客户提供各类海洋工程装备的建造和改装服务。

大船重工占地面积512万平方米，建有船坞10座、船台9座；岸线14千米，码头10千米；45吨以上吊车110台，最大起重能力900吨；三个造船主场区分别建有钢材加工处理线、平面分段流水线及装焊间、涂装间；10条生产线可满足从1万吨到50万吨各种船舶建造；环场区周边的钢材加工配送、分段制作、舾装和模块单元制作、管件加工、舱口盖制作、上层建筑制作、轴舵制作安装、船用吊机、物流配送九大专业化配套基地，支撑高效现代化总装造船。

（二）主要产品

大船重工主营业务范围是船舶、海洋工程及其配套设备的开发、设计、建造、修理，主要涉及船舶与海洋工程设计制造领域。大船重工主要产品包括：油船、散货船、集装箱船、矿砂船、化学品船、滚装船、LNG船、自升式钻井平台、半潜式钻井平台、浮式生产储卸油装置（FPSO）等。依靠现代化的生产设施和雄厚的技术力量，大船重工在自升式及半潜式平台、FPSO、生产及生活模块等产品建造方面拥有骄人的业绩，已成为国内海洋工程建造的优势企业。

大船重工拥有国内研发能力最强的国家级企业技术中心，成功开发并建造了VLCC、大型化学品船、大型集装箱船、大型滚装船、大型浮式生产储油轮、半潜式钻井平台、自升式钻井平台等多型高技术、高附加值船舶和海洋工程产品。服务的船东遍布丹麦、挪威、伊朗、比利时、希腊、瑞典、美国、德国、智利、日本、新加坡、巴基斯坦及香港等国家和地区，包括丹麦马士基、挪威TOM、新加坡太平船务、万邦，以及中远集团、中海运集团、中外运长航集团、招商轮船等国际知名的航运企业，都是大船重工多年合作伙伴。

（三）生产经营情况

在订单交付方面，2014年8月22日，大船重工为中国海洋石油总公司建造的“海洋石油118”FPSO-6号船签字交工；11月6日，大船重工为Summit Drilling International Ltd.设计建造的JU2000E-13号平台（船名：TASHA）按期顺利完成交付，JU2000E-13号平台是大船海工首条执行PSPC标准的自升式平台，该平台将作业于东南亚海域。

在项目建造方面，2014年7月1日，大船重工作为总包商为中海油田服务股份有限公司建造的“海洋石油982”（A5000-01）半潜式深水钻井平台在钢加厂房开工。7月，大船重工开工建造400英尺自升式系列19号平台。该平台是大船重工为中国石油海洋工程有限公司建造的首座400英尺自升式钻井平台，该项目入ABS、CCS双船级，是大船重工建造的第19艘400英尺自升式钻井平台。

在新接订单方面，2014年7月，大船重工成功承接了GE公司2艘FPSO的4个模块建造项目。这是大船重工向海工转型升级以来承接的第二批海工模块建造项目。9月29日，大船重工与招商局能源运输股份有限公司在深圳签署了“2+1”艘31.9万吨新型节能环保型VLCC建造合同。12月，招商局能源运输股份有限公司旗下海宏轮船在大船重工订造的1艘31.9万载重吨节能环保型VLCC备选订单正式生效。

（四）产品开发与技术进步

大船重工列入国家级企业技术中心的船舶及

海洋工程设计研究所，拥有以中国工程院院士领衔的研发设计团队，可按各国船级社规范、国际公约标准设计船舶、海洋工程和钢结构物，为大船重工的产业发展提供支持。

大船重工引进并二次开发的TRIBON M3、CADDS5等设计软件，可供详细设计、生产设计使用。截至2014年底，大船重工已成功研发13 000箱集装箱船、LNG船、30万吨级深水FPSO、500英尺自升式钻井平台、第六代3 000米深水半潜式钻井平台等新产品。

武昌船舶重工集团责任公司

（一）企业基本情况

武昌船舶重工集团责任公司（下称“武船重工”）隶属于中国船舶重工集团公司，始建于1934年6月6日，2009年2月原武昌造船厂改制为武船重工，2014年5月更名为武昌船舶重工集团有限公司，是典型的军民融合、有限相关多元化发展的大型现代化综合企业。武船重工现有员工10 000余人，总资产近300亿元，占地面积600万平方米，形成了武昌总部、青岛海西湾、武汉双柳三大制造基地和军工军贸、民船、桥梁装备、海工装备、成套设备及钢结构六大产品板块协调发展的格局。

武船重工是中国最主要的海工装备建造基地，拥有海洋工程装备设计建造能力，与国际一流的海洋工程专业公司合资合作，发展FPSO、海洋平台等大型海洋工程装备，全面进军海洋工程装备市场。UT788三用工作船代表国际海工装备制造最高水平，VS系列海洋工程船出口到希腊、挪威等西欧国家。巴油水下浮体项目圆满交付、CJ46平台、DVC5 000吨起重铺管船顺利承接，标志着武船成功迈入世界海工装备高端行列。武船重工正在青岛海西湾建设海洋石油平台和大型船舶建造基地，建造FPSO、半潜式平台等海洋工程装备，积极参与国际竞争。

（二）主要产品

武船重工的海洋工程产品包括各型海洋工程辅助船，公司已为欧洲船东建造了VS483MKⅡPSV、VS483MKⅢPSV、VS4612AHTS、VS4616AHTS，为中海油服建造了UT788CD等五型十几艘具备国际标准的海洋平台多用途工作船。同时，公司还自主设计开发了8 000马力三用工作船和1.6万千瓦多用途平台供应船。目前武船重工已形成了海洋工程船经营设计生产一体化管理，生产资源、设计团队、建造队伍都已配置到位，产业聚焦专业化发展战略日趋明晰。十年来，武船重工已建和在建的UT788CD、深潜水工作母船、VS4616等海洋工程船舶共30余艘，总合同金额70多亿元。

（三）生产经营情况

在订单交付方面，2014年5月7日，由武船重工承建的16 000千瓦多用途海洋拖船“德深”轮顺利交付上海打捞局。该船总长90米，型宽20米，型深8.8米，设计吃水5.6米，满载吃水7.2米，续航力19 300海里，自持力60天，满载排水量9 200吨，载重量4 555吨，是中国目前最大的多用途海洋拖船。该船关键性能指标优良。主机功率100%时平均航速达16.7节（考核指标15.6节），最大航速17.6节，系柱拖力287吨（考核指标261.3吨），均大于考核指标。

2014年9月5日，由武船重工南通分公司首次自主承建的65米三用工作船首制船完成全部航行试验项目，圆满交付。9月28日，由武船重工南通基地承接建造的65米第二艘船——A376M船顺利交付。65米三用工作船是武船重工全力打造的具备操锚、拖带、浮油回收、平台供应功能的高端工作船舶，是武船在海洋工程船舶领域极具竞争力的的主力船型，是武船为国际海洋石油行业建造的优质产品。

2014年12月5日，武船重工首个海洋工程船舶升级改装项目——Kaizen4000深水起重铺管船在青岛武船正式交付船东。

在项目建造方面，2014年1月5日，武船为巴西国家石油公司制造的世界最大型水下立管支撑浮体上的首套刚性立管在水下安装成功。交付后，刚性立管系统将和海上浮式储油船FPSO进行连接投入到海底石油天然气的生产中。

2014年4月22日，武船南通基地为新加坡MEO、泰国UWO武船建造的65米三用工作船一号船、二号船顺利出坞。65米三用工作船为武船南通基地首型出口船。该船总长64.8米、型宽16米、型深6.2米，是一艘具备操锚、拖带、浮油回收、平台供应功能的服务于海洋石油行业的高端船舶，该船可携带淡水、泥浆、钻井水及船员转运，航行于无限航区，双机可调桨，带DP-2动力定位功能和对外消防1级功能，并满足ABS船级社入级符号的要求，在东南亚市场属于海洋工程行业的主力船型之一。

2014年4月29日，武船承接的起重驳船改装项目Kaizen4000抵达青岛武船，开始进行为期5个月的改装升级工作。改装工作主要内容包括新发电机组安装、集控室、主配电室、新配电板室和泵舱、艉推进器舱、4个伸缩推舱、艏部伸缩推舱、艏侧推舱等结构改装和设备安装、全套铺管系统设备安装、系泊系统设备安装等共12个区域和部分。通过改装，该船将由目前的一艘起重驳船改装成为一艘配备DP-3动力定位系统的自航起重铺管船。

2014年8月5日，武船建造的CJ46自升式钻井平台项目进坞铺底。该项目主船体共有43个分段(含3个桩靴)，共2 941吨。16个分段的舾装件及相关设备基座已安装完毕并做好安装记录，得到船东船检认可。

2014年8月8日，武船50 000吨半潜船项目进入正式实施阶段。该船可承运目前世界上90%以上种类的石油钻井平台及大型海洋工程产品，属于高科技、高附加值的深水海洋工程装备之一。该项目计划建造2艘，2014年10月同时开工，第一艘计划2016年1月份交船，第二艘计划2016年3月份交船。

2014年11月20日，亚洲拖力最大，世界最先进、装置最齐全的深水三用工作船“海洋石油691”号在江苏省启东市海试成功。该船是武船专为中海油服贴身定制的，基础船型为UT788CD，由世界著名的罗尔斯·罗伊斯设计公司设计，主要服务于中国大型深海钻井平台“海洋石油981”，造价超过8亿元。该船总长93.4米、宽22米、深9.5米，采用柴电混合的推进方式，运用最先进的动力管理技术，比传统方式节能20%以上，拖拽力高达366吨，配备ROV水下机器人库房，可在3 000米的深海起抛锚，并装备了最先进的环保处理装置，污染排放满足全球任何一个港口的现行标准，可通行全球。

2014年12月5日，5 000吨级DP-3起重铺管船在青岛武船开建。该船拥有四项世界之最：全回转起重能力是5 000吨，属同类型船舶中最大；全船总功率41.8兆瓦，是世界最高；航速12.5节，比同类船舶提高0.5节，是世界最快；按国际规范标准配置400名船员的居住能力，属世界同类型船中最多。该船可在3 000米水深处进行铺管作业，交付后可在世界大部分海域进行海上施工、起重作业、海底管线铺设、水下施工等海洋工程服务。该船建造周期约为3年，造价高达4亿多美元，是武船迄今承接单价最高的船舶，预计在2017年末交付使用。

在新接订单方面，2014年4月1日，武船与国外船东在深圳蛇口签订DVC5000吨起重铺管船项目总承包合同。DVC5 000吨为深水DP-3动力定位起重铺管船，配有一台5 000吨全回转吊机和一套600吨、3 000米水深的主动升沉补偿装置。该船还配有一套600吨S型铺管设备（带有90米长的托管架），铺设管径可达60英寸，配有双节点预制线工作站，并为增加Reel-lay和J-lay铺设系统进行了预留。该船最多载员400人，配有浅水领域里采用的10点锚泊定位系统。该船建成后将入级DNV GL船级社，可在全世界范围内进行海上施工、特殊起重作业、海底管线铺设、水下施工以及位于浅海和深水的海洋工程安装服务。整个工程合同价格逾4亿美金，建造周期为合同生效后39个月，预计于2017年下半年完工交付。该项目是武船迄今为止承接的单笔最大合同。

2014年4月18日，武船与新加坡船东正式签订四艘PX121H平台供应船合同。该型船由挪威乌斯坦公司（ULSTEIN）公司设计，采用双机、固定桨全电力推进系统，总长83.4米，型宽18米，型深8米，载重吨为4 200吨，甲板载货1 500多吨，定员30人，采用X—BOW专利型式船艏，配备DP-2动力定位系统，具有对外消防功能和溢油回收功能，可为平台供应燃油、淡水、钻井水、泥浆、盐水、原油、干粉及甲板货等各种物资。该船自动化程度高，利用微机网络即可进行操船、货物装卸、电站管理、全船报警和检测等各种工作，集成了单手柄操作、自动电站等多种先进技术。该船在武船双柳基地建造，是该基地首型出口船。

2014年4月26日，新加坡船东和武船签订CJ46-X100-D自升式钻井平台合同。这是武船2013年9月份签订的CJ46自升式钻井平台（1+1）EPC合同的第二座。第一座CJ46平台已于2014年2月开工建造。

2014年6月20日，武船与安徽华强天然气发展有限公司签订了十艘“华强号”系列LNG加注趸船的建造合同。此合同是继5月28日第一期三艘加注趸船之后的第二期订单。本期LNG加注趸船相关五大设备及配套设施由武船按相关规范自行制造。

2014年6月9日，武船与信群集团在青岛海西湾的武船分部举行2艘50 000吨半潜船建造合同签订仪式，这是武船与信群集团的首次合作。该船是一艘配有DP-2级动力定位系统的自航半潜船，采用双独立机舱、1台低速机带动CPP做主推进，装备2台艉部伸缩式全回转推进器和2台艏侧推。主甲板面积约7 000平方米，负载50 000吨，挂方便旗，无限航区，可承运目前世界上90%以上种类的石油钻井平台及大型海洋工程产品。

2014年8月，新加坡海工船东Otto Marine近日与武船签订了一份建造合同，将订造“4+4”艘平台供应船（PSV），交付期定于2016年。这8艘船将采用Ulstein的PX121型设计，最大航速约14.5节，能够容纳30人，该系列船船长83.4米，宽18米，甲板面积840平方米，运力为4 000载重吨，配备DP-2动态定位系统，将配备海上起重机和ROV的夹层甲板。除了拥有能够容纳石油、水、钻井液等多种货物的储罐外，新船还拥有4个不锈钢储罐，用以运输易燃液体或腐蚀性化学制品。

2014年10月，武船成功中标中海油田服务股份有限公司3艘12 000HP深水三用工作船项目。12 000HP深水三用工作船为航行于无限航区的操锚拖带供应船，总长74.1米，型宽18.0米，型深7.50米，承担操锚、拖带、对外消防、守护和近海供应任务，可携带燃油、基油、淡水、泥浆、钻井水、盐水、干散货及甲板货物，具有DP-2动力定位功能。

（四）产品开发与技术进步

2014年4月，以武船为挂靠单位的武汉国家高端船舶与海洋工程装备高新技术产业化基地顺利通过复核，成为国内唯一一家以船舶与海洋工程装备为主导产业并获评A级基地的高新技术产业化基地。

2014年4月11日，武船获得湖北省长江质量奖。湖北省长江质量奖设立于2009年，主要授予省内实施卓越绩效模式，有广泛的社会知名度与影响力，在行业内处于领先地位，并取得显著经济效益和社会效益的企业或组织，是省人民政府设立的最高质量荣誉奖。

2014年11月，湖北省知识产权局公布了湖北省知识产权示范企业名单，武船等5家企业成为湖北省首批知识产权示范企业。该荣誉称号是湖北省在知识产权方面的最高荣誉，标志着武船知识产权工作水平处于省内领先地位。

2014年11月，武船海工设计公司在湖北省第二届“楚天杯”工业设计大赛船舶与海洋装备设计类比赛中再创佳绩，其参赛的“精灵”三用工作船、“清道夫”内河挖泥船两型作品分别荣获一等奖及优秀奖。“精灵”三用工作船是海工设计公司采用具备自主知识产权的直立型艏船型技术研发设计的新一代三用工作船，该船与同类型船舶相比，更加安全、可靠、节能、环保。

山海关船舶重工有限责任公司

（一）企业基本情况

山海关船舶重工有限责任公司（下称“山船重工”）前身为山海关船厂，是中国船舶重工集团公司所属的国有大型一类企业。1972年开始兴建，1986年正式投产，2007年转股改制为山海关船舶重工有限责任公司。

山船重工厂区面积311.6万平方米，其中陆地面积208.8万平方米，港池水域面积102.8万平方米。造船坞2座，主尺度分别为240米×28米×9.8米和440米×100米×12米；修船坞4座，主尺度分别为240米×39米×11.4米、340米×64米×12.8米、320米×56米×13.3米和260米×50米×13米。码头19个，总长5 641.6米。公司现有钢材综合加工厂房、管系铁舾加工厂房、船体联合工场、分段装焊工场、四喷九涂厂房等主要生产设施；600吨龙门吊、拖轮、1 250吨油压机、大型剪板机、大型刨边机、钢材预处理线、板料校平机、弯管机、10米车床、埋弧自动焊接机、CO_2气体保护焊机、数控切割机、等离子切割机等各类设备6 000多台套。公司正式职工2 700余人，其中高级技术工人、专业管理人才、工程技术人员1 000余人；派遣工1 400余人；外协工12 000余人。

（二）主要产品

山船重工主要经营船舶修理、制造、改装、拆解，海洋工程建造、维修，港口机械及钢结构制造，船舶备件供应，热浸镀锌，工程项目建筑施工，码头装卸及仓储等。山船重工通过了ISO9001–2000质量体系认证，1995年获得对外贸易进出口经营权，2001年获得独立的港埠经营权和指泊权。

山船重工年承修大中型船舶200余艘，可以按照中外船级社规范、国际公约对VLCC等油轮、钻（修）井平台、散装船、杂货船、滚装船、集装箱船、冷藏船、矿砂船、起重船、救捞船、供给船、港作船、化学品船、特种运输船等各类船舶和海洋工程产品进行改装和专业修理。公司年造船能力140万载重吨，曾成功完成世界首艘海洋风电安装船、70 000吨举力浮船坞、35 000吨半潜式驳船、30 000吨散货船、35 000吨散货船、93 000吨散货船等船舶的建造工程。现与韩国、希腊、新加坡、印度、丹麦、美国、香港、台湾等30多个国家和地区的航运公司保持着良好的业务关系。

（三）生产经营情况

在项目建造方面，2014年1月14日，中海油田服务股份有限公司的大型钻井平台“海洋石油922”号进入山船重工3号坞内，将进行悬臂梁等主要设施改造，以提升平台钻井作业能力和效率，该平台型长57.2米，型宽53.34米，型深7.62

米，可容纳100人，设有直升飞机平台。桩腿高度达94米，最大作业水深200英尺，最大钻井作业深度6 000米，主要用于渤海油田的钻井作业，同时兼顾其它同类海域。

渤海船舶重工有限责任公司

（一）企业基本情况

渤海船舶重工有限责任公司（下称“渤船重工”）是中国船舶重工集团公司所属骨干企业之一，是集造船、修船、钢结构加工、海洋工程、冶金设备和大型水电设备、核电设备制造为一体的大型现代化企业和国家级重大技术装备研制基地。

渤船重工濒临中国内海渤海湾北岸的葫芦岛港。渤船重工占地面积360万平方米，注册资金16.42亿元，拥有中国最大的七跨式室内造船台、两个30万吨级船坞、20万吨级半坞式斜船台、5万吨级可逆双台阶注水式干船坞等国内外先进的造船设施和一流设备，能够按CCS、DNV GL、BV、ABS、LR、NK等多家船级社规范和各种国际公约自行研发、设计和建造50万吨级以下各类船舶，年造船能力可达400万载重吨。

（二）主要产品

渤船重工海洋工程产品发展重点方向为市场需求量大的海洋油气开发装备，以及海洋油气开发相关服务平台、工程船，主要产品包括完井/修井船、居住平台、服务平台、钻井平台维修、科学考察船和海洋工程部件制造。正在研究的主要产品包括3 000米深水多功能完井/修井船、自升式修井平台、自升式风车安装平台、132米铺管船、5 000吨打捞起重船以及18 500马力三用工作船等。

（三）生产经营情况

渤船重工与天津德赛机电设备有限公司于2013年签订了“德赛”系列自升式作业平台的建造合同。2014年11月17日，该系列平台的首制平台“德赛三号”成功交付船东。“德赛三号”是国内首条成功交付的具有完全自主知识产权且具备动力定位功能的自升式作业平台，其刚性桩腿与柔性齿条装配技术在同行业同类产品施工工艺方面处于领先水平。

（四）产品开发与技术进步

渤船重工于2012年开展新的海洋工程装备项目，选址于辽宁省葫芦岛市北港工业区，主要建设船坞1座，水平船台2座，以及舾装码头、联合车间、结构焊接车间、舾装车间、涂装车间等生产车间和设施。一期工程每年生产自升式平台2座、圆筒式平台2座、海工模块8座、钻井船1艘；二期工程每年生产大型FPSO1艘、钻井船1艘。该建设项目总投资60亿元，年销售收入146亿元，利润16亿元，项目建设预计于2016年完成。

上海外高桥造船有限公司

（一）企业基本情况

上海外高桥造船有限公司成立于1999年，地处长江之滨，是中国船舶工业集团公司旗下的上市公司——中国船舶工业股份有限公司的全资子公司，是一个注重可持续发展的现代化大型船舶总装制造企业，从业人员过万。公司全资拥有上海外高桥造船海洋工程有限公司、控股上海江南长兴重工有限责任公司、上海外高桥海洋工程设计有限公司、中船圣汇装备有限公司、上海中船船用锅炉有限公司。公司规划占地面积500万平方米，岸线总长度超过4千米，共有4个船舶舾装码头，2座干船坞，配有1台800吨、3台600吨龙门起重机，拥有7个冲砂车间和15个涂装车间。公司的重点设备有：17台数控等离子切割机、4台火焰切割机、1台型钢数控等离子切割机、1台1 000吨油压机、21米和12米三辊卷板机各一台。其中，2 200吨21米三辊卷板机，最大加工厚度可达85mm，3米和4.5米两条钢板预处理流水线，年生产能力达50万吨。

公司已获得ISO9001质量管理体系认证、ISO14001环境管理体系认证、OHSAS18001职业健康安全管理体系认证、ISO50001能源管理体系认证以及“信息化与工业化融合”的体系认证。公司曾荣获“中国国际工业博览会金奖”、“中国造船工程学会科学技术”、“上海市高新技术企业认证证书”、“上海市两型企业试点单位”、“上海市企业管理现代化创新成果一等奖”、“年度上海市资源综合利用十佳企业”、“上海市推行全面质量管理先进单位”、“上海市质量标杆企业”等荣誉和称号。2015年首次荣获“2014年度上海市政府质量奖”称号，成为船舶行业内首家获此殊荣的企业。公司积极倡导“员工与企业共同发展”的价值观，大力弘扬“学习创新、务实执行、和谐发展、追求卓越”的企业精神，推行绿色造船，创立安全环境，建造优质产品，在推进建立现代造船模式的进程中，走出了一条锐意进取的跨越式发展之路。作为行业领先的典范企业，上海外高桥造船有限公司坚持认为，企业的未来源于对可持续发展的追求，因此公司不仅倡导并实践绿色造船，还积极履行环境保护、经济建设、慈善帮困等社会责任，不断加强自身的长期能力建设，加深与利益相关方的沟通交流，并自2012年起连续四次发布企业社会责任报告。

（二）主要产品

公司自成立起就确立了建造世界一流产品的目标，产品类型覆盖散货轮、油轮、超大型集装箱船、海工钻井平台、钻井船、浮式生产储油装置、海工辅助船等。公司自主研制的好望角型绿色环保散货轮已成为国内建造最多、国际市场占有率最大的中国船舶出口“第一品牌”，累计承建并交付的17万吨级和20万吨级散货船占全球好望角型散货轮船船队比重的11.3%，好望角型散货船多次荣获“上海市名牌产品”；30万吨级超大型油轮VLCC累计交付量占全球VLCC船队8.3%，11万吨级阿芙拉型原油轮获得“中国名牌产品”称号。在海洋工程业务领域，公司先后承建并交付了15万吨级、17万吨级、30万吨级海上浮式生产储油装置（FPSO），标志着我国在FPSO的设计与建造领域已位居世界先进行列。3 000米深水半潜式钻井平台是世界上最先进的第6代深水半潜式钻井平台，作业水深3 000米，钻井深度达10 000米，被列入国家“863”计划项目。公司于2011年圆满完成了“海洋石油981”项目的建造、调试任务及其相关的国家“863”计划和上海市重大科技专项的结题工作，填补了我国在深水特大型海洋工程装备制造领域的空白。2014年该项目荣获国家科技进步特等奖。公司正在建造的海洋工程产品有JU2000E型和CJ46型、CJ50型自升式钻井平台。公司已经实现了在自升式钻井平台领域已经形成系列化、批量化的建造和交付能力。自2005起，公司造船总量和经济效益始终保持国内造船企业前列。2011年，公司完工交船36艘，成为国内首家年造船完工总量突破800万载重吨大关的船厂。2013年10月，公司成功交付建厂以来的第300条船。截至2015年8月，公司已累计交船360条船。

（三）生产经营情况

经营承接延续良好态势。公司快速适应了集团管控模式由运营管控型向战略与财务管控型调整，充分发挥在市场竞争中的主体地位，抓住市场年中回暖机会，成功接获一批优价项目，全年新接订单量全球第二，手持订单量全球第一。造船完工总量继续位居国内同行业首位。持续优化产品结构。公司手持订单中，海工订单比例占33%，大型集装箱船、液化气船、VLCC船等高附加值产品比例占26%。2014年，外高桥造船继续稳居世界船厂领先地位，通过了上海市第二批高新技术企业认定。外高桥造船参与研制并完成生产建造的“海洋石油981”获国家科技进步特等奖，该公司承接的CJ50自升式钻井平台，技术性能达到国际领先水平，已形成钻井平台批量化生产能力。2014年，公司按计划完工交付3座JU2000E型自升式钻井平台，海工业务实现了由量变到质变的转化，海工业务销售收入占比已经超过22%。目前公司共有2型8座自升式钻井平台同时在建，已经形成了海工平台连续不间断生产的能力。公司正在向着成为世界一流的海洋工程装备开发与建造企业的目标迈进。今年还实现了18 000箱集装箱船坞内搭载主甲板贯通，以及3艘8.3万立方米VLGC船同时命名，打破了日韩船厂对这两型船的技术封锁和长期垄断。

（四）产品开发与技术进步

2014年，公司全面贯彻落实集团公司部署的各项重点工作，全力推进完成集团公司下达的各项任务。公司超额完成年度经营生产任务，进一步加快推进转型升级，较好的完成了三年滚动规划目标。2014年，公司完工交船、经营承接、手持订单与经济指标持续领跑全球造船企业，转型产品成功建造并交付。公司2014年紧紧围绕“以市场机制整合内外资源、以营运效率提升经济总量、以精益管理提高经济效益”的经营方针，以“改革、提速”为管理主题，积极推进经营生产各项工作，公司营业收入、造船完工及经营承接等各项主要指标均超额完成了集团公司下达的目标，同时，公司上下统一思想，深化改革，全面落实各项管理措施，管理水平得到了进一步提高。资源整合不断加大，继续发挥上海外高桥造船有限公司、上海江南长兴重工有限责任公司、上海外高桥造船海洋工程有限公司“两岸三地”合力。公司还在多元发展取得突破，公司控股子公司中船圣汇装备有限公司在张家港举行揭牌仪式，正式挂牌成立，为打造LNG装备产业链奠定了基础；合资成立中船锅炉设备公司，开展大型锅炉的承接工作。经过一年的努力，公司的发展得到了业界认可。“海洋石油981”荣获国家科学进步特等奖。公司荣获全国五一劳动奖状、上海市科技进步奖、上海市质量标杆企业等荣誉，进入我国第一批符合船舶行业条件规范“白名单”；子公司“长兴重工”被评为中国外贸出口先导指数样本企业。

上海船厂船舶有限公司

（一）企业基本情况

上海船厂船舶有限公司（下称“上海船厂”）创建于1862年，历经了多次的迁移、组合、兼并，并于1954年由英商经营的“英联船厂”和原官僚资本企业“招商局机器修造厂”最终合并而成。在历经上海船舶修造厂(1954–1985)、上海船厂(1985–2004)、上船澄西船舶有限公司(2004–2006)三个阶段的发展后，现已成为中国船舶工业集团公司旗下的五大造修船基地之一，是一家以造船、修船为主体，兼有大型钢结构及海洋工程等综合生产能力的国有大型骨干企业。目前，上海船厂以船舶及海洋结构物建造、钢结构两大大业务板块为主，兼有压力容器、机电产品等综合生产能力，科研能力突出，拥有国家级企业技术中心，是中国船舶工业集团公司出口船的重要基地之一，也是中国船舶工业集团公司旗下的三大海工生产基地之一。

上海船厂主要生产区域分布在上海市黄浦江西岸及长江口崇明岛南岸，占地总面积170余万平方米，码头岸线总长约4 350米。主要造船设施有5.3万平方米船体加工车间和钢板预处理流水线，另一座6.4万平方米的分段制造车间已有3.2万平方米完工投入使用，崇明厂区海洋工程110米×270米港池一座、7万吨级船台一座，10万吨级浮船坞、4万吨级浮船坞各一座，600吨龙门起重机1台，2 500吨浮吊一台，3 600匹以上拖轮4艘，100~200吨门座式起重机10台，各种加工设备300余台/套。主要修船设施有10万吨级浮船坞、4万吨级浮船坞各一座。具备了年造船100万吨、海工平台2座。

（二）主要产品

上海船厂的特色产品有海洋工程装备建造和船舶建造，其中在海洋工程装备建造方面的产品有：12缆深水物探船（工作水深达3 000米，可在5级海况和3节海流情况下采集地震数据）、多功能钻塔式钻井船（工作水深为5 000英尺，钻井深度为30 000英尺，具有自航能力，8点锚泊定位，可容纳150人）。而在船舶建造方面，上海船厂的主打产品有：3 500箱集装箱船（面向德国航运界、批量最大中型快速集装箱船）、11.45万吨散货船（后巴拿马型散货船，具有突出的竞争力）、30 000吨重吊船（自身具备320吨克令吊四座，单次可吊起小于640吨货物）等。另外，上海船厂还有扩展以海洋工程船、钻井船等海洋结构物为主要产品的海洋工程业务板块及以中型集装箱、重吊船等高附加值船为主要产品的高附加值“中小型船舶”业务板块的产品业务需求。

（三）生产经营情况

在订单交付方面，2014年8月6日，上海船厂交付12缆深水物探船“海洋石油721”号。该船研制成功仅15个月，创下同类型物探船建造速度世界第一。“海洋石油721”是中国自主建造的大型深水物探船。2014年11月8日，由上海船厂承担设计、建造、总包任务的中国首艘智能化、拥有完全自主知识产权的3 000英尺深水钻井船“OPUS TIGER1”号命名仪式在上海举行。该船于2015年初交付业主。

在项目建造方面，2014年3月6日，上海船厂为中海油田服务股份有限公司建造的两艘12 000马力深水三用工作船同时点火开工。4月30日，上海船厂为华彬集团OPUS公司建造的TIGER2钻井船在崇明基地“新祥生”坞内下水，随后该钻井船进入码头安装调试阶段。12月，上海船厂为新加坡康帕特公司建造的一艘钻井驳点火开工，该船计划于2015年5月铺底。

在订单生效方面，2014年4月3日，上海船厂与新加坡船东OPUS OFFSHORE公司于2011年9月21日签订的“2+2”艘TIGER系列钻井船建造订单中的后续两艘选择船订单正式生效，预计于2016年和2017年交付。

（四）产品开发与技术进步

2014年10月，从方案设计到船体建造，包括重要设备采购、全船设备安装调试，都由上海船厂牵头的中国首艘自有产权的钻井船“OPUS TIGER1”号建成。该船最大工作水深为5 000英尺，总长170.3米，型宽32米，定员150人，其船舶管理系统、中压变频管理系统和排管等系统都完全实现了智能化。

福建东南造船有限公司

（一）企业基本情况

福建东南造船有限公司（下称“东南造船”）组建于1956年，是福建省船舶工业集团公司骨干企业之一，原名为“福建省东南造船厂”，于2014年11月20日更名为“福建东南造船有限公司”。工厂座拥于闻名海内外的马尾天然深水良港，占地面积约21万平方米，在职员工1 300人，外包工1 800余人，从事船舶设计和建造的高素质专业技术人员计300余人，工程师50余人。

东南造船通过IS09001和OHSA518001体系认证，获得英国UKAS质量管理体系证书，拥有一系列现代化造、修船舶设施，现有1座2万吨级斜船台，配有300吨级吊机，可供2万吨级船舶下水，2座总面积3 960平方米的现代化室内船台、5座总面积14 000平方米的露天船台、1.1万平方米的船体车间、6 000

平方米的分段建造平台、8 000平方米的重组装焊平台、可供总长100米、5 000吨级各类船舶使用的横向平移式船舶上下排设施，并有钢料预处理流水线一条，此外还有舾装固定码头各1个和浮动码头3个、200吨拖力试验桩1个等。

（二）主要产品

东南造船开发、设计、建造符合ABS、DNV GL、LR、CCS、NK、BV、IRS等国际船级社规范的多用途海洋工程船、平台供应船、应急救助船、海底支持维护船、成品油轮、渔轮、集装箱船、旅游船、客货船、登陆船、渔政船等。其中，59米系列多用途海洋工作船以其多变的设计和丰富的功能在全球市场上享有盛誉，承接订单超过150艘，成功交付使用已逾140艘。65米6 000BHP操锚供应船拖力为82吨，配有约435平方米的甲板面，可承载约600吨的货物，可在海洋平台与海岸边之间运送各种甲板货物及人员。75Mx6 000BHP平台供应船，配有甲醇舱，利用双舵浆和两个独立的横向艏侧推来完成，有极好的机动性能。78Mx1 2000BHP海洋操锚供应船为大功率海洋工程船，拖力达150T，双机双可调桨推进，可24小时连续工作，续航力最少为35天。85Mx6 000BHP海底支持维护船，设有月池，配有100Tx10M甲板吊，具有四点锚泊定位和船舶调节横倾平衡系统，设有可供一架“Sikorsky S61”直升机降落的直升机平台。

（三）生产经营情况

在订单交付方面，2014年1月23日，东南造船建造的75米平台供应船SK706顺利签署交接船协议。1月24日，其建造的60米操锚供应拖船首制船DN60M-AHTS1顺利签署交接船协议。2月19日，该公司建造的UT755CD系列平台供应船(船体号：NC706)顺利签署交船协议。3月11日，其承建的60米AHTS2号船顺利交船。3月25日，该公司建造的75米平台供应船DN75M-13顺利交付。3月30日，该公司承建的75米SK708顺利交船，开往使用国。4月24日，该公司顺利签署85米海底支持维护船DN85M2交船协议。4月30日，该公司承建的60米AHTAS3号船顺利交船。4月28日，该公司顺利签署60米多用途工作拖船DN60M-AHTS3交船协议。5月3日，该公司承建的85米2号船顺利交船。5月29日，该公司新建造的59米工作拖船SK82顺利与船东签署交船协议。6月11日，该公司承建的65米2号船顺利交船开往使用国。6月12日，该公司承建的60米AHTS5号船顺利交船开往使用国。6月17日，该公司承建的65米3号船顺利交船，开往使用国。7月1日，东南造船承建的65米SK500顺利完成拖力试验，拖力达84.2T。7月31日，该公司承建的一艘65米工作拖船SK500正式签署交接船协议，交付越南业主。11月11日，该公司为马来西亚船东承建的60米AHTS6号船顺利交船。

在项目建造方面，2014年6月27日，东南造船为VROON公司承建的第二艘65M海洋支持船65M-V-2顺利开工。8月23日，东南造船成功实现了SK87艏可伸缩推进装置安装工艺面的加工。该项目的完成标志着该公司在承接海洋多功用船技术再上一新台阶。

在新接订单方面，2014年3月，东南造船从Vroon公司获得过“2+2”艘平台供应船（PSV）订单，相关PSV系列的规模为3 600DWT，采用KCM设计，安排在2015年交付。7月，东南造船与荷兰船东Vroon Offshore Services公司签署了6艘操锚供应拖轮（AHTS）建造合同，安排在2015年11月至2016年9月交付，其船厂、型宽分别为65米，吃水5.4米。8月，东南造船与荷兰船东Vroon Offshore Services公司又成功签署2艘AHTS建造合同。该AHTS的规模为1 700载重吨级，预计在2016年10

月及12月交付。

（四）产品开发与技术进步

2014年年初，东南造船建造的75米平台供应船通过新产品技术鉴定。该型船具有ACCU周期性无人机舱，动力定位DP-2，两个360度全回转舵浆、两个艏侧推，并按照服务无限航区的要求设计。该型船机舱和居住舱室布置在船艏部和中部，货舱布置在中部和尾部，主甲板下设有五道水密横壁，可将全船分为艏尖舱、艏侧推舱、机舱、货舱、舵浆舱、艉尖舱，在货舱中部纵向布置四个大型水泥罐，两侧各布置三个泥浆舱。该型船总长75米，两柱间长67.85米，型宽17.25米，型深8.00米，设计吃水6.50米，总吨为2 899吨，净吨为869吨，载重量实测为3 247吨，实测航速为13.6节。该型船可用于钻井平台海上移位与定位，半潜式平台的锚泊定位。不仅可以装载供应压载水、钻井水、钻井管、泥浆、散装水泥、甲醇、基油、淡水及甲板货物等，而且还可以在两个钻井平台之间(或码头与钻井平台人之间)运送人员和材料；同时，具备一级对外消防、人员救助、海上泄油处理、海上原油回收等功能。

2014年2月，东南造船“船用全回转推进器平面加工工装”获实用新型专利证书，该专利曾于2012年获得“6.18”海峡两岸职工创新成果展金奖。同月，东南造船被福州市经济委员会、福州市财政局联合认定为“市级企业技术中心”。

2014年6月，工业和信息化部公布了“中国工业企业品牌竞争力2013年度评价发布榜单”，东南造船荣登“中国工业企业品牌竞争力2013年度评价前百名”，位列第46名。

2014年11月6日，根据《福建省海洋产业示范园区认定办法(试行)》和《福建省海洋产业龙头企业认定评选办法(试行)》(闽发改区域〔2012〕1355号)有关规定，经联合初审，东南造船被评为“2013年度省级海洋新兴产业龙头企业”称号。

沪东中华造船（集团）有限公司

（一）企业基本情况

沪东中华造船（集团）有限公司（下称“沪东中华”）由原沪东造船厂与原中华造船厂于2001年4月合并重组成立，2013年控股了上海江南长兴造船有限责任公司，是中国船舶工业集团公司旗下的核心企业，具有80多年深厚历史积淀。沪东中华年造船能力超过300万吨，年销售总额超过190亿元人民币。

沪东中华主厂区分布在上海黄浦江下游两岸，占地100万平方米，码头岸线2 600米，拥有360米×92米干船坞一座，配备二台700吨龙门吊；沪东中华主厂区还拥有12万吨级和8万吨级船台各1座，2万吨级船台2座，以及平面分段流水线、大型数控激光切割机、大型数控铣边机、LNG船绝缘箱流水线等一大批先进造船装备。此外，沪东中华还拥有上海长兴、崇明两大分段制造基地，以及下属20多家投资企业，业务涵盖船舶修理和改装，各类船用下水件、管件、舾装件、阀门、电站、钢结构工程产品生产制造，以及围绕造船生产提供各种相关社会化配套服务，是中国造船产业链最完整的企业之一。

（二）主要产品

沪东中华建造产品涵盖多型军用舰船、超大型液化天然气船、超大型集装箱船、成品油船、原油船、散货船、特种船等上百种船型，以及海洋工程产品、超大型钢结构工程等产品，建造船型种类丰富、实力雄厚，是中国综合竞争能力最强造船企业之一。

沪东中华的民用船舶产品有五大系列近40种船型，是目前中国唯一成功建造大型液化天然气船的企业，也是中国建造大型集装箱船的行业领军企业。此外，沪东中华在特种船舶建造领域拥有世界一流的竞争力。20 000吨重吊船、17 300吨多用途船、10 000立方米LPG船、2 500米车线滚装船、5 000立方米挖泥船等均是特种船舶中的高端产品。

（三）生产经营情况

2014年6月27日，中国船舶工业集团公司旗下沪东中华、中国船舶工业贸易公司，中海油能源发展投资管理（香港）有限公司、中国液化天然气运输（控股）有限公司、加拿大TEEKAY LNG Partners L.P.公司、香港环球航运集团（BW）组成的澳大利亚柯蒂斯液化天然气（LNG）运输项目船舶投资方以及租船方英国天然气集团，在香港共同举行“澳大利亚柯蒂斯LNG运输项目”签字仪式。本次签约的澳大利亚柯蒂斯LNG运输项目的4艘LNG船均由沪东中华承建。此前，沪东中华已经成功交付了6艘14万立方米级LNG船，并手持10艘17万立方米级LNG船订单，是中国唯一具备LNG船批量建造能力的船舶总装企业。本次合同的签订，使沪东中华手持的17万立方米级LNG船订单数量达到14艘。

2014年7月12日，沪东中华为中远航运股份有限公司建造的28 000吨重吊船首制船“大信”号举行命名交船仪式。“大信”号全船长179.57米，型宽28米，设计吃水9.2米，总载重28 000吨。

（四）产品开发与技术进步

在LNG产业链延伸方面，沪东中华目前已经完成小型LNG船和22万立方米特大型LNG船的设计。在穿梭LNG船、LNG-FPSO、LNG-FSRU、LNG海上转运和天然气动力技术等方面，也开展了深入的研究，其中穿梭LNG船、LNG海上转运技术研究已成功申报国家科技部863计划。

2014年6月13日，沪东中华与通用电气（中国）在上海签署战略合作备忘录。双方将在技术研发、企业管理、市场拓展、产品供需等方面加强交流和合作。2014年11月，沪东中华建造的17.2万立方米大型液化天然气（LNG）船在“2014中国国际工业博览会”上获得金奖。

太重（天津）滨海重型机械有限公司

（一）企业基本情况

太重（天津）滨海重型机械有限公司隶属于太原重工股份有限公司，太原重工股份有限公司创立于1998年，是中国重型机械行业第一家上市公司，前身为太原重型机器厂，始建于1950年，是新中国第一座重型机械制造企业。创造了400余项国内外第一，为国家重点建设项目提供了2 000余种，近3万台（套）装备，被誉为“国民经济的开路先锋”。太重滨海公司是太原重工的全资子公司，位于天津临港经济区，2009年11月开工建设，2012年4月开始生产，已建成“前港后厂”的重型机械装备制造和出海基地。公司总占地面积100万平方米，使用面积34万平方米，现有建筑面积12万平方米；拥有1公里海岸线，码头布置5万吨级舾装泊位4个，起重量1 400吨的大件吊装泊位1 个，以及30 000吨、15 000吨和3 000吨的滑道。15 000吨滑道配备有起重量为520吨的造船门机；30 000吨滑道将配备800吨造船门机；另外，公司拥有660吨履带吊、40/85门座式起重机等。重型装备厂房内，装备有从德国进口的世界先进水平的加工设备52.5米×8米×8米数控双龙门镗铣床，厂房设计起重量达900余吨。公司在天津滨海新区CBD响螺湾拥有1.5万平方米研发中心。组建有太重滨海技术中心，依托国家级技术中心——太原重工技术中心组建而成。现阶段科研人员总数已达100余人，承担公司产品的研发设计、工艺研究试验和产品技术准备等工作。

（二）主要产品

1.TZ-325W 自升式修井平台

本平台是一座三桩腿自航自升式修井平台，

该平台最大作业水深为99.06米（325英尺），定员80人，修井深度9 000米(30 000英尺)，钻井深度5 000米(16 400英尺)，设计寿命25年，自持力30天。

2. 550吨自升式多功能起吊安装平台（船）

本平台是一艘钢质自航的自升式风电安装平台。平台上设四根圆柱形桩腿，桩腿下端带有强力桩靴，桩腿布置在平台艏艉部左右两侧，呈对称布置。采用液压环梁插销式升降系统。适用我国水深4.5~25米、泥沙质海底的近海海域。使用年限20年。

本平台上设1台550吨和1台5吨折臂吊，满足3~5MW风机分体起吊要求。可装载5MW风机2套，甲板最大可变载荷约2 200吨。

3. 海洋平台吊机

60吨折叠臂船用吊机、30吨伸缩臂船用吊机、550吨海工重型吊机。

4.TZ 系列多作用液压打桩锤

TZ系列多作用液压打桩锤可广泛服务于港口拓展、跨海大桥、海洋钻井平台、导管架平台、深海结构物及海上风电机组桩基安装等。通过引进、消化、吸收、再创新，海工机械研究所已先后完成TZ-200、TZ-500、TZ-800、TZ-1200等大中型液压打桩锤的技术研发工作。

5. 海洋平台关键配套设备

围绕海洋钻井平台，海工机械研究所正在开发50吨海洋平台吊机、悬臂梁滑移装置、50吨锚机、TZ-TSB675钻井游车、BOP移运系统等关键配套设备。

（三）生产经营情况

2014年太重滨海开始建造首座TZ-400尺自升式钻井平台，型长70.27米，型宽72米，型深9.5米，最大工作水深可达122米（400英尺），钻机能力9 000米（30 000英尺），平台自2014年4月开始分段制作，11月开始分段合拢，2015年3月主船体合拢结束，管系安装，设备接线，固桩架及桩腿合拢等工作，预期 2016年年中具备交船。同时成功研制了平台的升降系统和锁紧装置，应用在TZ-400平台上。

（四）产品开发与技术进步

太重滨海研发中心拥有一流的海洋工程研发团队100余人，其中签约国外海工资深专家1人，高级工程师5人，从国内知名海工企业引进资深海工设计师数十人。50%为硕士研究生以上学历。先后与大连理工大学、哈尔滨工程大学、天津大学、中集海工研究院、辽宁陆海石油装备研究院等科研院所建立良好的合作机制，其中TZ-400钻井平台、海上多功能风电安装平台等海洋工程装备及海洋平台吊机、液压打桩锤、悬臂梁滑移装置、50吨锚机、钻井游车、升降锁紧系统、钻井包等海洋平台关键配套设备实现自主研发，TZ-325W自升式修井平台、550吨自升式多功能起吊安装平台与国内合作单位联合设计开发。秉承“诚信、创新、精益、卓越”的企业核心价值观，紧紧依托国家海洋强国战略，突破海工核心装备制造技术，实现关键配套设备国产化，并建成一流的海洋工程装备技术研发、设备成套制造基地。凭借天津市人才聚集优势和得天独厚的海港资源为做强中国装备制造做出更大的贡献。

招商局重工（深圳）有限公司

（一）企业基本情况

招商局重工（深圳）有限公司（以下简称“深圳招商局重工”）是招商局集团全资拥有的大型重工企业，业务范围主要涉及海洋工程、海洋工程辅助船、港口重型装卸设备制造、大型钢结构的建造以及超大型螺旋焊管制造。目前正向重大型工程和设备承建承包商方向发展，是招商局集团在重型工业中的核心企业。

深圳招商局重工所在的孖洲岛基地位于深圳港西部港区，地理位置优越，南与香港隔海相望，北临广州，四周水域开阔，水深条件良好。孖洲岛基地总面积约70万平方米，岸线长度3 400米。该基地生产、生活配套设施齐全，主要设施包括2座新建的超30万吨级干船坞（尺寸分别为：400米×83米×8米和360米×67米×8.5米），1座7万吨级浮船坞和1座3万吨级浮船坞，船台长370米、宽88米，配套各类起重机近百台，最大起重量300吨。

（二）主要产品

深圳招商局重工海洋工程装备产品主要包括海洋石油钻井平台、移动式多功能修钻井平台、钻井模块、生活模块，以及海上起重船、大型铺管船、挖泥船、物缆船和钻探船等特种工程船舶等。深圳招商局重工目前已成功交付了2艘多功能钻井平台、“海洋石油281/282”自升式工程生活支持平台、COSL21/222/223/225修井支持驳船和“海洋石油936”（350英尺）钻井平台等海洋工程装备。

（三）生产经营情况

2014年年初，由深圳招商局重工与宝力融资租赁有限公司合作的首座CJ46-X100-D自升式钻井平台在深圳孖洲岛修造船基地开工建造。1月17日，招商局重工又与宝力融资租赁公司签订了（1+1）座CJ46自升式钻井平台的建造合同，在双方合作的道路上迈出了更加坚实的一步。

（四）产品开发与技术进步

深圳招商局重工理化试验室于2014年5月16日正式通过了(CNAS)最终认可，并签发认可证书，证书编号L6898。理化试验室经过中国合格评定国家认可委员会(CNAS)管理体系文件的初审，CNAS认可评审小组专家的现场评审和现场评审提出的不符合项的改进，最终得到了评审专家小组和中国合格评定国家认可委员会的认可。

招商局重工（江苏）有限公司

（一）企业基本情况

招商局重工（江苏）有限公司（下称“江苏招商局重工”）是招商局集团的全资子公司。2012年底，招商局集团成功收购在建的江苏海新船务重工，将其改造成大型海工及修造船基地，即江苏招商局重工。公司位于江苏省南通市国家级海门经济技术开发区内。公司主要从事海洋工程装备（含模块）的设计、制造和修理，现已承接包括CJ50、JU2000E钻井平台、3 000吨起重铺管船等多个海洋工程项目订单，是中国华东地区发展最快、最具潜力的海洋工程装备及特种工程船舶建造企业之一。

江苏招商局重工注册资金2亿美元，占地2 036亩，岸线长1 725米。大型干船坞、船台共三座，船体和分段车间面积达20万平方米，拥有各类造船、海工专用配套设备。预计年生产能力达20个海工项目，年钢材消耗量30万吨，达产后年销售额超100亿元人民币。

（二）主要产品

江苏招商局重工主要研发生产自升式石油钻井平台、半潜式石油钻井平台、启动铺管船、钻井船等海工装备。

（三）生产经营情况

2014年3月1日，澜玛国际JU2000E型自升式钻井平台在江苏招商局重工顺利开工，这是招商局重工开建的第一座JU2000E型自升式钻井平台。该订单于2013年3月26日签署，包括了“2+3”座高规格自升式钻井平台建造合同。每座自升式钻井平台造价约为2.2亿美元，作业水深400英尺，最大钻井深度35 000英尺，满足北海作业要求。

2014年5月20日，江苏招商局重工海门基地为中海油田服务股份有限公司建造的“海洋石油944”自升式钻井平台开工。“海洋石油944”自升式钻井平台可在400英尺水深内的各种海域环境条件下开展钻井作业，最大钻井可变载荷为6 500吨、最大钻井作业深度可达9 144米。其中采用大桩靴设计在全球尚属首次，填补了我国海域软层土区作业平台空缺，可同时一次定位钻探56座海底油井。

2014年6月2日，由江苏招商局重工承接的海工驳船H407和H-408正式交付荷兰荷瑞玛公司。两艘海工驳船均为型长122米，型宽36.6米，型深7.6米。

2014年7月1日，江苏招商局重工为Landmark-CDIG建造的两座JU2000E自升式钻井平台专案先后举行下料和合拢仪式。

2014年12月19日，新加坡通用海业集团（TYM Group）在江苏招商局重工订造了“1+1”座NG-2500X自升助航式作业平台。其中第一艘平台预计将于2015年8月开始开工建造。

（四）产品开发与技术进步

2014年4月21日，江苏招商局重工与江苏科技大学签订了校企战略合作协议书。为在加速造船行业转型升级、推动海工装备中国制造过程中，优势互补，强强联合，合作共赢，江苏科技大学与江苏招商局重工商定在科技合作、人才培养方面建立互相信任、互相依托、共同发展的战略伙伴关系。

另外，在2014年，江苏招商局重工成为国家高新技术企业；400英尺自升式钻井平台国际合作研发及产业化项目获批江苏省重大科技成果转化项目；375英尺自升式钻井平台被确立为江苏省级新产品。

上海振华重工（集团）股份有限公司

（一）企业基本情况

上海振华重工(集团)股份有限公司（下称“振华重工”）是重型装备制造行业的知名企业，为国有控股上市公司，控股方为中国交通建设股份有限公司。公司总部设在上海，并在上海本地及南通、江阴等地设有10个生产基地，占地总面积1万亩，总岸线10千米，特别是长江口的长兴基地有深水岸线5千米，承重码头3.7千米，是全国也是世界上最大的重型装备制造商。公司拥有23艘6~10万吨级整机运输船，可将大型产品跨海越洋运往全世界。所属南通基地定位于专业的海工装备生产基地，将打造成国内一流、国际先进的海洋工程装备生产基地。

（二）主要产品

振华重工具有强大的海工设备研发制造能力，公司主要以起重船为切入点进入海洋工程领域，产品主要为大型起重船、铺管船、挖泥船、钻井平台、海洋平台支持船、自升式抛石整平船、风电设备安装平台、风电设备安装船、大型船厂龙门吊以及动力定位装置和齿条提升装置等。其中以起重船、起重铺管船和挖泥船等产品业绩最为优秀。

振华重工在海工配套设备方面，目前主要有锚绞机、平台的抬升系统、锁紧系统、滑移系统，以及电控系统的开发研究，还包括船用吊机、行车、铺管设备、动力定位设备、波浪补偿系统等。特别是重型锚绞机产品，振华重工掌握核心技术，具有自主知识产权，拥有完整的设计、施工和调试团队，并备有国内最大的500吨高塔试验台。

此外，振华重工港机产品远销海外88个国家和地区，覆盖全球200多座港口，连续17年保持全球市场占有率第一。振华重工建造了我国世纪工程港珠澳大桥、美国旧金山-奥克兰新海湾大桥、韩国仁川钢桥、挪威哈当厄尔钢桥、英国海上风力电站、丹麦奥登塞钢桥以及全球最高的美国拉斯维加斯摩天轮等一系列重大工程，奠定了公司在国际钢结构市场上的地位。

（三）生产经营情况

在订单交付方面，2014年3月21日，振华重工为新加坡KS能源公司建造的首座300英尺自升式钻井平台建造完工并正式命名为“爪哇之星2号”。该平台是振华重工建造的首座钻井平台，不仅具有100%设计自主知识产权、也是核心配套件国产化程度最高的钻井平台，填补了我国在钻井平台自主设计、核心配套件等相关领域的技术空白。

2014年5月6日，由振华重工提供全套桩腿、升降系统和电控系统的一艘阿联酋起重工程船顺利完成全程升降测试，标志着振华重工首次出口的核心配套件通过验收，成功交付用户。这也是国产海工核心配套件首次出口国外。此外，该项目的桩腿建造使用国产高强钢，实现了国产高强钢的首次出口。

2014年9月5日，振华重工为海隆石油工业集团有限公司建造的3 000吨浅水石油铺管起重船成功交付并正式命名为“海隆106”。“海隆106”号铺管船具备水下8~300米铺管能力，铺管管径为6~60英寸(含包敷层)。船舶于固定起重30米的状态下预计最大起重能力为3 000吨，在全回转35米的状态下预计最大吊重为2 000吨。

2014年7月28日，振华重工为美国威戈（VIGOR）公司建造的8万长吨举力浮式干船坞顺利离港交付，这是美国目前建造的最大抬升能力的浮船坞。该船坞下潜深度为19米，可承担30万吨级油轮、散货船、军用船舶等各类船舶的坞修工程。

在项目建造方面，2014年3月19日，振华重工为中交三航局建造的6 000吨半潜驳在上海振华重工启东海洋工程股份有限公司全面开工，这也是振华重工控股道达重工后在该公司建造的首个项目。

2014年6月10日，振华重工南通振华重型装备制造有限公司“振海5号”(Lovanda)、“振海6号”(Lovansing)钻井平台正式开工建设。这两座400英尺的平台总长70.4米，型宽76米，型深为9.45米，工作水深为122米。桩腿为带独立桩靴的桁架式型式，长度为167米，最大钻井深度35 000英尺。

2014年11月，振华重工自主研发的第一座JU-2000E型400英尺自升式钻井平台——“振海2号”顺利下水。该平台也是继“振海1号”平台后振华重工建造的第二座自升式钻井平台。

2014年11月21日，“振海3号”400英尺自升式海上钻井平台在振华重工下属石油平台和海上风电项目部正式开工。这是振华重工开建的第五个自升式钻井平台产品，标志着振华重工已经具备连续性、批量化钻井平台建造能力。

2014年11年17日，振华重工为交通运输部长江口航道管理局建造的一艘7 100米自航开底泥驳在启东海洋工程有限公司顺利下水，这是国内目前最大的自航泥驳，投入使用后将极大提高长江口的疏浚效率。

在新接订单方面，2014年1月17日，振华重工和英国Petrofac(JSD6000)Limited签订一艘5 000吨深水起重铺管船的销售合同，合同金额约为2亿美元，预计将于2016年交付。2014年2月17日，振华重工分别与Lovanda Offshore LTD.和Lovansing Offshore LTD.签订F&G JU-2000E 400英尺高规格自升式钻井平台销售合同，共计2台，总金额约为4亿美金左右。

2014年6月26日，振华重工与新加坡金声能源公司（KS Rig Invest Five Ltd.）签订一座400英尺自升式海上钻井平台销售合同，合同金额约为2亿美元，该400英尺平台为JU2000E型，由中国交建下属的美国F&G公司设计，作业海域广泛、自动化程度高、经济性好。

2014年7月2日，振华重工与TOISA LIMITED签订一艘饱和潜水支持船销售合同，合同总金额近2

亿美元，预计将于2017年交付。

2014年8月28日，振华重工与新加坡UDS公司签订“1+1”艘饱和潜水支持船供货合同，每艘总价近2亿美元，该船全长142.9米，型宽27米，型深11米，饱和潜水深度300米，最大作业水深可达4 000米，入籍挪威船级社，计划于2017年交付。该船配备全自动化双钟饱和潜水系统，可同时搭载18名潜水员分批次进行最大水下深度300米的饱和潜水作业。

2014年10月17日，振华重工成功中标中交三航局1 000吨自升式风电安装船设计建造项目。这是振华重工迄今为止承接的最大起重能力的风电安装设备。该船集大型设备吊装、风电设备打桩、安装于一体，可在水深40米内的泥砂质海域作业。在该项目中，振华重工首次使用最新研发的新型升降系统。与传统升降系统相比，新系统寿命更长、可靠性更高，适用于各类自升式钻井平台、生活平台、风电安装船等设备。

江苏龙源振华海洋工程有限公司

（一）企业基本情况

江苏龙源振华海洋工程有限公司（下称“龙源振华”）于2010年6月在南通经济技术开发区成立。公司由上海振华重工（集团）股份有限公司与龙源电力集团有限公司各出资50%合资成立，注册资本2.6亿元人民币。

公司拥有25万平方米的钢结构加工车间，车间内配有400吨、200吨、150吨等各类行车100余台，可在车间进行大型构件的吊装、翻身作业，还拥有115万平方米的存放场地，配有1 200吨龙门吊2台，40~500吨门机20余台。

（二）主要产品

龙源振华主要经营钢结构制作、安装；海上风电设施基础施工（特别是海上风力发电管桩制作、施工，风机安装、调试、维修）；海底电缆系统工程施工、维护；海洋工程施工、设备安装维修以及安装设备租赁。

（三）生产经营情况

2014年6月13日，由振华重工自主研发800吨自升式风电施工平台“龙源振华2号”正式交付。该项目是龙源振华第一个试验性自升式工作平台项目，主要功能为海上风机安装。利用“龙源振华2号”，2014年11月5日，龙源振华顺利完成国内近海第一台单管桩风机施工，使我国30米以内水深近海风电施工不再受潮汐影响制约。

（四）产品开发与技术进步

上海振华重工自主研发的800吨自升式近海风电施工专用船——“龙源振华2号”获ABS和CCS两大国际知名船级社认证。该船可利用4条67米长的桩腿在海床“扎根”，再用振华专有技术抬升船体，使整个施工平台脱离水面“站立”大海中，使风电安装不再受潮汐影响，作业精度也超过“风电沉桩垂直度达2.75‰即为可直接安装风机的优质工程”这一国际标准。

太平洋造船集团

（一）企业基本情况

江苏太平洋造船集团股份有限公司（下称“太平洋造船集团”）是一家集船舶设计、建造及贸易于一体的船舶企业。主要产品包括散货船、海洋工程辅助船(OSV)、海工特种船等。太平洋造船目前拥有20余型自主设计产品。截至2014年10月，太平洋造船共完成交船约370艘，已交付船舶均安全地运营于世界各地，也包括海况严酷的北海(North Sea)。

作为一家国际知名的中国船企，集团的客户遍布全球，不仅吸引了来自欧洲的主要船东(分别来自挪威、法国、德国、希腊等)，也相继在俄罗斯、土耳其、墨西哥，新加坡及中国本土等市场上赢得资深船东的垂青。

集团拥有专攻海工船的设计团队——上海斯迪安船舶设计公司（SDA），以及专攻商船的设计团队——上海臻元船舶科技有限公司（Green Seas），凭借设计团队与同属集团麾下两大造船基地的紧密协同，达成了船舶设计与制造的无缝衔接。

太平洋造船集团旗下拥有扬州大洋造船有限公司（下称“大洋造船”）和浙江造船有限公司（下称“浙江造船”）两大生产基地，均拥有经验丰富的管理团队，现代化的硬件设施、先进的流程布局。

秉持技术驱动战略的太平洋造船集团，掌握了典型产品从概念设计直至生产设计的全周期设计和现场技术支持能力。在提供高品质标准化船型设计的同时，亦可针对客户需求提供个性化设计服务和现场技术支持。

其中扬州大洋造船有限公司当前主打产品为建造自主设计的CROWN 63 (63 500载重吨)、CROWN MHI 82(82 000载重吨), CROWN 121 (121 000载重吨)散货船等。而浙江造船有限公司以建造世界高端OSV产品和自主设计OSV产品为主，2014年9月收获的抛石船订单也标志着集团已进入海工特种船建造领域。

（二）主要产品

太平洋造船集团海洋工程装备产品主要集中在海洋工程辅助船领域，如三用工作船、平台供应船等，可建造高端的海洋工程辅助船，如具有世界先进水平的PX105、SX130、GPA696等型号的海洋工程辅助船。此外，太平洋造船更进一步向更高附加值的海工特种船领域延伸，并已收获第一艘抛石船订单。

为满足海洋油气开发市场最新需求，顺应日益严格的节能环保要求，太平洋造船集团自主开发SP系列海洋工程辅助船（OSV）。SP系列船的设计紧紧围绕绿色主题，在满足客户个性化定制和最新规范要求的同时，通过在经济性、可靠性、人性化及可维修性等诸多方面追求最优解决方案。目前该产品系列已涵盖1 700MT至4 700MT载重吨全系列平台供应船（SPP系列）及60MT至200MT拖力大中小型锚作拖带供应船（SPA系列）。太平洋造船集团新近更推出完全自主设计的水下作业船(Offshore Construction Vessel, OCV)新船型SPC (SINOPACIFC Construction Vessel), 持续为全球海洋油气大家庭提供更优质的创新产品服务和品牌体验。SP品牌的发展进一步确立太平洋造船集团作为OSV细分市场领导者的地位。

（三）生产经营情况

在订单交付方面，2014年4月22日，太平洋造船集团在旗下浙江造船基地正式交付自主品牌的小型三用工作船（AHTS）SPA80。10月15日，太平洋造船集团旗下扬州大洋造船有限公司交付多功能海洋工程船(IMR) GPA696。GPA696系列OSV采用国际领先设计，配备有高端设备和先进系统，满足深海作业的严苛要求。

在新接订单方面， 2014年7月28日，太平洋造船集团与上海打捞局深圳华威近海船舶运输股份有限公司签订5艘新造船合同。所涉船型均为太平洋造船拥有完全知识产权的自主品牌“SP”旗下产品，其中3艘为三用工作船SPA85L，2艘为平台供应船SPP35ML。这5艘船只将在太平洋造船旗下的浙江造船有限公司建造，预计于2016年2月起陆续交船。

2014年7月，太平洋造船集团与新加坡公司Vallianz Holdings Limited签订4艘SPA60新造船合同，订单所涉船只将由太平洋造船旗下的浙船基地建造，预计将于2015年底至2016年初陆续完成所有船只的交付。这是太平洋造船自主设计品牌

"SP"海洋工程支持船（OSV）首次在东南亚市场上斩获订单。

2014年8月，太平洋造船集团与墨西哥航运公司Naviera Petrolera Integral S.A. de C.V.签订3艘SPP17A新造船合同。所有船只将在太平洋造船集团旗下的浙江造船有限公司建造，预计于2015年年底之前交付。

2014年9月，太平洋造船集团与荷兰Van Oord（中文简称"凡诺德"）公司签订1艘E169抛石船新造船合同。该船将在太平洋造船旗下的浙江造船有限公司建造，预计于2016年交付，本次合同的签订标志着太平洋造船跻身特种船建造领域。

广东粤新海洋工程装备股份有限公司

（一）企业基本情况

广东粤新海洋工程装备股份有限公司（下称"粤新海工"）多年来深耕于海洋工程装备建造，已经形成了以自动化控制系统集成、电力设备集成、海工船配套设备制造、海工船整体设计、建造、销售服务为核心的完善的业务链，下属广州市美柯船舶电气设备有限公司、广东粤新海工科技有限公司、广州市伟平船舶配套设备有限公司、广州亚旗船舶设计有限公司。当前，粤新海工集团在海洋工程辅助船的开发和设计领域已开开初展露头角，得到世界各地船东的广泛认可。成立以来公司累计交付海洋工程船舶逾170艘。

南沙制造基地位于广州南沙国家级经济开发区，拥有国际领先的船舶制造硬件实力。公司总占地面积10万平方米，拥有室内船台4座、干船坞2座、浮船坞1座，最大起重能力为75吨，配备先进的各类生产设备和检测设备，形成了先进的海洋工程辅助船建造基地。目前公司年钢材处理能力钢材处理能力10 000~13 000吨，年海洋工程辅助船交船能力达20~5艘，可同时承接20个在建项目。

广东粤新海工科技有限公司创建于2011年，位于国家高新技术园区——中山市火炬开发区，是广东粤新海洋工程装备股份有限公司的全资子公司。致力于研制能够适应各种恶劣海况与服务要求的大型海洋工程辅助船和油气开发服务装备以及特种高技术船舶。

基地主要为海洋工程船舶产品专向生产线，专门建造大型高端海工产品。其中总装车间内设室内船台4个，220.4米×69米×46米，150吨+50吨吊机2台，20吨吊机4台，可同时建造90米长海工船4艘。码头及驳岸513.5米，含舾装泊位3个，总装室内平台驳岸及一个露天总装平台各一座。年钢材处理能力钢材处理能力30 000吨，设计生产力可达16艘每年。

（二）主要产品

主要产品是各种海洋工程装备，包括海洋工程钻井平台、海工居住船以及海洋平台三用工作船（AHTS）、海洋平台供应船（PSV）和拖轮（TUG）等在内的海洋工程辅助装备。

（三）产品开发与技术进步

（1）拥有一支专业功底扎实、经验丰富的研发团队。现有专业研发人员72名，占工程技术人员比例为23.30%。研发队伍专业覆盖海洋工程装备制造过程中的总装设计、功能模块技术开发，多类型装备整合技术在内的各个环节。

（2）与行业内技术专家和国内知名高等院校建立了密切联系，并积极开拓产学研合作模式。

（3）是国家高新技术企业，拥有省级企业技术中心，累计承担65个研发项目，拥有知识产权42项，近年开发海工船舶新产品20个系列，年研发经费投入占企业收入比例超过3%。

（4）具备海工船舶集成设计能力，拥有

FORAN船舶设计软件、红帆造船计算机集成制造系统、用友NC管理系统等国内外知名软件系统。通过引进吸收国外先进技术和自主研发创新相结合的方式，形成了海洋工程辅助船研发设计优势。

（5）持续提高设备集成化、智能化和模块化设计能力，在机电一体化设计开发领域目前处于国内领先水平，拥有全面海洋工程装备应用机械设备整合技术实力，成立至今已研发建造首制船20多艘，产品具备国内外技术领先水平。

（6）拥有广东省认定企业技术中心，配套有企业机电调试实验室、焊接实验室、涂装实验室。是国家高新技术企业，广东省首家符合国家工信部《船舶行业规范条件》企业，广东省信息化与工业化融合试点企业。

宏华海洋油气装备（江苏）有限公司

（一）企业基本情况

宏华海洋油气装备(江苏)有限公司（下称“宏华海洋”）是一家集设计、建造、调试为一体的能够总包承建各类高端海工装备的企业。公司成立于2009年，是陆地钻井制造商宏华集团的全资子公司。宏华海洋建造基地位于长江入海口的启东市船舶工业园，占地面积约140万平方米，拥有1 770米海岸线，距上海浦东国际机场70分钟车程，地理位置优越。

（二）主要产品

宏华海洋主要业务包括自升式钻井平台、半潜式钻井平台、钻井驳船、钻井辅助驳船及多功能辅助平台的建造，钻井船舾装及大型海工结构件的建造。宏华海洋具备同时生产10座各种类型海洋平台的能力。

（三）生产经营情况

针对上海船厂总包的“TIGER”系列15 00水深钻井船项目进行钻井包的研发和生产，船东OPUS、上海船厂和宏华海洋进行了为期2年的概念设计和基础设计，总体设计和主要设备的建造调试已接近完成。本项目作为国内第一个为钻井船配套的钻井包，“TIGER”系列钻井船的成功承建，填补了国内海工装备业在钻井船和其核心装备钻井包设计建造领域的空白。

宏华海洋完成了一条83米PSV的设计，并正在江苏启东生产基地建造。通过此船的建造，提高了在焊接、预处理、涂装、吊装、总组等方面的能力，并且培养了一大批的现场施工和建造人员，提高了宏华海洋的建造能力。

（四）产品开发与技术进步

根据委内瑞拉石油公司的要求，宏华海洋研究设计开发一种适用于遮蔽水域的自带推进装置的多功能修井平台系统。该平台采用艏艉动力单元布置，实现了自主推进以及自抛锚定位，具备良好的机动性，使得平台可以不依赖拖船自主离开泊位驶向下一个作业点。同时采用连续管作业，极大提高作业效率。公司创造性地将先进的连续油管修井技术与平台相结合，研发出连续油管修井平台。在国内乃属首创，在国际也属少见。

TSC 集团控股有限公司

（一）企业基本情况

TSC集团控股有限公司（下称“TSC集团”）是一家为全球海洋、陆地及页岩气钻探行业提供产品和服务的供应商。TSC集团是国内领先的海上钻井平台整体解决方案及钻井全套设备交钥匙供应商，也是全球能够提供海上钻井平台整体解决方案的为数不多的几家公司之一。同时，TSC集团也是目前世界上少数几家具有深水海上平台成套设备设计、制造、集成供货和技术服务的高技术装备制造企业。

（二）主要产品

TSC集团的主要业务为：陆地和海洋石油钻探单体大型设备及钻机整包的设计、制造、系统集成；钻井消耗件的制造和全球网络销售，以及海洋石油钻井平台设备维修服务；页岩油气钻探开发的关键设备和消耗件的制造和供应。

（三）生产经营情况

2014年4月18日，“海洋石油932”自升式钻井平台从山东烟台离港，拖往渤海湾进行作业。该平台（Super M2船型）由TSC集团负责钻井设备包和电控包的集成和供货。“海洋石油932”最大工作水深91米，最大钻井深度9 144米，入级美国船级社（ABS），配有ABSCDS2011认证的钻井系统。5月，烟台来福士向中海油交付第二条Super M2自升式钻井平台。该平台的钻井包和电控包由TSC集团提供，是中海油服首次在海洋钻井平台中选用TSC的钻井包。

2014年5月14日，由TSC集团提供钻井包和电控包、中集来福士总包建造的“海湾钻探者一号”（H212）自升式钻井平台从山东烟台离港，拖往渤海湾进行作业。“海湾钻探者一号”平台型长59.745米，型宽55.78米，型深7.62米，桩腿长125米，最大工作水深91米，最大钻井深度9 144米，额定居住110人，入级美国船级社（ABS）。

2014年6月11日，TSC集与中集来福士签订关于售后服务的合作备忘录，双方将结合TSC集团全球网络布局及中集来福士船舶保用服务的有利条件，着手设立联合办公机构，统一开展和管理售后服务工作。双方合作的重点服务区域为巴西、中东及里海地区。中集来福士授权TSC集团为以上地区的独家售后服务代理商，并在采购资源和供应服务网络方面向TSC集团提供有力支持。同时，TSC集团所提供的全球售后网络服务网点地址及联系方式，将被纳入中集来福士现有的服务体系，双方由此形成资源共享，拓宽服务范围。2014年12月8日，TSC集团中集来福士联络处在烟台中集海洋工程研究院正式成立。

2014年年中，TSC集团与烟台中集来福士签订了两套D90半潜式钻井平台（H1277、H1278）防喷器POD转运滑移装置（BOP POD Transport Skid）和一套Norshore Pacific钻井船月池门（Moon Pool Door）合同。D90是半潜式钻井平台中的第六代，工作水深超3 000米，是当前全球作业水深和钻井深度最深的半潜式钻井平台之一。Norshore Pacific钻井船将在北海进行无立管上部井眼钻井和油井干预作业，作业深度可达3 000米。上述三套设备均随项目入籍DNV GL，将远赴极寒海域作业。

2014年9月26日，TSC集团子公司郑州天时海洋石油装备有限公司与广新海事重工股份有限公司签订合同。TSC集团将为广新海工提供一套LIFTBOAT修井平台升降系统。广新海工是国内以经营海洋工程装备和特种用途船为主的公司之一。

（四）产品开发与技术进步

2014年6月，TSC集团与上海外高桥造船签订了6台JU2000E甲板吊机合同。这6台甲板吊机为Model 198-200VE型将军柱式吊机，获得ABS认证，将分别安装于SWS的H1348和H1349两座自升式钻井平台，计划于2015年6月和8月交货。此次TSC向上海外高桥造船提供的Model 198-200VE型甲板吊机，在R-550D甲板吊机的基础上进行了优化设计和降低成本的升级改造，提高了该产品的性价比和市场竞争力。

此外，TSC还在积极进行P10回转支承轴承甲板吊机的升级研发与生产销售。正在烟台来福士船厂建造的H213自升式钻井平台就采用TSC提供的新型P10甲板吊机。

北车船舶与海洋工程发展有限公司

（一）企业基本情况

北车船舶与海洋工程发展有限公司（以下简称中车海工）是由中国北方机车车辆工业集团公司（简称中国北车）（现中国中车集团公司，简称中国中车）联合上海崇和实业有限公司、中国水产科学研究院渔业机械仪器研究所于2012年10月25日共同发起设立的有限责任公司，公司注册资本3亿元，其中中国北车（中国中车）现金出资2.82亿元（占比94%），总部设于上海市浦东新区，现有职工62人。中车海工以中国高铁装备技术为基础，依托中国中车大功率交流电传动、动力系统、电气自动化及网络控制等核心技术，发挥集团科研开发及产业制造优势，整合船舶海工业内优势资源，通过构建“整船技术研究、动力系统技术研究、核心装备技术研究”三大技术平台，围绕整船操控自动化、机舱的优化布置、船–机–桨匹配技术、船舶作业装备四大技术领域，开发新一代集散及江海联运运输船舶、工程作业船舶、城市观光船舶、远洋渔业装备及公务船舶等五大应用市场领域产品。中车海工联合相关参股公司，形成船舶设计、船柴动力、电推动系统核心部件制造、船舶经营、船舶建造融资等能力，致力于向用户提供设计、修造、融资的系统解决方案。其运作模式可以概况为：资源整合。

（二）主要产品

公司经营范围包括：船务工程，船舶管理，船舶与海洋工程领域内的技术开发、技术咨询、技术服务、技术转让，船舶及船用设备、海洋工程设备、海洋渔业装备的设计、研制、修理、改装、销售，自有设备的租赁（除金融租赁），金属材料、金属制品、石油制品（除专项审批）、化工原料及产品（除危险化学品、监控化学品、烟花爆竹、民用爆炸物品、易制毒化学品）的销售，贸易经济与代理（除拍卖），第三方物流服务（除运输），仓储（除危险品），航道、港口与海岸、河湖治理、堤防建设工程专业施工，海洋专业建设工程设计，采矿（取得许可证后方可从事经营活动），从事货物及技术的进出口业务。

1、滨海采矿船：本项目针对海南锆钛砂矿项目，设计开发全电力驱动海底采矿船，满足用户的需求。项目主要研究适合锆钛砂矿海底采矿船方案，研究开发全电力驱动系统，完成技术设计和施工设计，电力驱动系统联调试验、整船建造、试验与示范验证，为用户提供高效、安全、可靠、经济、舒适的先进全电力驱动海底采矿船，实现全电力驱动海底采矿船的产业化推广。海底采矿船主要包括船体、采矿系统、推进系统、选矿系统及辅助系统。采矿设备和选矿设备是整船主要耗能设备。采矿设备包括绞刀、水下泵、冲水泵等。传统采矿船的大功率的采矿设备和选矿设备由柴油机直接驱动，存在启动困难、效率低、能耗高的问题。

针对传统采矿船效率低、节能性差以及排放严重问题，本项目全电力驱动采矿船设计整船电站，给全船用电设备供电。电站采用工频发电机组、柴油机实现恒速经济运行，实现采矿系统、推进系统、选矿系统及辅助系统用电共享，提高发电机组利用率；开发设计电站功率管理系统(PMS)、机舱监控系统（AMS）与操控系统自动化、模块化集成模式，实现采矿船负载功率优化配置和设备良好维护性。通过 PMS 系统优化采矿船全船动力系统功率配置，构建发电机组优化组合经济运行模式，减少装机功率，发挥柴油动力系统的最佳效能。全电力驱动采矿船与同等大小的传统柴油机传动的采矿船比较要节能≥10%。

2、400千瓦全回转吊舱推进装置：全回转吊舱式电力推进装置是集船舶水动力、电力推进、自动控制、机电制造等多项技术于一体的综合性船舶推进装置，融入了不同专业学科的多种新技术的创新应用，安全性、可靠性要求极高，难度及复杂性均高于常规动力推进装置，代表了世界船舶电力推进的发展方向。

吊舱推进装置主要由电驱动装置（电机及其控制）、推进装置（螺旋桨、轴系及密封、流线型舱壳）及辅助系统（回转机构、滑环、冷却、润滑、接地、防泄漏检测）等三大部分组成；吊舱悬挂在船体底部，内部安装推进电机直接驱动螺旋桨旋转，舱体可360度回转，取消了传统推进器的机械齿轮传动装置，具有传动环节少、结构紧凑、推进效率高、操控灵活方便、振动噪音少等显著特点，代表了船舶动力技术的发展方向，也是高端船舶装备的技术制高点。本项目申报2014年度上海市重大技术装备研制计划课题并获批，由中车海工作为项目开发主体，联合永济电机等合作单位，借鉴国际先进水动力开发技术和设计能力，在2016年底前完成400千瓦吊舱式电力推进装置国产化样机研制，并通过CCS检验认证，形成具有自主知识产权的国产化吊舱推进器，占领船舶电力推进领域的技术制高点，打造公司核心装备优势产品，并为1~2MW大功率主流吊舱推进装置的研制和开发奠定技术和产品基础，提升公司电推产品的技术水平市场竞争力。

（三）生产经营情况

中车海工坚持“轻资产、重战略、抓核心、当窗口”的发展理念，以技术和市场为两翼，在生存中培育，在培育中发展，强化内部控制和成本管理，努力提高公司运营效率。2014、2015年两年来，公司销售收入稳步增长，公司经营步入良性发展轨道。

（四）产品开发与技术进步

1、滨海采矿船：采矿船样船研制于2015年1月完成；整船动力系统、点推进系统、网络集成控制、采/选矿系统等子系统调试试验，于2015年5月完成；现样船正在采矿水域进行试验运行。掌握了5MW/690V大功率船舶电站、升降式全回转舵桨、选矿系统设计安装调试、集成控制系统设计开发调试等关键技术，提升了船舶电推动力及集成控制技术水平。

2、400千瓦全回转吊舱：完成吊舱总体技术方案设计及吊舱水动力总体设计技术引进工作；在吊舱总体设计优化及总成技术、吊舱螺旋桨设计技术、吊舱水动力外形设计技术、水下永磁推进电机设计技术、吊舱整机运行及保护控制技术、吊舱滑环设计技术、吊舱总成及试验等技术领域进行了积极研究和技术创新。

武汉船用机械有限责任公司

（一）企业基本情况

武汉船用机械有限责任公司（下称“武汉船机”）隶属于中国船舶重工股份有限公司，公司占地面积120万平方米，其中武汉总部占地面积70万平方米，现有员工2 500余人，注册资本145 890万元。

武汉船机集大型、成套、非标装备研制、生产、销售和服务于一体，为国家高新技术企业，建有国家级企业技术中心，拥有一流的技术创新团队，具备先进的装备制造能力，主要产品研制始终保持与国际先进技术发展同步。

武汉船机旗下拥有青岛海西重机有限责任公司、武汉铁锚焊接材料股份有限公司、武汉海润工程设备有限公司等3家控股子公司，并与日本川崎重工、德国GEA、中冶南方等国内外著名企业建有合资公司，形成了包括16家控股参股子公司在内国际化、集团化经营格局，经营规模和发展水平国内行业领先。

（二）主要产品

武汉船机的产品涉足交通物流装备、新能源装备和焊接材料三大产业领域，产品涵盖船用甲板机械、推进系统、水电成套装备、桥梁产品、港口起重机械、海洋工程装备、焊接材料等多个产品领域。

其中，民船配套是武汉船机的核心主业，产品涵盖甲板机械、舱室机械、推进系统等多品种系列化设备，满足CCS、LR、ABS、NK、DNV GL、BV、RINA、KR、AWWF等船级社设计规范要求，用户遍及国内国外主要船东，被誉为中国船舶配套企业的旗舰。

另外，作为中国海工装备模块化配套和系统集成（EPCI）的先锋，武汉船机在能源装备方面的产品涵盖甲板拖带系统、海洋起重机、平台升降系统、推进及动力定位系统、液货装卸系统等5大系统及相应产品系列，具备从设备研制到系统集成和多功能自升式辅助支持平台总装建造的核心能力，承担的5万吨半潜船动力定位系统、300英尺自升式海洋辅助平台升降系统及起重机、3 200吨液压插销升降系统等一批核心装备与系统集成和90米自升式辅助平台、36米插销式升降平台等一批国内首制平台项目总成相继交付使用并得到用户的高度评价。

（三）生产经营情况

2014年1月2日，武汉船机与烟台中集来福士成功签订了32 00吨液压插销升降系统（1+7）设备合同。该项目船东是马来西亚某公司。此次承接的3 200吨液压插销升降系统是目前国内建造的举升能力最大的液压插销式升降装置。

2014年6月，武汉船机与俄罗斯公司签订12台全回转舵桨供货合同。武汉船机于2013年6月成功开发出3 500千瓦全回转舵桨装置，该装置属国家高技术船舶科研计划项目的关键技术攻关，打破了国外公司对全回转舵桨装置的垄断局面。

2014年7月18日，武汉船机签订香港中国华晨（集团）有限公司3座SE-300LB海工平台建造合同，首座交货期为18个月。该平台船体总长81.3米、型长63.6米、型宽40.4米、型深5.8米、满载吃水3米、作业水深60米、甲板面积1 500平方米、可变载荷2 000吨、入级ABS，平台适用于近海作业，主要用于油气生产开发支持，同时可兼顾近海施工、海上风电安装、桥梁建设、水工作业、岛礁建设等工程。

2014年10月5日，武汉船机承制的为一座225英尺自升式升降平台配套提供的国内最大3 200吨液压插销式平台升降系统成功交付。

（四）产品开发与技术进步

2014年3月4日，武汉船机自主研发设计的首台315千瓦低压大扭矩液压马达及控制器顺利通过CCS负载试验船检，并于9月27日通过了耐久性试验。

2014年3月20日，武汉船机为某船厂5万吨半潜船配套首套的1 800千瓦全回转舵桨装置顺利通过会检、船检。该项目为武汉船机研制的全回转舵桨装置首次实船运用。

2014年4月23日，武汉船机500吨拖鲨鱼钳通过CCS空载试验船检，各项性能指标满足技术规范，这是目前国内自主研制的最大吨位鲨鱼钳。鲨鱼钳主要用于辅助350吨双滚筒拖缆机实现拖带、起抛锚等工作。与常规项目相比，该产品具有吨位大、控制精度高等特点，技术设计及现场装配调试难度较大。

2014年5月，武汉船机为300英尺自升式海洋钻井平台研制的核心设备、我国首套具有自主知识产权的电动齿轮齿条升降系统和锁紧装置通过国家科技部验收。此次研制的电动齿轮齿条升降系统采用变频电机驱动，锁紧装置采用液压驱动锁紧方式，完成平台与桩腿间力的传递。该课题来自于国家高技术研究发展计划项目(863计划)。由于目前国内自升式钻井平台升降系统和锁紧装置基本依赖进口,此项目研制成功,突破了国外对该产品的技术封锁,打破了这一领域长期被国外供应商垄断的局面,提高了海洋工程装备设计的自主配套能力。

2014年6月12日,武汉船机研制的首个自主设计制造船艉A型吊架及拖缆绞车顺利完成空载、负载、超载、张力标定、耐久等五项试验,各项数据达到设计要求,性能优良,质量合格,通过出厂验收。船艉A型吊架及拖缆绞车,是一种拖缆机和门架吊机的组合式产品,安装在布缆船上,用于海缆埋设机的吊放和拖曳的作业,为布缆船的重要配套设备。

2014年8月10日,武汉船机首台250吨三滚筒拖缆机通过会检。该拖缆机是公司为上海船厂12 000HP三用工作船配套,船东为中海油服,是国内首次自主研制的250吨三滚筒拖缆机,产品采用了五对离合器实现任意两个滚筒的联动,而国外进口的三滚筒拖缆机采用四对离合器仅能实现每个滚筒单独动作。同时,产品首次采取工控机技术对设备进行全程电脑监控,首次使用环网冗余控制技术,使设备更加智能化,系统更稳定,技术达到国际领先水平。

2014年12月8日,武汉船机与上海佳豪船舶工程设计股份有限公司签订能力共享合作协议,依托武汉船机的船海工程装备系统集成和功能性辅助平台总成建造能力与上海佳豪的船海工程总体设计及总成建造能力,构建合作共同体,实现双方能力共享,提升各自综合实力,推动互利双赢发展。双方合作范围包括但不限于功能性辅助平台总体设计与总承建造;锚绞舵吊等甲板机械、甲板拖带系统、推进及动力定位系统、平台升降系统、锚泊定位系统、以及有关新型特种装备研制配套与系统集成。

山东海盛海洋工程集团有限公司

(一)企业基本情况

山东海盛海洋工程集团有限公司(下称海盛集团公司)是一家胜利油田改制的企业集团,组建于1995年8月,2005年11月底完成企业改制。海盛集团公司注册资本 6 198万元,固定资产原值2.49亿元,拥有工程、建安、船务、航务4个分公司,畅海、电气、化工、华海4个子公司,从业人员700余人,高中级管理、技术人员200余人,现产业规模和生产经营能力达到5亿多元。海洋工程施工、海洋井下技术服务、化工电气产品生产与销售等已打入中石油、中海油、中石化等国有特大型企业专业市场。集团公司主要经营业务:海洋石油工程承揽,化工石油设备、管道安装工程,水下检测及焊接,海底电缆铺设,海底投砂探摸、海洋调查平整,防腐保温工程,舾装工程,平台改造与维修,电气产品制造与安装,船舶运输、港口与海岸工程,海洋油水井作业及完井技术服务,井下化工助剂与油漆生产,石油伴生气生产与销售等。

海盛集团公司及所属子(分)公司主营业务全部通过了国家职业健康、质量管理、环境管理体系认证,取得了国家安监总局颁发的《海上安全生产许可证》、《海洋石油天然气专业设备检验检测》资质,具有《海洋石油工程专业承包二级》、《GC2级压力管道安装》和省级机电设备安装、测绘等资质,拥有中石化、中石油一级供应商入网资质,拥有中国船级社颁发的水下工程服务机构资格证书和船舶涂料工厂认可证书,取得了英国劳氏公司ACFM探伤业务证书,并加入了ADCI(国际潜水承包商协会)和中国潜水承包商协会等。"胜海"商标被评为"山东省著名商标",电气系列产品当选为"胜利十大名优产品"和 "中国电器工业最具影响力品牌"。集团公司及所属子（分）公司连续多年获得省级守合同重信用企业、诚信企业、管理创新优秀企业和东营市建筑业十强企业等荣誉称号。

（二）主要产品

公司相继完成了CB6B等8座平台流程改造、中心二号储罐拆除改造、CB12A等6座平台消防系统改造、海管立管防碰装置安装、CB11D 等15座平台检测、CB1A-CB1F-中心三号等8条海底管线仿生水草铺设、40端海底管道平管段裸露治理工程等17项大中型工程施工，完成了CB4E-CB243、CB4E-CB4A、CB325-CB326三条海底电缆的铺设，累计共铺设长度5100米。完成了中国海洋石油工程股份有限公司秦皇岛32-6油田膨胀弯海上安装、中海油服物探事业部渤中28、34油田群现役海底管缆调查、中海油渤中26-3至渤中26-2油气管线疑似拉挂探摸等20余项施工。

（三）产品开发与技术进步

相继获得了“海上废弃桩管切除装置”、“井口套管切割装置”、“海上废弃桩管治理装置”、“液压沉降系统在平台甲板改造工艺中的应用”等15项国家实用新型专利。

在对国家863课题——水下湿法焊接技术的研究中，公司在全面了解国内外同行经验的同时，结合埕岛海域情况，进行了一系列的水下焊接试验。在胜利油田海洋采油厂组织的水下湿法焊接技术验收会上，得到了油田海工专家充分肯定，一致认为该技术在水下牺牲阳极焊接中的应用已达到了国内先进水平。

美钻能源科技（上海）有限公司

（一）企业基本情况

美钻能源科技（上海）有限公司（下称“美钻科技”）是目前国内唯一成功实现海洋水下油气生产装备国产化并成功投产运行的企业。美钻科技坐落于上海市宝山区月浦镇工业园区内，专业从事海洋与陆地高端石油天然气钻采设备的研发设计、生产制造和工程技术服务。公司取得了壳牌、道达尔国际石油公司“全球合格供应商”资格，产品及服务遍布全球70多个国家和地区。

作为国内领先的深海油气生产系统供应商，美钻科技致力于填补国家深海水下油气钻采装备制造领域空白，并取得了一系列填补国家空白的突破性成绩：成功研制并投产应用了我国首套水下采油树、水下连接器、水下控制系统、水下隔水导管伸缩系统、水下防喷器，并成功组建了我国首支水下工程技术服务作业队伍。

（二）主要产品

美钻科技主要业务包括深海水下油气开采设备，包括：水下井口、水下采油树、水下管汇、水下防喷器、水下控制系统、水下连接器、水下隔水导管、水下油气泄漏监测系统等设备。

（三）生产经营情况

生产管理方面，美钻科技依托现代信息技术，推行先进的ERP流程管理，并在此基础上完善了企业整个价值链的各项制度并坚持严格执行，提升企业核心竞争力。

质量管理方面，美钻科技在全面贯彻国际APIQ1质量管理体系标准的基础上，强制执行了国际上最为严格的API6A及API17D（美国石油协会制定）设计标准，并接受严格的资质审查，取得了API17D及API16F国际资质证书,质量管理及产品已经达到国际质量标准要求。

（四）产品开发与技术进步

美钻科技重视研发投入和研发活动，每年投入研发经费约800至1 000万。与中海油开展了富有成效的科研开发和项目合作，取得主要科研成果包括: ①成功设计制造中国首套机械锁紧式深海管道连接器、首套液压锁紧式深海管道连接器; ②成功设计和制造中国首套自主知识产权水下采油树; ③成功建成中国第一个"南海深水油气勘探开发示范工程水下生产系统单元测试基地", 出色完成国家"十一五"重大科技攻关项目; ④参加"十二五"项目: 国家科技重大专项——南海深水油气田开发示范工程——荔湾3-1及周边油气田水下生产系统测试系统完善项目。

在技术研发管理方面, 美钻科技积极实施"多元化"战略。推行"科技项目专项管理制""末位淘汰制"等一系列激励措施, 将所有技术人员的薪酬收入直接与科技项目成果及效益联系起来, 催生了一批具有自主知识产权的海洋石油开采水下核心技术装备, 并成功投放市场。2011至2013年期间, 获得了8项相关产品的技术专利授权, 另有4项技术专利正在申请当中, 同时还有10个新项目正在立项。

潍柴重机股份有限公司

(一) 企业基本情况

潍柴重机股份有限公司(下称"潍柴重机")隶属于潍柴控股集团有限公司(以下简称"潍柴集团")。其前身是潍坊柴油机厂, 创建于1946年。潍柴集团目前是中国综合实力最强的汽车、船舶及装备制造集团之一。

(二) 主要产品

潍柴重机产品主要分为高速系列和中速系列两大类, 其中部分机型可以燃烧柴油、混合油、重油、LNG和双燃料, 功率覆盖范围30马力到12 000马力, 覆盖远洋、近海、内河和发电四个领域。同时可提供柴油机、齿轮箱、轴系、螺旋桨及遥控系统等推进系统的集成产品, 并可以提供内部设计、匹配、集成管理等的整套解决方案。

(三) 生产经营情况

零件铸造能力: 公司拥有中国最大的铸造产业基地具备年产4万吨产品铸造能力, 最大铸造零件产品达7 100×1 880×2 180mm/35吨。

零件加工能力: 公司配备有大中小型各类加工中心、镗床、铣床、磨床、钻床等先进的国内外加工设备, 能够生产加工机体、缸盖、连杆、曲轴、以及各类中小型零部件, 年加工能力在1万台套以上。

产品装试能力: 借助集团公司的能力具备高速机60万台/年的生产能力, 公司自身具备中速机1.5万台/年的生产能力, 以及MAN机300台/年的生产能力。

集团累计投资14亿元建设投入,使用72个台位中高速机的测试试验中心。国内领先的研发试验基地为柴油机产品的开发、升级换代、性能优化提供可靠保障手段。

(四) 产品开发与技术进步

潍柴重机先后与天津大学、山东大学以及AVL建立了战略合作关系, 共同研发柴油机产品的前沿技术。2014年企业共有新产品、新技术、新工艺及软科学项目信息等项目共计20项, 获得产品和技术授权专利约40项。承担工业和信息化部高技术船舶科研项目M26高速天然气发动机工程化开发。该项目提高了我国在400千瓦以上船用高速天然气发动机的技术开发能力及产品的技术水平, 打破了国外船用高速天然气发动机的技术垄断。所开发的电控系统ECU及其它关键技术可以延伸到潍柴的6160、6170、8170、CW200及CW250系列产品, 可以提高整个小型船用动力和中速船用发动机的技术水平, 对我国整个船机市场产生辐射带动作用。

北京中天油石油天然气科技有限公司

(一) 企业基本情况

北京中天油石油天然气科技有限公司(下称“北京中天油”)成立于2002年,是一家专业从事石油行业含油污水处理的高科技环保公司,通过十几年的艰苦奋斗,公司已拥有一整套解决油田上下游生产中产生的含油污水处理的环保技术,其中包括:采油污水回注及外排处理技术、钻井污水处理技术、压裂酸化污水处理技术、炼厂污水处理技术等。SGOT含油污水处理技术具有流程短、占地小、系统全封闭的特点,从源头上解决了长期困扰油田生产的采油污水处理因水力停留时间长造成的细菌滋生腐蚀及曝氧腐蚀结垢的问题,大大降低油田的运行维护费用,同时节约大量优质原油。该技术目前在国内处于领先水平,已在大庆油田、长庆油田、胜利油田、冀东油田等多个油田成功应用。曾获国家优质工程银奖、中国石油天然气集团优质工程银质奖、大庆石油管理局科学技术进步奖。

2010年,公司又开辟了新的业务领域,公司自主研发的“SGOT下沉式旋流海上应急收油装置”成功应用于大连金州的漏油事故处理。2012年,该产品获得中华人民共和国科学技术部、环境保护部、商务部、国家质量监督检验检疫总局联合颁发的“国家重点新产品”证书,该项技术填补了国内空白,具有国际领先水平。人民日报曾两次跟踪报道SGOT海上溢油应急回收技术解决了世界难题。

(二)主要产品

北京中天油的业务领域包括海上溢油回收、海上采油平台油水分离、油田采出水回注处理、油田采出水外排处理、石油炼化废水处理、酸化压裂废水处理、钻井废液处理 。主营业务领域是:海上溢油回收、油田采出水回注处理。

海上溢油回收的主要产品为:SGOT海上溢油回收系统和水气墙围油栏。

海上溢油回收系统由海上收油装置和船上油水分离装置两部分组成。应用于海面溢油回收作业。适用于海上石油平台、江河湖滩的原油开采区、海岸码头油品储运站及江河湖海原油运输船等涉水区域出现的溢油应急回收;还可适用于蓝藻、浒苔等水面污染物的收集处理。水气墙围油栏用于海上溢油的围控处理以及对高价值敏感海域、海滩、港湾码头的围挡保护。

采油水回注处理系统主要包括:SGOT双旋流除油器、SGOT速沉器、SGOT全自动精细过滤器、加药装置、污泥脱水装置等主要设备。主要应用在油田采出水处理,能稳定地达到采油水处理要求,与地层配伍性好、不堵塞地层,有助于油田采收率的提高。还可应用在其他工业污水处理,例如炼化废水、酸化压裂废水、钻井废水以及煤层气水等污水处理。

(三)生产经营情况

2014年12月,“SGOT海上应急收油装置”进入科技部、工信部、环保部三部委联合颁发的《国家鼓励发展的重大环保技术装备目录2014年版》推广类的环境污染应急处理第106项海上溢油应急装置,并成为国家鼓励发展的重大环保技术装备依托单位。该设备自2010年自主研发以来,受到了同行及媒体的广泛关注和好评,并于2012年通过科技成果鉴定获得过国家重点新产品证书。该产品已被中石油、中海油采购,得到了用户的高度评价,服务于海洋溢油环境保护。

国际业务方面,公司计划建立欧洲、美洲、亚太、中东、俄罗斯的营销渠道,目前已与海外销售商William Spiers签订英国区域的销售代理协议,与香港斯科特工业技术公司签订缅甸联邦共和国地区的销售代理协议。

在油田采出水回注处理方面，公司继续保持与大庆油田、冀东油田、新疆油田、长庆油田等的合作。

（四）产品开发与技术进步

作为北京市高新技术企业，公司一直重视对科技研发的投入力度，2014年，新获得15项专利。截止2014年，共拥有美国发明专利1项，国际PCT2项，国家发明专利7项，国家实用新型专利18项，这些专利有力提高了公司的科技竞争力及持续发展的潜力。

目前，已投入研发陆上石油开发领域的井下油水分离、同井采注技术和脐带管分层调控注水技术；海上石油开发领域的海上石油开发溢油风险防控技术和海上石油开发水处理集成模块。为未来的长期发展，提供了持续的动力保证。

2014年，公司联合中国石油大学（北京）组织海上溢油应急的国内外专家编写了《海洋工程设计手册——海上溢油防治分册》，于2015年出版。该书的出版填补了海上溢油防范及治理领域技术图书的空白，可作为海上溢油防治从业工程技术人员和施工单位的操作指南和参考，也可以作为石油工程专业、环境保护专业的院校师生教学参考书。

延伸阅读：

部分国内海洋工程配套企业简介

江苏亚星锚链股份有限公司

（一）企业基本情况

江苏亚星锚链股份有限公司（下称“亚星锚链”）是专业化从事船用锚链、海洋系泊链和附件的的生产企业，生产的各种规格锚链、系泊链及其附件，为世界各地的船舶和海洋工程设施配套，是世界上最大的锚链和系泊链供应商。公司创建于1981年，30多年来，已发展成为年产30万吨锚链、海洋系泊链和附件的企业。产品60%出口到世界50多个国家和地区，在生产、销售和出口方面，连续多年名列国内外同行第一。除总部在江苏靖江外，另在镇江、马鞍山等地设有亚星（镇江）系泊链有限公司，亚星（马鞍山）高强度链业有限公司等子公司，现有员工近2 000人。

公司自行设计和制造世界最先进的25条大、中规格锚链生产自动线，6条全自动连续式锚链热处理线以及2 400吨锚链拉力试验设备等，用于生产直径12.5h毫米——187毫米的AM2、AM3船用锚链、ORQ、R3、R3s、R4、R4s和R5海洋系泊连；拥有6条自动化锻造生产线，能生产各种种类及规格的附件，年产量近1 000吨。其中8吨模锻生产线能生产重量超过6吨、规格超过200毫米的海工附件，在世界上处于领先地位。除此之外能接受各种非标产品定制，满足不同客户需求。

亚星锚链的产品广泛使用在国内外各类船舶、海洋系泊链工程上，与丹麦“马士基航运”、韩国“现代”、日本“三菱”等著名公司具有长期合作关系。船用锚链被选用于代表当今世界船舶最高质量、超级豪华巨型油轮“玛丽王后2号”和“海洋自由号”；海洋系泊链被选用在中国海洋石油总公司的最新第6代3 000米深海半潜式石油钻井平台和俄罗斯的维堡船厂建造的SMODU GAZFLOT项目。荷兰壳牌、法国道达尔、巴西石油等国际顶级公司也已采购了亚星的海洋系泊链。

2010年12月28日，江苏亚星锚链股份有限公司在上海证券交易所上市，成为靖江首家在国内A股上市的企业。“亚星锚链”作为中国船舶行业目前唯一的“中国驰名商标”，成为名族品牌的骄傲。此外，在锚链、系泊链和附件制造方面拥有多项科研成果和自主核心技术，获得全球11个船级社的认可，参与国家标准GB/T549-2008以及行业标准JT/T100-2005制定。截至2014年年底，共获得国内有效专利38项，其中发明专利2项，实用新型专利36项。

（二）主要产品

在2014年度国家科学技术奖励大会上，由亚星锚链参与完成的“超深水半潜式钻井平台研发与应用”项目获得了2014年度“国家科技进步奖”特等奖。2014年，公司根据现有技术基础，收集了关于高强度系泊链附件锻造的标准和规范，结合材料性能和锻造工艺特点，形成了一套专用的锻造、热处理和机加工方法，完成了C型梨型卸扣锻造方法的研究等。目前亚星锚链正在加快更高级别系泊链以及新的附件产品的开发和亚星工业园的建设，开始向世界系泊链冠军迈进！

（三）生产经营情况

2014年上半年，受全球航运、造船市场持续低迷的影响，亚星锚链各项经济指标继续下滑，特别表现出企业接单难、盈利难。企业所面临的风险和挑战不断增大，国际竞争更加激烈。面对国际造船复杂和严峻的形势，亚星锚链直面危机，坚定信心，振奋精神，以结构调整、转型升级为重点，积极破解经济运行中的矛盾和困难，努力促进经济运行的平稳健康发展。2014年，亚星锚链销售额达11.7亿，上缴税额达5 200万。

（四）产品开发与技术进步

2014年以来，亚星锚链根据现有技术基础，研发了一系列新产品，包括R4级弓形卸扣、R3/R4级Ocimf链条及附件、R4级三眼板、710吨R4级缆绳锁具、100毫米R4级H卸扣、124毫米R4级H卸扣、84毫米R5级肯特卸扣、84毫米R5级连接卸扣、R3/R4级梨型卸扣等。公司拥有6条全自动锻造生产线，能生产各种种类及规格的附件，年产量近1 000吨。其中8吨模锻生产线能生产重量超过6吨、规格超过200毫米的海工附件，在世界上处于领先地位。除此之外接受各种非标产品定制。

巨力索具股份有限公司

（一）企业基本情况

巨力索具股份有限公司始建于1985年，30年专注于索具研发制造，是目前中国规模最大、品种最齐全、制造最专业的索具制造公司，占据中国索具行业第一品牌的主导地位。巨力索具是专业从事索具制造的企业，主营业务为索具及相关产品的研发、设计、生产和销售，主要产品有合成纤维吊装带、钢丝绳、钢丝绳索具、梁式吊具、冶金夹具、钢拉杆、缆索、链条及链条索具、索具连接件、索具设备、起重机等。在总部建立了索具技术研发、索具生产制造、索具检测实验三大基地；拥有国家级企业技术中心，河北省吊索具工程技术研发中心。

2010年1月26日，巨力索具在深交所成功上市，成就了巨力索具产业大发展、快发展，见证了巨力索具迈进成为世界上最好的全能索具制造公司。经过20年的发展，巨力索具逐渐形成了独特的自身优势，打造百年品牌，助推产业发展，形成巨力索具独特的八大优势。

（二）主要产品

公司拥有超过10 000家的优质客户，其中大中型客户超过6 000家，当代中国工业百强企业中80%是巨力的客户，涉及海洋海事、港口造船、冶金矿山、工程机械、石油石化、设备制造、铁路救援、航空航天、交通运输、钢铁、水力、电力、风电、核电等领域。中国几乎所有大型工程、重点工程项目都在应用巨力索具产品。

（三）生产经营情况

4月16日，港珠澳大桥长大段近3 000吨的钢制桥面顺利完成了整体吊装，创造我国海上桥段吊装重量最大、技术最难的纪录。在两艘巨大的海上浮吊船联手合作，将这段“巨无霸”钢制桥面放到两个矗立在海中的水泥墩上。吊装长大段钢制桥面，长度超过130米，宽度约33米，重量接近3 000吨，尺寸和重量和一艘轻型航空母舰不相上下。巨力索具凭借强大的技术研发和生产制造优势，参与了此项目中吊装用3 320吨钢箱梁吊具的设计研发、生产制造和安装调试。

巨力索具凭借强大的技术研发和生产制造优势，参与了项目中吊装用梁式吊具、吊排、滑轮组、缆索、主塔基础用钢拉杆等索具产品的设计研发、生产和安装。配套的承台吊具额载2 843吨，再次刷新了行业梁式吊具载荷记录。该产品的成功交付，为巨力索具设计制造大型海上组块吊索具积累了宝贵经验。后期巨力索具将陆续交付包括额载3 320吨箱梁吊具在内的其他产品。

（四）产品开发与技术进步

巨力索具股份有限公司是国家高新技术企业，拥有博士后科研工作站、国家级企业技术中心、河北省索具工程技术研究中心，已形成国内索具行业具有影响力的技术队伍。研究中心作为巨力索具发展战略的重要技术支撑，承担着公司新产品、新技术、新工艺和新装备的研发任务，同时又是高新技术产业孵化器，是对外技术合作与交流中心。

巨力索具先后与燕山大学、华北电力大学、解放军军事交通学院、河北工业大学、中国铁路科学研究院、武汉七〇一研究所、河北联合大学和石家庄铁路大学等科研院校开展了“产、学、研”合作，开展了多项科研开发项目。与河北理工大学共建“索具技术研究院”，与上海同济大学共建“索具研发中心”。公司已拥有141项专利，执行标准1 600项，主编、参编国家行业标准共计43项，填补数项国内空白，多项技术居于世界领先水平。

南昌 ABB 发电机有限公司

（一）企业基本情况

南昌ABB发电机有限公司成立于2006年，隶属于ABB集团自动化业务部电机业务单元。南昌ABB发电机有限公司引进ABB全球领先技术，致力于设计、开发并制造性能稳定、高效节能的低压同步发电机，以帮助客户实现增效节能，应对日益严峻的能源挑战。同时南昌ABB发电机有限公司作为ABB全球低压同步发电机生产基地，从技术设计、工艺标准、材料选用、质量控制等方面全部严格按照ABB芬兰电机业务单元的标准来制造生产，为全球船用领域提供范围广泛且高效可靠的发电机产品。

南昌ABB发电机有限公司依托遍布全球的技术支持及售后服务网络，能为您提供产品交付后的安装调试、运行维护到保持产品生命周期内的全方位服务支持。

南昌ABB发电机有限公司位于江西省南昌市艾溪湖大桥东端的紫阳大道，交通便利，厂区占地面积100余亩，年产发电机能力超过6 000台。可依据客户需求提供标准型船用发电机及定制型船用发电机产品。标准型船用发电机功率覆盖范围为13~2 430Kva，机座号可覆盖180~450，可满足4极的需求；定制型船用发电机功率覆盖范围为500~5 000Kva，机座号可覆盖400~630，可满足4、6、8、10极的需求。

南昌ABB发电机有限公司于2008年获得由挪威船级社（DNV）颁发的ISO 9001质量管理体系认证，ISO 14001环境管理体系认证和OHSAS18001职业安全及健康管理体系认证证书；可根据客户具体需求提供ABS、BV、CCS、CR、DNV GL、KR、LRS、NK、RINA、RS等国际船级社的标准认证证书。

（二）主要产品

南昌ABB发电机有限公司的新一代低压船用发电机由芬兰赫尔辛基研发中心主持研发的，秉承ABB百年电机，质量为先，服务客户的理念，采用先进的电气机械设计手段，性能可靠的绝缘系统以及贴近客户的定制型解决方案，不断为客户创造价值。

自2008年，第一台船用发电机样机通过型式试验，至2011年各机座号系列产品开发完成，目前已经承接ABS、BV、CCS、CR、DNV GL、KR、LRS、NK、RINA、RS等的各大船级社认证的项目机型200余个，客户及船厂遍布海内外，如MAN、CAT、Wartsila、Rolls-Royce、STX、CSSC、CNOOC、KLEVEN、SEADRIL、JS、MW等等。

船机产品最大容量为5 000Kva，4到10极不同的设计可以满足不同转速的原动机要求，既可与柴油机、涡轮机连接作为船舶发电站的一部分，也可作为轴带发电机，用做直接驱动或与变速箱连接。产品定转子采用真空压力浸漆，并且所有的绝缘材料都通过ABB芬兰绝缘实验室验证认可后方才使用，保证了产品的可靠运行。多种防护等级，冷却方式，励磁及轴承配套方案适合于各种船舶，海上钻井平台等不同类型的应用场合。如邮轮，破冰船、多用途油轮、液化天然气油轮、OSV、 PSV、FPSO、医疗船、海监船、挖泥船和海上钻井平台等等。同时开发团队会根据各项目不同的电气性能要求，机组配套及运行环境特点，有针对性地为客户提供最适合的解决方案。

（三）生产经营情况

2014年ABB集团销售收入约400亿美元；2014年ABB在华的销售收入超过58亿美元，保持ABB集团全球第二大市场的地位。南昌ABB发电机有限公司销售收入也在逐年攀升。

（四）产品开发与技术进步

在不断完善系列产品的同时，我们也在前沿科技的相关领域取得了很多成绩，比如：为应用于ABB船载直流网络而全新开发的变频直流发电机。该项目凭借对船载设备和线路的优化，不同工况下调整发电机组转速至最佳能源消耗点运行，高效节能，以及稳定的并网系统等多个技术优势，于2013年5月荣获了在休斯顿举办的国际石油石化天然气展（OTC）的创新技术奖。该奖项旨在表彰能为石油和天然气及相关能源领域的开发和生产带来巨大潜在影响的创新技术。从世界范围来看，各国越来越关注能源和环境问题，所以这种应用于高效低耗船载直流网络的变频直流发电机必将会有非常广阔的前景。

公司逐年不断地在产品开发上加大投入，建立了一支善于创新勇担责任的专家型本地研发团队，在励磁、系统、振动、流体等多个学科领域取得了很多出色的成绩。并且依靠ABB集团的行业影响力和优势技术资源，通过联合开发，跨部门合作等多种方式，不断开发和完善产品，提升公司实力。

（编写：闫 阳 周东荣 曲 杰 王树青 李东亮）

第八章 2014中国主要海洋工程装备研发设计单位发展情况

中国船舶及海洋工程设计研究院

（一）基本情况

中国船舶及海洋工程设计研究院，创建于1950年11月，是中国船舶行业成立早、规模大、成果多的研究开发机构，是船舶设计技术国家工程研究中心的依托单位，是国际拖曳水池会议（ITTC）、国际船舶结构会议（ISSC）的成员单位，是流体力学和船舶与海洋结构物设计与制造的硕士、博士研究生培养单位。建所60多年来，主要业务领域不断拓展，自主开发出多种具有世界先进水平的各类船舶、海洋工程装备和船用装备，为中国船舶工业、海洋事业的发展和国民经济建设做出了重大贡献。作为中国最早涉足海洋平台的研发单位，该院在上世纪70年代设计了中国第一艘双体钻井船，以后又开发设计了中国第一艘自升式钻井平台，第一艘坐底式钻井平台，第一艘半潜式钻井平台，第一艘浮式生产储油船（FPSO），第一艘耙吸挖泥船和第一艘绞吸挖泥船。近几年，中国船舶及海洋工程设计研究院在海洋工程研发领域不断拓展，由中小型向大型化、浅水向深水领域发展。

（二）主要方向和重点领域

中国船舶及海洋工程设计研究院从20世纪60年代开始进行海洋工程设计，积累了较多的海洋工程设计经验。主要研究和开发的船型有：半潜式钻井、生产和支持平台，自升式钻井平台，自升式修井和支持平台，钻井船，浮式生产储油船（FPSO），钻井支持驳，半潜船，起重铺管船，物探船，海洋科考船，多用途海工服务船（PSV），潜水支持船（DSV），布缆船，风电安装船，挖泥船，航标船等海洋工程和工程船船型。完成了项目有“渤海一号”自升式钻井平台，“勘探三号”半潜式钻井平台，“胜利三号”坐底式钻井平台，TIGER 钻井船，华天龙4 000吨起重船，“海洋石油202”起重铺管船，“海洋石油720”物探船，“海洋石油278”半潜船。先后为中海油研制多型FPSO，并开发设计了30万吨级超大型FPSO。“十一五”期间，开展了新型多功能半潜式钻井平台研究，完成了第六代深海半潜式钻井平台“海洋石油981”的设计，取得了开拓性成果。

（三）产品开发与技术进步

1. FPSO（浮式生产储油船）项目

在1989年，中国船舶及海洋工程设计研究院设计了中国第一艘FPSO“渤海友谊”号，是我国FPSO研制零的突破。截至2014年末已研制设计了10艘各种类型的FPSO。其中“南海奋进”号和“海洋石油111”号FPSO是15万吨级在强台风海域服务，永不

表13 中国船舶及海洋工程设计研究院设计的11艘各种类型的FPSO

船名	作业地区	系泊系统	载重吨
“渤海友谊”号	渤中28-1油田	软钢臂式（单点）	52 000
“渤海长青”号	渤中34-2油田	软钢臂式（单点）	52 000
“渤海明珠”号	绥中36-1油田	软钢臂式（单点）	58 000
“渤海世纪”号	秦皇岛32-6油田	软钢臂式（单点）	160 000
“南海奋进”号	文昌13-1/13-2油田	内转塔式（单点）	150 000
“海洋石油111”号	番禺4-2/5-1油田	内转塔式（单点）	150 000
“海洋石油112”号	曹妃甸11-1/2油田	软钢臂式（单点）	160 000
“海洋石油113”号	渤中25-1油田	软钢臂式（单点）	160 000
“海洋石油115”号	西江23-1油田	内转塔式（单点）	120 000
“海洋石油117”号	蓬莱19-3油田	软钢臂式（单点）	300 000
“海洋石油118”号	恩平24-2油田	内转塔式（单点）	150 000

解脱、内转塔式的FPSO。中国海洋石油总公司与美国Conocophillips石油公司共同合作开发蓬莱19-3油田，已投产的超大型30万吨级的FPSO-渤海蓬勃号，是当今世界最大的FPSO之一。

2. 海洋平台项目

中国船舶及海洋工程设计研究院是我国最早从事海上石油勘探移动平台设计单位，首次开发是在上世纪60~70年代，开发设计了我国第一座自升式钻井平台“渤海一号”自升式钻井平台。上世纪80年代以来，相继开发设计了半潜式钻井平台、坐底式钻井平台、极浅海自升钻井平台、400英尺自升式钻井平台、钻井船、国定平台模块等多型海洋工程产品。主要的业绩有：

（1）“海洋石油981”深水半潜式钻井平台，当今世界最先进的第六代半潜平台，作业水深可达3 000米，钻井深度达10 000米，采用DP-3级动力定位系统。

（2）“勘探三号”，是国内最早自行设计建造的半潜平台，采用锚泊定位系统。

（3）“胜利三号”、“中油海-3”、“中油海-33”坐底式钻井平台。

（4）“中油海-16”、“中油海-1”、“中油海5、6、7、8”自升式钻井平台。

（5）“中油海-62”自升式修井平台。

（6）春晓生活模块。

（7）“SST-BERAU”半潜式转载平台。

（8）TIGER钻井船，由中国船舶工业集团公司旗下上海船厂船舶有限公司总承包，与中国船舶及海洋工程设计研究院联合设计，独立建造的“TIGER”号钻井船下水。该钻井船是中国首批自主研发、设计、建造的海洋工程项目之一，而且是全球首制船。

3．工程船

中国船舶及海洋工程设计研究院从上世纪50年代开始设计工程船，是我国最早设计这类船舶的单位，至今已开发设计了几十型各种工程船，具有丰富的经验和雄厚的技术储备。主要的业绩有："华天龙"4 000吨起重船、"威力"3 000吨自航起重船、"南天龙"900吨起重船、"海洋石油202"铺管船、"重任3"5万吨半潜船、"华海龙"3万吨半潜船、"海洋石油278"5万吨半潜船、"夏之远6"3.8万吨半潜船、"外船海01"大件运输船、"海洋石油720、721"物探船、"邮电1号"布缆船、"海洋石油222"工程驳、"海洋36号"风电安装船、"海洋38号"自升式风电安装作业平台、"海标15"航标船、"宁道标001、002"航标船、"向阳红10"科考船。

目前正在设计建造产品还有："华洋龙"5万吨半潜船，9万吨半潜船，"海洋石油301"铺管船，800吨自升式风电安装作业平台，1 000吨自升式风电安装作业平台，潜水支持船（DSV），8 000千瓦海洋拖轮，66米PSV。

上海船舶研究设计院

（一）基本情况

上海船舶研究设计院（SDARI）成立于1964年，隶属于中国船舶工业集团公司，是目前我国民船设计领域最大、船型最丰富、市场占有率最高、人才队伍最稳定的研究设计单位之一。SDARI有员工550余人，各专业人才齐全，具备三维设计平台和各种先进软件。SDARI的服务范围涵盖了前期可行性论证、方案设计、基本设计、详细设计、直至生产设计的全过程。设计产品主要包括散货船、集装箱船、液货船、矿砂船、滚装/客滚船、多用途船、特种工程船、海洋工程辅助船、海洋工程作业船、海洋平台等。自建院以来，SDARI累计开发新船型900余型。多次承担并出色完成国家重大科技攻关项目和重大技术装备攻关研制任务。SDARI现有1个船舶研究开发部，3个船舶设计室，1个船舶生产设计部，国家船舶舱大容积计量站，国防容量计量专业站和中国船舶工业基础船舶舱容计量检测中心挂靠于该院。

（二）主要方向和重点领域

SDARI成功设计了"南海4号"自升式钻井平台的改建方案，顺利完成了400英尺自升式钻井平台的方案论证和现场施工配合，成功完成了30万桶圆柱型浮式生产储油船（FPSO）的结构详细设计和生产设计，自行开发了12类海洋工程辅助船，其中，有亚洲最大的3万吨导管架下水驳、亚洲最先进的8缆物探船，开发出我国第一艘1万千瓦油田守护船、第一艘8 000马力多功能三用拖船、第一艘小水线面油田交通船、第一艘综合检测船、第一艘3 000米深水铺管起重船、第一艘多功能潜水支持船等。这些产品为上海船院在海工领域打响了设计品牌。

（三）产品开发与技术进步

（1）SDARI为中国海洋石油总公司、中国石油集团海洋工程有限公司、中国石油化工集团三大石油公司设计各类海洋工程辅助船60余艘。

（2）深水铺管起重船："海洋石油201"是我国首艘深水铺管起重船，是国家"十一五"重大深水装备项目，国家"863计划"重大项目。深水动力定位的双层甲板铺管船，具有自航能力，能够铺设水深达3 000米的管线。在船尾设置一台起重能力4 000吨（固定式）/3 500吨（全旋转式）海洋工程重型起重机，能够进行海洋工程起重作业。

（3）半潜船：50 000载重吨半潜船是运输和安

装深水钻井平台的主流船型，具有适货性广、装卸货方式多等特点，可下潜装载运输自重3万多吨钻井平台等水上工程整体设备，是目前全球最先进的大型海上工程设备专业运输船舶。2014年12月，上海船舶研究设计院获得1艘5万吨半潜船详细设计合同，该船总长216.7米，型宽43米，型深13米，设计吃水9.68米，配备DP-2动力定位系统，并采用更大的浮箱设计，住舱布局更为合理。该船交付后将主要用于俄罗斯亚马尔液化天然气（LNG）项目。

（4）工程勘察船："海洋石油708"，是一艘由电力推进系统驱动，可航行于无限航区的深水工程勘察船，主要从事海洋工程地质勘察作业。该船的交付标志着我国海洋工程勘察作业能力从水深300米提升到了3 000米，成功进入海洋工程深海勘探装备的顶尖领域。

（5）八缆物探船：八缆物探船属亚洲最先进的地球物理勘探船。该船由一艘6 000HP平台供应船提升改建而成，改建为期一年多，可为地球物理勘探提供三维地震采集作业服务，对三维采集资料现场处理，具有采集数据高速传输系统，可大大提高南海深水勘探的作业效率。

（6）海洋平台："南海4号"自升式钻井平台；350英尺自升式钻井平台。

（7）水下支持船："海洋石油286"多功能水下支持船作业水深3 000米，能够在各种复杂的海况环境条件下，进行各种深水水下施工作业，可以满足我国南海和东南亚、中东、西非、巴西、墨西哥湾等世界主要海区的作业要求。

（8）三用工作船：8 000HP油田增产作业支持船为国内首制自主设计的油田增产作业船。SDARI获得2艘三用工作船详细设计合同，其中一艘三用工作船为12 000马力，而另一艘则主要基于上海船院成熟的8 000马力AHTS船型，并结合船东定制化需求量身打造。该船将采用穿浪型艏部设计，可防止艏部系泊区域上浪，能够保证艏部系泊区人员安全。此外，该船作业区与船员居住舱室分开布置，可提高船员居住舱室的舒适性。

（9）多用途海洋拖船：16 000千瓦多用途海洋拖船。该船是目前国内建造的马力最大、系柱拖力最高、续航能力最强的远洋拖船。

上海佳豪船舶工程设计股份有限公司

（一）基本情况

上海佳豪船舶工程设计股份有限公司（BESTWAY）创立于2001年10月29日，是一家专业从事船舶和海洋工程装备及产品研发设计的高新技术企业，主营业务为各类运输船舶和海洋工程装备的设计、船舶与海洋工程产品的研制开发以及船舶与海洋工程设备的监理咨询服务等。获得国家级的高新技术企业认证，于2009年在深圳证券交易所上市（300008），为船舶科技类首家上市企业，率先获得中国船级社认定的船舶和海上设施设计最高级资质，是目前国内综合实力最强的船舶与海洋工程综合性技术服务企业，十几年来独立研发和设计了500余型船型，成功交付了1 000多艘各类船舶和海洋工程项目，产品中1项达到全球第一，多项达到全国第一，并已拥有多项技术专利和发明专利，获得了多项省部级科技进步成果奖。

BESTWAY始终将自身的未来战略发展定位在行业科技服务的最前沿，大力拓展新的业务模式和业务渠道，除了原有工程监理业务以外，新开辟了工程咨询业务、船舶设计工程总承包业务、船舶游艇及船用配套设备的进出口业务，助推并完善服务链，打造船舶行业综合服务品牌，成功实现向行业技术服务全面提供商的转型。

（二）主要方向和重点领域

2014年至2015年，BESTWAY 从事研发设计的主要海工产品有五类：第一类是自升式工作平台，如天津港航海上风电多功能安装平台和SE-350LB海工平台等；第二类是是大型起重铺管船，如PETROFAC 5 000吨起重铺管船、12 000吨抬浮力打捞工程船和4 500吨大型抢险起重船等；第三类是LNG燃料船型，如6 500HPLNG港作拖轮等；第四类是平台支持船，如阿联酋CCC潜水支持船、深水物探采集作业支持船和远海施工多用途拖轮等；第五类为浮船坞和半潜驳，如48 000吨举力浮船坞和27 000吨举力半潜驳等。这些海工船舶的船东有中国海洋石油总公司、上海振华重工（集团）股份有限公司、交通运输部上海打捞局和烟台打捞局、中国交通建设集团有限公司和中国铁建股份有限公司等大型国有企业，也有英国Petrofac石油工程公司、新加坡Martens海洋有限公司和阿联酋CCC公司等国外知名企业。

（三）产品开发与技术进步

上海佳豪船舶工程设计股份有限公司已开始进入自升式工作平台设计和建造领域，并为大型国有企业开展自升式工作平台可行性研究工作，培养了一批自升式工作平台设计人员，并且已掌握了其中的关键技术。目前已承接了五座自升式工作平台基本设计、详细工作和生产设计工作。

上海佳豪船舶工程设计股份有限公司2014年以来从事研发设计的主要科技项目有：国家发改委的5 000吨起重铺管船研制、5 000吨起重铺管船动力系统与自动化系统集成科研课题项目和2014年上海市促进文化创意产业发展财政扶持资金项目–船舶造型、内装设计等。2014年以来公司内部海工科研项目包括大型起重船、深水支持船和LNG燃料船等多种船型的开发。

广州船舶及海洋工程设计研究院

（一）基本情况

广州船舶及海洋工程设计研究院，创建于1974年，隶属于中国船舶工业集团公司(CSSC)，专业配套齐全，现有专业技术人员205人，中高级技术人占46%。

该院拥有国家主管机关颁发的各类设计和工程资质证书，包括“海洋行业（离岸工程）专业甲级资质证书”、“渔船设计甲级资格证书”等，并取得中国新时代质量体系认证中心军品和民品质量体系认证。

该院科研设计技术先进，建有基于万兆主干，千兆到桌面的综合布线系统。引进了船型设计软件Autoship、NAPA，结构分析软件ANSYS、NASTRAN，系泊分析软件TermsimII，计算流体力学软件Shipflow，大型海洋工程水动力分析软件AQWA–Offshore、BV HydroStar、BV Ariane3D，海洋工程立管分析软件Orcina OrcaFlex、水动力计算软件Orcaflex、海底管线设计软件PLUSONE、管道流动计算软件Fluidflow、管道应力分析软件CAESARII，海管铺管分析软件DMS offpipe以及大量用于船舶及海洋工程设计与研究的应用软件；引进了船舶专用三维设计系统、船型设计、结构分析、流体力学和水动力分析等大型工程应用软件。

（二）主要方向和重点领域

广州船舶及海洋工程设计研究院从20世纪80年代初拓展海洋工程业务。与国内外的专业公司、科研机构和院校开展了广泛的合作，引进先进技术，并通过吸收和创新，形成该院的海洋工程技术专长，在浮式生产储卸系统（FPSO）、半潜平台、海洋平台模块和人工岛设计与研究方面拥有丰富的经验，在海洋工程单点系泊、多点系泊和输油终端技术研究方面处于国内领先地位。1991年该院攻克了单点系泊系统核心设备“SS800型输油旋转接头”的设计技术，2006年研发了“SS1200多通道流体旋转接头”。1984年以来，该院为我国南海油田、渤海油田、沿海石油化工厂以及国外客户完成海洋工程科研和设计项目五十余项。

（三）产品开发与技术进步

广州船舶及海洋工程设计研究院在海洋工程平台模块、浮式生产装置、海上结构物系泊工程、输油终端工程的设计研究领域拥有丰富的技术积累。尤其在海洋工程单点系泊、多点系泊和输油终端设计方面，拥有多项技术成果和专利，保持国内领先的优势。

建院以来，广州船舶及海洋工程设计研究院为我国南海油田、渤海油田、沿海石油化工厂以及国外客户完成海洋工程科研和设计项目40余项，包括：国家经委重点攻关项目“南海东部油田早期浮式生产系统概念设计项目”（获部级奖）；渤海SZ36—1油田80 000吨浮式生产储油装置的基本设计，这是国内最早的FPSO设计项目之一。还包括：渤海JZ9—3油田人工岛基本设计、SZ36—1油田生活动力平台、北部湾W11—4油田生活平台设计、以及挪威Statoil石油公司15万吨浮式生产储油轮结构与管系部份的详细设计及生产设计；新加坡远东船厂的“SANA1500半潜式钻井平台结构生产设计”；新加坡GSI公司“印尼G163原油工艺流程处理撬块的结构、配管基本设计和详细设计工作”等项目等。1999年承接的明思克航母改装和系泊系统工程设计项目，采用了广船院的“扇形风标多点配重系泊系统”专利技术，解决航母在停泊区能抵抗25年一遇的台风袭击不滑移的技术难题。2002年5月曾抵御了11级台风吹袭而安然无恙。2002年度，“‘明思克’航母系泊工程”和“‘明思克’航母改装设计”两个项目，分别获得中国船舶工业集团公司第二届优秀工程设计一等奖和二等奖。为了攻克悬链式单点系泊装置核心设计和建造技术，研制出具有自主知识产权的悬链式单点系泊装置，实现装置国产化，打破国外公司在该领域的垄断地位，2012年该院承担了工信部高技术船舶科研计划项目“悬链式单点系泊装置研制”。

中船重工船舶设计研究中心有限公司

（一）基本情况

中船重工船舶设计研究中心有限公司（下称“民船研发中心”，CSDC）创建于2003年12月8日，隶属于中国船舶重工集团公司。民船研发中心拥有一支专业功底深厚、具有创新精神的技术人才队伍，聘任了2名中国工程院院士为顾问，各专业技术人员近二百名，其中高级职称人员70余人。内部机构设有总师办、船型开发部、技术开发部、设计部、海工部等7个部门，先后成立天津分中心和上海中船重工船舶科技有限公司。

民船研发中心主要业务板块为船舶及海洋工程装备研究与开发；船舶及海洋工程装备设计：概念设计、报价设计、合同设计、基本设计、详细设计、生产设计等；船舶及海洋工程装备技术咨询、服务、转让；船舶及海洋工程装备系统集成等。

民船研发中心是国家级重点科研任务承担单位，是国家能源海洋工程研发（实验）中心，是北京市高技术企业，是中船重工集团公司民船及海工装备科技创新的主导力量。成立以来，牵头或参与国家重点科研项目53项，已经完成39项，获17项科技成果奖，17项专利和3项软件著作权。

（二）主要方向和重点领域

民船研发中心海洋工程主要方向和重点领域包括：

近海工程：自升式平台、自升式生产储卸油平台、半潜式平台等。

深海工程：新型的深水SPAR平台、深水TLP平台、深水FPSO、深水半潜式平台、钻井船等。

南海海上结构物：适合于南海的海上浮岛、平台等研发。

海洋工程船：海上风电安装船、平台支持船、物探船等。

海洋装备设备：海洋设备研制。

民船研发中心通过已完成的海洋工程类设计和科研项目积累了海洋工程设计经验，并与国外船级社和国外知名海洋工程设计单位建立了良好的协作关系。在以下几个方向形成了完整的设计体系。

1. 静稳性分析

引进NAPA软件，开展海洋工程项目的静水力计算及稳性分析，包括完整稳性分析、破损稳性分析、舱容计算等。

2. 水动力分析

引进SESAM软件、HARP等软件，开展海洋工程项目的水动力计算与分析，包括响应谱分析、运动及气隙分析、系泊计算、动力定位系统分析等。

3. 总体结构计算及疲劳分析

采用PATRAN/NASTRAN、SESAM等结构强度分析软件，开展海洋工程项目的总体结构强度和疲劳强度计算。

4. 三维详细设计

民船研发中心海工产品的详细设计涵盖三维设计，专业涉及结构、电气、管路、设备、舾装、HVAC等专业，以三维设计为基础，生成结构、电气、管路、设备、舾装、HVAC等专业的二维施工设计图纸，缩短设计周期，保证施工图纸下发的同步性，提高建造舾装率。

（三）产品开发与技术进步

民船研发中心以国家能源局海洋工程装备研发中心为平台，完善海工装备三维设计与仿真试验等详细设计能力，优化设计开发与基础建设平台，建立海工研发设计产业基地，推进开展海洋工程装备研发、全过程设计。主要开发的产品涵盖自升式钻井平台、半潜式钻井平台及多功能海洋工程船等领域。

承接的设计及自主研发项目有：

（1）“海洋石油931”自升式钻井平台升级改造基本设计。

（2）“海洋石油981”半潜钻井平台基本设计。

（3）Schahin Millenium SA半潜钻井平台详细设计。

（4）Super M2自升式钻井平台钻井模块详细设计。

（5）中远深潜水工作船DSV详细设计。

（6）CJ50自升式钻井平台详细设计服务。

（7）“海洋石油922”平台悬梁改造详细设计。

（8）40米水深钻爆船升降系统设计与分析。

（9）150米自升式钻井储油装备开发。

（10）新型深水SPAR/TLP平台概念设计。

（11）适用流花油田500米水深级TLP平台开发设计。

民船研发中心已承接多项国家海洋工程科研课题，包括：自SPAR平台、TLP张力腿平台、半潜式钻井平台，自升式平台及海洋工程船等。在科研成果的基础上，独立开发了多个海洋工程产品。

牵头和参加的海洋工程领域的科研项目主要有：

（1）新型深水SPAR平台、TLP平台概念设计与关键技术。

（2）深海半潜式钻井平台工程开发。

（3）150米自升式钻井、生产及储油成套装备关键技术研究。

（4）立柱式生产平台（SPAR）关键设计技术研究。

（5）大型海洋工程装备深水定位系泊系统研制。

（6）多功能海上风电工程船联合开发。

（7）海洋浮式平台工程设计分析校核一体化软件系统开发。

（8）中深水大陆架油气开采张力腿（TLP）式平台研发设计。

（9）30万吨深水浮式生产储卸装置（FPSO）设计建造技术研发及产业化。

（10）3 000米水深多功能水下作业支持船设计建造技术研发及产业化。

（11）深海半潜式支持平台研发。

（12）自主知识产权系列化自升式钻井平台设计建造技术研发及产业化。

（13）3 000米深水钻井船设计建造技术研发及产业化。

（14）深远海多功能工程船设计建造技术研发及产业化。

（15）南海综合补给基地工程化研究。

（16）岛礁基础设施构建技术装备研究。

中石化石油工程设计有限公司

（一）基本情况

中石化石油工程设计有限公司（原胜利油田勘察设计研究院）（SPE）位于山东省东营市，始建于1965年，是国家甲级勘察设计单位，全国石油系统油田注水及采出水处理、滩海油田地面工程技术指导性设计院，注水及水处理技术中心站站长单位，中国石化重点科研院所，胜利油田博士后科研工作站分站，全国百强勘察设计企业、全国百强工程总承包企业。

SPE拥有油气集输、储运、油气加工、城镇燃气、油气田化工及综合利用、油田注水、采出水处理、机制、机修、总图运输、城市规划、工业与民用建筑、热力、采暖通风、给排水、消防、水利、海工、道桥、电力、通信、计算机、仪表自动化、防腐、油田化学、科技情报、环境污染防治、工程地质、岩土工程、工程测量、技术经济等涵盖石油天然气（海洋石油）行业油田地面建设全部领域的30多个专业。现有员工1 200余人，其中，专业技术人员占总数的90%以上。建立了项目管理体系以及与工程项目管理和工程总承包相配套的组织机构，形成了油气处理、注水及采出水处理、海洋工程、管道工程、设备材料与应力分析、节能环保等6大优势特色技术，拥有18项全国石油和化工勘察设计专有技术，主编和参编国家级和行业标准规范41 项，采用具有国际先进水平的数字化集成设计系统（Smart Plant Enterprise），满足国际EPC项目数字化移交的需要。能够承担国内外油气田工程、长输管道工程、海洋工程、建筑工程、电力工程、通信工程、市政公用工程、电子系统工程等勘察、规划、设计、工程咨询、工程造价咨询、工程总承包、工程监理；油田地面建设工艺技术、市政工程技术等综合性科学研究试验；非标设备压力容器的设计、研制、开发；化学驱采出液处理剂的研制、生产；集输系统用化学药剂的性能评价；油、气、水分析检测；工业及生产自动化系统的设计、研制、开发、安装，各类自动化仪表的开发、生产等。

在40多年的发展中，SPE先后完成了以胜利油田、埕岛、冀东南堡、新疆东河塘、哈得4、塔河、春风、四川普光、科威特西部油田等为代表的国内外60多个油气田的地面建设工程以及川气东送管道工程、外钓岛-册子岛-镇海海底管线穿越工程、鲁皖成品油管线工程、广东LNG接收站和输气干线工程、川东北至川西输气管道工程、福建炼油化工有限公司海底管道工程、松南气田10亿方天然气产能建设工程、甬台温天然气管道工程、广西液化天然气(LNG)项目输气管道工程、中石化新疆煤制天然气外输管道工程等大型工程项目的勘察、设计、规划、监理和工程总承包、项目管理。

SPE与美国、日本、德国等10多个国家以及中国科学院、清华大学、北京大学、中国石油大学等20余个科研院所进行了广泛的技术交流与合作,先后完成了科威特西部油田、秘鲁塔拉拉、委内瑞拉英特甘博、哈萨克斯坦Sagiz等国外油田地面建设工程的设计以及肯尼亚西部成品油管道扩建工程、沙特丙烷管道项目、加蓬TBEP项目等项目工程设计,完成了印尼SES天然气项目、美国EDC项目等工程总承包以及阿尔及利亚扎尔则油田地面建设工程项目管理。

SPE共有596项勘察、设计、总承包、科研成果获奖,其中,国家级41项,省部级250项。国家优质工程金奖1项,国家优秀工程设计金奖4项、银奖9项、铜奖13项,全国工程总承包银钥匙奖2项、铜钥匙奖1项,3项科技攻关课题获得全国科学大会奖,5项课题获得国家科技进步奖,拥有103项国家专利。合同综合履约率100%,是全国质量守信企业,连年荣获山东省“重合同守信用单位”称号,1998年以来,连年被评为全国综合实力百强勘察设计单位,2005年以来,连年名列全国工程总承包百强排行榜。连续22年保持山东省“省级文明单位”荣誉称号。

(二)主要方向和重点领域

SPE承担国内外油气田工程、海洋工程、建筑工程、电力工程、通讯工程、市政公用工程、环保工程、电子系统工程的规划、勘察、设计;工程监理、工程咨询、工程造价咨询、工程项目管理、工程总承包;油田地面建设工艺技术、市政工程技术等综合性研究以及配套产品的制造、安装与技术咨询服务;非标设备和压力容器、石油专用设备的设计、制造、安装;油田化学助剂的研制、中放、生产,各类化学药剂的性能检测评价;油、气、水分析检测以及特殊分析项目;工业生产自动化系统的设计、开发、安装,各类自动化仪表的开发、生产;油田地面信息系统的开发、研制;计算机网络建设及维护;工程设计软件的开发;对外经济合作业务(凭经营资格证书经营);自营和代理各类商品和技术的进出口。

1、油气处理领域

针对不同油藏采出液进行了油水分离、原油脱水和油气集输处理工艺的攻关研究,形成电化学压力脱水密闭流程、大罐热化学沉降+电化学脱水流程、掺稀油大罐热化学+电化学脱水流程、掺稀油大罐多级热化学沉降脱水流程等4种典型脱水技术系列,形成了轻质原油处理、中质原油处理、稠油处理、特超稠油处理、含聚采出液处理、老化油处理等6种原油处理技术系列,形成天然气轻烃处理、天然气脱水处理、天然气脱酸处理等3种天然气处理技术系列,满足了油田油水分离、原油脱水处理和天然气处理需求。

2、注水及采出水处理领域

针对不同采出水水性、油藏注水需求开展攻关形成常规污水处理、强腐蚀污水处理、含聚污水处理、外排污水处理、污水注入、化学驱注入等6项系列技术成果,有效满足高含水期油田的开发需求。作为全国石油系统油田注水及采出水处理指导性设计院及技术中心站站长单位,公司在注水及污水处理技术始终走在全国前列。

3、海洋工程技术领域

形成了以埕岛油田为代表的半海半陆开发模式；以桩106、垦东油田为代表的开敞式海油陆采开发模式、以孤东油田为代表的封闭式开发等3种建设模式，研究开发了滩浅海油气高效集输技术、浅海固定平台设计及创新技术、海水处理及注入技术、海上高压供配电技术、海上生产自动化技术、滩海陆采工程技术、海上构筑物安全防护技术等8种滩浅海油田开发地面工程建设系列技术，为滩浅海油田开发提供了强有力的技术支撑。

4、长输管道工程技术领域

形成了大口径-长陡坡、灾害性地质隧道管道结构稳定性设计技术、长输管道勘察设计一体化及三维设计平台技术、天然气长输管道多用户多分支多压力的动态模拟仿真与调峰技术、大口径管道大型穿跨越设计技术、水土保持设计技术等7项管道工程技术。

5、设备材料及应力分析技术领域

针对油气田开发实际，注重设备材料专业技术发展与技术研究，形成了压力容器设计技术、大型储罐设计技术、管道材料及应力分析技术、高含硫气田集输系统设备、材料优选技术等4项系列技术。形成了104m^3～105m^3大型外浮顶单、双盘式储油罐设计技术；管道系统静态应力分析实现对复杂管系、多种管道元件、管端位移、弹簧支吊架、膨胀节、柔性管嘴等进行精确模拟分析，其中设备管口载荷校核部分可以对离心泵、蒸汽透平、离心式压缩机、压力容器等设备管口承受的载荷进行校核；在高含硫气田集输系统设备、材料优选技术基础上编制的一系列中国石化一级企业标准，为指导类似工程选材提供了参考。

6、节能环保技术领域

形成了油田集输系统节能技术、集输系统除砂及资源化技术、烟气二氧化碳捕集纯化技术等一系列国内同行业领先技术，为油田地面工程节能降耗及清洁生产提供有力支撑。其中，油田集输系统整体用能分析与仿真技术为精细化管理提供了依据；集输系统除砂工艺技术在国内同行业中率先配套形成了从井口、接转站到联合站除砂、洗砂和污油池、沉砂池油砂清洗的集输系统除砂工艺技术；在油泥砂治理和资源化方面形成了含油污泥焚烧处理技术、油砂清洗制砖技术、含油污泥回灌技术、低含油量污泥生物处理技术，已累计处理油田泥砂11余万吨；针对油水井作业过程中产生废液污染，研究形成了“碱性中和+微涡混凝”处理技术，有效地解决了作业废液处理的技术难题；电厂烟气二氧化碳捕集纯化国内首次实现将燃煤电厂烟气捕集纯化直接用于驱油。

（三）产品开发与技术进步

中石化石油工程设计有限公司（SPE）在滩海和浅海油田开发领域积累了丰富的经验，先后承担完成了国内外20多个海上油田总体开发方案，累计150多座各类海洋平台的设计，总长超过600千米的海底管线设计，10多座人工岛的设计，以及海洋工程EPC项目。

1、海上油气田前期研究、规划设计

（1）胜利海上油田开发

胜利埕岛油田位于渤海湾南部的浅海和极浅海海域，油田作业水深3~25米。SPE从1988年开始进行埕岛油田开发工程的前期研究、总体规划、设计工作。胜利埕岛油田地面工程建设紧密结合地理位置、油藏工程、钻采工程、生产运行管理、经济效益等因素，通过持续的研究攻关、不断的工程积累，依靠自身力量，创出独具特色的滩浅海油田地面工程建设模式。海上建成了以一号、二号、三号为中心平台的埕岛主体区域海上生产系统，以及以埕北30A为中心平台的埕岛油田东部区域海上生产系统，胜利海上原油产量从2000年以来产量一直稳定在214万吨/年以上并持续上升，2014年产原油达到300万吨。胜利海上油气田开发工程获国家优秀工程设计奖3项，省部级优秀设计20项，其中“胜利海上埕岛油田200万吨产能建设工程”获国家优秀工程设计金奖，编制行业标准8部。

（2）埕岛西合作区块开发

该油田位于渤海湾，水深7米的，与胜利埕岛油田相邻，是胜利油田与美国EDC公司合作开发区块，建产能56万吨/年。SPE在2001年完成油田总体开发方案和海底管线详细设计，2002年与美国PARAGON联合完成DPA中心平台的详细设计及海底管线的详细设计，2009年完成DPB平台的详细设计，2012年完成DPC平台FEED和详细设计审查。

（3）冀东南堡油田产能建设

完成了中石油冀东南堡油田二号、三号、四号、五号构造产能建设前期研究及设计，其中二号构造规划利用9个平台（5~11、20、21号）进行海油陆采，水深0~5米，建产能规模500万吨/年。

（4）辽东湾月东油田开发

该油田为中石油和中信天时能源集团合作开发，油田水深14.0米，规划建设5条海底管线、5条海底电缆、1座陆上终端、4座海上人工岛。

（5）渤中19-4井口平台设计

渤中19-4井口平台位置处水深20米，平台采用4腿固定式导管架结构，井口数12口井。

（6）北海涠洲岛原油码头配套海底输油管线

该海底管线连接涠洲岛下海点和火禄港登陆点，全长53.0千米海底管道规格Φ711mm。

（7）大亚湾石化区第二条污水排海管线设计海底管线总长37.6千米，设计压力1.6MPa，管径Φ1016。

2、海洋工程 EPC

（1）月东油田一期工程EPC

月东油田开一期工程位于渤海辽东湾北端，北距辽宁省盘锦市40千米，西距锦州市100千米。完成的工作共包括一座2000米的储罐平台，一座住40人的生活动力平台，一座人工岛生产平台。

（2）外钓岛-册子岛-镇海海底管线穿越工程EPC

该工程将岙山中转油库、册子岛中转油库及镇海中转油库与甬宁沪原油管道连接而投资建设的一条主干管线。该工程位于杭州湾口南部舟山海域，海洋环境条件复杂，册子岛-镇海海底管线全长36.5千米，管径Φ762mm，采用铺管船方式施工。外钓岛-册子岛海底输油管线长2.35千米，管径Φ610mm，采用定向钻穿越方式，穿越地层，穿越长度长，堪称“世界管线第一穿”。该项目获全国优秀工程总承包银钥匙奖，中石化集团公司优秀设计一等奖，科技进步二等奖。

（3）福建炼油乙烯项目海底原油输送管道工程EPC

福建炼化海底原油输送管道工程将福建炼化青兰山中转油库原油，通过Φ711mm海底管道穿越湄洲湾输送至福建炼化厂区，海底管线总长13.1千米。该海底管线路由地形复杂多样，水深在13米-38.5米，特别是青兰山2千米范围内，海底有大片礁石出露，给海底管道路由设置造成困难。通过采用深水礁石区小坡比、窄管沟，降低了水下爆破工程量。

（4）中化泉州1 200万吨/年炼油项目外部管线工程EPC

共包括陆上大管廊和海底管线。其中海底管线位于湄洲湾，将黄干岛北侧30万吨级原油卸油通过海底管道输送到位于青兰山东南侧的库区，海域最大水深30米。海底管线工程EPC共包括两条

Φ914mm的海底输油管道，1条Φ114mm的输水管线和1条海底电缆。

（5）印尼PBA岛天然气处理厂EPC

中海油国际公司印尼PBA岛天然气处理厂EPC工程获全国优秀工程总承包银钥匙奖。

3、滩海陆采工程

SPE完成了所有胜利滩海陆采工程的设计，形成了实体进海路、透空式进海路、软基处理、海底防护等系列水工结构技术，堤脚直接加固、离岸堤保滩促淤、丁坝保滩促淤等强侵蚀海滩防护技术，实现了滩海陆采油田的成功开发。

（1）垦东12区块产能建设工程

该工程水深4米，共包括4座人工岛及进海路4.76千米，年产油约19万吨。该工程采用“路岛”海油陆采整体布局模式，人工岛及进海路创新采用“联体板桩”、“桩板组合”、“混凝土联锁排护底”等新型结构，节省了工程投资。

（2）老168产能建设工程

该工程水深4米,共包括人工岛2座，进海路2.67千米，年产油约23万吨。该工程表层10~16米淤泥层，工程中采用土工织物+砂被进行软基处置，成功解决了在厚淤泥层建造海工工程的难题。

（3）青东5产能建设

该工程水深3.5米,共包括人工岛1座，进海路8.48千米。人工岛岛壁采用抛石结构，岛内沙、土填芯。进海路创新采用箱涵和直桩透空式结构，有利于海洋环境的保护。

（4）保滩促淤工程

针对不同的使用条件及海况条件，采用堤脚直接加固、双排管桩直立潜堤、丁坝等防护技术，保障了海堤的安全。

4、海洋设施的改造、修复及加固工程

针对服役中后期海洋平台、海底管线等设施，形成了海上设施系列维修加固技术，为海上油气田开发提出全寿命期内的工程技术服务。主要包括：海洋平台的维修加固工程、海底管线的维修加固工程、3D激光扫描技术。

中船重工第七〇二研究所

（一）基本情况

中船重工第七〇二研究所，1951年建立于上海黄浦江畔，1965年总部搬迁至无锡，设有上海分部。数十年来建有功能齐全、配套完整的大中型科研试验设施近30座，设有两个国防科技重点实验室，两个国家级检测中心，一个国家能源海洋工程装备研发中心和一个省级重点实验室，占地1 300余亩，现有职工1 500余人，其中拥有中国工程院院士2名，国家“千人计划”1人，国家“万人计划”1人，“新世纪百千万人才工程”士、硕士培养点之一，现有两个博士一级学科点，四个硕士一级学科点和一个重点培养对象2人，国防科技工业511人才工程学术带头人2人，享受国务院政府津贴专家42名，省部级有突出贡献中青年专家19名。七〇二研究所是国家首批博博士后科研流动站。多年来共招收培养博士、硕士400余名。

1978年以来，七〇二研究所共获国家级等各级科技成果奖600余项，拥有授权专利260多项，主导编写国家及行业标准70多项。1997年起，连续获得江苏省文明单位称号。是国际船舶界两大学术组织——国际船模试验池会议（ITTC）和国际船舶和海洋工程结构会议（ISSC）的重要成员单位，有多名中青年科技专家当选这两大国际组织相关技术委员会的委员。此外，还与美、英、法、俄、日、德、荷、挪等国近百个院校、研究所和学术团体建立了密切的学术交流和技术合作关系。

七〇二研究所主要从事船舶与海洋工程领域

的水动力学、结构力学及振动、噪声等相关技术的应用基础研究，以及高性能船舶、水下工程装备、船用配套装置、工程软件等研究设计与开发。坚持科技创新，成功研制了大深度载人潜水器、掠海地效翼船、小水线面双体船、水翼船、援潜救生设备、Z型全回转推进器、高速游艇、水上游乐设施、环保型保温棉生产线、以蓝藻打捞与处理、生态清淤装备为代表的水环境治理装备等系列产品，开发了SHIDS船舶性能设计系统等专用软件。许多科研成果已转化为产品或应用于船舶设计、建造和标准规范的编制中，为我国船舶和海洋工程事业及地方经济发展作出了重要贡献。

（二）主要方向和重点领域

七〇二研究所经过多年发展，在船舶与海洋工程的线型设计优化及总体性能评估预报、推进器设计及性能预报、结构直接设计、评估及优化、结构振动及控制、减振降噪技术、船和模型试验测量技术、动力定位能力预报技术、相关的理论和数值预报技术等方面积累了丰富的经验。

其中试验能力包括：水动力试验及综合航行性能（快速性、操纵性、耐波性、螺旋桨性能、空泡空蚀等），锚泊或DP定位系统、涡激振动、船船靠泊、晃荡等，船舶与海洋工程结构振动和噪声试验、分析与减振措施，船舶与海洋工程结构强度、疲劳、稳定性、极限强度等的模型试验及评估，精确的测量实船和海洋工程的航速、轴功率、操纵性、耐波性、结构强度、振动噪声等。

（三）产品开发与技术进步

七〇二研究所拥有坚实的海洋装备研发技术基础，在海洋工程平台共性技术研发、海洋资源探测作业平台技术研发和海洋新能源开发前沿技术研发等方面取得显著成果。

在海洋工程平台共性技术研发方面，七〇二研究所是我国率先全面开展海洋工程研究的单位，开展了以浮式平台系统为重点的关键技术研究，进行了一系列国际前沿课题的研究攻关，获得多项国家科技进步奖。

在海洋资源探测作业平台技术研发方面，七〇二研究所在总体集成和优化、模块化设计、潜器运动控制技术等方面，取得了一大批具有自主知识产权的创新技术成果，是我国海洋资源探测作业平台总体技术最重要的研发单位。其中，作为总体单位承担的国家863重大专项“7 000米载人潜水器”蛟龙号于2012年完成了7 000米级的海上试验，下潜至7 062米，创造了作业类载人潜水器世界纪录。目前正开展大型海上浮式结构平台、水下滑翔机、ADS单人常压潜水装具、全通透载客潜水器、遥控无人水下机器人、无人无缆自治水下机器人、救生钟等相关装备的研制工作。

在海洋新能源开发前沿技术方面，七〇二研究所积极推进国家能源海洋工程装备研发中心工作，联合国内相关高校成立海洋能源联合研究院，围绕海洋能源的开采技术研究与装备开发积极开展前瞻性和应用性研究，包括非常规油气资源、深海矿产资源和海洋可再生资源等的技术研究与装备开发，积累了重要的技术基础。

广东省船舶与海洋工程技术研究开发中心

（一）基本情况

广东省船舶与海洋工程技术研究开发中心（下称“中心”）是2010年8月经广东省科学技术厅、广东省发展和改革委员会及广东省经济和信息化委员会批准组建、该领域省内第一个省级工程研究中心，依托华南理工大学建设和运行管理。中心2013年通过建设验收。

中心设立有包括中国船级社、国内主要船舶类

高校、广东省船研机构、广船国际等主要造船企业等10个单位的专家组成的技术委员会，中心包含:

“船舶与海洋工程研究所”——设在校本部（广东省船舶设计甲级资质）；

“海洋工程装备研究所”——设在广新海事重工股份有限公司（企业）；

“船舶与海洋工程配套研究所”——设在“凯力船舶工程有限公司企业（企业）；

“广州现代产研院船舶技术研发中心”（广州造船基地的窗口）——设在南沙科技创新园。

（二）主要方向和重点领域

中心主要从事新型船舶与海洋工程装备研发与设计、船舶配套先进技术、海洋环境研究和新型海岸工程研发与设计、船舶与海洋工程水动力、船舶与海洋工程结构优化与直接计算法设计、先进船舶与海洋工程材料研发、船舶水声等方面的科学研究、人才培养、新产品、新技术开发和应用推广。拥有华南地区最大的船模拖曳水池、海岸与近海工程实验室、船用材料试验中心、船舶与海洋工程振动与噪声测试中心，以及价值900多万元的科研设备。可以进行船舶快速性、船舶耐波性、海洋工程装备、船体节能装置、新型螺旋桨推进器、船用材料试验、船舶与海洋工程振动与噪声测试、河道整治、工程泥沙及河流动力学、潮汐河口整治、防浪掩护与波浪对建筑物的作用等的试验工作。具有良好的科技创新、工程技术开发和产业化推广基础和能力。

（三）产品开发与技术进步

2014–2015年，中心承担有国家自然科学基金重点和面上项目、国家海洋局海洋可再生能源专项、中国南海重大基地海洋环境数模项目、中海油技术发展项目等6项，研发经费约700万元；与企业合作项目、成果应用及企业委托技术研发与服务项目10余项，研发经费约300万元。另外，开发新技术、新产品并推广应用的2项，开发成功待推广应用的3项。发表科技论文50余篇，其中三大检索和核心刊物的论文20余篇。申请专利国家发明和新型专利8件，其中获得授权3件。

主要承担项目如下：

（1）承担完成2010年国家海洋局海洋可再生能源专项资金项目“适应低能流密度的复合波浪能转换模式及关键技术研究”“波浪能发电和电站示范工程”项目，2012年7月海试，2014年完成研究任务并验收结题。

（2）承担2013年国家发改委海洋工程装备专项重大项目“钻井船、钻井平台大钩及隔水套管波浪补偿”，项目进行中。

（3）完成中海油技术发展项目“基于断裂力学的疲劳裂纹评估软件的开发”，项目通过验收并获得一致好评。

（4）参与承担国家工信部项目生产水下系统之“水下柔性跨接管设计、测试与安装技术研究”项目。

（5）完成中海油西部石油委托项目“乌石1–5油田沉箱项目方案研究”。

（5）开发出拥有自主知识产权、达到国际先进水平并具有商业化开发价值的新型多自由度喷水推进自主稳定微型带缆遥控水下机器人样机产品。

杭州欧佩亚海洋工程有限公司

（一）基本情况

杭州欧佩亚海洋工程有限公司（下称“欧佩亚”）是一家专业为海洋油气田开发工程提供全产业链服务与产品的海洋工程公司，业务领域包括海管与立管、水下工程、海工装备与船舶。

欧佩亚于2006年在美国休斯顿创立，2010年将总部设于杭州，在休斯顿、吉隆坡、首尔、上海、哈尔滨、天津、南京、深圳等地均设有分支机构，项目业绩已覆盖中国、东南亚、中东、北海、墨西哥湾等国家和地区。

欧佩亚以海外技术团队为核心，吸引60多名国内外专业技术人才，并联合国际知名高校、科研机构组成技术联盟，为全球客户提供专业海洋工程服务与产品。欧佩亚积极参与科技部、工信部、发改委以及国内外大型石油公司的重点项目，承担40多项海工科研项目，在海管与立管、水下工程、完整性管理、海工装备等领域取得关键性的科技成果，出版7本国际理论专著，拥有20多项国家专利，发表100多篇国际论文。

（二）主要方向和重点领域

在海底管道和立管方面，欧佩亚具有国际领先的技术理论储备与丰富的项目实施经验，掌握了海洋管道和立管的核心技术，以白勇教授为领军人物，聚集了30余名海底管道和立管研发和项目实施的国内外专业人才，可为客户提供设计与咨询、实验测试、采购制造、海上施工安装、检测与维修、完整性管理、软件开发、工程总承包的全方位服务和产品，业务领域涵盖增强热塑型复合管（RTP）、内衬管、深海柔性管、隔水立管、脐带缆、钢管等。

在海洋工程装备方面，欧佩亚可提供设计咨询、采购服务，业务领域囊括自升式钻井平台设计，海上风机安装平台，自升平台升降系统，海工吊机、管子自动化处理系统、防喷器与采油树处理系统、隔水管处理系统、海洋工程船。

在水下生产系统方面，欧佩亚可提供设计咨询、采购服务，业务领域涉及水下钢结构、水下井口、水下采油树系统、水下管汇和PLET/PLEM、水下跨接管、水下连接器的设计以及水下生产系统仿真及试验等。

欧佩亚立足于海洋工程设计咨询，在宁波建立了制造基地，初步完成管业制造和海洋工程装备制造产业化布局，积极向海洋总承包商发展，提供全价值链、一体式服务的海洋工程服务和产品。

（三）产品开发与技术进步

欧佩亚拥有几十项国家技术专利，多项海洋工程核心专利；于2012年通过国家级的高新技术企业认证；2012年被列入杭州市“雏鹰企业” 企业；2012年，通过ISO9001：2008认证；2013年，获得“浙江省工商企业信用AA级守合同重信用单位”称号；2014年，获得浙江省科技厅颁发的“浙江省科技型中小企业”证书；2014年，通过HSE体系认证，取得ISO 14001环境管理体系认证证书、OHSAS 18001职业健康安全管理体系认证证书及中石化和中石油的HSE管理体系评价证书；2015年，浙江省科技厅，浙江省发展和改革委员会和浙江省经济和信息化委员会正式认定欧佩亚的“浙江省海洋石油水下生产系统研究院”为省级企业研究院。

中国科学院三亚深海科学与工程研究所

（一）基本情况

为贯彻落实国家“十二五”规划和中国科学院“创新2020”发展战略，促进海洋科技创新发展，中国科学院党组2011年1月决定在海南省三亚市筹建中国科学院三亚深海科学与工程研究所，简称三亚深海所；英文名称为：Sanya Institute of Deep-sea Science and Engineering, Chinese Academy of Sciences（缩写：SIDSSE，CAS）。三亚深海所将面向我国海洋工程及深远海科技长远发展需求，组织和集成中国科学院海洋领域的相关力量，开展深海科学与工程的研究开发，有力支撑国家利益由近浅海向深远海延伸的发展战略。

中国科学院三亚深海科学与工程研究所以把我国建设成海洋强国为目标；以提升我国深海科学与工程研究及海洋资源开发利用能力，引领和支撑国家和地方海洋技术与装备的进步和产业化发展为主要任务；建设和发展中国科学院深海科学与工程核心技术开发与实验的现代化基地；形成中国科学院开放性的深海科学与工程试验平台。

作为中国科学院在深海工程领域的核心技术研发单位，三亚深海科学与工程研究所主要从事海洋工程，尤其是深海工程相关的系统性、集成性的科学和技术研究与发展；作为在海洋科学实验系统研发的总体集成单位，三亚深海科学与工程研究所致力于为海洋领域，特别是深海领域的科技创新提供数据观测、实验验证手段和应用示范平台。

作为海洋工程技术研发的核心组成部分，三亚深海科学与工程研究所将围绕深海核心科学问题的解决，以深海工程技术研究开发为主，面向为揭示海洋（特别是深海）现象及其运动基本规律的科学研究，提供包括机械、电子、声学与化学等工程领域知识的综合性技术、仪器、装备和系统，强调海洋科学与工程技术的交叉，为物理海洋、海洋地质、海洋化学、海洋生物等海洋科学一体化研究提供技术手段。

（二）主要方向和重点领域

三亚深海所依靠深海工程技术与装备、实验平台和基础设施，结合所处的区位优势，开展相关深海科学问题研究，以科学问题引领技术创新，以技术提升带动科学研究深入发展。

在深海科学研究方面，重点开展与物理海洋、海洋地质、海洋化学及海洋生物相关的深海科学问题研究，以深海环境与生态过程、深海地质构造、沉积演变及其油气矿产资源、深海环境下的生物学特征为主要研究方向，致力于深海核心科学问题的解决，并促进与深海科学研究相关的深海工程技术与装备设备研发。

在深海工程技术研发方面，主要包括以下内容：

（1）海洋多参量智能测量与传感器技术及装置：深海环境（化学/生物/物理）探测、原位分析装置及传感器技术、成像与可视化技术；

（2）深海生物资源探测技术与系统，深海低温高压、高温高压体系的物理、化学及生物学的实验模拟技术；

（3）海洋观测、定位的网络系统技术与方法：海底观测网络的构建与接驳技术，深海信息传输，海洋环境立体观测一体化技术，信息多层次集成与应用服务系统技术；

（4）水下作业潜水器、潜标系统集成及应用技术：小型深海作业平台及运载技术、能源、材料与密封技术、水下滑翔机、浮标/潜标技术；

（5）深海科学研究和深海资源开发的作业装置和工具，如各类保真采样、原位监测与实验技术及装置；

（6）海洋油气、矿产勘探开发新方法、新技术与系统。

重点建设深海科学研究部、深海工程技术部和海洋装备与运行管理中心三个主要单元。 深海科学研究部下设深海生物学研究室、深海地质与地球化学研究室、深海地球物理与资源研究室、海洋环流观测与数值模拟研究室、深海极端环境模拟研究实验室、地外海洋系统研究室和分析测试中心7个基本研究单元。

深海工程技术部下设深海探测技术研究室、深海信息技术研究室、深海资源开发研究室、深潜技术研究室和工程实验室5个基本研究单元。

海洋装备与运行管理中心主要围绕科考船舶、深海装备、科研码头等资源，开展建设和运行的组织管理和协调工作，管理船舶航次、提供科考作业技术支持，为科学考察和研究提供应用平台和技术保障；负责船员和工程技术人员的管理和培训。

截止至2012年5月，三亚深海所从中科院、国家其他部委、省市地方共计获得120余项科研项目/课题，获批立项资助2.96亿元。其中重要科研项目包括1项中科院战略性先导科技专项（B类）——海斗深渊前沿科技问题研究与攻关"；2项中科院重点部署项目——"深渊科学考察与瓶颈技术攻关"和"面向海斗深渊研究的深海探测设备关键技术研究"；1项海南省重大科技项目——"深海技术及海洋装备关键技术的引进与集成应用"；13项国家自然科学基金项目；1项973课题等。

（三）产品开发与技术进步

为保障科技部863重电项目"4 500米载人潜水器设计和关键技术研究"的顺利实施，在经过863海洋技术领域办、中国科学院组织专家多次进行现场考察和调研，以及与中海油总公司的协商后，中科院决定由三亚深海所作为业主于2013年末购置"海洋石油299"作为载人潜水器支持母船，更名为"探索一号"，并计划进行相应改造。

第一阶段的母船基本性改造工作已于2015年3月正式开始，由中科院出资，三亚深海所负责实施，计划2016年2月完成改造。此阶段改造将提供载人潜水器搭载的基础硬件条件，同时对船体、动力、住舱进行全面的改造，安装科考设备仪器，增设实验室。将于2016年3月完工，并在上半年开展海斗深渊先导专项的第二个深渊科考航次，重点进行地球物理探测和深渊着陆器等深渊装置的布放，届时将满足我国在未来十多年进行深渊探测与海试的迫切之需，为全海深关键技术的研发提供海试平台。

三亚深海所联合沈阳自动化所研制的深渊着陆器于2014年完成总体装配、系统集成与调试，并于当年11月和2015年6月在南海开展深海综合性能及应用性试验。最大下潜深度达到3 743米，获取了一些珍贵的深海水文数据、生物样本、水样和泥样，为深海科学提供研究资料等，完成了深渊着陆器各项功能及性能指标验证，试验验证了着陆器的海上布放与回收技术，同时对"海南省重大科技项目"和"先导专项"相关课题中要求的功能技术指标同步验证，并达到了课题任务书的要求，具备了7 000米应用的条件。

三亚深海所于2014年启动了深海富钴结壳破碎采样装置的的模拟实验、机械系统设计、控制系统的方案设计等，预计于2015年8月开展样机试制。

三亚深海所于2015年启动了紫外激光拉曼光谱仪的深海工程化应用项目，2015年6月完成耐压测试及充放电实验。

三亚深海所研发了深海便携式小型浅层钻机，于2015年5月搭载在广州海洋地质调查局的"海马号"ROV上在我国西北太平洋富钴结壳矿区成功开展了原位实验。

中海油能源发展装备技术服务有限公司海管技术服务中心

（一）基本情况

中海油能源发展装备技术服务有限公司海管技术服务中心成立于2013年,是一家致力于海管完整性管理服务、海洋石油平台设备设施改造维护相关业务的专业性工程服务公司。随着海洋石油事业的发展，以及完整性管理概念的提出，2013年，上级单位针对中海油对海管缺乏专业性维保单位的状况，将具备多年工程项目实施经验的设施改造公司与刚刚起步的海管项目组合并，充分利用设施改造公司的工程项目管理经验和能力，加强海管相关产业的研发、技术应用以及项目实施。成立当年，海管完整性管理相关服务销售收入较上一年增长40%，近3年年均复合增长率达到35%。

目前，公司现有专业技术人员148人，其中高级工程师41人、技师6人。中心具备每年40条海管内检测，5 000公里路由勘察、2万立方米悬空治理能力，并具备专业化的团队进行管道分析、评估工作。具备60台套专利型收发球筒制造安装，30台套海洋平台专业撬装设备，150口井口配套流程施工服务的能力。具备同时运行5个大型海洋平台综合调整项目的实施能力，并且拥有自主研发的带压密封堵漏、开孔技术，承担了渤海地区绝大部分管道应急维抢修的工作。

（二）主要方向和重点领域

1、平台工艺管道维护

随着海上油田开发的逐步深入，部分工艺管线长时间服役，因自然环境、腐蚀等诸多因素影响，已经形成工艺管道使用寿命缩短，甚至存在管道泄漏的风险，为避免因在役工艺管线泄露造成非计划性停产，研究工艺管线在役修复技术迫在眉睫，借鉴国内外现有的技术，重点研究适合海上采油平台特点的维抢修技术，为工艺管线安全生产保驾护航，研究由易到难，先对平台水面以上部分工艺管线维抢修技术展开研究，技术应用成熟、产品性能可靠后逐步向水下延伸，立足于海上油田生产设施安全维保技术领域，开发新的技术与产品。

2、海底管道完整性管理一体化技术服务

主要包括：海底管道清管及内检测；海底管道路由勘察测绘；海底管道数据信息管理；海底管道安全评估与风险评价；海底管道维修维护。

通过近几年的发展，我公司目前已经拥有一批专业化的技术人才，总计承揽科研经费9 000多万元，并与研究总院、中国航天科工以及大专院校建立了长期的研发团队，同时已建的海底管道综合实验平台已纳入总公司十三五规划，为重大专项提供研发平台，形成产学研研究基地，进一步提升公司的研发基础实力。

以下是近几年承担的的科研项目：海底管道安全与风险评估技术研究；海底管道状态评估技术研究；海底管道故障原因预防措施调研及现有监测技术对比分析；中海油海底管道综合实验平台可行性研究；海洋石油工艺管道维抢修技术的研究与应用；海底管道漏磁内检测器研制项目。

（三）产品开发与技术进步

1、海底管道漏磁内检测器

2012年起，我公司联合中海石油（中国）有限公司开发生产部共同承担了综合科研课题“海底管道漏磁内检测器的研制”项目，旨在对漏磁内检测设备进行国产化研制，提高自主能力，降低检测成本。经过近3年的研发和试验，现已开发出8英寸漏磁内检测器硬件、数据分析软件和内检测实验场地，解决了8英寸小口径海底管道漏磁内检测多项核心技术，并在一定技术方面形成了相对领先优势,形成了一个相对固定且成熟的研发团队，已初步形成了集产品研发能力、数据分析能力和内检测试验的综合检验检测能力。8英寸漏磁内检测器的成功研制，迈出了内检测器国产化的第一步。

2、海洋石油工艺管道维抢修急救箱

通过海上维抢修技术的研究与应用项目，目前已研究出注剂式带压密封技术、强磁带压密封技术、碳纤维复合材料补强技术、钢带坚固、钢带捆扎技术、快速扎带带压密封、管道修补器带压密封技术、多用卡兰带压密封技术，并申请实用新型专利技术

二项，申请发明专利一项，已得到专利局的受理。项目的科研成果之一工艺管道维抢修急救箱在JZ20-2天然气处理厂进行试用，得到了业主的好评。

上海交通大学

（一）基本情况

上海交通大学船舶海洋与建筑工程学院下设船舶与海洋工程系、工程力学系、土木工程系、建筑学系和国际航运系，涵盖了5个一级学科。目前有5个本科专业、5个一级学科硕士点和5个工程硕士点，具有船舶与海洋工程、力学、土木工程3个一级学科博士学位授予权，拥有船舶与海洋工程、力学2个国家一级重点学科和流体力学、岩土工程2个上海市重点学科；建有船舶与海洋工程、力学、土木工程3个博士后流动站；拥有海洋工程国家重点实验室。全院共有教职工365人，多名教授分别在国际船模试验池会议（ITTC）、国际船舶与海洋工程结构力学会议（ISSC）、海洋技术委员会（M.T.S）、世界工程组织联合会（WFEO）等国际学术组织和中国造船工程学会、中国海洋学会、中国力学学会、中国土木工程学会等国内学术组织担任重要职务。

拥有海洋工程国家重点实验室（包括：海洋深水试验池、海洋工程水池、船模拖曳水池、结构力学、风洞循环水槽、轮机工程、水声工程、船舶制造等）、工程力学实验中心、土木与建筑实验中心和计算机辅助设计计算中心等科研基地。同时设有一系列建于学科基础上的研究所，主要包括：船舶与海洋工程设计研究所、水下工程研究所、新型船舶与海洋结构物开发研究所、结构力学研究所、港口与水利工程研究所、动力装置及自动化研究所、水声工程研究所、流体力学与工程仿真研究所、固体力学与工程结构强度研究所、航天器动力学与控制研究所、工程力学研究中心、空间结构研究中心、岩土力学与工程研究所、安全与防灾工程研究所、工程管理研究所、结构工程研究所、景观设计与景观环境研究所、港口与水利工程研究所、交通研究中心、环境岩土工程研究中心、上海交通大学—千叶大学国际合作研究中心和上海交通大学—中国海洋石油总公司深水工程技术研究中心。

船舶与海洋工程系成立于1943年，是我国船舶与海洋工业科技研发和人才培养的策源地。拥有一个国家一级重点学科（船舶与海洋工程）及3个二级学科（船舶与海洋结构物设计制造、轮机工程和水声工程），涵盖船舶与海洋工程理论研究、工程技术和设计开发等诸多领域，在历次全国船舶与海洋工程一级学科评估中排名第一。半个多世纪以来，为我国船舶工业、国防建设、海洋资源开发、交通运输等行业和部门培养了大批专业技术和管理人才，是国内领先、国际知名的船舶与海洋工程人才培养高地。现有研究重点主要集中在新船型与新概念海洋工程结构物研发设计、各种海洋工程开发技术与装备研发、数字化造船等先进造船技术研究、流体力学与结构力学等船舶与海洋工程基础理论、船舶与海洋工程先进试验、海洋资源开发水下技术与装备、水声探测与对抗、船舶内燃机性能、船舶动力装置及自动化等方向。该系师资力量雄厚，有中国科学院院士杨槱教授为代表的一批国内外知名教授。该系除了船舶与海洋工程本科专业以外，还拥有船舶与海洋工程结构物设计制造学科的硕士点和博士点及一个博士后流动站。此外，近期还新增了海洋工程博士点。

（二）主要方向和重点领域

海洋工程深水技术、计算流体力学、船舶流体力学、波浪理论、高性能数值计算、计算力学和仿生力学、仿生潜水器和飞行器、船舶智能设计、船舶虚拟制造、深水平台设计、海洋工程水动力学、结构可靠性、推进节能装置、特种推进器、海洋波浪的理论与数值计算、海洋科学（河口海岸学）、水利科学（河流及海岸动力学）、船舶与海洋工程结构安全性评估理论及应用、结构冲击动力分析、海洋可再生能源、数值水池及流体力学高性能计算、船舶与海洋工程计算结构力学、结构动力学、海洋深水平台结构设计和建造技术研究、水波动力学、河口海岸动力学、深水浮式平台系统水动力学、海洋波浪能、船舶推进CFD研究、螺旋桨优化设计、船舶结构优化设计、深海平台及其定位系统研究、新船型开发暨波浪中船舶性能及优化研究、船舶可靠性工程与质量工程、分层流内波水动力学、流动主动控制、港口与海岸工程、泥沙输移与水环境保护、水动力噪声与流致振动、船舶与海洋工程结构强度和设计；结构抗爆设计和仿真；船舶与海洋工程水动力学；船舶与海洋工程结构物运动响应与载荷预报；船舶及其他海洋运载器操纵与控制；数值船池技术及其在船舶与海洋结构物设计中的应用；船舶与海洋工程水动力学；水波与结构物相互作用。

（三）产品开发与技术进步

2014年，上海交通大学科技成果和奖励保持全国前列，影响力进一步提升，以第一完成单位获国家科学技术奖4项，其中国家自然科学奖二等奖1项，国家科技进步奖二等奖3项。以第一完成单位获省部级及社会力量奖48项，其中特等奖1项，一等奖18项，以第一完成单位获高等学校科学研究优秀成果奖（科学技术）一等奖数居全国高校第一。2位教授获2014年何梁何利科技奖；6位教授被授予“全国优秀科技工作者”称号；师咏勇教授荣获第七届“谈家桢生命科学创新奖”；4位教授入选“2014年上海市青年科技英才”。我校被SCIE收录论文4 901篇，同比增加754篇，列全国高校第二。其中，SCI“表现不俗”论文数为1 922篇，同比增加881篇，排名上升1位，居全国高校第二。知识产权管理改革稳步推进。发明专利申请1500件左右。科研项目承接能力和科技创新力进一步提升，纵向项目继续领先并获新突破，国家自然科学基金项目继续全国领跑，获资助总数、面上项目、青年科学基金项目数蝉联全国第一，重点项目数首次获全国第一，创新群体2项，延续3项。科技大项目稳步发展，青年科学家实现零的突破。科技部、教育部、基金委和上海市科委各类人才计划继续保持领先地位。上海市科委人才计划获资助项目数位居全市第一。重大专项扎实推进，基地布局与创新能力建设稳步推进。“2011协同创新中心”建设实现重大突破，我校IFSA协同创新中心、高新船舶与深海开发装备协同创新中心、未来媒体网络协同创新中心通过国家教育部和财政部正式认定。

其中高新船舶与深海开发装备协同创新中心（简称“中心”）组建于2012年8月。中心由上海交通大学牵头，协同中国船舶工业集团公司、中国海洋石油总公司、中船重工第七〇二研究所、中国船级社等企业和科研院所，华中科技大学、天津大学、大连理工大学等国内“985”高校，共同组建而成。2014年10月，经过专家初审、会议答辩、现场考察、综合咨询、社会公示等环节，中心通过国家教育部和财政部正式认定。作为国家“高等学校创新能力提升计划”（简称“2011计划”）中面向行业产业的协创中心，中心以满足国家建设海洋强国重大战略需求、引领船海科技前沿为导向。针对高新船舶与深海开发装备研发中的关键技术和核心科学问题，中心汇聚优质资源，构建协同创新的模式和机制，开展学科交叉前沿探索和产业急需的共性技术研究。

承担的部分科研项目如表14所示。

表14 上海交通大学承担的部分科研项目

序号	项目名称	项目类别/所获奖项
1	饱和土与桩基动力相互作用分析的基本理论与算法	2014年度教育部 自然科学一等奖
2	统一波浪模型及有限水深尖峰孤立波研究	国家自然科学基金
3	超细长柔性结构流固耦合响应分析理论	国家自然科学基金
4	随机风浪中海上浮式风力发电系统运动稳定性特性研究	国家自然科学基金
5	植物冠层“麦穗”波动–水流大涡紊动耦合作用下河流紊动特征和阻力特性	国家自然科学基金
6	潮流能发电装备叶片之间非线性水动力响应研究	国家自然科学基金
7	舰艇宏观负泊松比效应减振及防护结构机理与优化设计方法	国家自然科学基金
8	移动粒子法的自由表面与流固耦合作用下冲击载荷研究	国家自然科学基金
9	具有输入时滞的柔性结构系统时滞辨识及自适应控制研究	国家自然科学基金
10	波流耦合作用下航行体出水空泡的非稳态特性和机理及流动控制方法	国家自然科学基金
11	蝌蚪游动中复杂涡流场干扰的机理研究	国家自然科学基金
12	海底管线肩部三维冲刷的研究	国家自然科学基金
13	蠕变和湿热条件下的FRP–混凝土界面断裂机理研究	国家自然科学基金
14	基于平面裁切和材料非线性的ETFE气枕充气成形与结构分析方法研究	国家自然科学基金
15	碎石土内侵蚀演化特性及作用机理研究	国家自然科学基金
16	深基坑降水作用下远场土层变形机理研究	国家自然科学基金
17	基于颗粒破碎尺寸效应的岩堆体剪切强度理论研究	国家自然科学基金
18	考虑砂土层内细颗粒流失作用的地面沉降机理与预测模型研究	国家自然科学基金
19	重型锅炉钢结构厂房结构体系研究	国家自然科学基金
20	全再生型地聚物新材料及其固封有机物污染土的多尺度研究	国家自然科学基金

（续表）

序号	项目名称	项目类别/所获奖项
21	基于电动汽车的交通系统和电力系统的融合、均衡与优化	国家自然科学基金
22	非均匀热环境下人体睡眠热舒适和睡眠质量研究	国家自然科学基金
23	中国古代木构桥梁的发展与演变研究	国家自然科学基金
24	城市滨水区景观重构中的全球性与地方性耦合机制	国家自然科学基金
25	岩土力学与岩土工程	国家自然科学基金
26	表面改性对纳米材料穿透细胞膜能力的影响及机理表征	国家自然科学基金
27	基于系统复原式策略的集装箱码头运作干扰管理	国家自然科学基金
28	强降水灾害下基于出行行为的城市交通网络脆弱性分析	国家自然科学基金
29	岩土介质波动理论与实验研究及其工程应用	国家自然科学基金
30	海上浮式风机流固耦合标准问题建模研究	国家自然科学基金
31	第十一届亚太近海力学 研讨会	国家自然科学基金
32	统一波浪模型及有限水深尖峰孤立波研究	国家社会科学基金
33	我国城镇化进程中记忆场所的保护与活化创新研究	国家社会科学基金
34	TLP-TAD Coupled Wave Basin Model Testing Services for Shell TLP Malikai Deepwater Project – Phase II	国际合作项目
35	Benchmark Numerical Simulation of Aerodynamic and Hydrodynamic Performances of Floating Offshore Wind Turbin	国际合作项目
36	铝合金疲劳性能的研究	国际合作项目
37	基于起点的交通分配算法基本原理与收敛特性研究	中国博士后基金
38	小高层钢筋混凝土框架地震反应和可靠度分析的自适应稀疏配点法	留学回国人员基金
39	柔性机械臂的时滞跟踪控制理论及实验研究	上海市自然科学基金
40	正交异性钢桥面板疲劳开裂过程、机理及性能研究	上海市自然科学基金
41	基于大数据融合海运安全风险分析	上海市自然科学基金

（续表）

序号	项目名称	项目类别/所获奖项
42	畸形波的动力学机理及其对深海平台强非线性作用研究	上海市科委配套
43	基于大数据移动监测的城市交通碳排放形成机理及分布研究	上海市科学技术委员会

大连理工大学

（一）基本情况

大连理工大学1949年4月建校，2001年启动实施“985工程”建设，拥有4个一级国家重点学科，6个二级国家重点学科，3个国家重点实验室，2个国家工程研究中心，1个国家工程实验室，1个国家大学科技园，1个国家级技术转移中心，1个国家级技术中心，4个教育部重点实验室，16个省级重点实验室。2001年以来，学校共获国家级科技奖励33项，省部级科技奖励302项。该校船舶工程学院船舶与海洋工程本科专业是国家级高等学校特色专业建设点。学院的船舶与海洋工程学科为国家“211工程”和“985工程”重点建设学科，学科实力雄厚，现有船舶与海洋工程国家一级学科博士点和船舶与海洋结构物设计制造国家二级重点学科，拥有船舶与海洋结构物设计制造、水声工程和轮机工程3个二级学科的博士学位和硕士学位授予权，并设有船舶与海洋工程博士后科研流动站。学院的船舶与海洋工程实验室是辽宁省高校重点实验室，设有船舶CAD工程中心、船模拖曳试验水池、造船工艺实验室、船舶结构振动实验室、声学实验室和结构环境损伤控制实验室，实验室的实验设施达到当前国内先进水平。学院与国内船舶与海洋工程领域相关单位有着密切的联系，大连船舶重工和渤海船舶重工在学院设有国家认定的企业技术分中心。依托船舶与海洋工程学科，学校的“大连市先进船舶工程技术研究中心”“辽宁省先进船舶工程技术研究中心”和“船舶制造国家工程研究中心”先后批准成立，这些中心的建立，创新了“产学研用”合作模式，实现了校企优势互补并推动了学科和企业的发展。

（二）主要方向和重点领域

船舶工程学院科学研究主要集中在六个研究方向：

1. 船舶与海洋结构物设计与数字化技术

“船舶与海洋结构物设计及关键技术研究”学科研究方向，由“船舶CAD工程中心”、“船舶与海洋工程设计中心”和“船舶虚拟实验室”组成，依托于“船舶与海洋结构物设计制造”国家重点学科和“船舶与海洋工程”一级博士点学科。该学科方向重点实施新船型开发、船舶设计、海洋平台设计以及相关的共性基础研究。包括：船舶设计及设计共性基础技术研究；海洋工程设计及设计关键技术研究；数字化设计方法研究与软件系统开发；船舶及海洋工程系统分析与规划研究；海上安全作业智能系统研制。

2. 船舶与海洋结构物振动与噪声

大连理工大学船舶结构振动噪声研究由赵德有教授从上世纪70年代开展，围绕建造船舶出现的有害振动，解决了大量商船和渔船的实船振动问题。上世纪80年代后，在国家自然基金和预研基金等纵向科研项目支持下，研究的领域逐渐扩展到舰船结构水下声辐射、结构动态有限元、结构损伤动力特性及声发射、表面裂纹的三维模拟、基于神经网络和支持向量机海洋平台振动主动控制、导管架海洋平台地震响应、精细时程积分的船舶动力载荷识别、船舶碰撞动力行为和不规则加筋板和槽形舱壁板的屈曲强度等方面的理论与实验研究。

3. 船舶与海洋结构物先进制造与管理技术

该研究领域主要从事船舶与海洋结构物先进制造技术及重大装备开发研究、造船生产与管理的信息化技术及应用软件研究。主要方向有：船舶与海洋结构物先进制造技术及重大装备开发研究；造船生产与管理的信息化技术及应用软件研究。

4. 船舶与海洋工程结构安全

该研究领域主要包括：海洋结构物全寿命期安全技术研究、海洋结构物强度分析技术研究、深海立管设计与安装关键技术研究、海洋结构物动力响应特性研究以及海洋工程装备总装建造技术研究等。近年来，承担了包括重大专项、支撑计划、“973计划”、“863计划”及国家自然科学基金在内的10余项国家级科研项目；该领域中重点研究方向包括：新型海洋工程浮式结构物及浮式生产储油系统研究；超深水海洋油气工程开发系统及其安装方法研究；超深水水下立管及其支撑装置研究；张力系泊式水中钻井系统及其安装方法研究。

5. 船舶与海洋工程水下噪声与振动

该领域主要研究方向有：船舶与海洋结构物水下振动噪声机理、预报和控制；水下结构声辐射机理、预报和控制；噪声源识别和定位及声场重构；船舶结构全频振动的建模方法和声振响应分析；船舶结构早期设计中的声学优化；结构振动噪声主被动控制与智能声学结构。

6. 船舶与海洋工程水动力学

该领域主要围绕船舶，海洋工程和水中兵器等的水动力学问题进行研究，包括对船舶快速性、操纵性和耐波性问题的计算及预报，新型高性能船舶如浅水船型、高速多体船、穿浪型船等的水动力性能研究，海洋平台的运动和载荷分析，深水锚泊和立管系统动力特性研究，水下爆炸对海洋结构物的破坏分析，船舶兴波理论计算与船型优化，船舶粘性绕流场的数值计算，螺旋桨理论设计等水动力性能方面的理论、数值计算和试验等研究，为船舶和海洋工程结构进行综合性能设计、优化和评估提供依据和指导。近年来承担了国家自然科学基金、国家科技支撑计划、海军装备、国际合作等大量的科研项目，在船舶与海洋工程水动力学的计算和试验方面积累了显著成果，开发了“海洋浮式结构物遭遇环境荷载及其动力响应的计算技术及软件”、“水下爆炸结构损伤计算技术”、“船舶阻力教学实验计算机模拟系统”等技术成果。

（三）产品开发与技术进步

1. 智能化特种海洋工程装置开发

（1）大连理工大学船舶与海洋工程设计中心于2007年2月，完成了适应特殊环境条件的小沉深、大举力的6 000吨举力水平的新式浮船坞设计。该浮船坞在天津新港船舶重工有限责任公司建成下水，并投入使用，当年经济效益显著，实现产值7 350万元，创汇800万美元，取得了社会效益和经济效益。该浮船坞是船舶与海洋工程特种大型装备之一，具有在单位主尺度（150米×30米×9.5米）举力最大化的特色，其新式结构形式浮船坞已经申报专利。同时研制了国内首创的用于浮船坞和半潜驳船的智能配载仪系统，并成功用于3艘浮船坞和半潜驳船的接载作业。

（2）针对装备受损沉入海底后的救捞需要，开发出模块式快速组装的集搜寻、打捞、运输为一体的新型打捞装置，解决了紧急情况下装备快速救捞的需要。其研究成果“车（船）载悬浮式海上抢救装置”，于2005年获得中国人民解放军总装备部科技进步二等奖。另外，还进行了杂货船战时改装标准化设计研究，为解放军征用民船运输重型武器及战车时的船舶改装进行了系列的标准化设计，为战时对民用船舶的快速改装提供了技术保证，该科研成果在2005年获得中国人民解放军总后勤部科技进步二等奖。上述两项科研成果还获得了3项发明专利。

2. 船体复杂外板水火成型工艺参数预报系统研究

开发了一个船体钢板水火加工成形工艺参数优化设计和自动预报的计算机软件系统。该系统已经在大连船舶重工集团有限责任公司、渤海船舶重工集团有限责任公司、江苏新世纪造船股份有限责任公司和辽河石油海洋装备制造总厂等国内多家大型造船企业推广应用，在100余艘船舶建造中使用了该研究成果。同时研制成功了具有完整自主知识产权的重要造船装备“大型复杂曲面钢板水火成型产品机器人”样机，该研究成果对实现水火弯板的自动化加工、提高生产效率和产品质量、减轻工人的劳动强度、改善工人的作业环境具有重要意义，同时该技术可以应用于其它制造业的曲面钢板特种加工中，对解决大型复杂曲面钢板的无模成形问题提供了技术支持。本成果1997年通过部级鉴定，鉴定结论为：成果水平在国际上具“领先地位”技术水平，“具有新的突破”，应用前景广阔。本项研究的“船体外板水火加工成形技术研究”分别于2001年获得国家科技进步二等奖、1999年获得中国船舶工业总公司一等奖、1999年获得大连市科技进步一等奖。

3. 海洋结构物重量控制技术研究

通过将尺寸链原理应用到船舶与海洋结构物建造精度控制技术研究中来，研制开发了具有自主知识产权的海洋结构物重量重心控制软件系统，实现了在海洋结构物建造过程中进行重量、重心误差的动态调整控制。本软件系统已经在船厂的实际工程项目上应用多年，实现了船厂在多产品同时建造过程中的重量和重心位置的实时控制，取得了良好的经济效益，该成果于2008年被鉴定为“在海洋结构物的重量控制方面取得了新的突破，成果整体处于国际先进水平，填补国内空白；其中的基于网络版的海洋结构物重量控制计算分析软件系统在国际上居领先水平”。

4. 船舶与海洋结构物现代防腐设计技术研究

针对船舶与海洋工程中腐蚀的准确预测和防腐系统的优化设计问题，开展了复杂偶合体系数值模拟计算方法研究，开发了相应的数值模拟计算软件，建立了杂散电流腐蚀问题及多电源外加电流阴极保护问题的数值模拟计算技术，为杂散电流腐蚀问题的准确预测、有效监测以及可靠防护提供了有效途径，同时为大型船舶及大规模海洋结构物多电源外加电流阴极保护系统的可靠设计提供了必要的技术手段。在该项研究中，所取得的研究成果处于国际同步水平，在国内处于领先地位，作为实用性技术填补国内空白。2007年承接了“863计划”目标导向类课题、国家自然科学基金面上项目，多年来承接了近20项重要舰艇腐蚀防护课题以及造船和海洋石油工程中的腐蚀防护工程项目，取得了重要的实际工程应用成果。在由中国海洋石油公司投资建造的国内首座3 000米作业水深的深水半潜式钻井平台中，采用此研究开发的防腐系统数值模拟优化设计技术实现了平台全部防腐系统的优化设计，标志着我国海洋腐蚀控制技术的重要进展。

5. 海底管道检测技术与装备

实施海底管道检测是实现海底管道安全运行的必要途径，本研究围绕着海底管道检测技术的工

表15　2013年度海洋工程科学技术奖

序号	奖励类别	项目名称	主要完成单位	奖励等级
1	基础研究	海洋天然气水合物生成机理与分解安全机制	大连理工大学、中海油研究总院	特等奖
2	基础研究	海岸和近海环境中物质输运动力及污染机理研究	大连理工大学	二等奖
3	基础研究	离岸抗风浪网箱动力特性的数值模拟与应用	大连理工大学	二等奖

程实现问题，在相关关键技术研究的基础上，开发出了集成化软件系统和海底管道检测装备。本研究的主要核心技术包括：

（1）通过水上GPS定位技术、水下声学定位技术以及基于海底管道导致磁场突变的磁力探测技术的集成，实现ROV沿海底管道正上方航行的位置控制目标并完成电场测量任务。

（2）以“海底管道防腐状态要素——海底管道防腐系统诱导电场数据库”为基础，采用BP神经网络算法建立海底管道防腐状态要素与海底管道防腐系统诱导电场测量数据之间的相关关系，并对可能出现的测试误差和位置控制误差等实施量化补偿，从而能够确保防腐状态要素评价结果的可靠性。

（3）实现了ROV水下测试位置、电场测试结果、防腐状态要素评价结果等的实时可视化。

2013年科研获奖情况如表15所示。

哈尔滨工程大学

（一）基本情况

哈尔滨工程大学设有船舶工程学院、航天与建筑工程学院、动力与能源工程学院、自动化学院、水声工程学院、计算机科学与技术学院、软件学院、国家保密学院、机电工程学院、信息与通信工程学院、经济管理学院、材料科学与化学工程学院、理学院、人文社会科学学院、国际合作教育学院、继续教育学院、核科学与技术学院、国防教育学院、创业教育学院等19个学院，以及外语系、体育部、工程训练中心、思想政治理论课教学研究部等4个教学系、部、中心。哈工程设有40多个科研机构以及150多个科研和教学实验室，其中国防科技重点实验室2个，国防重点学科实验室2个，国家级学科创新引智基地2个，国家电工电子教学基地1个，国家级实验教学示范中心4个，国家大学生文化素质教育基地1个。

哈尔滨工程大学船舶工程学院前身系1953年创立的哈尔滨军事工程学院（哈军工）海军工程系造船科。目前已经成为我国船舶工业、海军装备和海洋开发领域科学研究与人才培养的重要基地。1961年开始招收硕士研究生，1982年招收博士研究生，1989年建立博士后科研流动站，是中国船舶工业和海洋开发人才培养的重要基地。该系学习环境优越，师资力量和科研实力雄厚，现有教授25人（其中博士生导师15人），副教授26

人。近年来该系教师发表学术论文700余篇，出版专著、教材35部，有60余项科研成果获国家级和省部级奖。该系的船舶与海洋工程流体力学学科点是国际船模拖曳水池会议（ITTC）成员单位，船舶与海洋工程结构力学学科点先后有4名教授任国际船舶与海洋工程结构会议（ISSC）技术委员会委员。该系与加拿大诺瓦斯克蒂亚大学、西德汉堡大学造船学院、日本长崎综合大学、俄罗斯圣彼得堡国立海洋技术大学造船学院、乌克兰尼古拉耶夫造船学院以及挪威期塔万格大学有着长期紧密的合作关系。学院现有教师151人，其中中国工程院院士1人，正高级职称43人，副高级职称45人，中级职称64人。共有博士导师34人，硕士生导师77人。

（二）主要方向和重点领域

学院设有“船舶与海洋工程”、“港口航道与海岸工程”2个本科专业，具有“船舶与海洋结构物设计制造”、“流体力学”、“港口、海岸及近海工程”、“工程力学”、“一般力学与力学基础”、“水力学及河流动力学”6个硕士学位授予权，具有“船舶与海洋工程”和“力学”2个一级学科博士学位授予权，具有“船舶与海洋结构物设计制造”、“流体力学”、“工程力学”、“一般力学与力学基础” 4个二级学科博士学位授予权，设有“船舶与海洋工程”、“力学”2个博士后科研流动站，拥有国家级重点学科1个，国防重点学科1个，省部级重点学科1个。此外“船舶与海洋工程”专业为黑龙江省重点专业和国家特色专业。

学院下设船舶设计与制造技术研究所、船舶与海洋工程力学研究所、深海工程技术研究中心、舰船总体与系统工程研究所、港口航道与近海工程研究所、海洋可再生能源研究所、水运规划设计院等7个研究所，拥有军用水下重点实验室、船舶与海洋工程国家级实验教学示范中心、多体船技术国防重点学科实验室、国家“111”创新引智基地——深海工程技术研究中心和船舶科学与技术黑龙江省重点实验室等。

（三）产品开发与技术进步

在船舶工业领域，哈尔滨工程大学在高性能船船型设计、数字化造船、船舶力学等方面有很强的技术储备，在船舶控制与导航、船舶减摇、动力定位、船舶动力等领域代表着我国基础研究和应用研究一流水平，是我国船舶工业技术进步的重要推动力量。

在海洋开发领域，哈尔滨工程大学全面开展海洋浮式平台设计、海洋监测、特种船舶设计、水下综合探测AUV、浮式平台控位系统、水下作业技术、潮流能发电等领域研发工作，正在成为我国海洋工程装备领域的重要技术支撑力量。

以下为哈尔滨工程大学在海洋工程产品开发与技术研究方面取得的部分成果：

1. 深海探测型载人潜器

深海探测型载人潜水器是哈尔滨工程大学发挥学校在潜水器及水下机器人方面的优势而研制的。潜水器总长12.3米、宽3.2米、高2.4米，首部配备有机械手一部，可以完成一般的水下作业任务。推进系统采用了6个高效导管推进器，可以使潜水器灵活的进行空间六自由度运动，同时还配备了先进的定位、导航、通信、生命支持系统等。

该型载人潜水器具有：下潜深度大、内部空间宽敞、水下作业时间长、续航力大等特点。其作业深度可以在大部分海域进行探测任务，同时该型潜器强大的载荷代换功能，可以满足几十名人员和大量物资的运送任务，也意味着潜器具有很大的改造和升级的空间，该型潜水器所具有多功能特点为国内首创：集科学探测、物资和人员输送等多种功能于一体。

2. 智能水下机器人技术

该系列智能水下机器人是针对海中目标的探测与识别而研制的特种水下机器人。该机器人是目前海洋探测关键技术研究与开发的试验平台，包括深海热液的探测与追踪技术、水下磁探测技术、水下激光探测与识别技术等。

3. 海洋综合探测潜水器

海洋综合探测潜水器是针对目前海洋开发的需求，特别是海洋油气开发的需求而研制的自主式潜水器。该潜水器能够自主航行在复杂海洋环境中，并自主完成对海洋油气管道、海缆、海中目标等的探测、定位与跟踪。

4. 微小型水下无人探测器

微小型水下无人探测器是以小型化为目标，针对海洋声光环境探测的需求而研制开发的自主式潜水器。该潜水器能够自主航行在复杂海洋环境中，能够完成对海中目标等的探测、定位与跟踪。

5. 船舶与浮式海洋平台波浪载荷计算软件（WALCS）

WALCS是由哈尔滨工程大学自主开发的基于三维频域线性势流理论的船舶与浮式海洋平台结构物波浪载荷计算软件。应用该程序计算规则波中流场速度势、三维水动力系数、波浪绕射力、F-K力、浮体的运动响应、浮体湿表面压力分布、剖面载荷，进而可以对浮体的运动、湿表面压力以及剖面载荷进行长短期统计分析。WALCS软件适用于各类常规船型（如油轮、散货船、集装箱船、水面船舶）、双体船型、多体船型以及FPSO、半潜式平台等浮式海洋工程结构物的运动及波浪载荷的计算分析。此外，该软件还具有与现有的大型结构有限元分析软件的计算接口，可以方便的实现载荷的施加。

6. 动力定位装置

哈尔滨工程大学从事动力定位技术研究已有30年历史，创新研制了多项国内外领先的技术和产品，多次获得国家科技进步奖。装备在胜利油田“浅海海底管线电缆检测与维修装置”（2006年获国家发明二等奖）上的智能综合操纵和动力定位系统显控台IODP-1就是哈尔滨工程的科研成果，其主要包括：单运载器的多级动力定位技术（MC-DPS），多运载器的协调动力定位技术（CC-DPS）。

该装置应用了差分全球定位系统，数字滤波技术等先进技术，使其定位精度在几米之内，达到当今世界先进水平。该装置不仅应用于停船定位，而且还能应用于船与船间的行距固定。海上补给船在行进间进行补给工作时，需要安全可靠的航距保持操纵，该技术通过对船舶推进器的自动精确控制，使海上运动补给不再成为高难动作。

7. 其他方面

2006年4月，中国首个深海工程技术研究中心在哈尔滨工程大学成立。依托该中心，学校在深海油气开发浮式系统关键技术研究、深海钻井船初步设计、深海浮式结构的水动力及运动性能分析、半潜式平台的完整稳性及破舱稳性计算、半潜式平台的结构选型及锚泊系统设计、深海钢悬链立管的设计及分析、深海立管的VIV特性分析、FPSO系泊系统的操作管理和维护数据库研发、FPSO上浪冲击载荷研究、无动力船舶锚缆快速释放系统研究、海洋潮流能发电技术示范系统研究等方面均取得了一系列的研究成果。

2013年，哈尔滨工程大学船舶工程学院参与研究的“结构振动控制与应用”获得国家科技进步奖二等奖；“海洋作业母船与水下平台间移动水声通信关键技术研究”获得年度海洋工程科学技术奖。

2014年，由哈工程与大连船舶重工集团有限公司等合作设计的我国120米及以上水深自升式钻井平台自主研发项目产品在市场投标中成功获得订单，打破了我国百米水深以上大型自升式钻井平台设计长期依赖国外技术的局面。哈工程科研团队在该项目的自主研发过程中突破了3项关键技术，即：攻克了桩腿结构形式及强度设计技术和满足海况的平台环境设计参数选取与论证技术，实现了平台桩腿细长构件的静态和动态的波浪载荷计算预报以及平台所受风载荷和波浪载荷的预报；提出了基于平台重现期内风浪参数的联合概率模型，完成了自升式平台环境安全域方案的确定，为在役平台移位时查询及进行适用海域分析提供了相当的便利；解决了自升式平台的振动响应分析校核技术和舱室噪声预报评估技术，并完成了自升式平台现场噪声测试技术。

中国海洋大学

（一）基本情况

中国海洋大学是教育部直属重点综合性大学，以海洋和水产学科为特色，学科门类较为齐全，涵盖理学、工学、农学、医（药）学、经济学、管理学、文学、法学、教育学、历史学、艺术学等学科，是国家“985工程”和“211工程”重点建设高校之一。学校设有17个院，1个基础教学中心，1个社会科学部，69个本科专业。现有12个博士后流动站，13个博士学位授权一级学科，81个博士学位授权学科（专业），34个硕士学位授权一级学科点、193个硕士学位授权学科（专业），13个类别硕士专业学位授权点，是国家首批工程博士专业学位授权点。“十一五”以来，主持国家级各类项目900余项，获国家技术发明二等奖2项、国家科技进步二等奖6项、省部级科技奖励56项、人文社会学科省部级以上奖励33项。

中国海洋大学工程学院前身是始建于1980年的海洋工程系，1993年成立工程学院。学院现设有海洋工程系、土木工程系、机电工程系、自动化及测控系、实验室管理中心、建设工程检测中心、现代管理信息研究所、海岸与近海工程研究所、海洋灾害防治研究所、地震工程与地质工程研究所等教学科研机构；拥有港口、海岸及近海工程国家重点学科、水利工程博士后流动站、港口、海岸及近海工程山东省重点学科和海洋工程山东省重点实验室。目前共有教职工120余人，其中博士生导师11人，教授27人，教授级高工2人。

（二）主要方向和重点领域

1. 海洋工程方向

海洋工程结构动力分析与安全保障，海洋可再生能源利用，海洋工程环境动力学与工程应用。

2. 自动化测控方向

海洋仪器与装备：包括新型海洋监测传感器的开发与应用，海洋浮标、潜标设计开发与集成，海上数据采集、处理、存储与通信技术，水下浮力平台、水下滑翔机设计，海洋仪器设备的标定研究等。

机器视觉与机器人：包括基于结构光的三维测量、标定理论与方法研究，水下目标的三位探测技术研究，基于视觉的关节机器人运动控制、结构参数标定及视觉跟踪示教，并联机器人的运动控制，移动机器人的控制，仿生及特种机器人的设计与开发等。

智能信息处理与智能控制：包括最优估计与系统辨识，水下图像、视频压缩与处理、水声信号处理与水声通信，海洋运动平台的导航与运动控制，复杂系统的先进控制与优化等。

（三）产品开发与技术进步

表16为中国海洋大学工程学院承接的科研项目。

表16 中国海洋大学工程学院近年来承接的部分海洋工程领域的科研项目

序号	项目名称	项目类别/所获奖项
1	气候变化对海洋结构设计标准的影响及结构健康监测技术	国家自然科学基金
2	深海资源开发新型立管系统的基础科学与关键技术	国家自然科学基金
3	各类水工建筑物的动力分析理论	国家自然科学基金
4	面向仿生机器人的水压电液驱动技术研究	国家自然科学基金
5	基于附加水动力振动反演的深海平台半隐耦合方法及试验研究	国家自然科学基金
6	振荡水柱波能电站冲击式透平的非定常动力性能研究与优化	国家自然科学基金
7	潮流能水轮机尾流场特性分析及多机组阵列影响规律研究	国家自然科学基金
8	海底管线的冲刷极限与动力调整研究	国家自然科学基金
9	潮流能发电系统只能预测维护方法研究	国家自然科学基金
10	深海环境长期作用下平台结构的累积损伤机理	国家重点基础研究发展规划项目计划（973计划）
11	海上环境及船舶运动实时监测系统研制	国家科技重大专项
12	300kW海洋能集成供电示范系统	国家高技术研究发展计划（863计划）
13	声学滑翔机系统研制	国家高技术研究发展计划（863计划）
14	海洋深水立管系统设计关键技术研究	国家高技术研究发展计划（863计划）
15	水下流浪潮综合测量技术	国家高技术研究发展计划（863计划）
16	海洋平台动力分析与损伤识别模型修正技术研究	国家高技术研究发展计划（863计划）
17	海洋监测技术成果标准化工程-波浪方向浮标	国家高技术研究发展计划（863计划）
18	海洋潮流能驱动的柔性叶片发电设备研究	国家高技术研究发展计划（863计划）
19	氨水溶液解吸-压缩制冷循环原理研究和样机研制	国家高技术研究发展计划（863计划）
20	海洋平台结构损伤探测与修复加固优化关键技术研发	国家高技术研究发展计划（863计划）

（续表）

序号	项目名称	项目类别/所获奖项
21	海洋深水立管系统设计关键技术研究	国家高技术研究发展计划（863计划）
22	浅海重力式平台水下储油技术	国家高技术研究发展计划（863计划）
23	海底管线的柔性导流促淤防护技术研究	国家高技术研究发展计划（863计划）
24	基于倾角法的多层海流测量技术	国家高技术研究发展计划（863计划）
25	基于传感器网络的深远海环境监测体系结构及关键技术研究	国家高技术研究发展计划（863计划）
26	碟型越浪式波能发电装置样机研发	国家高技术研究发展计划（863计划）
27	海洋能多能互补智能供电系统关键技术联合	国际科技合作重点项目计划
28	基于风险管理体系和城市全面可持续发展的灾区重建	国际科技合作重点项目计划
29	声学多普勒流速剖面仪海上比测关键技术研究	公益性行业科研专项
30	集约用海对海洋环境影响评估关键技术研究及重点海洋区域开发集约用海业务化应用研究	公益性行业科研专项
31	海洋维权执法目标探测识别与信息传输技术应用研究与示范	公益性行业科研专项
32	海上风能及波浪能联合发电装置研发	省部级其它
33	100kW潮流能发电装置研制安装	海洋可再生能源专项
34	组合型振荡浮子波能发电装置的研究与试验	海洋可再生能源专项
35	轴流式潮流能发电装置研究与试验	海洋可再生能源专项
36	用于海洋资料浮标观测系统的波浪能供电关键技术的研究与试验	海洋可再生能源专项
37	国家海洋局东海分局海洋资料浮标研发	海洋局其他
38	大型海洋资料浮标集成技术合作研发合同书	海洋局其他
39	山东省海洋工程重点实验室建设–海洋可再生能源研发中心	山东省、青岛市发改委项目
40	海洋能集成供电示范系统	青岛市科技发展计划
41	深海海洋仪器设备规范化海上试验	国家高技术研究发展计划（863计划）

（续表）

序号	项目名称	项目类别/所获奖项
42	海洋仪器设备海试技术标准及规范化研究	国家高技术研究发展计划（863计划）
43	基于观测网的海底动力环境长期实时监测系统研发和集成	国家高技术研究发展计划（863计划）

天津大学

（一）基本情况

天津大学是教育部直属国家重点大学，其前身为北洋大学，始建于1895年10月2日，是中国第一所现代大学，素以“实事求是”的校训、“严谨治学”的校风和“爱国奉献”的传统享誉海内外。1951年经国家院系调整定名为天津大学，是1959年中共中央首批确定的16所国家重点大学之一，是“985工程”、“211工程”首批重点建设的大学。

天津大学整合校内海洋工程领域学术资源，成立了海洋工程研究院，将学校相关资源调动起来，为课题的实施创造了良好的学术平台。在“985工程”、“211工程”以及国家、地区和学校建设项目资助下，投入近5年实验室基础条件建设经费总计约5 000万元。实验室总面积17 290；实验设备总值5 200万元左右。此外，天津大学现具有先进的实验设施，还配有高性能计算机群及HARP、HYDROSTAR、MOSES、NASTRAN、PATRAN等大型分析软件。

通过长期的学术积累和学科交叉融合，天津大学在海洋工程装备领域形成了一支年龄、专业和学历结构合理的高水平科研队伍，近五年来承担了国家自然科学基金、国家支撑计划、国家科技重大专项及重大工程委托等项目80余项，发表学术论文400多篇，其中SCI/EI检索300余篇，授权国家发明专利70多项。

（二）主要方向和重点领域

天津大学多年来致力于深海油气开发工程基础理论研究，在深水海底管道局部屈曲及屈曲传播机理、海洋土特性、海工结构物与土相互作用、大型结构物可靠性研究及风险控制、结构非线性振动理论、钢结构温度应力等方面取得了一系列研究成果，并获得国家科技进步二等奖4项，国家自然科学二等奖1项以及10余项省部级科技奖励。

在海底管道的局部屈曲和屈曲传播机理方面，针对深海高温高压输送环境的特点，研究了深海水下结构屈曲压溃失效理论，进行了大量的原比尺试验，发现国外管道屈曲正交穿越理论具有严重局限性，在国内相关领域产生了广泛的影响；在土壤特性方面，研究了循环荷载作用下的软粘土强度弱化机理，提出了用动三轴仪模拟波浪和结构物荷载共同作用的应力路径方法，开展了系统的地基可靠度研究，将随机场理论应用于海洋结构物地基可靠度分析中，并提出了基于随机过程理论、通过逐次逼近和当量化的方法，将不具备齐次正态随机场特征的土性指标转化为齐次正态随机场进行处理的理论方法；在结构非线性振动研究方面，建立了具有国际领先水平的非线性参激系统动力学分岔理论方法（国际上称为C-L方法），并将理论研究与重大工程应用研究密切结合，提出了大型旋转机械若干重大故障的非线性治理技术，取得了巨大的经济效益；在钢结构温度应力和残余应力耦合作用分析、金属材料及热处理等学科有着丰富的经验，如拉索膨胀系数及温度作用下弦支量关于钢材温度场、温度应力以及温度应力和残余应力耦合作用下结构温度性能的分析与试验，为本课题的研究提供必要的技术保障；在焊接结构延寿与安全评价方面，关于改善焊接结构疲劳性能的研究获教育部科技进步一等奖；在金属腐蚀与防护方向，完成的“金属材料海洋环境腐蚀预测”基金重大专项和“材料损伤与失效监检测”973计划项目，在国家验收中评为“优秀”。

在海洋工程结构安全与风险控制领域进行了较深入的理论研究和试验工作，建立了管道泄漏频率统计模型和火灾爆炸后果模型，结合人员风险值与经济风险值，对高风险管道因素提出了相应的控制措施；围绕深水油气田FPSO+水下生产系统+外输系统的典型开发模式，针对设计、施工、安装和维护过程以及安全管理、操作等活动，进行了全面风险辨识，采用各种定量方法，如结构系统可靠性理论、大气扩散原理、能量法、计算流体动力学理论等对风险后果进行精确模拟，创新提出了紧急疏散网络图绘制方法，并将安全完整性等级的概念应用到水下隔离系统风险评价中；根据特定油田设施人员情况，研究出了适合我国海洋石油工程的人员可靠性分析模型，同时确定了人员动作失误概率计算方法，为提高我国海洋石油生产设施的人员可靠性水平打下了良好基础。

经过十几年的努力研究，天津大学针对海洋工程设计、建造、施工及维护管理等过程建立一系列定量风险概率计算、损失程度综合评估模型，研制了多个风险评估决策支持系统，完善了定量风险评估理论体系。以风险评估为核心创新点获得了2008年度国家科技进步二等奖，其他相关研究成果获国家科技进步二等奖2项、省部级一等奖4项、二等奖2项。

以往承担的相关专题如下：

（1）海油工程公司：“QHD32-6油田风险评估与控制”。

（2）海油工程公司：“印尼SES油田风险评估与控制”。

（3）海油工程公司：“曹妃甸1-1油田风险评估与控制”。

（4）海油工程公司：“渤南油田风险评估与控制”。

（5）海油工程公司：“番禺30-1油田风险评估与控制”。

（6）海油工程公司：“东方1-1油田风险评估与控制”。

（7）海油工程公司：“南堡油田风险评估与控制”。

（8）中远散货集团：“远洋运输船队风险评估与控制”。

（9）解放军总后勤部：“海上机动卸载平台可靠性与风险评估”。

（10）中海油能源发展股份有限公司：“惠州炼油项目码头运行及其港作拖轮作业风险评估及其控制”。

江苏科技大学

（一）基本情况

江苏科技大学下设14个学院，61个本科专业（含方向），有2个博士学位授权一级学科、6个博士学位授权点、12个硕士学位授权一级学科、48个硕士学位授权点，形成了船舶、国防、蚕业三大特色。学校先后承担了国家高新技术研究发展项目、国家科技支撑计划项目、国家自然科学基金、国家社会科学基金以及国防军工课题在内的一批高水平研究课题，近五年来，获国家级项目103项、省部级项目240项、获得科技经费5.8亿元，获得省部级以上科研成果奖励52项，其中省部级一等奖4项。

江苏科技大学船舶与海洋工程学院成立于

2002年，其前身是学校最早设置的船舶工程系。船舶与海洋工程学院是江苏科技大学的传统学院和特色学院。学院现有教职工107人，其中教授11人、副教授24人。有1个“船舶与海洋工程”一级学科硕士学位授权点，“船舶与海洋工程结构物设计制造”、“工程力学”、“流体力学”等3个二级学科硕士学位授权点，1个“船舶与海洋工程”工程硕士培养领域。“船舶与海洋结构物设计制造”学科为国家重点学科培育建设点、“十五”、“十一五”江苏省重点学科。船舶与海洋工程专业是国家特色建设专业、国防科工委重点建设专业、江苏省品牌专业，船舶工程实验教学示范中心是江苏省高等学校实验教学示范中心。学院是江苏省船舶工业行业协会秘书处以及江苏省船舶先进制造技术中心挂靠单位。学院现拥有“江苏省船舶先进设计制造技术重点实验室”、行业公共技术服务平台“江苏省船舶先进制造技术中心”和科技公共服务平台“江苏省船舶数字化设计制造技术中心”。拥有结构疲劳试验系统、大型结构试验平台、船模拖曳水池、风浪流综合试验池、波浪水槽等重型实验设施和目前国内外先进的FD/CAE/CAD/CAM软件系统，高性能工作站等。

（二）主要方向和重点领域

1. 船舶与海洋工程结构力学

在船舶与海洋工程结构损伤强度、船舶建造工艺力学、潜器的结构稳定性、海洋工程结构振动控制技术等方面形成了鲜明特色及优势。近5年承担国家“863”重大专项子专题1项、国家自然科学基金1项，省部级项目7项，企业委托项目21项，获国防科学技术进步三等奖2项，发表学术论文96篇，其中EI收录15篇。

2. 船舶与海洋结构物先进设计制造技术

在船舶先进设计制造技术领域开展理论研究和工程应用实践，研究内容包括船舶先进制造技术理论、船舶数字化设计制造技术、船舶制造企业信息化、以及现代造船工程应用研究与实施等方面。学术队伍中有2名教授，3人具有博士学位，6人在职攻读博士。近5年来承担了国家自然科学基金、国防预研和省部级民船专项、重大成果转化等项目及大量企业委托课题，获得省部级科技成果二等奖1项、三等奖2项，软件著作权5项。

3. 船舶与海洋工程流体力学

近5年承担国家自然科学基金3项、国家863课题1项、国家973重大项目专题2项、国防基础研究2项，获国家专利8项；该研究方向针对船舶综合性能的多学科优化方法、强非线性瞬态自由面模拟、船舶与海洋结构物非线性水动力荷载、水下仿生推进理论与技术等热点问题开展了深入的理论分析、数值计算与模型试验等研究工作，在揭示复杂流体运动的内在机理、解决学科领域的工程技术问题等方面成果显著，特色鲜明。

4. 海洋工程结构物安全性评估技术

该研究方向针对现代海洋工程装备进行设计和安全评估研究。目前已在FPSO、导管架平台、自升式平台和半潜式平台水动力分析、安全性评估、海洋平台风险评估等方向开展过较深入研究，形成了较鲜明的研究特色及学科优势，并承担过国家级、省级及企业合作等较多项目。近5年承担国家自然科学基金2项、国防基础研究2项，获专利1项，省部级科技成果三等奖2项，发表学术论文50篇，其中EI收录10篇，SCIE收录1篇。研究工作及成果在国内同行中得到充分肯定。

（三）产品开发与技术进步

1. 海洋工程结构振动控制技术、风险评估技术

在国家自然科学基金等项目资助下对海洋平台结构振动控制技术、海洋平台模型试验技术、海洋平台风险评估方法等方面进行了较系统的研究，提出了基于模糊原理磁流变阻尼器的设计方法，形成了江苏科技大学海洋工程领域中的特色研究方向。

2. 近海结构物动响应及损伤机理研究

以国际热点研究方向“近海工程动力学”为切入点，针对具有多学科交叉特色的研究项目“近海结构物动态响应及损伤机理”，致力于正确描述风、随机海浪、船撞力及桩侧土与结构的相互作用下海洋平台结构的随机响应统计特性，在此基础上对其损伤机理进行深入研究，并探索有效的减振方法。研究不仅在理论上有着重要学术研究价值，而且其研究成果可为提出有效的减振方法奠定良好的基础，从而使海洋平台免受破坏，降低监测和维护费用，提高经济效益，为国家的海洋平台建设以及正常的使用提供技术储备及安全保障。

武汉理工大学

（一）基本情况

武汉理工大学是教育部直属的全国重点大学，是首批列入国家“211工程”重点建设的高校。学校学科涵盖工学、理学、文学、管理学、经济学、法学、哲学、历史学、教育学、医学、艺术学等门类。现有本科专业87个，一级学科国家重点学科2个，二级学科国家重点学科7个，国家重点（培育）学科1个，湖北省重点学科24个；一级学科博士学位授权点15个，一级学科硕士学位授权点38个，博士后科研流动站16个；有13个硕士专业学位授权类别，37个硕士专业学位授权领域。

武汉理工大学交通学院源于1946年成立的国立海事职业学校造船科，所设专业涉及船舶与海洋工程、土木工程、力学、交通运输工程4个一级学科，有船舶与海洋工程、交通运输、交通工程、港口航道工程以及道路桥梁与渡河工程5个本科专业。拥有船舶与海洋结构物设计制造、水声工程、海洋工程结构、水上运动装备工程、流体力学、工程力学、一般力学与力学基础、交通运输规划与管理、结构工程、道路与铁道工程、公路桥梁与渡河工程、物流管理、智能交通工程等13个博士点和硕士点；船舶与海洋工程、力学和交通运输工程3个一级学科博士后流动站。其中船舶与海洋工程为一级学科国家重点学科、“211工程”建设学科，交通运输规划与管理为湖北省重点学科。船舶与海洋工程学科是中国国内同类学科整体实力最强的学科之一，是中国内河船舶研究的主要力量，是华中、华南和西南地区最具实力的船舶与海洋工程技术领域高层次科研人才的培养基地。主要研究方向为船舶水动力性能研究及船型优化，包括内河限制航道船型和高速船船型方面开展船舶操纵运动水动力计算及运动预报、船舶兴波理论计算与船型优化、螺旋桨理论设计、船舶倾覆机理等领域的水动力性能理论、数值计算和试验等研究；新船型开发与现代船舶设计方法，包括内河船型开发与标准化、高速船船型开发、江海直达运输方式与船型研究、不确定性动态投资决策理论和应用、船舶多学科综合优化设计技术、敏捷与智能设计、虚拟采办等研究；船舶先进制造技术与装备，包括船舶先进制造技术与工艺方法、造船机械自动化装备和仪器研制与产品化、造船先进测量技术、船厂规划和船厂生产管理等研究；船舶与海洋工程结构直接设计法与可靠性研究，包括大开口船舶结构强度计算方法、高速船结构轻型化技术、内河船舶振动预报衡准及防治、船体结构可靠性分析及极限承载能力等研究；船舶航运安全性研究，包括内河航运环境为背景，重点开展内河船舶碰撞的水动力机理与碰撞力计算方法、船舶结构的状态监测监控、船舶运动控制等研究。船舶与海洋工程系现有教师32人，其中教授11

人、博士生导师6人、副教授13人。

(二) 主要方向和重点领域

1. 船舶水动力性能研究及船型优化方向

主要围绕高性能船舶、内河浅水船型、高速多体船、高速气泡船等开展船舶操纵运动水动力计算及运动预报、船舶兴波理论计算与船型优化、船舶粘性流场的湍流模式、螺旋桨理论设计、船舶倾覆机理等水动力性能方面的理论、数值计算和试验等研究。

2. 新船型开发与现代船舶设计方法方向

主要研究内河船型开发与标准化、高速船船型开发、江海直达运输方式与船型研究、不确定性动态投资决策理论和应用、船舶多学科综合优化设计技术、船舶几何建模技术、船舶产品数据管理技术等。

3. 船舶先进制造技术与装备方向

主要从事造船先进制造技术与工艺方法、船舶CAM开发与应用、造船自动化装备、船舶高效生产模式及先进生产设计方法、船舶精度控制与先进测量技术、船壳板自动化成形技术等研究。

4. 船舶与海洋工程结构直接设计法与可靠性研究方向

主要从事大开口船舶结构强度计算方法、高速船结构轻型化技术、船体结构可靠性研究分析及极限承载能力、现役船舶结构状态检测与风险评估、船舶振动预报与控制技术、舰船结构抗暴设计、船舶结构机械噪声分析与控制原理、水下结构内部噪声场预测、流体动力噪声的产生机理与计算分析、高性能船舶噪声预报与降噪设计方法等研究。

(三) 产品开发与技术进步

1. 造船重大装备肋骨冷弯机

装备性能优良，加工精度和质量符合《中国造船质量标准》，该装备已在著名的江南造船厂、渤海船舶重工、中船龙穴造船、韩国大宇造船海洋等国内外90多家船厂使用。近三年产生的经济效益达16.4亿元。设备已出口到韩国、日本、越南、泰国等国家，在国内外产生了重大影响，取得了重大经济和社会效益，仅几年时间国内市场占有率达50%，应用前景广阔。

2. 重型平板运输车

“重型平板运输车”项目是一个机电液一体化、技术含量高、附加值高的特种机械装备。全车采用液压驱动、液压悬挂、独立转向和车架液压调平等技术。驱动和转向液压系统均通过微电控制来完成。该产品是造船厂钢结构船体分段在工序之间转运的主要设备. 也适用于大型钢厂和公（铁）路特大型混凝土预制构件的运输。作为牵引车，还可用于机场飞机的牵引。短短4年时间里，重型平板运输车由2004年以前依靠大量进口到目前已形成5大系列40多个品种，载重量覆盖了75~1 000吨范围，产品不仅成功打入中船重工、中船工业等国内大部分船厂应用市场，而且远销挪威、韩国、印度、美国等10余个国家。

吉林大学

(一) 基本情况

吉林大学位于吉林省长春市，是教育部直属的一所全国重点综合性大学，1995年首批通过国家教委“211工程”审批，2001年被列入“985工程”国家重点建设的大学之一。吉林大学于2000年6月12日由原吉林大学、吉林工业大学、白求恩医科大学、长春科技大学、长春邮电学院合并组建而成。

吉林大学学科门类齐全，涵盖哲学、经济学、法学、教育学、文学、历史学、理学、工学、农学、医学、管理学、军事学、艺术学等全部13大学科门类；有博士学位授权一级学科39个，博士学位授权点240个，博士专业学位3个；有硕士学位授权一级学科52个，硕士学位授权点311个，硕士专业学位29个；有本科专业124个；有博士后科研流动站37个；有一级学科国家重点学科4个（覆盖17个二级学科），二级学科国家重点学科15个，国家重点（培育）学科4个，吉林省"十二五"优势特色重点立项建设（一级）学科42个，吉林省"十二五"优势特色重点立项培育（一级）学科4个；新一轮"985工程"建设项目五类33个；"211工程"三期建设项目三类23个。

吉林大学已成为我国目前办学规模最大的高等学府，在人才培养、科学研究、学科建设、师资队伍等方面呈现出更加广泛的发展前景。到2020年，学校的目标是努力建成国内一流、国际知名的高水平研究型大学，成为在国家和区域经济社会发展中具有重要地位的高素质创新人才培养、高水平科学研究和成果转化、高质量社会服务、先进文化引领的重要基地。

（二）主要方向和重点领域

吉林大学在海工领域的研究主要依托于地球探测科学与技术学院和机械科学与工程学院。

1. 地探学院

吉林大学地探学院前身是长春科技大学地球探测与信息技术学院，目前下设4个教学系：地球物理系、地球化学系、测绘工程系、遥感与地理信息系统系；3个院管研究所：地球物理研究所、地球化学研究所和地学信息系统研究所；并代管吉林大学综合矿产信息预测研究所。

学院拥有国土资源部重点实验室—应用地球物理综合解释理论实验室、应用地球物理实验教国家级实践教学示范中心，"国家地球物理探测仪器工程技术研究中心"（合建）、地球信息探测仪器教育部重点实验室（合建）。

2. 机械学院

吉林大学机械科学与工程学院前身是始建于1955年的长春汽车拖拉机学院的机械系，下设机械制造及自动化系、机械设计及自动化系、机械电子工程系、工程力学系、工业工程系等五个系和机械原理与设计教研室、工程与计算机图学教研室等两个基础课教研室，拥有国家级机械基础实验教学示范中心和国家工科机械基础教学基地。学院设有机械工程、工程力学和工业工程三个本科专业，机械制造及自动化、机械设计及理论、机械电子工程、工程力学和工业工程五个博士授权点、机械工程和力学两个博士后流动站，是首批先进制造领域工程博士授权单位。

学院的机械工程学科，是一级学科国家重点学科，在国家"211工程"和"985工程"中得到重点建设。学院科研实力雄厚，在智能精密制造、数控机床可靠性、工程机器人、工程装备现代设计理论与方法、流体传动与电液控制、结构振动分析与控制、材料微观性能原位测试技术、制造系统集成等研究方向具有优势和特色，拥有机械工业数控装备可靠性技术重点实验室、吉林省车辆零部件先进制造技术及系统重点实验室、吉林省汽车零部件先进制造技术工程研究中心和工程装备先进设计制造重点实验室等4个部省级科技创新平台和工程装备实验中心国家认可实验室。近年来，负责承担了国家"973"课题、国家科技重大专项、国家自然科学基金及国家"863"重大/重点项目等一批国家级高水平科研项目。

（三）产品开发与技术进步

移动平台探测技术是一项将多学科探测手段和技术融为一体的高科技工程技术，发展适用于陆地车载、航空机载、飞艇搭载、水面船载和潜航综合地球物理探测的搭载平台和相关探测仪器系统；发展针对各类探测数据和移动平台参数特点以及计算机软件环境的高效率和高分辨率多参数海量数据处理解释方法和快速计算软件处理技术。

研发的物探用无人机、高灵敏度传感器和大型软件系统三大内容均为对地探测的关键仪器装备，是国际前沿研究的热点技术，是展示国家高科技发展实力的战略性研究项目。吉林大学取得的一系列阶段成果已经产生了积极社会效益，随着科研进展和攻关目标逐一实现，采用先进的快速移动探测技术将对军事探测工程和油气矿产资源探测工程带来变革性的推动作用。

吉林大学结合国家“深部探测技术与实验研究专项”后续第九项目“深部探测关键仪器装备研制与实验”，研发大型地学信息处理解释一体化软件系统，解决地学海量数据的集成与管理；陆地大功率电磁勘探系统，突破数千米地下电性结构探测；无人机航磁探测系统，实现大面积高效率高精度对地探测任务；无缆自定位万道地震勘探系统，揭示深部构造和属性精细结构；万米超深科学钻探整机装备，直接获取和验证地下信息；仪器装备试验与示范基地，建设和完善高端装备研发、比对测试和相关规范化管理。面向探测目标，针对多元和海量地球物理数据进行的大型数据库管理和应用开发，建立数据处理、解释、建模和决策一体化高效率软件分析平台，提高对隐伏目标的发现率，为减少快速决策带来的风险提供技术支持。

吉林大学开展了科技部863“十二五”主题项目，航空高精度探测仪器装备军民两用敏感技术研究；此外还承担“国家矿藏保障工程”和“国家海洋能源资源保障工程”两个项目中的软件工程课题；承担“重载荷智能化物探专用无人直升机研制”课题；承担国防某探测装备技术课题，为海洋资源精确调查和国防安全提供技术支持。

延伸阅读：

国外海洋工程设计企业简介

荷兰 GustoMSC 公司

1862年，A.F Smulders先生投资创建了GustoMSC公司的前身公司。1904年，该公司总部迁至荷兰西南部城市斯希丹，并正式命名为GustoMSC。

20世纪50年代，GustoMSC公司开始涉足海洋油气开发领域。1959年，GustoMSC公司设计建造其首座钻井平台“seashell”。1977年开始开发CJ系列自升式钻井平台。1975年，GustoMSC公司设计并建造了该公司的第一艘半潜式钻井平台——Viking Piper号。随后，该公司先后开发了DSS系列、TDS系列和OCEAN系列半潜式钻井平台。20世纪90年代晚期开发了专利的S-Y悬臂梁系统以增强钻井效率。

2014年6月，GustoMSC推出最新的超深水钻井船设计——“Ferdinand Magellan“级钻井船。该钻井船是GustoMSC迄今为止设计的最大钻井船，能够在水深12 000英尺或更深的区域运营，装配适合超深水作业的20K PSI井控系统。

意大利 Saipem 公司

意大利Saipem公司是意大利石油巨头埃尼集团旗下从事油田服务业务的子公司，是一家大型国际石油和天然气工业交钥匙承包商。Saipem公司在石油和天然气等领域有着高超的专业技术，在设计、实施大规模的海上和陆上项目，尤其在边远地区和深水相关活动中，有着卓越的表现。在工程、采购、项目管理和建设服务等诸多方面的独特功能，都走在该领域的前列。

Saipem公司总部设在意大利米兰。设有三个业务部门：海上、陆上和钻井。该公司的陆上和海上项目是最艰难的、技术最有挑战性的项目，它的专业技术竞争力在业内具有无可争议的优越地位。同样它的钻井服务在石油和天然气行业有着广泛的市场，并形成了许多经营“热点”，经常与它的陆上和海上活动互相协作。

Saipem公司的项目遍布西非、北非、前苏联、中亚、中东等新兴地区，以及东南亚。但是Saipem公司的雇员除了来自其强大的欧洲市场以外，主要来自于发展中国家。Saipem公司拥有员工3.5万人，有100多个民族组成。它强大的本地化政策，使它用最具成本效益的本地人开拓并发展了它的市场，并在印度、克罗地亚、罗马尼亚和印度尼西亚拥有相当大的服务基地。

2014年10月，Saipem在墨西哥湾签署了共计约7.5亿美元的新型海洋工程及制作合同。Saipem公司首先与墨西哥国家石油公司Pemex签署了有关“Lakach”海洋油田（最大水深1 200米）开发的EPCI合同。相关项目是把该海洋油田与陆上Gas Conditioning Plant连接的工程、采购、建造、安装工作，合同范围包括2套总长73千米、直径18-inch的Flowline和1座总长50千米的Main Umbilical等。与此同时，该公司将进行Subsea Equipment、Infield Umbilicals、Flexibles、Trees等SURF设备及控制系统安装工作，预计在2017年末完工。同时，Saipem公司从墨西哥Protexa公司获得了浅水（shallow water）海洋构建（2座3 000吨级平台甲板等）的运输及安装项目订单。

2014年11月，Saipem的子公司ERSAI Caspian Contractor与韩国大宇造船海洋联合组成的联盟从里海地区订造商获得了管道设备工程及建设（E&C）工作订单。此次签署的合同总值约相当于10亿美元，合同范围包括5.5万吨规模管廊结构的船坞工程、制作、卸载、预调试工作。

法国 Technip 公司

法国Technip集团成立于1958年。最初是隶属于法兰西石油研究院（IFP）的股份制公司，如今是在纽约和巴黎上市的国际知名企业。泰克尼普集团主要从事石油、天然气、石油化工及其他工业项目的设计、技术和建设服务，尤其擅长深海石油开采。泰克尼普集团业务遍布五大洲，在设计、建设大型工业设施领域拥有丰富的经验，是西欧最知名的国际工程咨询设计商之一。现有员工46 000人，分布在46个国家。2008年泰克尼普的营业额达75亿欧元。泰克尼普集团的主要业务领域为：

（1）海底作业分部（Subsea）：海底油田开发，海底产品，铺管和海底施工，海底维修，海底工地退役，特别应用。

（2）离岸作业分部（Offshore）：海上油田开发，水下生产，水下管道与施工，水下维修，浮动式与固定式平台，停泊服务和钻探服务等。

（3）陆上与场区作业分部（Onshore）：陆上油田开发，天然气加工与液化，石油精练，氢化物，硫磺，陆上管线，石油化工、肥料，生物燃料和可再生能源，以及系统工程，炼油与岸上的应用等。

（4）. 其他工业分部，经营范围包括：化肥、烟花、化工和生命科学、农业、金属、发电、水泥、制造业和建筑业。

2014年4月，由Technip公司及安哥拉国有石油公司Sonangol公司成立的合资企业——Angoflex和Technip公司的全资子公司DUCO组成的联盟从Total E&P Angola公司获得了大型水下设备项目订单，总规模约为2.5~5亿欧元。

2014年5月，Technip公司签署了超大型俄罗斯Yamal LNG项目的EPC合同。Technip公司及其伙伴与JSC Yamal LNG公司签署了陆地LNG设备的工程、采购以及制作合同。该陆地LNG设备年均可生产1650万吨LNG。

2014年10月，Technip公司从EnQuest公司获得了为开发北海的水深约120米“Kraken”油田深水工程订单。相关合同涉及到针对英国北海最大规模油田的管理、工程、采购、安装以及启动（EPIC）项目，包括了制作及安装长达50千米的管道（Rigid Pipe）、安装3座共14千米的Umbilical、安装长达7千米的Flexible Riser及Jumper以及在3个钻井孔安装Template和Manifold等在内的工作。

2014年11月，Technip与美国Anadarko Petroleum公司为在墨西哥湾Green Canyon 608海域水深约1300米进行的“K2 Riser Base Gas Lift”项目签署了有关各种海洋设备的项目管理、设计、兴建及安装合同。根据合同，该公司将进行2座PLEM及4座PLEM的设计、兴建以及安装工作，还要进行Flowline、Jumper、有关Termination及硬件安装工作。同月，Technip与阿联酋（UAE）国营石油公司ADNOC的子公司ADMA-OPCO签署了Abu Dhabi “Nasr” 油田第二阶段（Full Field Development）的PMC（project management consultancy）合同。根据合同，Technip公司将提供相关项目的工程、采购以及兴建（EPC）阶段的PMC服务，相关合同的生效到期为2019年。

挪威 Agility Group 设计公司

Agility Group公司原名Grenland Group，是一家全球化的集海洋工程设计、采购、建造、安装和调试（EPCIC）为一体的全面性的海洋工程总包公司。该公司主要的半潜式钻井平台是GM 4000型。

2014年6月，Agility Group从中海油田服务股份有限公司获得了半潜式钻井平台的集成钻井包的详细设计订单。该半潜式钻井平台为“海洋石油982”号，将在南中国海上做钻井服务。在过去15年间，Agility与韩国的三星重工、现代重工、STX造船海洋以及挪威Aker Oilfield Services等公司签署了约20件工程设计合同，一直热衷于钻井船设计。而以此次签署合同为契机，该公司还获得针对半潜式浮式钻井平台市场的突破口。

（编写：唐晓丹　周东荣　曲　杰　栗超群　李　威）

第九章 2014中国海洋工程装备产业主要政策

《中国制造2025》

制造业是国民经济的主体，是立国之本、兴国之器、强国之基。18世纪中叶开启工业文明以来，世界强国的兴衰史和中华民族的奋斗史一再证明，没有强大的制造业，就没有国家和民族的强盛。打造具有国际竞争力的制造业，是我国提升综合国力、保障国家安全、建设世界强国的必由之路。

新中国成立尤其是改革开放以来，我国制造业持续快速发展，建成了门类齐全、独立完整的产业体系，有力推动工业化和现代化进程，显著增强综合国力，支撑我世界大国地位。然而，与世界先进水平相比，我国制造业仍然大而不强，在自主创新能力、资源利用效率、产业结构水平、信息化程度、质量效益等方面差距明显，转型升级和跨越发展的任务紧迫而艰巨。

当前，新一轮科技革命和产业变革与我国加快转变经济发展方式形成历史性交汇，国际产业分工格局正在重塑。必须紧紧抓住这一重大历史机遇，按照“四个全面”战略布局要求，实施制造强国战略，加强统筹规划和前瞻部署，力争通过3个10年的努力，到新中国成立100年时，把我国建设成为引领世界制造业发展的制造强国，为实现中华民族伟大复兴的中国梦打下坚实基础。

一、发展形势和环境

（一）全球制造业格局面临重大调整

新一代信息技术与制造业深度融合，正在引发影响深远的产业变革，形成新的生产方式、产业形态、商业模式和经济增长点。各国都在加大科技创新力度，推动三维（3D）打印、移动互联网、云计算、大数据、生物工程、新能源、新材料等领域取得新突破。基于信息物理系统的智能装备、智能工厂等智能制造正在引领制造方式变革；网络众包、协同设计、大规模个性化定制、精准供应链管理、全生命周期管理、电子商务等正在重塑产业价值链体系；可穿戴智能产品、智能家电、智能汽车等智能终端产品不断拓展制造业新领域。我国制造业转型升级、创新发展迎来重大机遇。

全球产业竞争格局正在发生重大调整，我国在新一轮发展中面临巨大挑战。国际金融危机发生后，发达国家纷纷实施“再工业化”战略，重塑制造业竞争新优势，加速推进新一轮全球贸易投资新格局。一些发展中国家也在加快谋划和布局，积极参与全球产业再分工，承接产业及资本转移，拓展国际市场空间。我国制造业面临发达国家和其他发展中国家“双向挤压”的严峻挑战，必须放眼全球，加紧战略部署，着眼建设制造强国，固本培元，化挑战为机遇，抢占制造业新一轮竞争制高点。

（二）我国经济发展环境发生重大变化

随着新型工业化、信息化、城镇化、农业现代化同步推进，超大规模内需潜力不断释放，为我国制造业发展提供了广阔空间。各行业新的装备需求、人民群众新的消费需求、社会管理和公共服务新的民生需求、国防建设新的安全需求，都要求制造业在重大技术装备创新、消费品质量和安全、公共服务设施设备供给和国防装备保障等方面迅速提升水平和能力。全面深化改革和进一步扩大开放，将不断激发制造业发展活力和创造力，促进制造业转型升级。

我国经济发展进入新常态，制造业发展面临新挑战。资源和环境约束不断强化，劳动力等生产要素成本不断上升，投资和出口增速明显放缓，主要依靠资源要素投入、规模扩张的粗放发展模式难以为继，调整结构、转型升级、提质增效刻不容缓。形成经济增长新动力，塑造国际竞争新优势，重点在制造业，难点在制造业，出路也在制造业。

（三）建设制造强国任务艰巨而紧迫

经过几十年的快速发展，我国制造业规模跃居世界第一位，建立起门类齐全、独立完整的制造体系，成为支撑我国经济社会发展的重要基石和促进世界经济发展的重要力量。持续的技术创新，大大提高了我国制造业的综合竞争力。载人航天、载人深潜、大型飞机、北斗卫星导航、超级计算机、高铁装备、百万千瓦级发电装备、万米深海石油钻探设备等一批重大技术装备取得突破，形成了若干具有国际竞争力的优势产业和骨干企业，我国已具备了建设工业强国的基础和条件。

但我国仍处于工业化进程中，与先进国家相比还有较大差距。制造业大而不强，自主创新能力弱，关键核心技术与高端装备对外依存度高，以企业为主体的制造业创新体系不完善；产品档次不高，缺乏世界知名品牌；资源能源利用效率低，环境污染问题较为突出；产业结构不合理，高端装备制造业和生产性服务业发展滞后；信息化水平不高，与工业化融合深度不够；产业国际化程度不高，企业全球化经营能力不足。推进制造强国建设，必须着力解决以上问题。

建设制造强国，必须紧紧抓住当前难得的战略机遇，积极应对挑战，加强统筹规划，突出创新驱动，制定特殊政策，发挥制度优势，动员全社会力量奋力拼搏，更多依靠中国装备、依托中国品牌，实现中国制造向中国创造的转变，中国速度向中国质量的转变，中国产品向中国品牌的转变，完成中国制造由大变强的战略任务。

二、战略方针和目标

（一）指导思想

全面贯彻党的十八大和十八届二中、三中、四中全会精神，坚持走中国特色新型工业化道路，以促进制造业创新发展为主题，以提质增效为中心，以加快新一代信息技术与制造业深度融合为主线，以推进智能制造为主攻方向，以满足经济社会发展和国防建设对重大技术装备的需求为目标，强化工业基础能力，提高综合集成水平，完善多层次多类型人才培养体系，促进产业转型升级，培育有中国特色的制造文化，实现制造业由大变强的历史跨越。基本方针是：

创新驱动。坚持把创新摆在制造业发展全局的核心位置，完善有利于创新的制度环境，推动跨领域跨行业协同创新，突破一批重点领域关键共性技术，促进制造业数字化网络化智能化，走创新驱动的发展道路。

质量为先。坚持把质量作为建设制造强国的生命线，强化企业质量主体责任，加强质量技术攻关、自主品牌培育。建设法规标准体系、质量监管体系、先进质量文化，营造诚信经营的市场环境，走以质取胜的发展道路。

绿色发展。坚持把可持续发展作为建设制造强国的重要着力点，加强节能环保技术、工艺、装备推广应用，全面推行清洁生产。发展循环经济，提高资源回收利用效率，构建绿色制造体系，走生态文明的发展道路。

结构优化。坚持把结构调整作为建设制造强国的关键环节，大力发展先进制造业，改造提升传统产业，推动生产型制造向服务型制造转变。优化产业空间布局，培育一批具有核心竞争力的产业集群和企业群体，走提质增效的发展道路。

人才为本。坚持把人才作为建设制造强国的根本，建立健全科学合理的选人、用人、育人机制，加快培养制造业发展急需的专业技术人才、经营管理人才、技能人才。营造大众创业、万众创新的氛围，建设一支素质优良、结构合理的制造业人才队伍，走人才引领的发展道路。

（二）基本原则

市场主导，政府引导。全面深化改革，充分发挥市场在资源配置中的决定性作用，强化企业主体地位，激发企业活力和创造力。积极转变政府职能，加强战略研究和规划引导，完善相关支持政策，为企业发展创造良好环境。

立足当前，着眼长远。针对制约制造业发展的瓶颈和薄弱环节，加快转型升级和提质增效，切实提高制造业的核心竞争力和可持续发展能力。准确把握新一轮科技革命和产业变革趋势，加强战略谋划和前瞻部署，扎扎实实打基础，在未来竞争中占据制高点。

整体推进，重点突破。坚持制造业发展全国一盘棋和分类指导相结合，统筹规划，合理布局，明确创新发展方向，促进军民融合深度发展，加快推动制造业整体水平提升。围绕经济社会发展和国家安全重大需求，整合资源，突出重点，实施若干重大工程，实现率先突破。

自主发展，开放合作。在关系国计民生和产业安全的基础性、战略性、全局性领域，着力掌握关键核心技术，完善产业链条，形成自主发展能力。继续扩大开放，积极利用全球资源和市场，加强产业全球布局和国际交流合作，形成新的比较优势，提升制造业开放发展水平。

（三）战略目标

立足国情，立足现实，力争通过“三步走”实现制造强国的战略目标。

第一步：力争用十年时间，迈入制造强国行列。

到2020年，基本实现工业化，制造业大国地位进一步巩固，制造业信息化水平大幅提升。掌握一批重点领域关键核心技术，优势领域竞争力进一步增强，产品质量有较大提高。制造业数字化、网络化、智能化取得明显进展。重点行业单位工业增加值能耗、物耗及污染物排放明显下降。

到2025年，制造业整体素质大幅提升，创新能力显著增强，全员劳动生产率明显提高，两化（工业化和信息化）融合迈上新台阶。重点行业单位工业增加值能耗、物耗及污染物排放达到世界先进水平。形成一批具有较强国际竞争力的跨国公司和产业集群，在全球产业分工和价值链中的地位明显提升。

第二步：到2035年，我国制造业整体达到世界制造强国阵营中等水平。创新能力大幅提升，重点领域发展取得重大突破，整体竞争力明显增强，优势行业形成全球创新引领能力，全面实现工业化。

第三步：新中国成立100年时，制造业大国地位更加巩固，综合实力进入世界制造强国前列。制造业主要领域具有创新引领能力和明显竞争优势，建成全球领先的技术体系和产业体系。

表17　2020年和2025年制造业主要指标

类别	指标	2013年	2015年	2020年	2025年
创新能力	规模以上制造业研发经费内部支出占主营业务收入比重/%	0.88	0.95	1.26	1.68
	规模以上制造业每亿元主营业务收入有效发明专利数1/件	0.36	0.44	0.70	1.10
质量效益	制造业质量竞争力指数2	83.1	83.5	84.5	85.5
	制造业增加值率提高	–	–	比2015年提高2个百分点	比2015年提高4个百分点
	制造业全员劳动生产率增速/%	–	–	7.5左右（“十三五”期间年均增速）	6.5左右（“十四五”期间年均增速）
两化融合	宽带普及率3/%	37	50	70	82
	数字化研发设计工具普及率4/%	52	58	72	84
	关键工序数控化率5/%	27	33	50	64
绿色发展	规模以上单位工业增加值能耗下降幅度	–	–	比2015年下降18%	比2015年下降34%
	单位工业增加值二氧化碳排放量下降幅度	–	–	比2015年下降22%	比2015年下降40%
	单位工业增加值用水量下降幅度	–	–	比2015年下降23%	比2015年下降41%
	工业固体废物综合利用率/%	62	65	73	79

（1）规模以上制造业每亿元主营业务收入有效发明专利数=规模以上制造企业有效发明专利数/规模以上制造企业主营业务收入。

（2）制造业质量竞争力指数是反映我国制造业质量整体水平的经济技术综合指标，由质量水平和发展能力两个方面共计12项具体指标计算得出。

（3）宽带普及率用固定宽带家庭普及率代表，固定宽带家庭普及率=固定宽带家庭用户数/家庭户数。

（4）数字化研发设计工具普及率=应用数字化研发设计工具的规模以上企业数量/规模以上企业总数量（相关数据来源于3万家样本企业，下同）。

（5）关键工序数控化率为规模以上工业企业关键工序数控化率的平均值。

三、战略任务和重点

实现制造强国的战略目标，必须坚持问题导向，统筹谋划，突出重点；必须凝聚全社会共识，加快制造业转型升级，全面提高发展质量和核心竞争力。

（一）提高国家制造业创新能力

完善以企业为主体、市场为导向、政产学研用相结合的制造业创新体系。围绕产业链部署创新链，围绕创新链配置资源链，加强关键核心技术攻关，加速科技成果产业化，提高关键环节和重点领域的创新能力。

加强关键核心技术研发。强化企业技术创新主体地位，支持企业提升创新能力，推进国家技术创新示范企业和企业技术中心建设，充分吸纳企业参与国家科技计划的决策和实施。瞄准国家重大战略需求和未来产业发展制高点，定期研究制定发布制造业重点领域技术创新路线图。继续抓紧实施国家科技重大专项，通过国家科技计划（专项、基金等）支持关键核心技术研发。发挥行业骨干企业的主导作用和高等院校、科研院所的基础作用，建立一批产业创新联盟，开展政产学研用协同创新，攻克一批对产业竞争力整体提升具有全局性影响、带动性强的关键共性技术，加快成果转化。

提高创新设计能力。在传统制造业、战略性新兴产业、现代服务业等重点领域开展创新设计示范，全面推广应用以绿色、智能、协同为特征的先进设计技术。加强设计领域共性关键技术研发，攻克信息化设计、过程集成设计、复杂过程和系统设计等共性技术，开发一批具有自主知识产权的关键设计工具软件，建设完善创新设计生态系统。建设若干具有世界影响力的创新设计集群，培育一批专业化、开放型的工业设计企业，鼓励代工企业建立研究设计中心，向代设计和出口自主品牌产品转变。发展各类创新设计教育，设立国家工业设计奖，激发全社会创新设计的积极性和主动性。

推进科技成果产业化。完善科技成果转化运行机制，研究制定促进科技成果转化和产业化的指导意见，建立完善科技成果信息发布和共享平台，健全以技术交易市场为核心的技术转移和产业化服务体系。完善科技成果转化激励机制，推动事业单位科技成果使用、处置和收益管理改革，健全科技成果科学评估和市场定价机制。完善科技成果转化协同推进机制，引导政产学研用按照市场规律和创新规律加强合作，鼓励企业和社会资本建立一批从事技术集成、熟化和工程化的中试基地。加快国防科技成果转化和产业化进程，推进军民技术双向转移转化。

完善国家制造业创新体系。加强顶层设计，加快建立以创新中心为核心载体、以公共服务平台和工程数据中心为重要支撑的制造业创新网络，建立市场化的创新方向选择机制和鼓励创新的风险分担、利益共享机制。充分利用现有科技资源，围绕制造业重大共性需求，采取政府与社会合作、政产学研用产业创新战略联盟等新机制新模式，形成一批制造业创新中心（工业技术研究基地），开展关键共性重大技术研究和产业化应用示范。建设一批促进制造业协同创新的公共服务平台，规范服务标准，开展技术研发、检验检测、技术评价、技术交易、质量认证、人才培训等专业化服务，促进科技成果转化和推广应用。建设重点领域制造业工程数据中心，为企业提供创新知识和工程数据的开放共享服务。面向制造业关键共性技术，建设一批重大科学研究和实验设施，提高核心企业系统集成能力，促进向价值链高端延伸。

专栏1　制造业创新中心（工业技术研究基地）建设工程
围绕重点行业转型升级和新一代信息技术、智能制造、增材制造、新材料、生物医药等领域创新发展的重大共性需求，形成一批制造业创新中心（工业技术研究基地），重点开展行业基础和共性关键技术研发、成果产业化、人才培训等工作。制定完善制造业创新中心遴选、考核、管理的标准和程序 到2020年，重点形成15家左右制造业创新中心（工业技术研究基地），力争到2025年形成40家左右制造业创新中心（工业技术研究基地）

加强标准体系建设。改革标准体系和标准化管理体制，组织实施制造业标准化提升计划，在智能制造等重点领域开展综合标准化工作。发挥企业在标准

制定中的重要作用，支持组建重点领域标准推进联盟，建设标准创新研究基地，协同推进产品研发与标准制定。制定满足市场和创新需要的团体标准，建立企业产品和服务标准自我声明公开和监督制度。鼓励和支持企业、科研院所、行业组织等参与国际标准制定，加快我国标准国际化进程。大力推动国防装备采用先进的民用标准，推动军用技术标准向民用领域的转化和应用。做好标准的宣传贯彻，大力推动标准实施。

强化知识产权运用。加强制造业重点领域关键核心技术知识产权储备，构建产业化导向的专利组合和战略布局。鼓励和支持企业运用知识产权参与市场竞争，培育一批具备知识产权综合实力的优势企业，支持组建知识产权联盟，推动市场主体开展知识产权协同运用。稳妥推进国防知识产权解密和市场化应用。建立健全知识产权评议机制，鼓励和支持行业骨干企业与专业机构在重点领域合作开展专利评估、收购、运营、风险预警与应对。构建知识产权综合运用公共服务平台。鼓励开展跨国知识产权许可。研究制定降低中小企业知识产权申请、保护及维权成本的政策措施。

（二）推进信息化与工业化深度融合

加快推动新一代信息技术与制造技术融合发展，把智能制造作为两化深度融合的主攻方向；着力发展智能装备和智能产品，推进生产过程智能化，培育新型生产方式，全面提升企业研发、生产、管理和服务的智能化水平。

研究制定智能制造发展战略。编制智能制造发展规划，明确发展目标、重点任务和重大布局。加快制定智能制造技术标准，建立完善智能制造和两化融合管理标准体系。强化应用牵引，建立智能制造产业联盟，协同推动智能装备和产品研发、系统集成创新与产业化。促进工业互联网、云计算、大数据在企业研发设计、生产制造、经营管理、销售服务等全流程和全产业链的综合集成应用。加强智能制造工业控制系统网络安全保障能力建设，健全综合保障体系。

加快发展智能制造装备和产品。组织研发具有深度感知、智慧决策、自动执行功能的高档数控机床、工业机器人、增材制造装备等智能制造装备以及智能化生产线，突破新型传感器、智能测量仪表、工业控制系统、伺服电机及驱动器和减速器等智能核心装置，推进工程化和产业化。加快机械、航空、船舶、汽车、轻工、纺织、食品、电子等行业生产设备的智能化改造，提高精准制造、敏捷制造能力。统筹布局和推动智能交通工具、智能工程机械、服务机器人、智能家电、智能照明电器、可穿戴设备等产品研发和产业化。

推进制造过程智能化。在重点领域试点建设智能工厂/数字化车间，加快人机智能交互、工业机器人、智能物流管理、增材制造等技术和装备在生产过程中的应用，促进制造工艺的仿真优化、数字化控制、状态信息实时监测和自适应控制。加快产品全生命周期管理、客户关系管理、供应链管理系统的推广应用，促进集团管控、设计与制造、产供销一体、业务和财务衔接等关键环节集成，实现智能管控。加快民用爆炸物品、危险化学品、食品、印染、稀土、农药等重点行业智能检测监管体系建设，提高智能化水平。

深化互联网在制造领域的应用。制定互联网与制造业融合发展的路线图，明确发展方向、目标和路径。发展基于互联网的个性化定制、众包设计、云制造等新型制造模式，推动形成基于消费需求动态感知的研发、制造和产业组织方式。建立优势互补、合作共赢的开放型产业生态体系。加快开展物联网技术研发和应用示范，培育智能监测、远

专栏2　智能制造工程
紧密围绕重点制造领域关键环节，开展新一代信息技术与制造装备融合的集成创新和工程应用。支持政产学研用联合攻关，开发智能产品和自主可控的智能装置并实现产业化。依托优势企业，紧扣关键工序智能化、关键岗位机器人替代、生产过程智能优化控制、供应链优化，建设重点领域智能工厂/数字化车间。在基础条件好、需求迫切的重点地区、行业和企业中，分类实施流程制造、离散制造、智能装备和产品、新业态新模式、智能化管理、智能化服务等试点示范及应用推广。建立智能制造标准体系和信息安全保障系统，搭建智能制造网络系统平台 到2020年，制造业重点领域智能化水平显著提升，试点示范项目运营成本降低30%，产品生产周期缩短30%，不良品率降低30%。到2025年，制造业重点领域全面实现智能化，试点示范项目运营成本降低50%，产品生产周期缩短50%，不良品率降低50%

程诊断管理、全产业链追溯等工业互联网新应用。实施工业云及工业大数据创新应用试点，建设一批高质量的工业云服务和工业大数据平台，推动软件与服务、设计与制造资源、关键技术与标准的开放共享。

加强互联网基础设施建设。加强工业互联网基础设施建设规划与布局，建设低时延、高可靠、广覆盖的工业互联网。加快制造业集聚区光纤网、移动通信网和无线局域网的部署和建设，实现信息网络宽带升级，提高企业宽带接入能力。针对信息物理系统网络研发及应用需求，组织开发智能控制系统、工业应用软件、故障诊断软件和相关工具、传感和通信系统协议，实现人、设备与产品的实时联通、精确识别、有效交互与智能控制。

（三）强化工业基础能力

核心基础零部件（元器件）、先进基础工艺、关键基础材料和产业技术基础（下称“四基”）等工业基础能力薄弱，是制约我国制造业创新发展和质量提升的症结所在。要坚持问题导向、产需结合、协同创新、重点突破的原则，着力破解制约重点产业发展的瓶颈。

统筹推进“四基”发展。制定工业强基实施方案，明确重点方向、主要目标和实施路径。制定工业“四基”发展指导目录，发布工业强基发展报告，组织实施工业强基工程。统筹军民两方面资源，开展军民两用技术联合攻关，支持军民技术相互有效利用，促进基础领域融合发展。强化基础领域标准、计量体系建设，加快实施对标达标，提升基础产品的质量、可靠性和寿命。建立多部门协调推进机制，引导各类要素向基础领域集聚。

加强“四基”创新能力建设。强化前瞻性基础研究，着力解决影响核心基础零部件（元器件）产品性能和稳定性的关键共性技术。建立基础工艺创新体系，利用现有资源建立关键共性基础工艺研究机构，开展先进成型、加工等关键制造工艺联合攻关；支持企业开展工艺创新，培养工艺专业人才。加大基础专用材料研发力度，提高专用材料自给保障能力和制备技术水平。建立国家工业基础数据库，加强企业试验检测数据和计量数据的采集、管理、应用和积累。加大对“四基”领域技术研发的支持力度，引导产业投资基金和创业投资基金投向“四基”领域重点项目。

推动整机企业和“四基”企业协同发展。注重需求侧激励，产用结合，协同攻关。依托国家科技计划（专项、基金等）和相关工程等，在数控机床、轨道交通装备、航空航天、发电设备等重点领域，引导整机企业和“四基”企业、高校、科研院所产需对接，建立产业联盟，形成协同创新、产用结合、以市场促基础产业发展的新模式，提升重大装备自主可控水平。开展工业强基示范应用，完善首台（套）、首批次政策，支持核心基础零部件（元器件）、先进基础工艺、关键基础材料推广应用。

专栏3 工业强基工程

开展示范应用，建立奖励和风险补偿机制，支持核心基础零部件（元器件）、先进基础工艺、关键基础材料的首批次或跨领域应用。组织重点突破，针对重大工程和重点装备的关键技术和产品急需，支持优势企业开展政产学研用联合攻关，突破关键基础材料、核心基础零部件的工程化、产业化瓶颈。强化平台支撑，布局和组建一批"四基"研究中心，创建一批公共服务平台，完善重点产业技术基础体系。到2020年，40%的核心基础零部件、关键基础材料实现自主保障，受制于人的局面逐步缓解，航天装备、通信装备、发电与输变电设备、工程机械、轨道交通装备、家用电器等产业急需的核心基础零部件（元器件）和关键基础材料的先进制造工艺得到推广应用。到2025年，70%的核心基础零部件、关键基础材料实现自主保障，80种标志性先进工艺得到推广应用，部分达到国际领先水平，建成较为完善的产业技术基础服务体系，逐步形成整机牵引和基础支撑协调互动的产业创新发展格局

（四）加强质量品牌建设

提升质量控制技术，完善质量管理机制，夯实质量发展基础，优化质量发展环境，努力实现制造业质量大幅提升。鼓励企业追求卓越品质，形成具有自主知识产权的名牌产品，不断提升企业品牌价值和中国制造整体形象。

推广先进质量管理技术和方法。建设重点产品标准符合性认定平台，推动重点产品技术、安全标准全面达到国际先进水平。开展质量标杆和领先企业示范活动，普及卓越绩效、六西格玛、精益生产、质量诊断、质量持续改进等先进生产管理模式和方法。支持企业提高质量在线监测、在线控制和产品全生命周期质量追溯能力。组织开展重点行业工艺优化行动，提升关键工艺过程控制水平。开展质量管理小组、现场改进等群众性质量管理活动示范推广。加强中小企业质量管理，开展质量安全培训、诊断和辅导活动。

加快提升产品质量。实施工业产品质量提升行动计划，针对汽车、高档数控机床、轨道交通装备、大型成套技术装备、工程机械、特种设备、关键原材料、基础零部件、电子元器件等重点行业，组织攻克一批长期困扰产品质量提升的关键共性质量技术，加强可靠性设计、试验与验证技术开发应用，推广采用先进成型和加工方法、在线检测装置、智能化生产和物流系统及检测设备等，使重点实物产品的性能稳定性、质量可靠性、环境适应性、使用寿命等指标达到国际同类产品先进水平。在食品、药品、婴童用品、家电等领域实施覆盖产品全生命周期的质量管理、质量自我声明和质量追溯制度，保障重点消费品质量安全。大力提高国防装备质量可靠性，增强国防装备实战能力。

完善质量监管体系。健全产品质量标准体系、政策规划体系和质量管理法律法规。加强关系民生和安全等重点领域的行业准入与市场退出管理。建立消费品生产经营企业产品事故强制报告制度，健全质量信用信息收集和发布制度，强化企业质量主体责任。将质量违法违规记录作为企业诚信评级的重要内容，建立质量黑名单制度，加大对质量违法和假冒品牌行为的打击和惩处力度。建立区域和行业质量安全预警制度，防范化解产品质量安全风险。严格实施产品"三包"、产品召回等制度。强化监管检查和责任追究，切实保护消费者权益。

夯实质量发展基础。制定和实施与国际先进水平接轨的制造业质量、安全、卫生、环保及节能标准。加强计量科技基础及前沿技术研究，建立一批制造业发展急需的高准确度、高稳定性计量基标准，提升与制造业相关的国家量传溯源能力。加强国家产业计量测试中心建设，构建国家计量科技创新体系。完善检验检测技术保障体系，建设一批高水平的工业产品质量控制和技术评价实验室、产品质量监督检验中心，鼓励建立专业检测技术联盟。完善认证认可管理模式，提高强制性产品认证的有

效性，推动自愿性产品认证健康发展，提升管理体系认证水平，稳步推进国际互认。支持行业组织发布自律规范或公约，开展质量信誉承诺活动。

推进制造业品牌建设。引导企业制定品牌管理体系，围绕研发创新、生产制造、质量管理和营销服务全过程，提升内在素质，夯实品牌发展基础。扶持一批品牌培育和运营专业服务机构，开展品牌管理咨询、市场推广等服务。健全集体商标、证明商标注册管理制度。打造一批特色鲜明、竞争力强、市场信誉好的产业集群区域品牌。建设品牌文化，引导企业增强以质量和信誉为核心的品牌意识，树立品牌消费理念，提升品牌附加值和软实力。加速我国品牌价值评价国际化进程，充分发挥各类媒体作用，加大中国品牌宣传推广力度，树立中国制造品牌良好形象。

（五）全面推行绿色制造

加大先进节能环保技术、工艺和装备的研发力度，加快制造业绿色改造升级；积极推行低碳化、循环化和集约化，提高制造业资源利用效率；强化产品全生命周期绿色管理，努力构建高效、清洁、低碳、循环的绿色制造体系。

加快制造业绿色改造升级。全面推进钢铁、有色、化工、建材、轻工、印染等传统制造业绿色改造，大力研发推广余热余压回收、水循环利用、重金属污染减量化、有毒有害原料替代、废渣资源化、脱硫脱硝除尘等绿色工艺技术装备，加快应用清洁高效铸造、锻压、焊接、表面处理、切削等加工工艺，实现绿色生产。加强绿色产品研发应用，推广轻量化、低功耗、易回收等技术工艺，持续提升电机、锅炉、内燃机及电器等终端用能产品能效水平，加快淘汰落后机电产品和技术。积极引领新兴产业高起点绿色发展，大幅降低电子信息产品生产、使用能耗及限用物质含量，建设绿色数据中心和绿色基站，大力促进新材料、新能源、高端装备、生物产业绿色低碳发展。

推进资源高效循环利用。支持企业强化技术创新和管理，增强绿色精益制造能力，大幅降低能耗、物耗和水耗水平。持续提高绿色低碳能源使用比率，开展工业园区和企业分布式绿色智能微电网建设，控制和削减化石能源消费量。全面推行循环生产方式，促进企业、园区、行业间链接共生、原料互供、资源共享。推进资源再生利用产业规范化、规模化发展，强化技术装备支撑，提高大宗工业固体废弃物、废旧金属、废弃电器电子产品等综合利用水平。大力发展再制造产业，实施高端再制造、智能再制造、在役再制造，推进产品认定，促进再制造产业持续健康发展。

积极构建绿色制造体系。支持企业开发绿色产品，推行生态设计，显著提升产品节能环保低碳水平，引导绿色生产和绿色消费。建设绿色工厂，实现厂房集约化、原料无害化、生产洁净化、废物资源化、能源低碳化。发展绿色园区，推进工业园区产业耦合，实现近零排放。打造绿色供应链，加快建立以资源节约、环境友好为导向的采购、生产、营销、回收及物流体系，落实生产者责任延伸制度。壮大绿色企业，支持企业实施绿色战略、绿色标准、绿色管理和绿色生产。强化绿色监管，健全节能环保法规、标准体系，加强节能环保监察，推行企业社会责任报告制度，开展绿色评价。

专栏4　绿色制造工程
组织实施传统制造业能效提升、清洁生产、节水治污、循环利用等专项技术改造。开展重大节能环保、资源综合利用、再制造、低碳技术产业化示范。实施重点区域、流域、行业清洁生产水平提升计划，扎实推进大气、水、土壤污染源头防治专项。制定绿色产品、绿色工厂、绿色园区、绿色企业标准体系，开展绿色评价 到2020年，建成千家绿色示范工厂和百家绿色示范园区，部分重化工行业能源资源消耗出现拐点，重点行业主要污染物排放强度下降20%。到2025年，制造业绿色发展和主要产品单耗达到世界先进水平，绿色制造体系基本建立

（六）大力推动重点领域突破发展

瞄准新一代信息技术、高端装备、新材料、生物医药等战略重点，引导社会各类资源集聚，推动优势和战略产业快速发展。

1. 新一代信息技术产业

集成电路及专用装备。着力提升集成电路设计水平，不断丰富知识产权（IP）核和设计工具，突破关系国家信息与网络安全及电子整机产业发展的核心通用芯片，提升国产芯片的应用适配能力。掌握高密度封装及三维（3D）微组装技术，提升封装产业和测试的自主发展能力。形成关键制造装备供货能力。

信息通信设备。掌握新型计算、高速互联、先进存储、体系化安全保障等核心技术，全面突破第五代移动通信（5G）技术、核心路由交换技术、超高速大容量智能光传输技术、“未来网络”核心技术和体系架构，积极推动量子计算、神经网络等发展。研发高端服务器、大容量存储、新型路由交换、新型智能终端、新一代基站、网络安全等设备，推动核心信息通信设备体系化发展与规模化应用。

操作系统及工业软件。开发安全领域操作系统等工业基础软件。突破智能设计与仿真及其工具、制造物联与服务、工业大数据处理等高端工业软件核心技术，开发自主可控的高端工业平台软件和重点领域应用软件，建立完善工业软件集成标准与安全测评体系。推进自主工业软件体系化发展和产业化应用。

2. 高档数控机床和机器人

高档数控机床。开发一批精密、高速、高效、柔性数控机床与基础制造装备及集成制造系统。加快高档数控机床、增材制造等前沿技术和装备的研发。以提升可靠性、精度保持性为重点，开发高档数控系统、伺服电机、轴承、光栅等主要功能部件及关键应用软件，加快实现产业化。加强用户工艺验证能力建设。

机器人。围绕汽车、机械、电子、危险品制造、国防军工、化工、轻工等工业机器人、特种机器人，以及医疗健康、家庭服务、教育娱乐等服务机器人应用需求，积极研发新产品，促进机器人标准化、模块化发展，扩大市场应用。突破机器人本体、减速器、伺服电机、控制器、传感器与驱动器等关键零部件及系统集成设计制造等技术瓶颈。

3. 航空航天装备

航空装备。加快大型飞机研制，适时启动宽体客机研制，鼓励国际合作研制重型直升机；推进干支线飞机、直升机、无人机和通用飞机产业化。突破高推重比、先进涡桨（轴）发动机及大涵道比涡扇发动机技术，建立发动机自主发展工业体系。开发先进机载设备及系统，形成自主完整的航空产业链。

航天装备。发展新一代运载火箭、重型运载器，提升进入空间能力。加快推进国家民用空间基础设施建设，发展新型卫星等空间平台与有效载荷、空天地宽带互联网系统，形成长期持续稳定的卫星遥感、通信、导航等空间信息服务能力。推动载人航天、月球探测工程，适度发展深空探测。推进航天技术转化与空间技术应用。

4. 海洋工程装备及高技术船舶

大力发展深海探测、资源开发利用、海上作业保障装备及其关键系统和专用设备。推动深海空间站、大型浮式结构物的开发和工程化。形成海洋工程装备综合试验、检测与鉴定能力，提高海洋开发利用水平。突破豪华邮轮设计建造技术，全面提升液化天然气船等高技术船舶国际竞争力，掌握重点配套设备集成化、智能化、模块化设计制造核心技术。

5. 先进轨道交通装备

加快新材料、新技术和新工艺的应用，重点突破体系化安全保障、节能环保、数字化智能化网络化技术，研制先进可靠适用的产品和轻量化、模块化、谱系化产品。研发新一代绿色智能、高速重载轨道交通装备系统，围绕系统全寿命周期，向用户提供整体解决方案，建立世界领先的现代轨道交通产业体系。

6.节能与新能源汽车

继续支持电动汽车、燃料电池汽车发展，掌握汽车低碳化、信息化、智能化核心技术，提升动力电池、驱动电机、高效内燃机、先进变速器、轻量化材料、智能控制等核心技术的工程化和产业化能力，形成从关键零部件到整车的完整工业体系和创新体系，推动自主品牌节能与新能源汽车同国际先进水平接轨。

7.电力装备

推动大型高效超净排放煤电机组产业化和示范应用，进一步提高超大容量水电机组、核电机组、重型燃气轮机制造水平。推进新能源和可再生能源装备、先进储能装置、智能电网用输变电及用户端设备发展。突破大功率电力电子器件、高温超导材料等关键元器件和材料的制造及应用技术，形成产业化能力。

8.农机装备

重点发展粮、棉、油、糖等大宗粮食和战略性经济作物育、耕、种、管、收、运、贮等主要生产过程使用的先进农机装备，加快发展大型拖拉机及其复式作业机具、大型高效联合收割机等高端农业装备及关键核心零部件。提高农机装备信息收集、智能决策和精准作业能力，推进形成面向农业生产的信息化整体解决方案。

9.新材料

以特种金属功能材料、高性能结构材料、功能性高分子材料、特种无机非金属材料和先进复合材料为发展重点，加快研发先进熔炼、凝固成型、气相沉积、型材加工、高效合成等新材料制备关键技术和装备，加强基础研究和体系建设，突破产业化制备瓶颈。积极发展军民共用特种新材料，加快技术双向转移转化，促进新材料产业军民融合发展。高度关注颠覆性新材料对传统材料的影响，做好超导材料、纳米材料、石墨烯、生物基材料等战略前沿材料提前布局和研制。加快基础材料升级换代。

10.生物医药及高性能医疗器械

发展针对重大疾病的化学药、中药、生物技术药物新产品，重点包括新机制和新靶点化学药、抗体药物、抗体偶联药物、全新结构蛋白及多肽药物、新型疫苗、临床优势突出的创新中药及个性化治疗药物。提高医疗器械的创新能力和产业化水平，重点发展影像设备、医用机器人等高性能诊疗设备，全降解血管支架等高值医用耗材，可穿戴、远程诊疗等移动医疗产品。实现生物3D打印、诱导多能干细胞等新技术的突破和应用。

近年来，我国装备制造业持续快速发展，产业规模、技术水平和国际竞争力大幅提升，在世界上具有重要地位，国际产能和装备制造合作初见成效。当前，全球产业结构加速调整，基础设施建设方兴未艾，发展中国家大力推进工业化、城镇化进程，为推进国际产能和装备制造合作提供了重要机遇。为抓住有利时机，推进国际产能和装备制造合作，实现我国经济提质增效升级，现提出以下意见。

《国务院关于推进国际产能和装备制造合作的指导意见》

一、重要意义

（1）推进国际产能和装备制造合作，是保持我国经济中高速增长和迈向中高端水平的重大举措。当前，我国经济发展进入新常态，对转变发展方式、调整经济结构提出了新要求。积极推进国际产能和装备制造合作，有利于促进优势产能对外合作，形成我国新的经济增长点，有利于促进企业不断提升技术、质量和服务水平，增强整体素质和核心竞争力，推动经济结构调整和产业转型升级，实现从产品输出向产业输出的提升。

（2）推进国际产能和装备制造合作，是推动新一轮高水平对外开放、增强国际竞争优势的重要内容。当前，我国对外开放已经进入新阶段，加快铁路、电力等国际产能和装备制造合作，有利于统筹国内国际两个大局，提升开放型经济发展水平，有利于实施“一带一路”、中非“三网一化”合作等重大战略。

（3）推进国际产能和装备制造合作，是开展互利合作的重要抓手。当前，全球基础设施建设掀起新热潮，发展中国家工业化、城镇化进程加快，积极开展境外基础设施建设和产能投资合作，有利于深化我国与有关国家的互利合作，促进当地经济和社会发展。

二、总体要求

（4）指导思想和总体思路。全面贯彻落实党的十八大和十八届二中、三中、四中全会精神，按照党中央、国务院决策部署，适应经济全球化新形势，着眼全球经济发展新格局，把握国际经济合作新方向，将我国产业优势和资金优势与国外需求相结合，以企业为主体，以市场为导向，加强政府统筹协调，创新对外合作机制，加大政策支持力度，健全服务保障体系，大力推进国际产能和装备制造合作，有力促进国内经济发展、产业转型升级，拓展产业发展新空间，打造经济增长新动力，开创对外开放新局面。

（5）基本原则。坚持企业主导、政府推动。以企业为主体、市场为导向，按照国际惯例和商业原则开展国际产能和装备制造合作，企业自主决策、自负盈亏、自担风险。政府加强统筹协调，制定发展规划，改革管理方式，提高便利化水平，完善支持政策，营造良好环境，为企业“走出去”创造有利条件。

坚持突出重点、有序推进。国际产能和装备制造合作要选择制造能力强、技术水平高、国际竞争优势明显、国际市场有需求的领域为重点，近期以亚洲周边国家和非洲国家为主要方向，根据不同国家和行业的特点，有针对性地采用贸易、承包工程、投资等多种方式有序推进。

坚持注重实效、互利共赢。推动我装备、技术、标准和服务“走出去”，促进国内经济发展和产业转型升级。践行正确义利观，充分考虑所在国国情和实际需求，注重与当地政府和企业互利合作，创造良好的经济和社会效益，实现互利共赢、共同发展。

坚持积极稳妥、防控风险。根据国家经济外交整体战略，进一步强化我国比较优势，在充分掌握和论证相关国家政治、经济和社会情况基础上，积极谋划、合理布局，有力有序有效地向前推进，防止一哄而起、盲目而上、恶性竞争，切实防控风险，提高国际产能和装备制造合作的效用和水平。

（6）主要目标。力争到2020年，与重点国家产能合作机制基本建立，一批重点产能合作项目取得明显进展，形成若干境外产能合作示范基地。推进国际产能和装备制造合作的体制机制进一步完善，支持政策更加有效，服务保障能力全面提升。形成一批有国际竞争力和市场开拓能力的骨干企业。国际产能和装备制造合作的经济和社会效益进一步提升，对国内经济发展和产业转型升级的促进作用明显增强。

三、主要任务

（1）总体任务。将与我装备和产能契合度高、合作愿望强烈、合作条件和基础好的发展中国家作为重点国别，并积极开拓发达国家市场，以点带面，逐步扩展。将钢铁、有色、建材、铁路、电力、化工、轻纺、汽车、通信、工程机械、航空航天、船舶和海洋工程等作为重点行业，分类实施，有序推进。

（2）立足国内优势，推动钢铁、有色行业对外产能合作。结合国内钢铁行业结构调整，以成套设备出口、投资、收购、承包工程等方式，在资源条件好、配套能力强、市场潜力大的重点国家建设炼铁、炼钢、钢材等钢铁生产基地，带动钢铁装备对外输出。结合境外矿产资源开发，延伸下游产业链，开展铜、铝、铅、锌等有色金属冶炼和深加工，带动成套设备出口。

（3）结合当地市场需求，开展建材行业优势产能国际合作。根据国内产业结构调整的需要，发挥国内行业骨干企业、工程建设企业的作用，在有市场需求、生产能力不足的发展中国家，以投资方式为主，结合设计、工程建设、设备供应等多种方式，建设水泥、平板玻璃、建筑卫生陶瓷、新型建材、新型房屋等生产线，提高所在国工业生产能力，增加当地市场供应。

（4）加快铁路“走出去”步伐，拓展轨道交通装备国际市场。以推动和实施周边铁路互联互通、非洲铁路重点区域网络建设及高速铁路项目为重点，发挥我在铁路设计、施工、装备供应、运营维护及融资等方面的综合优势，积极开展一揽子合作。积极开发和实施城市轨道交通项目，扩大城市轨道交通车辆国际合作。在有条件的重点国家建立装配、维修基地和研发中心。加快轨道交通装备企业整合，提升骨干企业国际经营能力和综合实力。

（5）大力开发和实施境外电力项目，提升国际市场竞争力。加大电力“走出去”力度，积极开拓有关国家火电和水电市场，鼓励以多种方式参与重大电力项目合作，扩大国产火电、水电装备和技术出口规模。积极与有关国家开展核电领域交流与磋商，推进重点项目合作，带动核电成套装备和技术出口。积极参与有关国家风电、太阳能光伏项目的投资和建设，带动风电、光伏发电国际产能和装备制造合作。积极开展境外电网项目投资、建设和运营，带动输变电设备出口。

（6）加强境外资源开发，推动化工重点领域境外投资。充分发挥国内技术和产能优势，在市场需求大、资源条件好的发展中国家，加强资源开发和产业投资，建设石化、化肥、农药、轮胎、煤化工等生产线。以满足当地市场需求为重点，开展化工下游精深加工，延伸产业链，建设绿色生产基地，带动国内成套设备出口。

（7）发挥竞争优势，提高轻工纺织行业国际合作水平。发挥轻纺行业较强的国际竞争优势，在有条件的国家，依托当地农产品、畜牧业资源建立加工厂，在劳动力资源丰富、生产成本低、靠近目标市场的国家投资建设棉纺、化纤、家电、食品加工等轻纺行业项目，带动相关行业装备出口。在境外条件较好的工业园区，形成上下游配套、集群式发展的轻纺产品加工基地。把握好合作节奏和尺度，推动国际合作与国内产业转型升级良性互动。

（8）通过境外设厂等方式，加快自主品牌汽车走向国际市场。积极开拓发展中国家汽车市场，推动国产大型客车、载重汽车、小型客车、轻型客车出口。在市场潜力大、产业配套强的国家设立汽车生产厂和组装厂，建立当地分销网络和维修维护中心，带动自主品牌汽车整车及零部件出口，提升品牌影响力。鼓励汽车企业在欧美发达国家设立汽车技术和工程研发中心，同国外技术实力强的企业开展合作，提高自主品牌汽车的研发和制造技术水平。

（9）推动创新升级，提高信息通信行业国际竞争力。发挥大型通信和网络设备制造企业的国际竞争优势，巩固传统优势市场，开拓发达国家市场，以用户为核心，以市场为导向，加强与当地运营商、集团用户的合作，强化设计研发、技术支持、运营维护、信息安全的体系建设，提高在全球通信和网络设备市场的竞争力。鼓励电信运营企业、互联网企业采取兼并收购、投资建设、设施运营等方式“走出去”，在海外建设运营信息网络、数据中心等基础设施，与通信和网络制造企业合作。鼓励企业在海外设立研发机构，利用全球智力资源，加强新一代信息技术的研发。

（10）整合优势资源，推动工程机械等制造企业完善全球业务网络。加大工程机械、农业机械、石油装备、机床工具等制造企业的市场开拓力度，积极开展融资租赁等业务，结合境外重大建设项目的实施，扩大出口。鼓励企业在有条件的国家投资建厂，完善运营维护服务网络建设，提高综合竞争能力。支持企业同具有品牌、技术和市场优势的国外企业合作，鼓励在发达国家设立研发中心，提高机械制造企业产品的品牌影响力和技术水平。

（11）加强对外合作，推动航空航天装备对外输出。大力开拓发展中国家航空市场，在亚洲、非洲条件较好的国家探索设立合资航空运营企业，建设后勤保障基地，逐步形成区域航空运输网，打造若干个辐射周边国家的区域航空中心，加快与有关国家开展航空合作，带动国产飞机出口。积极开拓发达国家航空市场，推动通用飞机出口。支持优势航空企业投资国际先进制造和研发企业，建立海外研发中心，提高国产飞机的质量和水平。加强与发展中国家航天合作，积极推进对外发射服务。加强与发达国家在卫星设计、零部件制造、有效载荷研制等方面的合作，支持有条件的企业投资国外特色优势企业。

（12）提升产品和服务水平，开拓船舶和海洋工程装备高端市场。发挥船舶产能优势，在巩固中低端船舶市场的同时，大力开拓高端船舶和海洋工程装备市场，支持有实力的企业投资建厂、建立海外研发中心及销售服务基地，提高船舶高端产品的研发和制造能力，提升深海半潜式钻井平台、浮式生产储卸装置、海洋工程船舶、液化天然气船等产品国际竞争力。

四、提高企业“走出去”能力和水平

（1）发挥企业市场主体作用。各类企业包括民营企业要结合自身发展需要和优势，坚持以市场为导向，按照商业原则和国际惯例，明确工作重点，制定实施方案，积极开展国际产能和装备制造合作，为我拓展国际发展新空间作出积极贡献。

（2）拓展对外合作方式。在继续发挥传统工程承包优势的同时，充分发挥我资金、技术优势，积极开展“工程承包+融资”、“工程承包+融资+运营”等合作，有条件的项目鼓励采用BOT、PPP等方式，大力开拓国际市场，开展装备制造合作。与具备条件的国家合作，形成合力，共同开发第三方市场。国际产能合作要根据所在国的实际和特点，灵活采取投资、工程建设、技术合作、技术援助等多种方式，与所在国政府和企业开展合作。

（3）创新商业运作模式。积极参与境外产业集聚区、经贸合作区、工业园区、经济特区等合作园区建设，营造基础设施相对完善、法律政策配套的具有集聚和辐射效应的良好区域投资环境，引导国内企业抱团出海、集群式“走出去”。通过互联网借船出海，借助互联网企业境外市场、营销网络平台，开辟新的商业渠道。通过以大带小合作出海，鼓励大企业率先走向国际市场，带动一批中小配套企业“走出去”，构建全产业链战略联盟，形成综合竞争优势。

（4）提高境外经营能力和水平。认真做好所在国政治、经济、法律、市场的分析和评估，加强项目可行性研究和论证，建立效益风险评估机制，注重经济性和可持续性，完善内部投资决策程序，落实各方面配套条件，精心组织实施。做好风险应对预案，妥善防范和化解项目执行中的各类风险。鼓励扎根当地、致力于长期发展，在企业用工、采购等方面努力提高本地化水平，加强当地员工培训，积极促进当地就业和经济发展。

（5）规范企业境外经营行为。企业要认真遵守所在国法律法规，尊重当地文化、宗教和习俗，保障员工合法权益，做好知识产权保护，坚持诚信经营，抵制商业贿赂。注重资源节约利用和生态环境保护，承担社会责任，为当地经济和社会发展积极作贡献，实现与所在国的互利共赢、共同发展。建立企业境外经营活动考核机制，推动信用制度建设。加强企业间的协调与合作，遵守公平竞争的市场秩序，坚决防止无序和恶性竞争。

五、加强政府引导和推动

（1）加强统筹指导和协调。根据国家经济社会发展总体规划，结合“一带一路”建设、周边基础设施互联互通、中非“三网一化”合作等，制定国际产能合作规划，明确重点方向，指导企业有重点、有目标、有组织地开展对外工作。

（2）完善对外合作机制。充分发挥现有多双边高层合作机制的作用，与重点国家建立产能合作机制，加强政府间交流协调以及与相关国际和地区组织的合作，搭建政府和企业对外合作平台，推动国际产能和装备制造合作取得积极进展。完善与有关国家在投资保护、金融、税收、海关、人员往来等方面合作机制，为国际产能和装备制造合作提供全方位支持和综合保障。

（3）改革对外合作管理体制。进一步加大简政放权力度，深化境外投资管理制度改革，取消境外投资审批，除敏感类投资外，境外投资项目和设立企业全部实行告知性备案，做好事中事后监管工作。完善对中央和地方国有企业的境外投资管理方式，从注重事前管理向加强事中事后监管转变。完善对外承包工程管理，为企业开展对外合作创造便利条件。

（4）做好外交服务工作。外交部门和驻外使领馆要进一步做好驻在国政府和社会各界的工作，加强对我企业的指导、协调和服务，及时提供国别情况、有关国家合作意向和合作项目等有效信息，做好风险防范和领事保护工作。

（5）建立综合信息服务平台。完善信息共享制度，指导相关机构建立公共信息平台，全面整合政府、商协会、企业、金融机构、中介服务机构等信息资源，及时发布国家“走出去”有关政策，以及全面准确的国外投资环境、产业发展和政策、市场需求、项目合作等信息，为企业“走出去”提供全方位的综合信息支持和服务。

（6）积极发挥地方政府作用。地方政府要结合本地区产业发展、结构调整和产能情况，制定有针对性的工作方案，指导和鼓励本地区有条件的企业积极有序推进国际产能和装备制造合作。

六、加大政策支持力度

（1）完善财税支持政策。加快与有关国家商签避免双重征税协定，实现重点国家全覆盖。

（2）发挥优惠贷款作用。根据国际产能和装备制造合作需要，支持企业参与大型成套设备出口、工程承包和大型投资项目。

（3）加大金融支持力度。发挥政策性银行和开发性金融机构的积极作用，通过银团贷款、出口信贷、项目融资等多种方式，加大对国际产能和装备制造合作的融资支持力度。鼓励商业性金融机构按照商业可持续和风险可控原则，为国际产能和装备制造合作项目提供融资支持，创新金融产品，完善金融服务。鼓励金融机构开展PPP项目贷款业务，提升我国高铁、核电等重大装备和产能“走出去”的综合竞争力。鼓励国内金融机构提高对境外资产或权益的处置能力，支持“走出去”企业以境外资产和股权、矿权等权益为抵押获得贷款，提高企业融资能力。加强与相关国家的监管协调，降低和消除准入壁垒，支持中资金融机构加快境外分支机构和服务网点布局，提高融资服务能力。加强与国际金融机构的对接与协调，共同开展境外重大项目合作。

（4）发挥人民币国际化积极作用。支持国家开发银行、中国进出口银行和境内商业银行在境外发行人民币债券并在境外使用，取消在境外发行人民币债券的地域限制。加快建设人民币跨境支付系统，完善人民币全球清算服务体系，便利企业使用人民币进行跨境合作和投资。鼓励在境外投资、对外承包工程、大型成套设备出口、大宗商品贸易及境外经贸合作区等使用人民币计价结算，降低“走出去”的货币错配风险。推动人民币在“一带一路”建设中的使用，有序拓宽人民币回流渠道。

（5）扩大融资资金来源。支持符合条件的企业和金融机构通过发行股票、债券、资产证券化产品在境内外市场募集资金，用于“走出去”项目。实行境外发债备案制，募集低成本外汇资金，更好地支持企业“走出去”资金需求。

（6）增加股权投资来源。发挥中国投资有限责任公司作用，设立业务覆盖全球的股权投资公司（即中投海外直接投资公司）。充分发挥丝路基金、中非基金、东盟基金、中投海外直接投资公司等作用，以股权投资、债务融资等方式，积极支持国际产能和装备制造合作项目。鼓励境内私募股权基金管理机构“走出去”，充分发挥其支持企业“走出去”开展绿地投资、并购投资等的作用。

（7）加强和完善出口信用保险。建立出口信用保险支持大型成套设备的长期制度性安排，对风险可控的项目实现应保尽保。发挥好中长期出口信用保险的风险保障作用，扩大保险覆盖面，以有效支持大型成套设备出口，带动优势产能“走出去”。

七、强化服务保障和风险防控

（1）加快中国标准国际化推广。提高中国标准国际化水平，加快认证认可国际互认进程。积极参与国际标准和区域标准制定，推动与主要贸易国之间的标准互认。尽早完成高铁、电力、工程机械、化工、有色、建材等行业技术标准外文版翻译，加大中国标准国际化推广力度，推动相关产品认证认可结果互认和采信。

（2）强化行业协会和中介机构作用。鼓励行业协会、商会、中介机构发挥积极作用，为企业"走出去"提供市场化、社会化、国际化的法律、会计、税务、投资、咨询、知识产权、风险评估和认证等服务。建立行业自律与政府监管相结合的管理体系，完善中介服务执业规则与管理制度，提高中介机构服务质量，强化中介服务机构的责任。

（3）加快人才队伍建设。加大跨国经营管理人才培训力度，坚持企业自我培养与政府扶持相结合，培养一批复合型跨国经营管理人才。以培养创新型科技人才为先导，加快重点行业专业技术人才队伍建设。加大海外高层次人才引进力度，建立人才国际化交流平台，为国际产能和装备制造合作提供人才支撑。

（4）做好政策阐释工作。积极发挥国内传统媒体和互联网新媒体作用，及时准确通报信息。加强与国际主流媒体交流合作，做好与所在国当地媒体、智库、非政府组织的沟通工作，阐释平等合作、互利共赢、共同发展的合作理念，积极推介我国装备产品、技术、标准和优势产业。

（5）加强风险防范和安全保障。建立健全支持"走出去"的风险评估和防控机制，定期发布重大国别风险评估报告，及时警示和通报有关国家政治、经济和社会重大风险，提出应对预案和防范措施，妥善应对国际产能和装备制造合作重大风险。综合运用外交、经济、法律等手段，切实维护我国企业境外合法权益。充分发挥境外中国公民和机构安全保护工作部际联席会议制度的作用，完善境外安全风险预警机制和突发安全事件应急处理机制，及时妥善解决和处置各类安全问题，切实保障公民和企业的境外安全。

《海洋工程装备制造业中长期发展规划》

2012年3月，为贯彻落实《国民经济和社会发展第十二个五年规划纲要》和《工业转型升级规划（2011–2015年）》，进一步促进我国海洋工程装备制造业持续健康发展，工业和信息化部会同发展改革委、科技部、国资委、国家海洋局制定了《海洋工程装备制造业中长期发展规划》。规划期为2011–2020年。全文内容如下：

一、发展现状与面临的形势

以海洋油气资源为代表的海洋矿产资源是当前世界海洋资源开发的重点和热点，技术相对成熟，装备种类多，数量规模较大，是未来5–10年产业发展的主要方向。以海上风能、潮汐能为代表的海洋可再生能源开发装备，以及海水淡化和综合利用、海洋观测和监测等方面的技术装备也具有较好的发展前景。同时，随着海洋波浪能、海流能、天然气水合物、海底金属矿产等海洋资源开发技术不断成熟，相关装备的发展也将逐步提上日程。

新世纪以来，我国海洋工程装备制造业发展取得了长足进步，特别是海洋油气开发装备具备了较好的发展基础，年销售收入超过300亿人民币，占世界市场份额近7%，在环渤海地区、长三角地区、珠三角地区初步形成了具有一定集聚度的产业区，涌现出一批具有竞争力的企业（集团）。目前，我国已基本实现浅水油气装备的自主设计建造，部分海洋工程船舶已形成品牌，深海装备制造取得一定突破。此外，海上风能等海洋可再生能源开发装备初步实现产业化，海水淡化和综合利用等海洋化学资源开发初具规模，装备技术水平不断提升。

但是，与世界先进水平相比，仍存在较大差距，主要表现为：产业发展仍处于幼稚期，经济规模和市场份额小；研发设计和创新能力薄弱，核心技术依赖国外；尚未形成具有较强国际竞争力的专业化制造能力，基本处于产业链的低端；配套能力严重不足，核心设备和系统主要依靠进口；产业体系不健全，相关服务业发展滞后。

21世纪是海洋的世纪，面对海洋资源开发这一不断成长的新兴市场，世界各国都在积极发展相关装备，加快海洋资源开发和利用已成为世界各国发展的重要战略取向。未来五到十年是我国海洋工程装备制造业发展的关键时期，既要应对国际竞争日益激烈的挑战，更要抓住国内外海洋资源开发装备需求增加的机遇，进一步增强紧迫感和责任感，大力协同，迎难而上，力争通过十年的发展，使我国海洋工程装备制造能力和水平迈上新台阶。

二、指导思想与发展目标

（一）指导思想

深入贯彻落实科学发展观，把握世界海洋资源开发利用与保护的总体趋势，面向国内外海洋资源开发的重大需求，重点突破深海装备的关键技术，大力发展以海洋油气开发装备为代表的海洋矿产资源开发装备，加快推进以海洋风能工程装备为代表的海洋可再生能源开发装备、以海水淡化和综合利用装备为代表的海洋化学资源开发装备的产业化，积极培育潮流能、波浪能、天然气水合物、海底金属矿产、海洋生物质资源开发利用装备等相关产业，加快提升产业规模和技术水平，完善产业链，促进我国海洋工程装备制造业快速健康发展。

（二）发展原则

（1）面向需求，突出重点。针对世界海洋资源开发的重大需求，重点发展市场需求量大、技术成熟度高的海洋油气开发装备，集中力量，加快推进。分阶段分步骤推进海洋可再生能源、海洋化学资源开发装备的产业化。

（2）总包牵引，专业发展。着力提高装备的总承包能力和总装集成能力，带动相关设备供应商和分包商的发展；坚持走专业化发展道路，努力培育研发设计、总装建造、模块制造、设备供应、技术服务等方面的专业化能力。

（3）合理布局，完善体系。立足现有装备工业基础，加强能力建设的统筹规划，大力推进产业集群发展；全面推进产业链各环节和现代制造服务业的同步协调发展，不断完善产业体系。

（4）依托骨干，培育品牌。依托现有骨干企业，努力培育一批技术实力雄厚、综合竞争力强的品牌企业；倡导“产、学、研、用”相结合，以重大项目为牵引，打造一批技术性能优良的品牌产品。

（5）着眼长远，增强储备。把握海洋资源开发装备领域科技发展的新方向，加强海洋潮流能、波浪能、温差能、天然气水合物、海底金属矿产资源、海洋与极地生物基因资源等领域相关装备的前期研究和技术储备，抢占未来发展先机。

（三）发展目标

经过十年的努力，使我国海洋工程装备制造业的产业规模、创新能力和综合竞争力大幅提升，形成较为完备的产业体系，产业集群形成规模，国际竞争力显著提高，推动我国成为世界主要的海洋工程装备制造大国和强国。

（1）产业规模位居世界前列。2015年，年销售收入达到2 000亿元以上，工业增加值率较“十一五”末提高3个百分点，其中海洋油气开发装备国际市场份额达到20%；2020年，年销售收入达到4 000亿元以上，工业增加值率再提高3个百分点，其中海洋油气开发装备国际市场份额达到35%以上。

（2）形成若干产业集聚区和大型骨干企业集团。重点打造环渤海地区、长三角地区、珠三角地区三个产业集聚区，2015年销售收入均达到400亿元以上，2020年提高到800亿元以上；重点培育5~6个具有较强国际竞争力的总承包商，2015年销售收入达到200亿元以上，2020年提高到400亿元以上。

（3）技术水平和创新能力显著提升。全面掌握深海油气开发装备的自主设计建造技术，装备安全可靠性全面提高，并在部分优势领域形成若干世界知名品牌产品；突破海上风能工程装备、海水淡化和综合利用装备的关键技术，具备自主设计制造能力；海洋可再生能源、天然气水合物开发装备及部分海底矿产资源开发装备的产业化技术实现突破；海洋生物质资源开发利用装备、极地特种探测/监测设备的研发能力和技术储备明显增强。

（4）关键系统和设备的制造能力明显增强。2015年，海洋油气开发装备关键系统和设备的配套率达到30%以上，2020年达到50%以上；在海洋钻井系统、动力定位系统、深海锚泊系统、大功率海洋平台电站、大型海洋平台吊机、自升式平台升降系统、水下生产系统等领域形成若干品牌产品；具备深海铺管系统、深海立管系统等关键系统的供应能力；海洋观测/监测设备、海洋综合观测平台、水下运载器、水下作业装备、深海通用基础件等实现自主设计制造。

三、主要任务

（一）加快提升产业规模

（1）大力推进产业集聚发展。结合我国海洋资源的分布情况和现有装备工业总体布局，在以大连–天津–烟台–青岛为主的环渤海地区、以江苏苏中地区–上海–浙江浙东地区为主的长江三角洲地区、以深圳–广州–珠海为主的珠江三角洲地区，重点培育三大海洋工程装备制造业集聚区，具备总装建造、修理改装、设备供应、技术服务等方面的综合能力。

（2）全面提升总承包能力和专业化分包能力。依托大型骨干企业（集团），重点提高大型海洋工程装备的总装集成能力，打造具备总承包能力和较强国际竞争力的专业化总装制造企业（集团）。以总承包为牵引，带动和引导一批中小型企业走专业化、特色化发展道路，在工程设计、模块设计制造、设备供应、系统安装调试、技术咨询服务等领域，逐步发展成为具备较强国际竞争力的专业化分包商。

（3）加强企业技术改造。支持企业利用现有修造船设施发展海洋工程装备制造。重点支持企业（集团）适应海洋工程装备制造的特点对生产设施进行改造、工艺流程优化，以及开展企业信息化建设、节能降耗及减排等为主要内容的技术改造。

（4）加大企业兼并重组力度。支持海洋工程装备制造企业以产品、资本为纽带开展联合开发、联合经营，实施强强联合，规模化发展，实现规模经济。支持大型海洋工程装备制造企业与钢铁、石油等上下游企业以战略联盟或参股、合资合作等方式，适当延伸产业链，在上下游产业实现战略布局，实现优势互补、利益共享，增强抗风险能力。

（二）加强产业技术创新

（1）加快重点产品研发。围绕海洋资源在勘探、开采、储存运输和服务等四大环节的需求，加快培育和发展相关重点装备及其关键系统和设备。重点发展市场需求量较大的半潜式钻井平台、钻井船、自升式钻修井/作业平台、半潜式生产平台、浮式生产储卸装置、起重铺管船、大型起重船/浮吊、深海锚泊系统等关键系统和设备、水下采油树、泄漏油应急处理装置等水下系统及作业装备、海上及潮间带风机安装平台（船）、海水淡化和综合利用装备等，逐步实现自主设计建造，形成品牌,使之成为我国海洋工程装备制造业的主导产品。

（2）大力培育专业设计能力。结合海洋工程装备的技术发展趋势，在巩固提高浅水装备设计能力的基础上，着重提升装备的前端工程设计和基本设计的能力，掌握大型功能模块的设计技术，突破相关系统和设备的核心技术，全面提升大型海洋工程装备的设计能力。

（3）提高建造和工程管理水平。结合生产经营工作和实际工程项目的需要，有针对性地开展建造技术研究和项目管理技术研究，掌握海洋工程装备特有的建造技术、安装调试技术，建立与海洋工程装备项目特点相适应的、与国际接轨的现代工程管理模式和生产组织方式，支撑总承包和总装集成能力的提升。

（4）夯实产业发展的技术基础。建设深海技术装备公共试验/检测平台，积极开展海洋环境观测与监测技术、深海运载与深海探测、海底观测网络技术等海洋基础技术的研究。以满足工程项目实际需要为目标，系统开展深海浮式结构物水动力性能分析、深海设施疲劳强度分析、装备和设备的安全可靠性、海洋防腐蚀技术、深海工程安全监测/预警及远程控制技术等基础技术的研究。围绕典型海洋工程装备产品，加大对核心基础零部件和功能部件的研究支持力度，形成于部件协同发展的产业格局。加大相关标准、规范的制定、修改和完善，建立健全我国海洋工程装备的标准体系。

（5）开展前瞻概念性产品研究。着眼于海洋资源开发的长远需求，加强研发波浪能、潮流能、海水温差能等海洋可再生能源的开发装备，天然气水合物、多金属结核等海底矿产资源的开发装备，海水提锂、提铀等海水综合利用的成套装备，极地生物基因资源和空间资源开发利用装备以及极地特种探测和监测装备，海上机场、海上卫星发射场等大型海上浮式结构物，为未来的产品工程化和商业化开采奠定技术基础。

（6）推进研发平台建设。主要依托骨干科研机构，完善海洋工程装备的科研试验设施，在装备总体、功能模块、核心设备等领域，打造若干产品研发和技术创新平台。支持骨干企业（集团）设立海洋工程装备研发平台，建设深海公共测试场，高等院校、中小型企业联合设立共性技术研发平台，逐步完善以企业为主体、产学研用相结合的技术创新体系。

（三）提高关键系统和设备配套能力

（1）打造重点产品的专业化制造基地。依托造船行业和石油石化装备行业的骨干配套企业，结合已有基础，新建和扩建一批优势产品生产能力。围绕三大产业集聚区，在沿江、沿海地区打造专业系统和设备的研发制造基地。在陆上石油装备已有能力的基础上，积极发展海上石油装备，重点支持中西部地区的石油装备骨干企业，走专业化发展道路。

(2) 积极培育优势产品。在海洋平台甲板机械、深海锚泊系统、海洋平台电站、海洋钻/修井设备、油气水分离处理设备等具备较好发展基础的领域，提高系统集成能力，努力将其打造成为国际知名品牌。同时加强国际合作，通过引进国外专利技术、合资办厂或收购、参股等多种方式，加快实现海洋观测和监测设备、动力定位系统、单点系泊系统、水下生产系统等高附加值设备和系统的设计制造。

（四）构筑海工装备现代制造体系

(1) 积极发展海工装备制造现代服务业。以完善海洋工程装备产业体系、推动产业协调发展为宗旨，积极发展研发实验（试验）服务、工程设计服务、安装调试服务、技术交易、知识产权和科技成果转化等知识密集型服务业，重点在三大海洋工程装备制造业集聚区内，培育一批专业化的高技术服务企业。同时，大力发展信息咨询服务、投资咨询服务、信贷融资服务、保险和担保服务、各类法律服务等，为产业快速发展提供全方位的服务支撑。

(2) 提升海洋工程装备制造信息化水平。充分发挥信息化技术对提升产业水平的推动作用，深化信息技术在企业生产经营各环节的应用。大力推进海洋工程装备的数字化、网络化、协同化设计，加强工程项目管理软件的开发和应用，积极支持骨干企业（集团）开展内部综合信息化网络平台的建设，完善信息共享机制，提高运行效率。

(3) 建设安全、环保、高效的海工装备制造体系。结合海洋工程装备产业的特点，高度重视装备、设备的质量和安全可靠性，加强设计制造的过程控制，推动建立全员、全方位、全生命周期的质量管理体系，努力营造“安全质量第一”的企业文化。围绕设计建造重点环节，积极开展节能降耗研究，强化节能降耗基础管理，推广应用低能耗、低物耗、高效自动化装备，努力构建环保、高效的先进制造体系。

（五）提升对外开放水平

(1) 广泛开展对外合作。支持国内企业把握经济全球化的新特点，积极开展国际交流与合作，充分利用各种渠道和平台，探索各种对外合作模式，加快融入全球产业链。鼓励境外企业和科研机构在我国设立研发机构，支持国内外企业联合开展装备的研发和创新，鼓励合资成立研发机构。

(2) 积极实施“走出去”和“引进来”战略。大力开拓国际市场，针对海洋工程装备产业的全球区域布局，着眼于接近市场、接近客户，支持国内企业创建国际化营销和服务网络，提高国际化经营水平，创建国际知名品牌和企业。支持有实力、有条件的国内企业到境外设立公司，并购或参股国外企业和研发机构。支持海洋工程装备制造企业、设计公司与境外研发设计机构、知名企业开展合资合作、联合设计，积极引进研发设计、经营管理方面的境外高层次人才。

（六）实施重大创新工程

深海资源探采装备发展工程。围绕深海油气资源开发在勘探、开发、储存运输和服务四个核心环节的装备需求，突破深海浮式结构物水动力性能、结构设计和强度分析等共性技术以及高性能材料的研制，加快发展深海高性能物探船、浮式生产储卸油装置、半潜式平台、水下生产系统、环境探测/观测/监测等装备及其关键设备和系统，建设浮式液化天然气生产储卸装置等新型装备的总装制造平台，完善设计建造标准体系，掌握3 000米深海油气田开发所需装备的设计建造能力，形成我国开发深海油气资源的装备体系，以及包括总装、配套、技术服务等在内的相对完善的产业链。

四、政策措施

（一）积极培育装备市场

支持海洋地质普查和资源调查，加大海洋环境的观测、监测和极地科考等海洋科技活动的支持力度。支持保险机构建立保险机制，为用户采用海洋工程装备及配套设备提供保险。对于我国海域内的海洋油气开发项目，鼓励油气开采企业提高装备及设备的配套率。支持沿海淡水资源匮乏地区开展海水淡化及综合利用试点和示范。

（二）规范和引导社会投入

新建大型海洋工程装备专用基础设施项目需报国家核准，鼓励造修船企业利用现有造修船设施发展海洋工程装备的制造和修理改装。对于海水淡化和综合利用、海洋风能工程装备等海洋工程装备研制项目在用海政策上给予重点支持。加强相关规划的统筹协调，节约、集约利用岸线资源。

（三）完善财税和金融支持政策

鼓励和支持金融机构加快金融产品和服务方式创新，有效拓宽海洋工程装备制造企业融资渠道。鼓励金融机构按照市场化原则，在符合国家政策导向和有效防范风险的前提下，灵活运用多种金融工具，支持信誉良好、产品有市场、有效益的海洋工程装备企业加快发展。按照有关政策规定，进一步探索改进适合海洋工程装备产业特点的信贷担保方式，拓宽抵押担保物范围。支持符合条件的海洋资源开发企业、海洋工程装备制造企业上市融资和发行债券。

（四）加大科研开发支持力度

加大科研经费投入，建立多渠道投入机制，支持海洋工程装备的研发和创新。依托国家科技计划、海洋科技专项，加大对海洋观测、监测及极地科考等海洋科技活动的支持力度。依托骨干海洋工程装备研发制造企业，建设国家工程研究中心、国家工程实验室、企业技术中心等。通过科技金融和国家科技成果转化资金等渠道，加快科技成果转化和产业化。鼓励企业加大创新投入，按照有关政策规定，落实企业开发新技术、新产品、新工艺发生的研究开发费用在计算应纳税所得额时加计扣除的优惠政策。

（五）推动建立产业联盟

组织和引导行业骨干研发机构、制造企业，联合检验机构、用户单位等，建立海洋工程装备产业联盟，鼓励相互持股和换股，形成利益共同体，在科研开发、市场开拓、业务分包等方面开展深入合作。引导“产、学、研、用”相结合，鼓励产业技术创新战略联盟围绕产业技术创新链开展创新，推动实现重大技术突破和科技成果产业化。鼓励总装建造企业建立业务分包体系，培育合格的分包商和设备供应商，推动“专、精、特、新”型中小企业发展。

（六）加强人才队伍建设

鼓励企业积极创造条件，营造良好的人才发展环境，引进研发设计、经营管理方面的境外高层次人才和团队。优化人才培养和使用机制，加强创新型研发人才、高级营销人才和项目管理人才、高级技能人才等专业人才队伍的建设，培育海洋工程装备领域的国家级专家，扩大海洋工程装备高端人才队伍。

五、规划实施

工业和信息化部会同发展改革委、科学技术部、国有资产监督管理委员会、国家能源局、国家海洋局制定《规划》实施方案，建立各部门分工协作、共同推进的工作机制。地方各级政府部门根据职能分工，分别制定实施推进海洋工程装备发展的工作计划和配套政策措施，充分发挥行业协会、学会、船级社等中介组织的作用，确保实现海洋工程装备制造业发展规划目标。有关部门要适时开展《规划》的中期评估和后评价工作，及时提出评价意见。

《能源发展战略行动计划（2014-2020年）》

能源是现代化的基础和动力。能源供应和安全事关我国现代化建设全局。新世纪以来，我国能源发展成就显著，供应能力稳步增长，能源结构不断优化，节能减排取得成效，科技进步迈出新步伐，国际合作取得新突破，建成世界最大的能源供应体系，有效保障了经济社会持续发展。

当前，世界政治、经济格局深刻调整，能源供求关系深刻变化。我国能源资源约束日益加剧，生态环境问题突出，调整结构、提高能效和保障能源安全的压力进一步加大，能源发展面临一系列新问题新挑战。同时，我国可再生能源、非常规油气和深海油气资源开发潜力很大，能源科技创新取得新突破，能源国际合作不断深化，能源发展面临着难得的机遇。

从现在到2020年，是我国全面建成小康社会的关键时期，是能源发展转型的重要战略机遇期。为贯彻落实党的十八大精神，推动能源生产和消费革命，打造中国能源升级版，必须加强全局谋划，明确今后一段时期我国能源发展的总体方略和行动纲领，推动能源创新发展、安全发展、科学发展，特制定本行动计划。

一、总体战略

（一）指导思想

高举中国特色社会主义伟大旗帜，以邓小平理论、“三个代表”重要思想、科学发展观为指导，深入贯彻党的十八大和十八届二中、三中全会精神，全面落实党中央、国务院的各项决策部署，以开源、节流、减排为重点，确保能源安全供应，转变能源发展方式，调整优化能源结构，创新能源体制机制，着力提高能源效率，严格控制能源消费过快增长，着力发展清洁能源，推进能源绿色发展，着力推动科技进步，切实提高能源产业核心竞争力，打造中国能源升级版，为实现中华民族伟大复兴的中国梦提供安全可靠的能源保障。

（二）战略方针与目标

坚持“节约、清洁、安全”的战略方针，加快构建清洁、高效、安全、可持续的现代能源体系。重点实施四大战略：

（1）节约优先战略。把节约优先贯穿于经济社会及能源发展的全过程，集约高效开发能源，科学合理使用能源，大力提高能源效率，加快调整和优化经济结构，推进重点领域和关键环节节能，合理控制能源消费总量，以较少的能源消费支撑经济社会较快发展。

到2020年，一次能源消费总量控制在48亿吨标准煤左右，煤炭消费总量控制在42亿吨左右。

（2）立足国内战略。坚持立足国内，将国内供应作为保障能源安全的主渠道，牢牢掌握能源安全主动权。发挥国内资源、技术、装备和人才优势，加强国内能源资源勘探开发，完善能源替代和储备应急体系，着力增强能源供应能力。加强国际合作，提高优质能源保障水平，加快推进油气战略进口通道建设，在开放格局中维护能源安全。

到2020年，基本形成比较完善的能源安全保障体系。国内一次能源生产总量达到42亿吨标准煤，能源自给能力保持在85%左右，石油储采比提高到14%~15%，能源储备应急体系基本建成。

（3）绿色低碳战略。着力优化能源结构，把发展清洁低碳能源作为调整能源结构的主攻方向。坚持发展非化石能源与化石能源高效清洁利用并举，逐步降低煤炭消费比重，提高天然气消费比重，大幅增加风电、太阳能、地热能等可再生能源和核电消费比重，形成与我国国情相适应、科学合理的能源消费结构，大幅减少能源消费排放，促进生态文明建设。

到2020年，非化石能源占一次能源消费比重达到15%，天然气比重达到10%以上，煤炭消费比重控制在62%以内。

（4）创新驱动战略。深化能源体制改革，加快重点领域和关键环节改革步伐，完善能源科学发展体制机制，充分发挥市场在能源资源配置中的决定性作用。树立科技决定能源未来、科技创造未来能源的理念，坚持追赶与跨越并重，加强能源科技创新体系建设，依托重大工程推进科技自主创新，建设能源科技强国，能源科技总体接近世界先进水平。

到2020年，基本形成统一开放竞争有序的现代能源市场体系。

二、主要任务

（一）增强能源自主保障能力

立足国内，加强能源供应能力建设，不断提高自主控制能源对外依存度的能力。

（1）推进煤炭清洁高效开发利用按照安全、绿色、集约、高效的原则，加快发展煤炭清洁开发利用技术，不断提高煤炭清洁高效开发利用水平。

清洁高效发展煤电。转变煤炭使用方式，着力提高煤炭集中高效发电比例。提高煤电机组准入标准，新建燃煤发电机组供电煤耗低于每千瓦时300克标准煤，污染物排放接近燃气机组排放水平。

推进煤电大基地大通道建设。依据区域水资源分布特点和生态环境承载能力，严格煤矿环保和安全准入标准，推广充填、保水等绿色开采技术，重点建设晋北、晋中、晋东、神东、陕北、黄陇、宁东、鲁西、两淮、云贵、冀中、河南、内蒙古东部、新疆等14个亿吨级大型煤炭基地。到2020年，基地产量占全国的95%。采用最先进节能节水环保发电技术，重点建设锡林郭勒、鄂尔多斯、晋北、晋中、晋东、陕北、哈密、准东、宁东等9个千万千瓦级大型煤电基地。发展远距离大容量输电技术，扩大西电东送规模，实施北电南送工程。加强煤炭铁路运输通道建设，重点建设内蒙古西部至华中地区的铁路煤运通道，完善西煤东运通道。到2020年，全国煤炭铁路运输能力达到30亿吨。

提高煤炭清洁利用水平。制定和实施煤炭清洁高效利用规划，积极推进煤炭分级分质梯级利用，加大煤炭洗选比重，鼓励煤矸石等低热值煤和劣质煤就地清洁转化利用。建立健全煤炭质量管理体系，加强对煤炭开发、加工转化和使用过程的监督管理。加强进口煤炭质量监管。大幅减少煤炭分散直接燃烧，鼓励农村地区使用洁净煤和型煤。

（2）稳步提高国内石油产量坚持陆上和海上并重，巩固老油田，开发新油田，突破海上油田，大力支持低品位资源开发，建设大庆、辽河、新疆、塔里木、胜利、长庆、渤海、南海、延长等9个千万吨级大油田。

稳定东部老油田产量。以松辽盆地、渤海湾盆地为重点，深化精细勘探开发，积极发展先进采油技术，努力增储挖潜，提高原油采收率，保持产量基本稳定。

实现西部增储上产。以塔里木盆地、鄂尔多斯盆地、准噶尔盆地、柴达木盆地为重点，加大油气资源勘探开发力度，推广应用先进技术，努力探明更多优质储量，提高石油产量。加大羌塘盆地等新区油气地质调查研究和勘探开发技术攻关力度，拓展新的储量和产量增长区域。

加快海洋石油开发。按照以近养远、远近结合，自主开发与对外合作并举的方针，加强渤海、东海和南海等海域近海油气勘探开发，加强南海深水油气勘探开发形势跟踪分析，积极推进深海对外招标和合作，尽快突破深海采油技术和装备自主制造能力，大力提升海洋油气产量。

大力支持低品位资源开发。开展低品位资源开发示范工程建设，鼓励难动用储量和濒临枯竭油田的开发及市场化转让，支持采用技术服务、工程总承包等方式开发低品位资源。

（3）大力发展天然气按照陆地与海域并举、常规与非常规并重的原则，加快常规天然气增储上产，尽快突破非常规天然气发展瓶颈，促进天然气储量产量快速增长。

加快常规天然气勘探开发。以四川盆地、鄂尔多斯盆地、塔里木盆地和南海为重点，加强西部低品位、东部深层、海域深水三大领域科技攻关，加大勘探开发力度，力争获得大突破、大发现，努力建设8个年产量百亿立方米级以上的大型天然气生产基地。到2020年，累计新增常规天然气探明地质储量5.5万亿立方米，年产常规天然气1 850亿立方米。

重点突破页岩气和煤层气开发。加强页岩气地质调查研究，加快“工厂化”、“成套化”技术研发和应用，探索形成先进适用的页岩气勘探开发技术模式和商业模式，培育自主创新和装备制造能力。着力提高四川长宁-威远、重庆涪陵、云南昭通、陕西延安等国家级示范区储量和产量规模，同时争取在湘鄂、云贵和苏皖等地区实现突破。到2020年，页岩气产量力争超过300亿立方米。以沁水盆地、鄂尔多斯盆地东缘为重点，加大支持力度，加快煤层气勘探开采步伐。到2020年，煤层气产量力争达到300亿立方米。

积极推进天然气水合物资源勘查与评价。加大天然气水合物勘探开发技术攻关力度，培育具有自主知识产权的核心技术，积极推进试采工程。

（4）积极发展能源替代坚持煤基替代、生物质替代和交通替代并举的方针，科学发展石油替代。到2020年，形成石油替代能力4 000万吨以上。

稳妥实施煤制油、煤制气示范工程。按照清洁高效、量水而行、科学布局、突出示范、自主创新的原则，以新疆、内蒙古、陕西、山西等地为重点，稳妥推进煤制油、煤制气技术研发和产业化升级示范工程，掌握核心技术，严格控制能耗、水耗和污染物排放，形成适度规模的煤基燃料替代能力。

积极发展交通燃油替代。加强先进生物质能技术攻关和示范，重点发展新一代非粮燃料乙醇和生物柴油，超前部署微藻制油技术研发和示范。加快发展纯电动汽车、混合动力汽车和船舶、天然气汽车和船舶，扩大交通燃油替代规模。

（5）加强储备应急能力建设完善能源储备制度，建立国家储备与企业储备相结合、战略储备与生产运行储备并举的储备体系，建立健全国家能源应急保障体系，提高能源安全保障能力。

扩大石油储备规模。建成国家石油储备二期工程，启动三期工程，鼓励民间资本参与储备建设，建立企业义务储备，鼓励发展商业储备。

提高天然气储备能力。加快天然气储气库建

设，鼓励发展企业商业储备，支持天然气生产企业参与调峰，提高储气规模和应急调峰能力。

建立煤炭稀缺品种资源储备。鼓励优质、稀缺煤炭资源进口，支持企业在缺煤地区和煤炭集散地建设中转储运设施，完善煤炭应急储备体系。

完善能源应急体系。加强能源安全信息化保障和决策支持能力建设，逐步建立重点能源品种和能源通道应急指挥和综合管理系统，提升预测预警和防范应对水平。

（二）推进能源消费革命

调整优化经济结构，转变能源消费理念，强化工业、交通、建筑节能和需求侧管理，重视生活节能，严格控制能源消费总量过快增长，切实扭转粗放用能方式，不断提高能源使用效率。

（1）严格控制能源消费过快增长按照差别化原则，结合区域和行业用能特点，严格控制能源消费过快增长，切实转变能源开发和利用方式。

推行“一挂双控”措施。将能源消费与经济增长挂钩，对高耗能产业和产能过剩行业实行能源消费总量控制强约束，其他产业按先进能效标准实行强约束，现有产能能效要限期达标，新增产能必须符合国内先进能效标准。

推行区域差别化能源政策。在能源资源丰富的西部地区，根据水资源和生态环境承载能力，在节水节能环保、技术先进的前提下，合理加大能源开发力度，增强跨区调出能力。合理控制中部地区能源开发强度。大力优化东部地区能源结构，鼓励发展有竞争力的新能源和可再生能源。

控制煤炭消费总量。制定国家煤炭消费总量中长期控制目标，实施煤炭消费减量替代，降低煤炭消费比重。

（2）着力实施能效提升计划，坚持节能优先，以工业、建筑和交通领域为重点，创新发展方式，形成节能型生产和消费模式。

实施煤电升级改造行动计划。实施老旧煤电机组节能减排升级改造工程，现役60万千瓦（风冷机组除外）及以上机组力争5年内供电煤耗降至每千瓦时300克标准煤左右。

实施工业节能行动计划。严格限制高耗能产业和过剩产业扩张，加快淘汰落后产能，实施十大重点节能工程，深入开展万家企业节能低碳行动。实施电机、内燃机、锅炉等重点用能设备能效提升计划，推进工业企业余热余压利用。深入推进工业领域需求侧管理，积极发展高效锅炉和高效电机，推进终端用能产品能效提升和重点用能行业能效水平对标达标。认真开展新建项目环境影响评价和节能评估审查。

实施绿色建筑行动计划。加强建筑用能规划，实施建筑能效提升工程，尽快推行75%的居住建筑节能设计标准，加快绿色建筑建设和既有建筑改造，推行公共建筑能耗限额和绿色建筑评级与标识制度，大力推广节能电器和绿色照明，积极推进新能源城市建设。大力发展低碳生态城市和绿色生态城区，到2020年，城镇绿色建筑占新建建筑的比例达到50%。加快推进供热计量改革，新建建筑和经供热计量改造的既有建筑实行供热计量收费。

实行绿色交通行动计划。完善综合交通运输体系规划，加快推进综合交通运输体系建设。积极推进清洁能源汽车和船舶产业化步伐，提高车用燃油经济性标准和环保标准。加快发展轨道交通和水运等资源节约型、环境友好型运输方式，推进主要城市群内城际铁路建设。大力发展城市公共交通，加强城市步行和自行车交通系统建设，提高公共出行和非机动出行比例。

（3）推动城乡用能方式变革，按照城乡发展一体化和新型城镇化的总体要求，坚持集中与分散供能相结合，因地制宜建设城乡供能设施，推进城乡用能方式转变，提高城乡用能水平和效率。

实施新城镇、新能源、新生活行动计划。科学编制城镇规划，优化城镇空间布局，推动信息化、低碳化与城镇化的深度融合，建设低碳智能城镇。制定城镇综合能源规划，大力发展分布式能源，科学发展热电联产，鼓励有条件的地区发展热电冷联供，发展风能、太阳能、生物质能、地热能供暖。

加快农村用能方式变革。抓紧研究制定长效政策措施，推进绿色能源县、乡、村建设，大力发展农村小水电，加强水电新农村电气化县和小水电代燃料生态保护工程建设，因地制宜发展农村可再生能源，推动非商品能源的清洁高效利用，加强农村节能工作。

开展全民节能行动。实施全民节能行动计划，加强宣传教育，普及节能知识，推广节能新技术、新产品，大力提倡绿色生活方式，引导居民科学合理用能，使节约用能成为全社会的自觉行动。

（三）优化能源结构

积极发展天然气、核电、可再生能源等清洁能源，降低煤炭消费比重，推动能源结构持续优化。

（1）降低煤炭消费比重，加快清洁能源供应，控制重点地区、重点领域煤炭消费总量，推进减量替代，压减煤炭消费，到2020年，全国煤炭消费比重降至62%以内。

削减京津冀鲁、长三角和珠三角等区域煤炭消费总量。加大高耗能产业落后产能淘汰力度，扩大外来电、天然气及非化石能源供应规模，耗煤项目实现煤炭减量替代。到2020年，京津冀鲁四省市煤炭消费比2012年净削减1亿吨，长三角和珠三角地区煤炭消费总量负增长。

控制重点用煤领域煤炭消费。以经济发达地区和大中城市为重点，有序推进重点用煤领域“煤改气”工程，加强余热、余压利用，加快淘汰分散燃煤小锅炉，到2017年，基本完成重点地区燃煤锅炉、工业窑炉等天然气替代改造任务。结合城中村、城乡结合部、棚户区改造，扩大城市无煤区范围，逐步由城市建成区扩展到近郊，大幅减少城市煤炭分散使用。

（2）提高天然气消费比重，坚持增加供应与提高能效相结合，加强供气设施建设，扩大天然气进口，有序拓展天然气城镇燃气应用。到2020年，天然气在一次能源消费中的比重提高到10%以上。

实施气化城市民生工程。新增天然气应优先保障居民生活和替代分散燃煤，组织实施城镇居民用能清洁化计划，到2020年，城镇居民基本用上天然气。

稳步发展天然气交通运输。结合国家天然气发展规划布局，制定天然气交通发展中长期规划，加快天然气加气站设施建设，以城市出租车、公交车为重点，积极有序发展液化天然气汽车和压缩天然气汽车，稳妥发展天然气家庭轿车、城际客车、重型卡车和轮船。

适度发展天然气发电。在京津冀鲁、长三角、珠三角等大气污染重点防控区，有序发展天然气调峰电站，结合热负荷需求适度发展燃气—蒸汽联合循环热电联产。

加快天然气管网和储气设施建设。按照西气东输、北气南下、海气登陆的供气格局，加快天然气管道及储气设施建设，形成进口通道、主要生产区和消费区相连接的全国天然气主干管网。到2020年，天然气主干管道里程达到12万公里以上。

扩大天然气进口规模。加大液化天然气和管道天然气进口力度。

（3）安全发展核电，在采用国际最高安全标准、确保安全的前提下，适时在东部沿海地区启动新的核电项目建设，研究论证内陆核电建设。坚持引进消化吸收再创新，重点推进AP1000、

CAP1400、高温气冷堆、快堆及后处理技术攻关。加快国内自主技术工程验证，重点建设大型先进压水堆、高温气冷堆重大专项示范工程。积极推进核电基础理论研究、核安全技术研究开发设计和工程建设，完善核燃料循环体系。积极推进核电“走出去”。加强核电科普和核安全知识宣传。到2020年，核电装机容量达到5 800万千瓦，在建容量达到3 000万千瓦以上。

（4）大力发展可再生能源，按照输出与就地消纳利用并重、集中式与分布式发展并举的原则，加快发展可再生能源。到2020年，非化石能源占一次能源消费比重达到15%。

积极开发水电。在做好生态环境保护和移民安置的前提下，以西南地区金沙江、雅砻江、大渡河、澜沧江等河流为重点，积极有序推进大型水电基地建设。因地制宜发展中小型电站，开展抽水蓄能电站规划和建设，加强水资源综合利用。到2020年，力争常规水电装机达到3.5亿千瓦左右。

大力发展风电。重点规划建设酒泉、内蒙古西部、内蒙古东部、冀北、吉林、黑龙江、山东、哈密、江苏等9个大型现代风电基地以及配套送出工程。以南方和中东部地区为重点，大力发展分散式风电，稳步发展海上风电。到2020年，风电装机达到2亿千瓦，风电与煤电上网电价相当。

加快发展太阳能发电。有序推进光伏基地建设，同步做好就地消纳利用和集中送出通道建设。加快建设分布式光伏发电应用示范区，稳步实施太阳能热发电示范工程。加强太阳能发电并网服务。鼓励大型公共建筑及公用设施、工业园区等建设屋顶分布式光伏发电。到2020年，光伏装机达到1亿千瓦左右，光伏发电与电网销售电价相当。

积极发展地热能、生物质能和海洋能。坚持统筹兼顾、因地制宜、多元发展的方针，有序开展地热能、海洋能资源普查，制定生物质能和地热能开发利用规划，积极推动地热能、生物质和海洋能清洁高效利用，推广生物质能和地热供热，开展地热发电和海洋能发电示范工程。到2020年，地热能利用规模达到5 000万吨标准煤。

提高可再生能源利用水平。加强电源与电网统筹规划，科学安排调峰、调频、储能配套能力，切实解决弃风、弃水、弃光问题。

（四）拓展能源国际合作

统筹利用国内国际两种资源、两个市场，坚持投资与贸易并举、陆海通道并举，加快制定利用海外能源资源中长期规划，着力拓展进口通道，着力建设丝绸之路经济带、21世纪海上丝绸之路、孟中印缅经济走廊和中巴经济走廊，积极支持能源技术、装备和工程队伍“走出去”。

加强俄罗斯中亚、中东、非洲、美洲和亚太五大重点能源合作区域建设，深化国际能源双边多边合作，建立区域性能源交易市场。积极参与全球能源治理。加强统筹协调，支持企业“走出去”。

（五）推进能源科技创新

按照创新机制、夯实基础、超前部署、重点跨越的原则，加强科技自主创新，鼓励引进消化吸收再创新，打造能源科技创新升级版，建设能源科技强国。

（1）明确能源科技创新战略方向和重点，抓住能源绿色、低碳、智能发展的战略方向，围绕保障安全、优化结构和节能减排等长期目标，确立非常规油气及深海油气勘探开发、煤炭清洁高效利用、分布式能源、智能电网、新一代核电、先进可再生能源、节能节水、储能、基础材料等9个重点创新领域，明确页岩气、煤层气、页岩油、深海油气、煤炭深加工、高参数节能环保燃煤发电、整体煤气化联合循环发电、燃气轮机、现代电网、先进核电、光伏、太阳能热发电、风电、生物燃料、地热能利用、海洋能发电、天然气水合物、大容量储能、氢能与燃料电池、能源基础材料等20个重点创新方向，相应开展页岩气、煤层气、深水油气开发等重大示范工程。

(2) 抓好科技重大专项，加快实施大型油气田及煤层气开发国家科技重大专项。加强大型先进压水堆及高温气冷堆核电站国家科技重大专项。加强技术攻关，力争页岩气、深海油气、天然气水合物、新一代核电等核心技术取得重大突破。

(3) 依托重大工程带动自主创新，依托海洋油气和非常规油气勘探开发、煤炭高效清洁利用、先进核电、可再生能源开发、智能电网等重大能源工程，加快科技成果转化，加快能源装备制造创新平台建设，支持先进能源技术装备"走出去"，形成有国际竞争力的能源装备工业体系。

(4) 加快能源科技创新体系建设，制定国家能源科技创新及能源装备发展战略。建立以企业为主体、市场为导向、政产学研用相结合的创新体系。鼓励建立多元化的能源科技风险投资基金。加强能源人才队伍建设，鼓励引进高端人才，培育一批能源科技领军人才。

三、保障措施

(一) 深化能源体制改革

坚持社会主义市场经济改革方向，使市场在资源配置中起决定性作用和更好发挥政府作用，深化能源体制改革，为建立现代能源体系、保障国家能源安全营造良好的制度环境。

完善现代能源市场体系。建立统一开放、竞争有序的现代能源市场体系。深入推进政企分开，分离自然垄断业务和竞争性业务，放开竞争性领域和环节。实行统一的市场准入制度，在制定负面清单基础上，鼓励和引导各类市场主体依法平等进入负面清单以外的领域，推动能源投资主体多元化。深化国有能源企业改革，完善激励和考核机制，提高企业竞争力。鼓励利用期货市场套期保值，推进原油期货市场建设。

推进能源价格改革。推进石油、天然气、电力等领域价格改革，有序放开竞争性环节价格，天然气井口价格及销售价格、上网电价和销售电价由市场形成，输配电价和油气管输价格由政府定价。

深化重点领域和关键环节改革。重点推进电网、油气管网建设运营体制改革，明确电网和油气管网功能定位，逐步建立公平接入、供需导向、可靠灵活的电力和油气输送网络。加快电力体制改革步伐，推动供求双方直接交易，构建竞争性电力交易市场。

健全能源法律法规。加快推动能源法制定和电力法、煤炭法修订工作。积极推进海洋石油天然气管道保护、核电管理、能源储备等行政法规制定或修订工作。

进一步转变政府职能，健全能源监管体系。加强能源发展战略、规划、政策、标准等制定和实施，加快简政放权，继续取消和下放行政审批事项。强化能源监管，健全监管组织体系和法规体系，创新监管方式，提高监管效能，维护公平公正的市场秩序，为能源产业健康发展创造良好环境。

(二) 健全和完善能源政策

完善能源税费政策。加快资源税费改革，积极推进清费立税，逐步扩大资源税从价计征范围。研究调整能源消费税征税环节和税率，将部分高耗能、高污染产品纳入征收范围。完善节能减排税收政策，建立和完善生态补偿机制，加快推进环境保护税立法工作，探索建立绿色税收体系。

完善能源投资和产业政策。在充分发挥市场作用的基础上，扩大地质勘探基金规模，重点支持和引导非常规油气及深海油气资源开发和国际合作，完善政府对基础性、战略性、前沿性科学研究和共性技术研究及重大装备的支持机制。完善调峰调频备用补偿政策，实施可再生能源电力配额制和全额保障性收购政策及配套措施。鼓励银行业金融机构按照风险可控、商业可持续的原则，加大对节能提效、能源资源综合利用和清洁能源项目的支持。研究制定推动绿色信贷发展的激励政策。

完善能源消费政策。实行差别化能源价格政策。加强能源需求侧管理，推行合同能源管理，培育节能服务机构和能源服务公司，实施能源审计制度。健全固定资产投资项目节能评估审查制度，落实能效“领跑者”制度。

（三）做好组织实施

加强组织领导。充分发挥国家能源委员会的领导作用，加强对能源重大战略问题的研究和审议，指导推动本行动计划的实施。能源局要切实履行国家能源委员会办公室职责，组织协调各部门制定实施细则。

细化任务落实。国务院有关部门、各省（区、市）和重点能源企业要将贯彻落实本行动计划列入本部门、本地区、本企业的重要议事日程，做好各类规划计划与本行动计划的衔接。国家能源委员会办公室要制定实施方案，分解落实目标任务，明确进度安排和协调机制，精心组织实施。

加强督促检查。国家能源委员会办公室要密切跟踪工作进展，掌握目标任务完成情况，督促各项措施落到实处、见到实效。在实施过程中，要定期组织开展评估检查和考核评价，重大情况及时报告国务院。

《海洋工程装备工程实施方案》

海洋工程装备产业是当前国家重点培育和发展的战略性新兴产业。为落实好《“十二五”国家战略性新兴产业发展规划》（国发[2012]28号），加快推进海洋工程装备发展，2014年4月，国家发展改革委、财政部、工业和信息化部会同科技部、国家海洋局、国家能源局、国资委、教育部、国家知识产权局等部门联合印发了《海洋工程装备工程实施方案》。全文内容如下：

一、总体思路和工程目标

（一）总体思路

按照“市场为牵引，创新为驱动、总装为龙头、配套为骨干”的发展思路，面向国内国际两个市场，充分发挥企业市场主体作用和政府引导推动作用，重点突破深远海油气勘探装备、钻井装备、生产装备、海洋工程船舶、其他辅助装备以及相关配套设备和系统的设计制造技术，加强创新能力建设和工程示范应用，促进第三方中介服务机构发展，全面提升我国海洋工程装备自主研发设计、专业化制造及系统配套能力，实现海洋工程装备产业链协同发展。

（二）工程目标

到2016年，我国海洋工程装备实现浅海装备自主化、系列化和品牌化，深海装备自主设计和总包建造取得突破，专业化配套能力明显提升，基本形成健全的研发、设计、制造和标准体系，创新能力显著增强，国际竞争力进一步提升。深海半潜式钻井平台、钻井船等形成系列化，深海浮式生产储卸装置（FPSO）、半潜式生产平台等实现自主设计和总承包，水下生产系统初步具备设计制造能力；升降锁紧系统、深水锚泊系统、动力定位系统、大型平台电站等实现自主设计制造和应用；深海工程装备试验、检测平台初步建成。

到2020年，全面掌握主力海洋工程装备的研发设计和制造技术，具备新型海洋工程装备的设计与建造能力，形成较为完整的科研开发、总装建造、设备供应和技术服务的产业体系，海洋工程装备产业的国际竞争能力明显提升。

二、主要任务

（一）加快主力装备系列化研发，形成自主知识产权

通过引进消化吸收再创新，开展物探船、半潜式钻井/生产/支持平台、钻井船、浮式生产储卸装置（FPSO）、海洋调查船、半潜运输船、起重铺管船、多功能海洋工程船等主力装备的系列化设计研发，着力攻克关键技术，加强技术标准制定，注重研发全过程的知识产权分析，形成具有自主知识产权的品牌产品，扩大国际市场占有率。

（二）加强新型海洋工程装备开发，提升设计建造能力

通过集成创新和协同创新，加强浮式钻井生产储卸装置（FDPSO）、自升式钻井储卸油平台、浮式液化天然气储存和再气化装置（LNG-FSRU）、立柱式平台（SPAR）、张力腿平台（TLP）等装备开发，逐步提升研发设计建造能力。

积极开展原始创新，加强海上大型浮式结构物（VLFS）、深海工作站、海上浮动电站、大洋极地调查及深远海海洋环境观测监测和探测装备、海底矿物开采和运载装备的设计建造关键技术研发，做好技术储备。

（三）加强关键配套系统和设备技术研发及产业化，提升配套水平

重点开展升降锁紧系统、深水锚泊系统、动力定位系统、单点系泊系统、大型平台电站、燃气动力系统、自动控制系统、信息管理系统、环境检测/监测系统、钻井包、海洋工程起重机、脐带缆、柔性立管、水下生产设备及系统、水下安装/检测/维护系统、物探设备、测井/录井/固井系统、铺管/铺缆设备、钻/修井设备、防喷漏油装备以及其他特种设备、系统和应用材料等技术研发，积极推动配套装备产业化。

（四）加强海洋工程装备示范应用，实现产业链协同发展

支持由用户牵头，联合油气勘探开采企业、装备制造企业、设备配套企业、研发设计、高等院校等单位建立产业联盟，加强产学研用合作，推动本土研制的海洋工程装备的应用，开展关键配套系统和设备的示范，为全面形成产业化能力奠定基础。

（五）加强创新能力建设，支撑产业持续快速发展

在整合利用现有创新平台的基础上，依托骨干

企业、重点科研院所和大学，围绕海洋工程核心装备及其配套系统设备的共性技术、关键技术，建立一批国家级企业技术中心、工程研究中心、工程实验室；围绕关键设备和系统，建设若干深海试验、检测平台，推动建立海洋工程装备鉴定、认证体系；围绕海洋环境观测与监测、深海探测等基础技术、前瞻技术，建设一批科研试验设施。

三、组织方式

根据我国海洋工程装备产业工程目标、当前面临的主要任务和国际竞争环境，“海洋工程装备工程”通过三个途径组织实施，一是深海油气资源开发装备创新发展；二是深海油气资源开发装备应用示范；三是深海油气资源开发装备创新公共平台建设。

（一）深海油气资源开发装备创新发展

1．发展目标

顺应海洋工程装备产业发展趋势，面向国内国际两个市场，全面掌握设计、建造关键技术，提高海洋工程装备及配套设备和系统的研发、设计和制造水平，形成总包建造和本土化配套能力，实现我国海洋工程装备产业化、规模化、品牌化。

2．实施原则

一是订单优先，对已获得工程订单的装备和设备研制，优先安排。二是技术先进，对市场急需、水平先进的装备和设备重点支持。三是自主配套，对配套设备与系统本土化率高的装备加大投入力度。四是发挥优势，在鼓励产学研用联合研发的原则下，重点支持有基础、有实力的企业集团、研发机构、高校和用户。

3．实施重点

掌握物探船、工程勘察船、自升式钻井平台、半潜式钻井/生产/支持平台、钻井船、浮式生产储卸装置（FPSO）、海洋工程船等装备的自主设计和建造技术，具备概念设计、基本设计、详细设计能力。

突破浮式钻井生产储卸装置（FDPSO）、自升钻井储卸油平台、浮式液化天然气储存和再气化装置（LNG-FSRU）、立柱式平台（SPAR）、张力腿平台（TLP）、海上大型浮式结构物（VLFS）和海上浮动电站等装备的研发设计和建造技术，形成总装建造能力。

开展升降锁紧系统、深水锚泊系统、动力定位系统、单点系泊系统、大型平台电站、钻井包、海洋工程起重机、水下生产设备及系统中的部分设备、水下安装/检测/维护系统、铺管/铺缆设备、钻/修井设备等关键配套设备和系统的集成设计技术、系统成套和检测技术研究，逐步具备研制能力。

（二）深海油气资源开发装备示范应用

1．发展目标

充分发挥油气勘探开采企业市场牵引作用和装备制造企业技术创新的主体作用，通过示范工程实施，实现深海油气开发首台（套）重大关键装备、系统和设备的应用，推动科研成果向工程化、产业化转化，促进总装及配套产业协调发展。

2．实施原则

一是急用先上，即将我国海洋油气开发急需的勘探开采装备项目作为示范工程。二是技术先进，将有科研开发基础，可迅速提升设计与建造能力，有望达到国际水平的项目作为示范工程。三是带动配套，对于配套设备本土化具有较大拉动作用的项目优先示范。四是实力优先，即由国内技术实力、资金实力、工程经验较好的企业承担，可采用建设-经营-移交（BOT）等多种方式组织实施。

3．实施重点

对自主研发设计的主力装备、新型装备和独立配套设备进行应用示范，由海洋石油勘探开采企业、装备制造企业、科研机构联合实施，重点在深水钻井船、半潜式钻井平台上进行动力定位、钻井包等关键系统和设备的示范应用；支持油气田建设和开发工程使用国产水下系统和设备，努力突破TLP平台、深水FPSO等深水工程示范；在边际油田形成自有的完整工程解决方案的基础上进行工程示范。

对区块油气田系统工程建设，由海洋石油勘探开采企业、或具有工程建设目标示范的相关资质的工程公司、关键装备使用单位牵头，科研设计单位和装备制造企业配合，形成集规划、研制、实施、使用、服务为一体的产学研用联盟，在工程规划实施方案的基础上，共同研制工程化系统装备，进行系统工程示范。

（三）深海油气资源开发装备创新公共平台建设

1. 发展目标

针对我国海洋工程装备基础共性技术薄弱，关键设备与系统发展滞后，检测、认证等技术服务发展迟缓等问题，盘活和优化现有科技资源，支持国内有实力的企业集团、研究和第三方中介机构开展研发能力、试验能力和关键设备测试、鉴定、认证能力建设，提高自主研制的海洋工程装备的质量、安全性和可靠性。通过加强机制创新和体制创新，提高研发活动的效率和效果，形成布局合理的海洋工程装备产业技术创新体系，增强产业创新能力和可持续发展能力。

2. 实施原则

一是统筹规划，对我国深海油气资源开发装备创新公共平台建设进行通盘考虑，在充分论证的基础上，合理布局创新平台。二是盘活存量，充分利用已有科研条件和资源，进行优化整合，为全行业服务。三是创新机制，建立有效激励和互惠互利的创新机制和体制，激发海洋工程装备的创新活力，保障技术创新顺利进行。

3. 实施重点

鼓励海洋油气勘探开采企业、装备制造企业、科研机构或专业机构等联合组建海洋工程装备产业联盟，开展本土化油气开采装备和配套设备的研制、产品“孵化”和推广。

支持科研机构、大学、企业和用户紧密合作，充分利用已有观测与监测基础，补充必要设施，开展海洋资源探测、海洋环境观测与监测等领域的基础研究。

加强海洋工程装备设计建造的试验、检测与鉴定能力建设，依托现有基础和资源，筹划建立深海试验、检测平台，开展关键设备和系统的测试和鉴定。加强海洋工程装备技术检验与认证能力、技术指导能力和规范研究能力建设，扩大对外技术交流和对内技术指导的作用，增强其在认证方面的国际性与权威性。

（四）实施周期

2014–2016年。

四、保障措施

（1）鼓励企业加大对创新成果产业化的研发投入，对企业为开发新技术、新产品、新工艺发生的研发费用，按照有关税收法律法规和政策规定，在计算应纳税所得额时实行加计扣除。此外，对国内企业为生产国家支持发展海洋工程装备而确有必要进口的关键零部件及原材料，免征关税和进口环节增值税。

（2）鼓励总装建造企业、配套企业及设计单位与国外知名设计公司、工程总包商等开展合作，引进国外专业公司或机构，在国内合资设立海洋工程装备研发设计机构，建立海洋工程装备配套产品设计制造基地等，推动提升研发、设计、自主配套以及总承包能力。

（3）支持科研机构、总装制造企业、配套系统和设备企业、油气开发企业等发挥各自优势，共同构建产业创新联盟。推动建立知识布局与产业链相匹配的知识产权集群管理模式，加强知识产权保护，促进第三方中介服务机构的形成和发展。建立全过程的知识产权分析评议制度，加强知识产权分析和预警，充分发挥知识产权的支撑导航作用。

（4）推动建立使用国产首台（套）产品的风险补偿机制。针对已经有销售、有订单、有用户的首台（套）产品，运用政府采购首购、订购政策积极予以支持。引导企业建立首台（套）产品投保机制。

（5）鼓励创业投资、股权投资投向海洋工程装备制造企业，有效拓宽海洋工程装备制造企业及中小型专业化配套企业融资渠道。鼓励金融机构灵活运用多种金融工具，支持信誉良好、产品有市场、有效益的海洋工程装备企业加快发展。

（6）支持有条件的企业充分利用中央和地方的人才引进计划和相关支持政策，加强海洋工程装备技术、管理、商务、法律等领域的高层次人才和团队引进，创新企业人才制度和薪酬制度。依托国家工程（技术）研究中心、工程（重点）实验室等研究机构以及测试认证中心的建设，加强海洋工程装备领域的专业人才培养。鼓励有条件的高等院校加强海洋工程学科建设，推动海洋工程学科与材料、电子、机械、计算机等基础学科的融合发展。

《关于加大重大技术装备融资支持力度的若干意见》

2014年12月，为贯彻落实党中央、国务院关于做强做大装备制造业的战略部署，加快推进装备制造业发展方式转变和结构优化升级，推动重大技术装备自主创新和产业化，工业和信息化部与中国进出口银行（以下简称“进出口银行”）联合加大重大技术装备融资支持力度。提出以下意见：

一、总体要求

（一）指导思想

深入贯彻落实党的十八大和十八届三中、四中全会及中央经济工作会议精神，推进中国制造强国战略，把大力发展重大技术装备作为一项必须长期坚持的战略任务，以推进自主创新、产业化、装备出口和企业走出去为重点支持方向，搭建支持重大技术装备发展的政银合作平台，发挥金融杠杆作用，提高重大技术装备自主化水平和国际竞争力，为装备制造强国建设打下坚实基础。

（二）基本原则

链条支持，多元服务。为企业提供装备研发、创新能力建设、技术改造、产业化、装备出口、“走出去”、兼并重组等产业链条多环节融资支持。创新金融产品和融资服务模式，为企业提供多元化和个性化的融资服务。

制度保障，规范管理。建立部门间工作协调机制，加强业务交流，推进建立省级合作机制，为企业融资提供制度保障。通过项目库建设、加强专家咨询、工作评价等方式，规范项目融资管理。

二、支持重点

（一）研发及创新能力建设

国家科技重大专项、战略性新兴产业创新工程项目等研发项目；国家重点实验室、大型企业技术中心等创新能力建设项目；符合国家产业政策的企业产品研发项目。

（二）技术改造和产业化

以提高产业集聚化发展水平为目的，在装备制造领域国家新型工业化产业示范基地内的建设项目；符合国家产业政策，有利于重大技术装备制造企业转型升级的技术改造、产业化项目；重大技术装备首台（套）推广应用项目。

（三）进口及技术引进

符合我国利用外商直接投资政策的外商直接投资项目、国家鼓励和支持的重大技术装备产品进口及技术引进项目。

（四）产品出口及企业“走出去”

重大技术装备直接出口项目以及通过工程承包等方式间接带动重大技术装备出口的项目；重大技术装备制造企业在境外建设生产制造基地、研发中心、产品销售中心、服务中心，以及收购境外企业的项目。

（五）企业兼并重组

有利于促进产业结构优化升级、提高产业规模效应的重大技术装备同类企业整合、上下游企业整合项目。

三、金融服务内容

（1）进出口银行利用出口买方信贷、出口卖方信贷、境外投资贷款、进口信贷、转型升级贷款等信贷产品，灵活运用银团贷款、融资担保、咨询顾问、选择权贷款等业务模式，满足企业多元化和个性化的融资需求。

（2）针对重大技术装备企业自主创业、自主创新项目，进出口银行通过特别融资账户和其发起设立的投资（引导）基金、担保公司为其提供股权投资、融资担保和相关增值服务。

（3）对国家通过技术改造资金、专项基金等方式支持的重大技术装备制造企业和项目，进出口银行提供金融服务支持。

四、加强组织保障

（一）建立协调机制

由工业和信息化部（装备工业司）与进出口银行（业务开发与创新部）组成工作组，每半年或不定期举行工作会议，及时沟通项目情况，研究解决重大问题，并共同开展联合调研、政策业务培训和课题研究工作。各地工业和信息化主管部门与进出口银行分行加强沟通和协调，研究相关配套政策措施，通过政银互动、上下联动等方式集成各方优势资源，为重大技术装备发展营造良好的政策和金融环境。

（二）推进省级合作机制

各省、自治区、直辖市及计划单列市工业和信息化主管部门结合地方重大技术装备发展，与进出口银行分行积极建立金融支持重大技术装备发展省级合作机制。

五、规范融资管理

（一）建立重大项目库

建立重大项目库，定期或不定期将符合双方合作领域、具有引导和示范效应的项目列入项目库。对于已列入项目库的项目，进出口银行通过设立专项信贷规模、搭建特别评审通道、建立配套考核奖励机制等方式做好融资保障工作。

（二）建立专家咨询制度

建立专家咨询制度，组织重大技术装备领域的专家为进出口银行开展项目评审、课题研究、业务培训等工作提供智力支持，帮助进出口银行在有效防范风险的基础上，加大对重点企业和项目的支持力度。

（三）建立工作评价机制

开展对合作推动重大技术装备发展的效果评价，深入了解相关工作推进过程中遇到的问题和困难、取得的经验和教训，同时提出相关意见和建议。

《战略新兴产业重点产品和服务指导目录》

为贯彻落实《国务院关于加快培育和发展战略性新兴产业的决定》，更好地指导各部门、各地区开展培育发展战略性新兴产业工作，2013年2月，国家发展和改革委员会会同相关部门，印发了《战略性新兴产业重点产品和服务指导目录》。该目录涉及战略性新兴产业7个行业、24个重点发展方向下的125个子方向，共3 100余项细分的产品和服务。其中海洋工程装备产业相关内容如下：

一、海洋工程平台装备

物探船、工程勘察船、自升式钻井平台、自升式修井作业平台、半潜式钻井平台、半潜式生产平台、半潜式支持平台、钻井船，浮式生产储卸装置（FPSO）、半潜运输船、起重铺管船、风车安装船、多用途工作船、平台供应船，液化天然气浮式生产储卸装置（LNG-FPSO）、深吃水立柱式平台（SPAR）、张力腿平台（TLP）、浮式钻井生产储卸装置（FDPSO）、自升式生产储卸油平台、深海水下应急作业装备及系统，多金属结核、天然气水合物等开采装备，波浪能、潮流能等海洋可再生能源开发装备，海水提锂等海洋化学资源开发装备等。

二、海洋工程关键配套设备和系统

自升式平台升降系统、深海锚泊系统、动力定位系统、FPSO 单点系泊系统、大型海洋平台电站、燃气动力模块、储能电池组系统模块、自动化控制系统、大型海洋平台吊机、水下生产设备和系统、水下设备安装及维护系统、物探设备、测井/录井/固井系统及设备、铺管/铺缆设备、钻修井设备及系统、安全防护及监测检测系统，小型高效油气水分离设备，半潜式钻井平台钻柱补偿系统及隔水管补偿系统以及其他重大配套设备。

三、海洋工程装备服务

海洋工程装备研发实验（试验）服务、工程设计和模块设计制造服务，海洋工程装备安装调试服务、维修保障服务，海洋工程装备技术咨询和交易服务、中介代理服务、信息咨询服务，海洋工程装备投资咨询服务、信贷金融服务、保险担保服务、法律服务、海洋工程风险评价、评估与排查服务等。

四、海洋环境监测与探测装备

海洋水文气象岸基与海上平台基观测台站用传感器、设备与系统，船用水文气象观测传感器、设备与系统，水文、气象与水质观测浮标，潜标、海床基、移动观测平台（AUV、ROV、滑翔器等），海洋水质与生态要素测量传感器与设备，声学测量与探测设备、光学测量与探测设备、高频地波雷达、S/C/X波段测波雷达、水位与波浪雷达、海洋型通用通讯模块、船用水文与地质调查绞车、深海通用材料与接插件等辅助设备。

五、海洋能相关系统与装备

海洋能发电机组。包括万千瓦级环境友好型低水头大容量潮汐水轮发电机组，兆瓦级潮流发电机组，百千瓦级新型波浪能发电机组。海洋能相关系统与设备。包括海洋能开发前期水文观测、地质地形观测、勘察设备，海上施工、运输、安装、维护船只及相应设备，海底电缆相关设备、海底电缆故障检测设备、连接器，防附着及防腐材料。海洋能装置研发公共支撑平台相关系统与设备。包括海洋能海上试验场、海洋能综合检测中心、海洋动力环境模拟试验等公共服务平台所需要的相关设备。

《海洋工程装备（平台类）行业规范条件》

为进一步加强海洋工程装备行业管理，大力培育战略性新兴产业，加快结构调整，促进转型升级，引导海洋工程装备生产企业持续健康发展，工业和信息化部制定了《海洋工程装备（平台类）行业规范条件》。全文内容如下：

一、总则

（1）为进一步加强海洋工程装备行业管理，大力培育战略性新兴产业，加快结构调整，促进转型升级，引导海洋工程装备生产企业持续健康发展，根据国家有关法律法规、产业政策和行业规划，制定本规范条件。

（2）国家鼓励企业做优做强，提高海洋工程装备设计制造能力、生产效率和产品质量，加强技术和管理创新，提升环境保护、安全生产和职业健康管理水平，提高资源利用率和降低能源消耗。

（3）国家对符合本规范条件的海洋工程装备（平台类）（以下简称海工平台）生产企业实行公告管理，企业按自愿原则进行申请。

（4）本规范条件中的海工平台是指海上移动式作业与生产装备与设施，主要包括自升式平台、柱稳式（半潜）式平台、坐底式平台、水面（船式/驳船）式平台等[具体定义等参见中国船级社《海上移动平台入级规范》(2012)。

二、基本要求

（1）具有独立法人资格，取得工商行政管理部门核发的、经营范围涵盖海工平台建造的有效企业法人营业执照。

（2）具有生产场所用地合法土地使用权，同时具有专业、专属的海工平台生产设施。

（3）具备有关法律法规、国家标准或行业标准规定的安全生产条件。

（4）按照ISO 9000或GB/T 19000系列、ISO14000或GB/T24000系列、OHSAS18000或GB/T28000系列标准的要求，建立质量、环保、职业健康安全管理体系，并通过第三方认证。

（5）合法、诚信经营，依法纳税，用工制度符合《劳动合同法》的规定，并按国家有关规定交纳各项社会保险费。金融机构信用等级达到AA级及以上。

（6）符合国家产业政策要求，不生产国家明令淘汰的产品，不使用国家明令淘汰的设备、材料和生产工艺。

三、技术创新与质量控制

（1）应具有自主研发和创新能力，具有省级及以上部门认定的企业技术中心、工程研究中心、工程实验室、重点实验室等各类研发机构，年度研发经费投入不低于主营业务收入的2%，并具有与海工平台设计建造相关的专利或专有技术。

（2）拥有设计团队，具备研发和设计能力，专业领域覆盖结构、舾装、计算、轮机、管系、通风、电气、钻井等，具有总体性能分析、结构分析、疲劳分析、风险评估、关键系统集成的能力，能够满足同时开展两型以上产品设计需求。

（3）应具有满足海工平台设计需要的专业软件，以用于总体性能分析、结构强度计算、管路流体分析、生产设计建模等。

（4）具有已建成海工平台的业绩，且所建造的海工平台应符合相关的标准、法规、规范和国际公约，以及国家有关法律法规和安全、环保、节能等方面的要求。

（5）应建立海工平台焊接质量控制体系，包括焊接工艺、焊材管理、焊工管理、过程监控、无损检测等。

（6）具有完整的海工平台重量控制管理程序，设计、采购、建造实施全过程重量控制。

（7）具有海工平台精度控制管理体系，包括精度控制团队建设、控制程序和范围、软硬件等。

（8）具有完整的海工平台调试管理体系，配备调试队伍、软硬件设施等，能够完成海工平台调试工作。

（9）具有海工平台材料管理体系，涵盖材料（设备）采购、存储、加工、安装直至交船文件的移交整个过程，保证材料的可追溯性。

（10）具有分包控制管理体系，有效管理分包（外协）的施工进度、质量、安全等。

（11）具备组织开展海工平台振动噪声分析和测试、潜在失效模式与后果分析、安全分析等能力。

（12）应建立与所建造海工平台相适应的质量检验部门，并配备具有任职能力的专职质检人员。归档保存海工平台建造过程中全部检验资料和全套完工图样，交付时应有相关检验机构颁发的检验合格证书，并建立质量追溯和责任追究体系。

四、项目管理

（1）具有海工平台项目管理体系，包括组织结构,文档、计划、设计、质量、安全、成本、商务和物流管理等。

（2）具备与海工平台建造技术相适应的信息化管理和信息集成能力，配备有专门的项目管理软件，建立海工平台建造基础数据管理体系和分析系统，企业资源计划（ERP）系统普及率应达到80%以上，数字化设计工具普及率应达到85%以上，关键工艺流程数控化率应达到70%以上。

（3）具有海工平台计划管理体系，包括项目的单项计划、生产资源与生产任务的量化平衡分析、日程计划等，建立企业标准作业周期。

（4）具有海工平台商务管理体系，执行合同管理、变更管理、成本预算管理。

（5）具有海工平台界面管理体系，企业内部部门/专业之间，企业与业主、船级社、基本设计方、关键设备供应商（钻井包、防喷器、升降系统、锁紧系统、动力系统、中控系统等）之间的协同管理状况良好。

（6）拥有3名以上项目经理，项目经理应具有相应类型海工平台建造工程项目经理任职经历，并具有3年及以上海洋工程项目管理资历。

（7）具有完整的售后服务管理体系和保修（包修）制度，配备专门的维保部门和专业人员，为用户提供相应的技术咨询、技术培训和维修服务。

（8）应具备从设计、采办、建造、调试到完工交付的总承包能力。

五、设施与设备

（1）应具备与所建造海工平台相适应的场地和设施，包括海工平台建造用坞（台）、舾装码头、起重设施、涂装设施、厂房和仓库等，并应具有良好的交通环境及供电、供水、供气能力。

（2）具备与所建海工平台相适应的关键部件制造、组装、水下安装、试验、调试的条件和能力。配备与生产规模相适应的钢材加工设备、机加工设备、喷涂设备等。

（3）具备满足海工平台建造要求的检测手段和检测仪器设备，包括悬臂梁（自升式平台）、井架强度试验、密性试验用设备、倾斜试验用设备、无损检测设备、测厚仪等检测设备及各类计量器具。

（4）具有完备的海工平台设备防护体系，应包括相应的管理程序、仓储设施、以及装配后的防潮、防护、润滑等。

六、安全生产、节能环保、职业健康和社会责任

（1）企业应按照AQ/T 7008《造修船企业安全生产标准化基本要求》等相关规定的要求，开展安全生产标准化建设工作，并通过安全生产标准化达标评审，两年内未发生重大及以上生产安全事故。

（2）应按所建立的质量、环保、职业健康管理体系有效运行，并具有良好的产品质量信用记录。

（3）应按照环保要求建设相应的污染防治设施并确保正常运行，实现达标排放。

（4）按ISO 50001或GB/T 23331《能源管理体系要求》建立能源管理体系，实施节能减排措施，落实单位产品能耗限额标准和终端用能产品能效标准，选用达到1级能效或节能评价的产品和装备。

七、规范管理

（1）企业规范条件的申请、审核及公告：

①工业和信息化部负责海工平台生产企业规范管理工作。申请企业通过所在地省级海洋工程装备行业主管部门向工业和信息化部申请，其中中央企业（集团）总公司所属企业通过所在企业（集团）总公司向工业和信息化部申请，并抄送企业所在地省级海洋工程装备行业主管部门。

②各省、自治区、直辖市海洋工程装备行业主

管部门负责对本地区海工平台生产企业的申请进行初审，中央企业（集团）总公司负责对所属海工平台生产企业的申请进行初审。初审须按规范条件要求对企业的相关情况进行核实，提出初审意见，附企业申请材料报送工业和信息化部。

③工业和信息化部委托相关专业机构依据规范条件制定相应的评审细则，并组织专家对申请企业进行评审。

④工业和信息化部对通过评审的企业进行审查并公示，无异议后予以公告。

（四十）工业和信息化部对公告企业名单进行动态管理。地方各级海洋工程装备行业主管部门、中央企业（集团）总公司每年要对本地区或所属公告企业执行规范条件的情况进行监督检查。工业和信息化部对公告企业进行抽查。鼓励社会各界对公告企业规范情况进行监督。公告企业有下列情况的将撤销其公告资格：

①填报相关资料有弄虚作假行为的；

②拒绝接受监督检查的；

③不能保持规范条件的；

④发生重大责任事故、造成严重社会影响的。

撤销公告资格的，应当提前告知有关企业，听取企业的陈述和申辩。

（3）列入公告的企业名单将作为相关政策支持的基础性依据。

八、附则

（1）本规范条件所引用的标准均以适用的最新有效版本为准。

（2）本规范条件适用于中华人民共和国境内（台湾、香港、澳门地区除外）的海工平台生产企业。

（3）本规范条件由工业和信息化部负责解释，并根据行业发展情况适时进行修订。

（4）本规范条件自2015年2月1日起实施。

《天津市海洋工程装备产业发展三年行动计划》

海洋工程装备处于海洋产业价值链的核心环节，是海洋经济发展的前提和基础，是世界各国竞相发展的焦点和国家着力培育发展的战略性新兴产业领域。大力发展海洋工程装备产业，对于提升天津市装备制造业水平，支撑天津市海洋经济发展，建设天津海洋经济科学发展示范区，具有重要意义。为深入贯彻落实市委、市政府相关工作部署，进一步推动天津市海洋工程装备制造业高端发展，依据天津市《关于建设天津海洋经济科学发展示范区的意见》和《天津海洋经济科学发展示范区规划》，制定2015-2017年天津市海洋工程装备产业发展三年行动计划。

一、产业现状

（一）重点行业领域优势突出

天津是我国海洋工程装备制造的发源地之一。

2013年，全市海洋工程装备制造业产值达到730亿元，海工装备制造、海洋工程总承包和服务领域位居全国前列。中海油自升式钻井平台、半潜式钻井平台和模块化钻机建造能力国内领先。海水淡化日产能力占全国的35%。海洋循环经济初见成效，北疆电厂形成了发电–海上淡化–浓海水制盐循环经济产业链。

（二）聚集了一批高端创新资源

天津是国家海洋经济发展试点地区之一，聚集了国家海洋局海洋技术中心、天津海水淡化与综合利用研究所、中船重工七〇七研究所、天津修船技术研究所等一批水平研究院所，涉海研究高校10余所。海洋科技人才队伍数量及海洋科技成果位居国内前列，积累了一批重要海洋科技成果，300米水深以内油气田开发装备实现了自主研发，在导航通信自动化、海洋工程船舶探测、海洋环境监测等领域形成了领先优势。

（三）形成了一批龙头企业

借助临海和港口优势，我市聚集了中海油服、博迈科、太重临港重装、鑫正海工等海工装备龙头企业，以及TPCO等配套企业及海洋工程总承包等上下游企业，初步形成了以临港经济区为核心的造修船和海工装备制造基地。东疆港保税区在融资租赁、离岸金融、启运港退税和国际航运税收等方面的政策优势，为我市海工装备产业进一步做大做强创造了条件。

（四）产业发展空间广阔

党的十八大报告中明确提出“建设海洋强国”的战略部署，进一步加大发展海洋资源开发和海洋保护规模与力度，海洋资源开发装备、监测仪器设备和海洋环保设备等装备需求快速增长。“一带一路”战略全面启动实施，设立总额400 亿美元的“丝路基金”，将对国内临港机械、航道工程装备等相关领域快速发展提供强劲动力。天津自由贸易园区、国家自主创新示范区同步启动建设，为我市海工装备开拓国际市场、聚集全球创新资源、发展海工装备服务，提供了良好发展机遇。

同时，我市海工装备产业发展还面临一些问题。一是海工装备制造业整体规模还不大，企业数量不多，产业带动作用不强。二是具有自主知识产权的关键核心技术缺乏，科研机构创新成果本地转化产业化率低。三是本地配套能力和系统集成能力亟需提高，大部件配套明显不足，下游工程总承包发展相对滞后。

二、发展思路与目标

（一）发展思路

深入贯彻落实国家发展海洋经济总体部署和京津冀协同发展战略，将加快发展海洋工程装备作为全市发展海洋经济的重要任务，坚持企业市场主体和政府引导推动相结合，发挥天津港口、区位条件和滨海新区政策优势，以海洋工程成套装备为核心，着力完善配套产业体系，着力提升产业自主创新能力，着力打造高水平产业集群和产业集聚区，不断完善涉海基础设施，加快集聚高端资源，推动海洋工程装备产业高端发展、创新发展、聚集发展，打造北方重要的海洋工程装备产业基地。

（二）发展目标

到2017年，我市海洋工程装备产业总产值突破1 000亿元，年均增速10%左右。引进和培育年销售收入超10亿元企业10家，超亿元企业100 家，打造一批具有较强市场竞争力的标志性产品，初步形成以海工成套装备为核心、基础部件为支撑、工程服务为延伸的较为完整的产业链，海工装备产业发展达到国内一流水平，成为我国重要的海洋工程装备产业聚集区。

三、主要任务和发展重点

（一）主要任务

推动十大海工装备产业链高端发展，开发系列化“杀手锏”产品，建设一批产业聚集区，打造四大创新和支撑平台，培育一批龙头企业，做大做强海工装备产业。

1. 着力推动海工装备产业链高端发展

充分发挥我市海岸资源优势，着力培育和聚集一批海工装备企业，重点发展海洋油气装备、临港机械、海水利用工程装备、海洋仪器设备等十大海洋工程装备，不断提升动力系统、传动系统、控制系统和基础部件等本地配套能力和系统集成能力，加速发展海洋工程总承包和专业分包等高附加值海工服务业，推动制造业与高端服务业有机融合。推动和支持海工装备企业以产品、资本为纽带实施强强联合，重点培育5~6 个具有较强国际竞争力的海洋工程装备企业集团。加快培育一批具有自主知识产权、技术领先的专业化创新型中小企业，逐步形成以大型企业集团为龙头、专业化创新型中小企业为支撑，以总承包工程服务企业为统领的海工装备产业链条。

2. 着力开发一批海工装备杀手锏产品

充分整合和利用现有创新资源，加大政策支持和引导，推动骨干企业、科研院所和大学组建产业联盟，开展协同创新，重点加强海洋油气开发装备、海水淡化和综合利用装备、港口机械、海洋资源勘探装备、海洋环保装备、水下机器人、海洋仪器设备、近海工程装备、船舶制造和关键基础部件，以及海洋工程服务等领域关键共性技术和前沿技术研发，加速推动行业领先创新成果在津开展技术转化和产业化，培育形成一系列具有自主知识产权的“杀手锏”产品，全面提升我市海工装备市场竞争力。

3. 着力建设一批海工装备制造和研发服务基地

加快临港经济区海工装备配套能力建设，集成现有资源，全面提升海洋工程装备总装建造、修理改装、设备供应、技术服务等方面的综合能力，打造专业系统和设备的研发制造基地，加快推进基地功能升级。积极引导和推动海工装备制造与物流、咨询、金融等配套服务企业向临港经济区聚集，将临港经济区建设成为我国重要的海洋工程装备产业示范基地；进一步完善和提升塘沽海洋高新技术开发区载体功能，积极吸引国内外海工装备技术研发、设计咨询等研发服务机构向园区聚集，打造具有较强行业影响力的海工装备研发与转化基地；充分发挥东疆港保税区金融服务机构和业务聚集优势，引导和鼓励各类金融机构借鉴航空融资租赁成功经验，开展以大型海工成套装备为重点的金融服务和金融产品创新，积极吸引国内外海工金融服务机构聚集，打造东疆海工装备金融服务聚集区。

4. 着力打造四大海工装备创新与服务支撑平台

建设海工装备创新平台。鼓励有条件的海洋大中型企业建立研发中心、技术中心和实验室。支持行业骨干企业与海洋科研院所、高等学校联合组建技术研发平台和产业技术创新联盟。统筹国内外海工装备创新资源、企业资源，组建天津市海洋工程装备协同创新中心。依托亚太区域海洋仪器检测评价中心、国家海洋仪器设备产品质量监督检验中心、国家海水及苦咸水利用产品质量监督检验中心和国家精细石油化工产品质量监督检验中心等，建立世界领先的海洋质量标准与计量检测平台。加快推动北京大学海工装备研究院、天津大学海洋学院、天津海水淡化与综合利用研究所等研发机构建设。

建设海工装备物流支撑平台。进一步提升港口、交通及相关涉海基础设施支撑能力，加快推进天津港码头、航道等基础设施建设，建设符合大型海工装备运输需求的各类大型专业化码头。发展海路与铁路、海路与公路多式联运，推进产业区对内对外交通联系。加快聚集一批专业化物流企业，打造我国北方重要的海工装备物流中心。

建设海工装备试验平台。在科学勘测的基础上，选择条件适宜的海域和陆地空间，加快建设和完善供电、通信、交通等基本条件，建立海洋监测探测装备海上和岸边试验场地，提供开放共用的仪器海上测试试验条件。

建设海工装备金融服务平台。研究建立我市海工装备金融服务平台，引导和推动银行业金融机构、投融资机构、金融服务机构，以及融资租赁、设备租赁等服务机构向平台集中，逐步形成具有较强行业影响力的海工装备金融服务中心。

（二）发展重点

围绕打造和提升海工装备产业链发展能级，重点发展海洋工程成套装备和基础部件，加快发展海洋工程总包和专业化服务。

1. 重点发展十大海洋工程装备

海洋油气开采装备。重点发展5 000吨级海上石油钻井平台、海上大型钢结构和海洋工程大型模块以及钻井船、物探船、起重铺管船等装备制造，浅海钻井平台实现规模化发展，3 000米深海钻井平台实现关键技术突破，培育形成一流的大型化、深海化、专业化海洋油气装备产业集群。

海上油气储卸装备。重点发展海上油气开采船舶、液化天然气船、海洋建筑工程船、浮式钻井生产储卸装置（FDPSO）、自升式生产储卸油平台等特种运输和作业船舶，以及LNG 管线等配套设备。

海水综合利用与海洋化工装备。重点发展海水淡化与综合利用、海洋可再生能源开发、海洋化学资源开发和开采装备，开展海洋波浪能、潮汐能、海流能、温差能等资源开发装备的前期研究和技术储备。

临港机械。面向港口建设，重点发展大型起重机、堆料机、客滚连接桥、卸车机、搬运设备等产品，鼓励有实力的企业研发生产液体输送设备等产品。

海洋环保装备。重点发展海洋污染和生态灾害监测、海洋污染应急处置、船舶及海洋工程污染物在线实时监测控制与净化处理装备等高端产品，形成海洋环保高技术产业。

填海围岛及航道疏浚工程装备。大力发展涉海专用推土机、挖掘机、装载机、塔机等填海围岛工程类产品，加快研发水下专用挖掘机等专用工程装备。面向现代航道疏浚工程需求，重点发展大型化、智能化、环保型疏浚装备。

跨海桥梁及海底隧道工程装备。围绕跨海桥梁建设工程，重点研发地质钻探船、海上液压打桩锤、打桩船、大直径自动导向型盾构机、硬岩掘进机等产品。

海洋矿产资源勘探开发工程装备。重点发展水下生产设备和系统、水下设备安装及维护系统、铺管/ 铺缆设备、软管、水下机器人等。推动柔性复合管线特别是深水域软管铺设工程技术的发展与实施应用。

海洋监测探测仪器设备。重点发展大型海洋环境监测浮标、海洋台站自动化观测仪器、深海可视抓斗、水下滑翔机、水下机器人、海洋监测无人机、海洋遥感装备等海洋监测设备。大力发展具有自主知识产权的海洋监测探测技术和装备。重点开发深海声通信、释放器、高精度传感器等海洋技术以及业务化海洋观测、监测系统。

海洋关键配套设备和系统。重点发展海工平台升降锁紧系统、深水锚泊系统、动力定位系统、单点系泊系统、大功率海洋平台电站、燃气动力系统、自动控制系统、信息管理系统、钻井包、大型海洋平台吊机、脐带缆、柔性立管、水下生产设备及系统、水下安装/检测/维护系统、物探设备、测井/录井/固井系统、铺管/铺缆设备、钻/修井设备、防喷漏油装备，加快发展大型船用曲轴、螺旋桨轴锻件，大型轴承圈锻件等大型铸锻件，耐高温、耐高压、耐腐蚀石油套管，海洋油气专用钻头等海工装备配套产品，以及海工装备相关特种设备、系统和应用材料。到2017年，海工装备本地配套能力达到30%以上。

2. 全面提升总承包能力和专业化分包能力

依托大型骨干企业（集团），重点提高海上平台、新型自升式钻井平台、大型海洋钢结构、海洋工程大型模块、海水淡化设备、海水循环冷却及海水脱硫成套设备等大型海洋工程装备的总装集成能力，打造具备总承包能力和较强国际竞争力的专业化总装制造企业（集团）。以海洋工程总承包为牵引，带动在工程设计、模块设计制造、设备供应、系统安装调试、技术咨询服务等领域专业化分包商发展，打造具备较强国际竞争力的海洋工程服务产业集群。加快发展海工装备融资租赁等金融服务，推动海工装备由制造环节向服务环节延伸。

（三）重点项目

2014–2017年，计划组织实施重点项目47项，总投资441.8亿元，预计达产年形成销售收入1 000亿元。其中：海工成套装备项目24项，总投资387.3 亿元，预计达产年形成销售收入885亿元；配套基础部件项目18项，总投资46亿元，预计达产年形成销售收入105 亿元；研发平台建设项目5 项，总投资8.5亿元，建成后将带动我市海工装备领域自主创新能力全面提升。

四、保障措施

（一）加大支持力度

加强组织领导，建立产业协同发展机制。统筹中央和我市海洋领域财政资金，创新财政支持模式，建立对海工装备研发、转化和产业化全链条财政支持体系。鼓励企业加大对创新成果产业化的研发投入，对企业确有必要进口的重大技术装备，依据国家有关文件规定，免征关税和进口环节增值税。加大知识产权的保护力度。优先海洋工程装备重点项目在土地和海域使用方面给予扶持，科学规划、提高利用率。

（二）创新投融资政策模式

鼓励创业投资、股权投资，有效拓宽海洋工程装备制造企业及配套企业融资渠道。鼓励金融机构灵活运用多种金融工具，支持海洋工程装备企业加快发展。探索建立海洋工程装备制造业咨询专家机制，开展风险投资基金的项目评价和风险评估。

（三）加大海工人才队伍建设

加强海洋工程装备技术、管理、商务、法律等领域的高层次人才和团队引进，创新企业人才制度和薪酬制度，对有贡献的人才进行奖励。依托国家工程（技术）研究中心、工程（重点）实验室等研究机构以及测试认证中心的建设，加强海洋工程装备领域的专业人才培养。鼓励高等院校加强海洋工程学科建设。支持和推动天津职业大学、中德职业学院等高职院校加强海工高技能人才教育与培养，提升海工高技能人才支撑能力。

（四）推动京津冀海工产业协同发展

贯彻落实国家京津冀协同发展战略，推动京津冀海工装备一体化发展。充分发挥天津临海优势和制造业优势，优化政策环境、提升配套能力，积极吸引首都涉海领域科研院所、大学和央属企业研发成果在津建设创新成果产业化基地和制造基地，吸引大型企业在津设立技术研发、工程设计和总承包分支机构。充分利用河北省海域和海岸带资源优势，建立临海协作开发机制，打造以滨海新区为核心的渤海湾海工装备产业带。

（五）积极开展国际合作

充分利用各种渠道和平台，探索多种对外合作模式，加快融入全球产业链。鼓励境外企业和科研机构在我市设立研发机构，支持国内外企业联合开展装备的研发和创新，联合建设研发机构。鼓励和支持总装建造企业、配套企业及设计单位与国外知名设计公司、工程总承包商等积极开展合作，引进国外专业公司或机构，建立海洋工程装备配套产品的设计制造基地，推动提升研发、设计、自主配套以及总承包能力。

山东省人民政府《加快船舶工业结构调整促进转型升级的意见》

为贯彻落实《国务院关于印发船舶工业加快结构调整促进转型升级的实施方案(2013-2015年)的通知》(国发〔2013〕29号)要求，2014年2月27日，山东省人民政府印发加快船舶工业结构调整促进转型升级的意见（鲁政发〔2014〕6号），全文内容如下：

一、指导思想、基本原则和主要目标

（一）指导思想

坚持以党的十八大及十八届二中、三中全会精神为指导，以科学发展为主题，以转方式调结构为主线，充分发挥市场在资源配置中的决定性作用，实施高端高质高效战略，摈弃外延式发展模式，走内涵式发展道路，按照分类推进的原则，淘汰造船、修船低端落后产能，做大做强海洋工程装备制造业，培育发展游艇产业，促进配套服务业由弱变强，走出一条以自主研发设计为先导、以重大项目集成创新为依托、产学研用协同创新发展的转型升级之路，形成结构更加优化、技术更加先进、优势更加突出、竞争力显著增强的产业格局，促进全省船舶工业持续健康发展。

（二）基本原则

（1）控制增量与优化存量相结合。严控船舶新增产能项目，加快淘汰落后产能。推进企业兼并重组，压缩过剩产能，提高产业集中度。鼓励中小企业转型转产，融入大企业生产协作配套体系。

（2）自主创新与引进创新相结合。以重大项目集成创新为牵引，凝聚各类创新要素，推进自主创新、集成创新与协同发展。积极引进国内外高端技术和人才，提升发展动力。

（3）市场作用与政府作用相结合。尊重市场规律，充分发挥市场在资源配置中的决定性作用，转变政府职能，更好发挥政府作用，创造有利于产业转型升级的营商环境。

（三）主要目标

（1）产业经济平稳发展。骨干企业生产经营稳定，市场竞争力稳步提升，主要经济指标稳定增长。

（2）创新能力明显增强。新建散货船、油船、集装箱船三大主流船型符合国际新规范、新公约、新标准要求，大型豪华客滚船、远洋渔船等实现升级换代；关键配套设备技术研发取得突破；海洋工程装备制造业创新体系基本建成，深水钻井平台设计建造达到国际一流水平；具备超大型豪华游艇的自主设计制造能力。

（3）产业结构调整优化。化解过剩产能取得突破性进展，低端落后产能退出市场；企业兼并重组稳步推进，产业集中度提升；一批中小企业转型转产，大企业建立现代造船模式。

二、主要任务

（一）调整优化产业产能结构

严把市场准入关口，严格控制新增造船、修船、海洋工程装备基础设施(船台、船坞、舾装码头)建设，遏制盲目投资加剧产能过剩矛盾。积极应对国际金融危机，充分发挥市场配置资源的决定性作用，推进企业兼并重组，培育具有国际竞争力的船舶与海洋工程装备制造大企业集团；鼓励中小企业转型转产，发展中间产品及修船等业务，开拓非船产品市场。全面落实《老旧运输船舶和单壳油轮提前报废更新实施方案》(交水发〔2013〕729号)，鼓励老旧运输船舶、客滚船的淘汰更新和公务船舶、渔船的更新改造，鼓励建造符合国际新规范、新公约、新标准的绿色环保船舶、特种船舶、远洋渔船、玻璃钢渔船及海上行政执法、救助打捞、资源调查、科学考察等公务船舶。实施渔船标准化改造工程，推广标准化渔船船型，加快对老旧渔船的报废更新。推广LNG(液化天然气)燃料等船舶新能源技术，提升产品市场竞争力。大力开拓国内市场，消化过剩产能，实现产能结构调整优化。

（二）实施重点产品集成创新

重点推进实施具备基础设计能力、市场需求量大的400英尺自升式钻井平台等项目的集成创新与协同发展。针对项目技术含量高、标准要求严、涉及单位多、创新难度大的特点，充分发挥研发设计机构、总装企业、配套企业、风险投资公司等项目实施主体的积极性，推进项目自主研发设计，确定平台概念设计、基础设计方案和技术规格书；推进项目商务运作，开展产品市场定位、市场开拓、投资融资、销售租赁等；推进项目总装制造，抓好钢材研发、配套设备集成、平台建造调试等。通过该项目实施提升基础研究设计能力和本地化配套率，促进现代造船模式建立，突破一批关键核心技术和系统集成技术，探索建立政府协调、市场导向、强强联合、优势互补的协同创新机制，激活各类创新要素，增强海洋工程装备研发设计建造能力。

（三）加快培育发展游艇邮轮产业

加强游艇产业统筹规划，产业基础较好的市要把游艇产业纳入经济社会发展规划的重点领域，并做好与服务业、旅游业以及城市重大基础设施的规划衔接，优化产业布局。发挥骨干企业优势，建设游艇及核心零部件制造基地，形成世界知名品牌豪华游艇设计制造能力，积极参与国际游艇市场竞争。适应大众化游艇消费需求，大力发展观光客船、公务艇、休闲钓鱼艇等，提高市场占有率。依托骨干企业加快先进技术的消化、吸收、再创新，加快游艇发动机、推进装置的研发，实现规模化、品牌化生产。加快钢材、复合材料、铝合金等艇体材料以及零部件研发，提高本地化配套水平。推进游艇邮轮服务设施建设，大力发展游艇服务业和邮轮度假旅游等新兴产业，把游艇邮轮产业逐步培育成为我省优势服务产业。研究制订游艇安全监管、检验登记、航行停泊等方面的政策法规，建立健全产业发展保障体制机制。

（四）提高配套产业发展水平

加快实施品牌战略，支持企业建立完善产品质量保障体系，做精做强优势产品，巩固提升船用主机、压载水处理系统、锅炉、风机、气象仪、监测检测仪器仪表、海洋钻机等配套产品，促进产品升级换代，提高市场占有率。鼓励企业积极开展技术引进消化吸收再创新，引进一批重点技术和高端技术人才，着力解决一批关键产品技术瓶颈，加快高等级船用板材、钻井平台用钢等新材料和双增压发动机、双燃料发动机等关键设备研制，抢占高端市场。进一步强化关键系统集成，加强产学研用合作。加快海外技术服务和营销网络体系建设，提升全球化配套服务能力。

（五）推进各类创新平台建设

加快中集海工研究院、中船重工青岛海洋装备研究院、山东船舶技术研究院船舶设计有限公司、山东中——乌特种船舶研究设计院、京鲁船业“远洋渔船与建造技术示范基地”等平台建设，整合其创新能力承担或参与国家集成创新工程。探索建立技术创新与标准研制同步推进工作机制，提高技术创新的标准化和市场化水平。积极吸引国内外研发设计创新团队和专业人才，打造产学研联盟，解决我省船舶研发设计能力薄弱的问题。充分利用境外人才、技术、资源，支持企业“走出去”重组境外研发中心。发挥有关企业、高校及科研机构的创新优势，新建一批国家级或省级重点实验室、工程实验室、企业技术中心，深化船舶、海洋工程装备、豪华游艇制造及配套领域的关键共性技术研究，夯实自主研发创新基础。

（六）促进产业军民融合发展

充分发挥中央军工集团及其所属科研院所综合优势，加快推进军工技术、装备、人才、资源等各类创新要素向民用船舶及海洋工程装备建造领域转移。充分发挥我省造船、修船及海洋工程装备制造技术人才优势，积极承担军用海运装备和驻岛部队作训及生活服务设施研制任务，参与军船市场竞争。发挥我省船舶配套产品优势，积极参与舰船集成配套或二级配套，进入舰船配套体系；发挥大型客滚船等品牌优势，拓展民船军事运输保障功能；适应省内舰艇基地发展要求，发挥民船技术保障优势，开展舰艇配套、维修、拆解及其他服务业务。发挥军地资源优势，开展军民两用技术协同创新、资源共建共享，促进军民两用技术产品的融合发展。

（七）加强企业内部管理和风险预警

贯彻落实国家及省有关转型升级的政策措施，按照现代企业管理模式要求，加强企业以“降本增效”为主要内容的内部管理。围绕建立现代造船模式加快企业信息化建设，推进信息化与工业化深度融合。推广应用节能节材降耗的技术和工艺，降低资源和能源消耗，提高企业发展质量效益。加强国际新规范、新公约、新标准的宣传、培训和推广，规范企业生产标准。探索建立各类风险控制机制，增强企业风险抵御能力。

三、政策措施

（一）加强调控指导

严格落实国发〔2013〕29号文件要求，各级、各部门不得以任何名义核准、备案新增产能的造船、修船和海洋工程装备基础设施(船台、船坞、舾装码头)项目，国土资源、交通运输、环保等部门不得办理土地和岸线供应、环评审批等相关业务，金融机构不得提供任何形式的新增授信支持。各有关市、县(市、区)要认真清理船舶行业未批先建、边批边建、越权核准的违规项目，尚未开工建设的不准开工，正在建设的要停止建设；国土资源、交通运输、环保部门和金融机构对各类违规项目要依法依规进行处理。对停建的违规在建项目，按照谁违规谁负责的原则，妥善做好债务、人员安置等善后工作。对已经建成的违规产能，根据有关法律法规和行业准入条件等进行处理。在满足总量调控、布局规划、兼并重组等要求的条件下，推动基础设施能力整合。加快淘汰落后产能，支持企业转型转产。

（二）强化技术创新

抓住兼并重组、产能整合的契机，建立健全以企业技术中心、工程实验室、重点实验室、工程(技术)研究中心、行业技术中心、区域创新平台、产业创新联盟等各类技术创新平台为核心的自主创新体系。深化产学研用合作，创新合作模式，拓展合作领域，提高合作层次，加快创新成果转化和产业化步伐。引导企业加大科研开发和技术改造投入，增强高技术船舶、海洋工程装备创新能力。引导企业加快核心技术和关键设备引进，通过消化吸收再创新，提升技术装备水平。推进军民两用技术产业化，促进船舶工业军民融合发展。强化人才队伍建设，支持引进国外高级海洋工程装备专业人才和研发团队，为各级各类人才的创业创新创造良好的环境。

（三）搞好信贷融资支持

引导建立以市场为导向的多元化融资渠道，丰富融资业务品种，不断拓展对船舶工业结构调整和转型升级的资金支持渠道。支持金融机构通过开展船舶买方信贷等业务，加大对在省内骨干船厂订造船舶和海洋工程装备的境外船东的信贷资金投放。鼓励金融机构做好对在省内订造船舶且船用柴油机、曲轴在省内采购的船东的融资服务，加大对船舶企业兼并重组、海外并购以及中小船厂业务转型和产品结构调整的信贷融资支持。研究开展骨干船舶企业贷款证券化业务。积极引导支持骨干船舶企业发行非金融企业债务融资工具、企业债券等。鼓励有条件的地方开展船舶融资租赁试点。

（四）发挥出口信用保险作用

鼓励企业利用出口信用保险的有关产品，搭建信用风险控制体系。引导企业利用短期出口信用保险产品，建立船舶与海洋平台等在建及交付全流程的海外风险保障机制。引导企业合理利用中长期出口信用保险产品，尤其是出口买方信贷保险，提高企业谈判地位与议价能力，推动企业抢抓订单；有效利用信用保险项下的保函业务，提高企业融资能力及履约能力。积极利用出口信用保险多产品组合方式，支持船舶与海洋工程装备等出口。支持出口信用保险机构通过提供出口信用保险的全流程一揽子解决方案，帮助企业解决“交船难、接单难、融资难”等问题，促进企业健康发展。

（五）优化营商环境

各级、各部门要加强组织领导，抓好各项任务目标的落实。要转变政府职能，强化宏观调控，创新行政模式，改进工作作风，提高行政效率。行业管理部门要切实加强行业管理，贯彻执行《船舶行业规范条件》(中华人民共和国工业和信息化部公告2013年第55号)，加强政策措施及标准规范等宣传，为产业结构调整和转型升级创造良好环境。加强行业协会及专业机构建设，充分发挥其在行业自律、信息咨询、技术服务等方面的作用。

《高技术船舶科研项目指南(2014年版)》

为贯彻落实《船舶工业加快结构调整促进转型升级实施方案(2013–2015)》和《船舶工业“十二五”发展规划》,促进船舶工业科技发展,引导建立产学研用协同创新机制,提升自主创新能力,推动技术、产品结构升级,提高国际市场竞争力,2014年6月,工业和信息化部按照《船舶工业“十二五”科技发展方向与重点》的任务部署,发布了本指南。全文内容如下:

一、工程与专项

(一)节能环保示范工程

1. 总目标

根据船舶节能环保相关国际公约、规范的要求,结合船舶技术的发展和国内外航运市场需求,通过风帆、混合对转推进系统等节能环保装备的实船应用示范以及江海直达环保示范船型的开发,突破清洁能源与节能装备应用关键技术,全面提升我国船舶节能环保整体技术水平。

2. 重点研究方向

1)风帆技术示范应用开发

研究目标:

针对国际公约对船舶节能环保的新要求与当前船舶节能技术发展的水平,以超大型油船(VLCC)为目标船型,通过对风帆–主机混合动力推进技术的研究,掌握风帆设计、制造与应用关键技术,完成风帆在大型油船上的示范应用。利用风帆技术,可实现VLCC在相同航速下平均日油耗降低12%以上。

主要研究内容:

(1)风帆–主机混合动力VLCC总布置及航行性能研究。

(2)风帆模型风洞、水池试验技术研究。

(3)风帆–主机混合动力VLCC推进系统关键技术研究。

(4)风帆–主机混合动力船舶控制策略及系统开发。

(5)风帆工程样机研制与试验技术研究。

(6)风帆–主机混合动力VLCC结构设计关键技术研究。

(7)大型风帆实船安装工艺及精度控制技术研究。

(8)风帆–主机混合动力VLCC节能指标与经济性分析。

(9)风帆–主机混合动力VLCC实船验证技术研究。

主要成果形式:

(1)相关技术研究报告及试验报告;

(2)相关设计图纸和计算书;

(3)经实船应用的风帆及控制系统样机;

(4)相关专利及技术标准研究报告。

2)高效混合对转推进系统及节能装置示范应用开发

研究目标:

针对船舶节能减排技术的发展方向,结合节能环保船型对高效推进系统及节能装置的需求,以灵便型散货船为应用目标,自主研发三叶高效螺旋桨、改进型对转螺旋桨(CRP)以及扇形导管,掌握设计、制造关键技术,具备自主开发设计能力,完成实船示范应用，在加装混合对转推进系统及节能装置后，船舶推进效率提高8%以上，在相同航速下平均日油耗降低6%以上。

主要研究内容：

（1）三叶螺旋桨和改进型对转螺旋桨设计及优化研究。

（2）高效推进系统适伴流设计技术研究。

（3）推进器、节能导管及船体组合系统水动力性能优化匹配技术研究。

（4）推进系统空泡和激振力研究。

（5）高效推进器及节能扇形导管模型试验研究。

（6）推进系统样机制造关键技术研究。

（7）高效混合对转推进系统及节能装置实船验证。

主要成果形式：

（1）相关技术研究报告和试验报告。

（2）推进器及扇形节能导管的设计文件、图纸。

（3）经实船应用的高效混合对转推进系统及节能装置工程样机。

（4）相关专利及技术标准研究报告。

3）江海直达节能环保集装箱船示范船开发

研究目标：

针对我国沿海航运中心对长江港口辐射的集装箱运力需求，开发一型700箱以上适合江海直达的节能环保型集装箱船，掌握绿色、高效、节能设计关键技术，形成自主设计能力，并实现实船建造，与现有同类营运船舶相比，平均日油耗降低20%以上。

主要研究内容：

（1）船型概念设计与综合论证。

（2）低阻高效船型开发。

（3）高效推进系统与附体节能技术研究。

（4）结构安全性与轻量化设计技术研究。

（5）LNG燃料动力应用技术研究。

（6）内河浅水航道操纵性研究。

（7）节能环保技术集成及应用。

主要成果形式：

（1）相关技术研究报告和试验报告。

（2）经船级社批准的江海直达节能环保集装箱船设计图纸和计算书。

（3）建造工艺文件。

（4）相关专利及技术标准研究报告。

（二）船舶动力关重件创新工程

1．总目标

通过开展船用液化天然气（LNG）发动机燃料储存、供给和燃料喷射系统以及柴油机用增压器、膜式蓄压器、排气阀阀杆及曲轴等产品的开发，完成设计、制造关键技术研究以及典型样机、系统及产品的研制，形成研发能力，提升LNG发动机和自主品牌柴油机关键、重点及核心零部件的本土化配套水平。

2．重点研究方向

1）船舶LNG发动机燃料储存及供给系统关键技术研究

研究目标：

针对内河、沿海、远洋LNG燃料动力船舶对燃料储存及供给的需求，重点开展LNG燃料储存、供给系统关键技术研究及核心零部件自主研制，掌握设计、制造技术，实现系统集成并完成实船验证，为LNG动力船舶的普及应用提供技术支撑。

主要研究内容：

（1）船用LNG燃料储供气系统总体设计研究。

（2）船用LNG燃料储存装置设计及制造技术研究。

（3）LNG气化器、潜液泵、低温阀件等核心部件研制。

（4）LNG燃料供给系统监控和安保系统设计技术研究。

（5）关键技术集成及试验验证研究。

主要成果形式：

（1）相关技术研究报告。

（2）相关设计图纸、计算书及试验报告。

（3）LNG储存装置试验样机。

（4）LNG气化器、潜液泵、低温阀件等核心部件试验样机。

（5）LNG燃料供给系统监控和安保系统试验样机。

（6）通过装船验证的LNG燃料存储、供给系统工程样机（高压、低压各一套）。

（7）LNG燃料存储、供给系统设计指导性文件。

（8）相关专利及技术标准研究报告。

2）船用低速柴油机轴流涡轮增压器关键技术研究

研究目标：

针对船用低速柴油机用增压器的市场需求，结合已开展的自主品牌低速柴油机研制，通过对低速柴油机用大流量、高压比轴流涡轮增压器设计及制造技术研究，完成压比4.5以上的轴流涡轮增压器自主开发与试验验证。

主要研究内容：

（1）轴流涡轮增压器总体设计技术研究。

（2）单级大流量高效离心式压气机设计及制造技术研究。

（3）单级高效轴流涡轮设计及制造技术研究。

（4）高速大推力滑动轴承设计及制造技术研究。

（5）大流量高压比压气机噪声控制技术研究。

（6）增压器与低速柴油机匹配技术研究。

主要成果形式：

（1）相关技术研究报告和试验报告。

（2）高压比轴流涡轮增压器概念设计方案、设计图纸和计算书。

（3）轴流涡轮、轴承等零部件样件。

（4）经装机试验验证的高压比轴流涡轮增压器样机。

（5）轴流涡轮增压器及关键零部件设计指导性文件。

（6）相关专利及技术标准研究报告。

3）气体机和双燃料发动机燃料喷射系统关键技术研究

研究目标：

针对气体机和双燃料发动机燃料喷射系统的技术发展趋势和市场需求，通过开展柴油微喷引燃、气体燃烧电控多点喷射等关键技术研究，突破核心零部件的设计、生产工艺和制造等关键技术，具备开发性能先进、安全、可靠的燃料喷射系统的能力，形成具有市场竞争力的产品，提高自主配套水平。

主要研究内容：

（1）进气歧管多点喷射大流量燃气喷射阀、电磁阀及驱。

动控制模块等部件的总体设计及优化技术研究。

（2）主燃油及微喷引燃油系统总体设计及优化技术研究。

（3）燃油电控喷油器、高压油泵、共轨管等核心部件设计及优化技术研究。

（4）缸内高压燃气直喷喷射阀及驱动控制系统设计技术研究。

（5）燃料喷射系统生产工艺及制造技术研究；

（6）燃料喷射系统样件性能试验及配机试验技术研究。

主要成果形式：

(1)相关研究报告和试验报告。

(2)相关设计图纸、计算书和试验规范。

(3)经装机试验验证的进气歧管燃气喷射阀及驱动控制模块,主燃油、微喷引燃油、缸内高压燃气直喷喷射阀及驱动控制系统样件及燃料喷射系统样件。

(4)相关专利及技术标准研究报告。

4)大功率船用轴带发电系统关键技术研究

研究目标:

通过开展1 500千瓦及以上级大功率船用轴带发电系统设计,发电机、励磁控制单元、电力变换装置等核心设备制造技术研究,掌握轴带发电系统设计和试验验证方法,形成系列化产品设计、生产与试验能力,并实现实船应用。

主要研究内容:

(1)轴带发电机的电、磁设计与优化技术研究。

(2)励磁控制单元和电力变换装置设计技术研究。

(3)轴带发电系统制造技术与船用适配性研究。

(4)轴带发电系统在独立运行、并网运行、独立和并网两种模式过渡情况下的控制与运行保护技术研究。

(5)轴带发电系统试验方法与试验准则研究。

主要成果形式:

(1)相关技术研究报告。

(2)相关设计图纸、计算书和技术文件。

(3)通过实船应用的轴带发电系统。

(4)相关专利及技术标准研究报告。

5)船用低速柴油机膜式蓄压器关键技术研究

研究目标:

通过对低速柴油机液压系统用膜式蓄压器自主研发,掌握膜式蓄压器的设计、制造、试验等关键技术,研制出系列化膜式蓄压器产品,提升自主配套能力。

主要研究内容:

(1)膜式蓄压器总体结构、关键性能参数匹配及仿真优化技术研究。

(2)膜式蓄压器高压气体密封结构设计技术研究。

(3)膜片材料及制造技术研究。

(4)膜式蓄压器制造及试验技术研究。

主要成果形式:

(1)相关技术研究报告和试验报告。

(2)设计图纸及设计、制造和试验规范等。

(3)经装机试验验证的膜式蓄压器样机,6升和10升各一套。

(4)相关专利和认证证书。

6)船用低速柴油机排气阀阀杆关键技术研究

研究目标:

通过开展阀杆密封面堆焊及超强滚压、盘端面堆焊工艺与阀杆高硬度喷涂及磨削技术研究,掌握缸径600毫米及以上低速柴油机排气阀杆关键制造技术,形成自主配套能力。

主要研究内容:

(1)阀杆密封面堆焊及超强滚压技术研究。

(2)盘端面堆焊工艺技术研究。

(3)阀杆高硬度喷涂及磨削技术研究。

(4)装机试验验证。

主要成果形式:

(1)相关研究报告。

(2)经装机验证的排气阀阀杆样件。

(3)排气阀杆检验标准与规范。

(4)相关专利及认证证书。

7)船用低速大功率柴油机分段曲轴关键技术研究

研究目标:

针对5万千瓦以上船用低速大功率柴油机（缸数8缸及以上）分段曲轴加工的要求，通过开展曲柄不均匀分布的单段曲轴整体加工、分段曲轴对中校调与对接制造关键技术研究，掌握分段曲轴制造技术，完善自主配套能力。

主要研究内容：

（1） 曲柄不均匀分布的单段曲轴整体加工技术研究。

（2）分段曲轴对中校调技术研究。

（3）分段曲轴对接技术研究。

（4）分段曲轴检测技术与标准研究。

主要成果形式：

（1）相关研究报告及试验报告。

（2）经装机验证的分段曲轴样件。

（3）对接曲轴校中与检测的行业标准。

（4）相关专利及认证证书。

8）船用低速柴油机曲柄锻件关键技术研究

研究目标：

通过开展船用低速柴油机曲轴曲柄弯模锻成型及火焰热割工艺技术研究，掌握弯模锻在大型曲轴曲柄锻造成型中的关键工艺技术，完成冲程3 300毫米及以上低速柴油机曲柄锻件制造，加强大型曲轴曲柄锻件自主配套能力。

主要研究内容：

（1）曲柄冶炼及成型模拟仿真技术研究。

（2）曲柄弯模锻成型工艺研究。

（3）曲柄毛坯热割技术研究。

（4）曲柄热处理变形控制技术研究。

（5）曲柄半成品试验及检验技术研究。

主要成果形式：

（1）相关研究报告。

（2）设计图纸、工艺规范等相关技术文件。

（3）曲柄样件。

（4）相关专利及认证证书。

（三）极地船舶与设备开发专项

1．总目标

针对极地油气资源开采以及北极航道开通对不同航线上货物运输的市场需求，通过开展高等级甲板运输船、原油运输船、多用途集装箱船船型开发及极地甲板机械的设计、制造技术研究，形成自主研发能力。

2．重点研究方向

1）极地甲板运输船关键技术研究

研究目标：

针对极地油气资源开采模块运输的市场需求，根据最新的国际公约、航道主管机关法定规则、技术标准要求，自主开发一型破冰能力达到PC3级的极地甲板运输船。

主要研究内容：

（1）国际公约、主管机关法定规则及技术标准研究。

（2）总体设计技术研究。

（3）稳性、快速性和操纵性研究。

（4）冰载荷及结构优化设计研究。

（5）极地环境对船体材料、设备的影响研究。

（6）推进系统和动力匹配技术研究。

（7）防冰和除冰措施研究。

（8）建造技术研究。

主要成果形式：

（1）相关技术研究报告及试验报告。

（2）经船级社批准的极地甲板运输船设计图纸和计算书。

（3）极地甲板运输船设计指导性文件。

（4）相关专利及技术标准研究报告。

2）极地油船关键技术研究

研究目标：

针对北极地区油气资源开发和北极航道原油运输的潜在市场需求，根据最新的国际公约、航道主管机关法定规则、技术标准要求，自主开发一型破冰能力达到PC4级的极地油船。

主要研究内容：

（1）国际公约、主管机关法定规则及技术标准研究。

（2）总体设计与船型经济性研究。

（3）总布置优化及冰区航行稳性、破舱稳性研究。

（4）推进形式、动力配置及破冰线型最佳匹配设计研究。

（5）快速性和操纵性研究。

（6）冰载荷分析及结构优化设计研究。

（7）低温环境适应性设计和系统技术研究。

（8）减振降噪技术研究。

（9）建造技术研究。

主要成果形式：

（1）相关技术研究和试验报告。

（2）经船级社批准的极地油船设计图纸和计算书。

（3）极地冰区油船设计指导性文件。

（4）相关专利及技术标准研究报告。

3）极地多用途集装箱船关键技术研究

研究目标：

针对北极航道开通对冰区高等级加强型多用途船的市场需求，根据最新的国际公约、航道主管机关法定规则、技术标准要求，开发一型破冰能力达到PC5级的多用途集装箱船。

主要研究内容：

（1）国际公约、航道主管机关法定规则及技术标准研究。

（2）极地多用途集装箱船船型经济性研究。

（3）稳性、快速性和操纵性研究。

（4）极地多用途集装箱船结构设计研究。

（5）关于极地多用途集装箱船螺旋桨设计研究。

（6）防冻设计技术研究。

主要成果形式：

（1）相关技术研究和试验报告。

（2）经船级社批准的极地多用途集装箱船的设计图纸和计算书。

（3）极地多用途集装箱船设计指导性文件。

（4）相关技术标准研究报告。

（4）极地甲板机械及核心部件关键技术研究

研究目标：

针对极地环境对船用甲板机械性能的要求，通过开展锚绞机、吊机等甲板机械低温传动及润滑、智能控制、核心液压元件低温启动和密封等关键技术研究，掌握设计、制造和试验技术，完成满足3~5万吨级极地船舶配套需求的甲板机械开发和典型样机研制。

主要研究内容：

（1）甲板机械及核心部件环境适应性研究。

（2）马达、泵、阀件等核心液压元件低温启动和密封技术研究。

（3）甲板机械低温传动及润滑技术研究。

（4）甲板机械关键部件的低温试验技术。

（5）甲板机械健康状态监测及智能控制技术研究。

（6）甲板机械样机研制及可靠性测试技术研究。

主要成果形式：

（1）相关技术研究报告及试验报告。

（2）相关设计图纸和计算书。

（3）马达、泵、阀件等核心液压元件样机。

(4)极地船用锚绞机、吊机样机。

(5)相关专利及技术标准研究报告。

(四)高技术特种船专项

1. 总目标

针对海上旅游、海上医疗等不同需求，开展相关船型基础、设计和制造关键技术研究，具备自主研发的高技术特种船舶产品的能力。

2. 重点研究方向

1)中型豪华游船结构设计技术及水动力性能研究

研究目标：

通过对中型豪华游船(7万总吨级)整船结构、特殊结构以及水动力性能优化设计技术研究，掌握豪华游船结构设计和水动力性能数值预报方法，完成一型中型豪华游船的船体线型、推进装置与布局、水动力节能装置设计方案，掌握豪华游船结构设计流程，为我国设计建造中型豪华游船做好技术储备。

主要研究内容：

(1)全船结构总体概念设计方案研究。

(2)全船结构有限元分析、结构优化及关键结构的疲劳评估技术研究。

(3)船舶事故(触礁、碰撞、搁浅、火灾等)后剩余强度(冗余度)研究。

(4)大跨距无支柱结构多方案设计研究。

(5)新颖结构及轻型特种材料在船体结构中的应用及模型试验验证研究。

(6)全船振动与噪声控制研究。

(7)船体线型设计和航速预报技术研究。

(8)特殊艏艉形状及水动力节能装置的数值模拟与试验研究。

(9)吊舱推进装置与船体的优化匹配技术研究。

主要成果形式：

(1)相关技术研究报告及试验报告。

(2)经船级社批准的中型豪华游船的设计图纸和计算书。

(3)中型豪华游船特殊结构设计指导性文件。

(4)相关专利及技术标准研究报告。

2)大型多功能医院船关键技术研究

研究目标：

针对医院船市场需求，通过对国际公约、技术标准和规范的研究，开展多功能医院船船型研发及设备优选，掌握设计、建造关键技术，并在现有基础上开发一型适合我国应用的3万总吨、500床位以上的多功能医院船。

主要研究内容：

(1)多功能医院船概念设计研究。

(2)线型设计优化技术研究。

(3)稳性、耐波性计算分析及试验研究。

(4)医疗功能区及通道布置研究。

(5)结构设计优化研究。

(6)振动、噪声分析及减振降噪措施研究。

(7)专用及生活系统设计技术研究。

(8)动力及电力系统配置研究。

(9)绿色、美学设计及典型舱室内装技术研究。

(10)设备优选及材料应用研究。

(11)应急救灾三维仿真技术研究。

(12)建造工艺关键技术研究。

主要成果形式：

(1)相关技术研究报告及试验报告。

(2)经船级社批准的医院船相关设计图纸和计算书。

(3)建造工艺文件。

(4)相关专利及技术标准研究报告。

二、关键系统与设备

1）万箱级集装箱船螺旋桨关键技术研究

研究目标：

通过开展螺旋桨轻量化设计、空泡控制、制造等技术的研究，掌握万箱级船用螺旋桨设计技术和制造方法，形成设计、制造能力，并完成一型螺旋桨的设计制造，获得实船应用，与现有万箱船螺旋桨相比推进效率提高3%以上。

主要研究内容：

（1）推进系统工程方案研究。

（2）重负荷螺旋桨轻量化设计及空泡控制技术研究。

（3）超大尺寸螺旋桨数控加工技术研究。

（4）螺旋桨并行熔炼及浇注技术研究。

（5）螺旋桨推进性能综合验证分析技术研究。

主要成果形式：

（1）相关技术研究报告及试验报告。

（2）相关的设计图纸和计算书。

（3）通过实船验证的万箱级集装箱船螺旋桨。

（4）相关专利及技术标准研究报告。

2）半浸式螺旋桨推进装置关键技术研究

研究目标：

针对高速公务船对半浸式螺旋桨推进装置的需求，通过开展1 500千瓦以上级半浸式螺旋桨推进装置设计、制造、试验等关键技术研究以及新材料应用和3D增材制造技术研究，完成相关样机制造和试验验证，实现实船应用及系列化开发。

主要研究内容：

（1）推进装置总体设计技术研究。

（2）水动力载荷及强度性能研究。

（3）推进装置操控技术研究。

（4）制造（含3D增材）技术及装配工艺研究。

（5）推进装置试验验证技术研究；

（6）推进装置系列产品开发。

主要成果形式：

（1）相关技术研究报告及试验报告。

（2）相关的设计图纸和计算书。

（3）通过实船应用的半浸式螺旋桨推进装置。

（4）相关专利及技术标准研究报告。

（3）船舶智能化综合管理系统关键技术研究

研究目标：

针对大型远洋船舶的智能化发展趋势，通过开展船载信息系统多源异构数据通信规范设计、远洋航行动态信息保障与智能航行支持、基于大数据挖掘方法的设备在线监测与状态评估等关键技术研究，建立统一的船域网体系架构和通信协议，研制具备综合状态采集与监控、航行保障、关键设备健康管理等多功能的船舶智能化综合管理系统样机，实现动力电力、通信导航、机务管理和货物管理等系统的整合应用，并通过装船试验验证。

主要研究内容：

（1）船舶动力电力、通信导航、机务管理和货物管理等系统多源异构数据通信协议及整合应用研究。

（2）基于动态气象水文信息的航线智能设计、地理环境与气象水文信息实时推送等船舶航行综合保障技术研究。

（3）基于大数据挖掘和智能模型的船舶关键设备状态评估与健康管理技术研究。

（4）海事卫星、北斗、移动通信等窄带与宽带混合条件下的信息处理和传输策略研究；

（5）船舶智能化综合管理系统样机研制及装船试验技术研究。

主要成果形式：

（1）相关技术研究报告及试验报告。

（2）相关的设计图纸和计算书。

（3）经实船应用的船舶智能化综合管理系统样机。

（4）相关专利及技术标准研究报告。

三、国际新公约新规范研究

（1）基于船舶能效设计指数（EEDI）验证状态实船测试及航速预报技术研究

研究目标：

通过对典型主流船舶EEDI指标载况和压载航行载况下的实船功率与航速测试及营运监测，开展压载试航测试结果和模型试验结果的对比研究，建立实用的船模–实船航速预报方法，制定快捷、有效的不同载况航速/功率修正指南，为规范实船功率与航速预报提供技术支撑。

主要研究内容：

（1）实船性能和风浪环境监测平台研制。

（2）模型试验及实船航速预报技术研究。

（3）风浪作用下船舶增阻测试及失速预报方法研究。

（4）不同载况下实船性能测试与营运状态监测技术研究。

（5）实船测试和监测数据综合分析。

（6）EEDI要求载况和压载状态航速修正方法研究。

主要成果形式：

（1）相关研究报告和试验报告。

（2）实船性能和风浪环境监测平台。

（3）不同载况下航速与功率预报指南。

（4）EEDI要求载况和压载状态航速修正软件。

（5）相关软件著作权证书。

（2）国际极地水域船舶安全规则应用研究

研究目标：

通过对国际海事组织（IMO）国际极地水域船舶安全规则（以下简称极地规则）以及北极国家有关极地水域船舶相关法规、规范和标准的研究，制定极地规则实施应用指导性文件。

主要研究内容：

（1）国际极地水域船舶安全规则对船舶工业影响分析。

（2）北极国家有关极地水域船舶相关法规、规范和标准研究。

（3）极地航行船舶设计、建造、试验及配套设备关键技术分析研究。

主要成果形式：

（1）极地规则实施应用影响分析研究报告。

（2）北极国家极地水域船舶相关法规规范标准研究报告。

（3）极地规则实施应用指导性文件草案。

3）船舶水下辐射噪声测试与设计评估关键技术研究

研究目标：

通过对国际海事组织（IMO）降低商船航行水下辐射噪声对海洋生物不良影响导则的跟踪研究，开展我国典型船舶水下辐射噪声检测与评估方法研究，制定相关测试和评估指导性文件，提出有关设计流程和控制方案，并向国际海事组织提出相关提案。

主要研究内容：

（1）船舶水下辐射噪声评估与测试方法研究。

（2）实船水下辐射噪声测试、数据处理与分析。

（3）船舶水下辐射噪声与船舶舱室噪声关联度研究。

（4）船舶水下辐射噪声控制技术研究。

主要成果形式：

（1）相关技术研究报告。

（2）国内典型船舶的水下辐射噪声测试报告。

（3）船舶水下辐射噪声检测与控制指南。

（4）国际海事组织船舶水下辐射噪声议题相关提案。

4）双燃料发动机船舶EEDI综合指标论证研究

研究目标：

通过对双燃料发动机船舶EEDI综合指标研究，全面了解双燃料发动机船舶的国内外现状，对于我国双燃料发动机船舶及双燃料相关技术的研究提出指导意见，并提出双燃料发动机船舶EEDI计算及验证方法的提案。

主要研究内容：

（1）双燃料发动机船舶EEDI计算方法研究。

（2）双燃料发动机船舶EEDI综合指标典型案例论证研究。

主要成果形式：

（1）相关研究报告。

（2）双燃料发动机船舶EEDI计算及验证方法提案。

四、基础共性技术与标准

1）大型集装箱船用高强度止裂厚钢板关键技术及评价方法研究

研究目标：

针对国际船级社协会（IACS）发布的《特厚钢板使用要求》和《YP47钢板的应用》统一要求，通过EH47厚板的评价试验，开展高止裂厚板（YP47）技术路线的研究，探索与温度梯度超宽双向脆性断裂试验（ESSO试验）等效的止裂韧性评价试验方法，并提出高强度止裂厚板工程化开发及应用的路线图。

主要研究内容：

（1）EH47厚钢板的止裂韧性评估方法研究。

（2）高强度止裂韧性YP47厚板的成分设计及工艺路线研究。

（3）YP47厚板的小批量中试。

（4）断裂因子止裂韧性评价方法的改进与等效方案研究。

（5）高强度止裂厚钢板工程化开发及应用的路线图研究。

主要成果形式：

（1）相关技术研究报告。

（2）满足IACS统一要求的YP47厚板试验材料及工程化方案。

（3）改进或等效的止裂韧性评价试验方法。

（4）船用高强度止裂厚钢板工程化开发及应用路线图；

（5）相关专利。

2）船舶舱室阻燃型吸声阻尼复合材料研究

研究目标：

针对国际海事组织《船上噪声等级规则》对船舶振动噪声的相关要求，通过对高分子材料的开发与应用研究，研制能够满足船舶使用要求的具有阻燃型的吸声阻尼复合材料（平均吸声系数大于0.6、复合损耗因子大于0.24），实现工程应用。

主要研究内容：

（1）高性能聚合物树脂的制备技术研究。

（2）阻燃性高性能阻尼材料制备技术研究。

（3）阻燃性吸声材料制备技术研究。

（4）阻燃型吸声阻尼复合材料工艺技术研究。

（5）实船应用技术研究。

（6）工程应用效果评价技术研究。

主要成果形式：

1）相关技术研究报告及测试报告。

2）经实船应用的阻燃型吸声阻尼复合材料样品。

3）相关专利及技术标准研究报告。

3）智能船厂顶层架构及生产物流环节的应用研究

研究目标：

针对智能制造技术发展及智能船厂建设需要，通过开展智能船厂顶层研究，构建提出智能船厂的总体架构方案；通过对物联网技术等智能制造技术在船厂生产物流环节的集成应用研究，突破基于物联网的智能船厂生产物流关键技术，推动智能制造技术在船厂物流环节的应用。

主要研究内容：

(1)智能制造及相关技术发展现状和趋势研究。

(2)智能船厂总体架构研究。

(3)船厂生产物流现状及信息化评估分析。

(4)面向智能制造和智能化现场管控的船厂生产物流的物连网构建技术。

(5)基于物联网的智能船厂生产物流监控管理技术。

(6)基于物联网的智能船厂生产物流虚拟仿真技术。

主要成果形式：

(1)相关技术研究报告。

(2)面向智能船厂生产物流的物联网应用指导性文件。

(3)智能船厂物资管理系统及生产物流监控系统的体系结构模型。

(4)智能船厂生产物流虚拟仿真演示系统。

(5)相关技术标准。

4)船用柴油机及传动系统主被动隔振与消声技术研究

研究目标：

为满足国际海事组织(IMO)对船舶噪声新标准的要求，通过对柴油机及传动系统振动特性分析与测试，开展柴油机及传动系统振动主被动控制、舱室消声技术研究，掌握主机与传动系统耦合振荡分析、协调隔振设计技术、柴油机装置振动主被动联合控制及舱室低噪声设计技术，为进一步降低船舶噪声奠定基础。

主要研究内容：

(1)柴油机和传动系统振动与主机耦合振荡分析及测试。

(2)柴油机与传动系统及安装基座的协调隔振设计与校核计算方法研究。

(3)柴油机与传动系统主被动联合隔振技术研究。

(4)柴油机进排气消声、舱室低噪声设计技术研究。

(5)舱室主动消声设计与试验研究。

主要成果形式：

(1)相关研究报告和试验报告。

(2)柴油机和传动系统振动与主机控制耦合振荡分析指南及软件。

(3)柴油机与传动系统及安装基座的协调隔振设计与校核指南及软件。

(4)柴油机进排气消声设计软件。

(5)舱室主动消声设计方法和分析软件。

5)船用钢材数据平台顶层框架研究

研究目标：

在现有船用钢材体系整合的基础上，开展海洋服役环境下船用钢材/构件性能的全寿命安全评价方法研究，构建完备的船用钢材数据平台框架，为船用钢材生产、船舶设计建造提供支撑。

主要研究内容：

(1)典型船用钢材/构件性能试验评价技术研究。

(2)典型船用钢材/构件全寿命的安全评价方法研究。

(3)船用钢材数据平台框架构建。

(4)船用钢材数据平台应用与评价。

主要成果形式：

（1）相关技术研究报告。

（2）典型船用钢材/构件全寿命的安全评价方法。

（3）船用钢材数据平台发展建议。

6）船舶标准体系项目研究

研究目标：

为确保船舶产品符合国际安全、环保、节能要求，支撑高技术船舶关键系统设备研制，提升船用机电设备模块化、自动化水平，推动信息技术应用，根据《船舶工业标准体系（2012年版）》，着重开展海洋船（AA）、船舶动力装置（DA）、船用机械设备（DB）、船舶电气系统及设备（DC）、船舶导航/通信/水声设备（DD）、船舶舾装设备（DE）等专业相关重点标准的研究，填补相关领域标准的空白，健全完善船舶工业标准体系。

研究项目：

具体研究项目详见附件。标准研究项目可按每一项单独进行申报，或按相关联项目组合申报。

主要成果形式：

相关研究报告和标准草案。

表18　船舶标准体系研究项目表

序号	标准体系号	研究项目名称
1	AAA0042	船舶风险与安全评估方法
2	AAA0050	液化天然气船NO.96型围护系统通用要求
3	AAD0167	船舶耐低温用涂料
4	AAD0169	船用耐低温玻璃
5	AAD0170	船用耐低温胶粘剂
6	AAI0006	船舶三维生产设计建模通用要求
7	DAA0095	智能型柴油机液压执行模块
8	DAA0109	船用柴油机燃油系统模块
9	DBC0014	船舶锚机模块
10	DBD0028	船用惰性气体灭火装置
11	DBD0036	船用室内消火栓
12	DBF0131	船用阀门温压曲线图要求
13	DBF0333	超低温管路支架
14	DBF0334	超低温管路止动器
15	DBF0339	液化天然气船用超低温管系冷却试验要求
16	DCA0033	船用电气设备塑料选用要求
17	DCB0014	船用低噪声汽轮高速发电机技术条件
18	DCB0017	船舶智能化交流不间断电源技术条件
19	DCE0016	船用绝缘监测装置设计要求
20	DCF0044	船用探照灯和投光灯配置要求
21	DCF0046	救生艇和救助艇用探照灯
22	DCF0053	船舶及海洋平台用直升机助降灯具
23	DCF0054	船舶及海洋平台用直升机助降灯控制设备
24	DCF0055	船舶及海洋平台用直升机红外信号助航通信设备
25	DDA0067	船舶综合信息系统通用要求
26	DEA0073	深海工程船定位用吊锚装置
27	DEA0074	深水定位锚技术要求
28	DED0061	气胀式撤离通道风险评估方法

《海洋工程装备科研项目指南(2014年版)》

为进一步落实《"十二五"国家战略性新兴产业发展规划》(国发[2012]28号)和《海洋工程装备制造业中长期发展规划》(工信部联规[2011]597号),实施《海洋工程装备工程实施方案》,加快提升海洋工程装备制造业创新能力,2014年6月,工业和信息化部在调整和修订《海洋工程装备科研项目指南(2013版)》的基础上,形成了海洋工程装备科研项目指南(2014年版)。指南从工程与专项、特种作业装备、关键系统和设备三个方面,提出了2014年海洋工程装备制造业的重点科研方向。全文内容如下:

一、工程与专项

(一)深海天然气浮式装备(一期工程)

1. 工程总目标

满足我国深海大型气田开发和海上液化天然气接收站建设的紧迫需求,系统开展深海天然气浮式装备(英文简称:FLNG,包括浮式液化天然气生产储卸装置LNG-FPSO和浮式储存及再气化装置LNG-FSRU)设计、建造、集成等方面的关键技术研究,以及相关关键设备和系统的研制,形成相应的总体设计方案、设备工程样机及全套系统的试验验证装置,完成有关测试和检验、试验验证等工作,建立相应的FLNG设计建造规范与标准体系。开发一型适应我国南海大型气田开发需要、舱容约30万立方米、LNG年产量约为200~300万吨的LNG-FPSO,一型舱容在20万立方米以上、年气化能力约为200万吨的LNG-FSRU。

工程分两期实施,一期目标是:完成LNG-FPSO、LNG-FSRU总体设计方案,实现LNG-FSRU再气化模块及LNG-FPSO部分系统和设备的样机研制,具备不小于20万标方/天的小型天然气液化系统核心装置工程化应用能力。二期目标是:LNG-FPSO、LNG-FSRU总体具备工程化条件,主要系统和设备完成样机研制及实验验证,具备LNG年产200~300万吨天然气预处理系统及液化系统装置研制能力。

2. 重点研究方向

2015年前,重点围绕一期工程目标,突破天然气预处理系统及液化系统、再气化系统、LNG货物外输/转驳装置等设备和系统设计、制造、试验验证等方面的关键技术,部分系统和设备完成样机研制;开展FLNG建造、安装及调试关键技术研究;开展处理能力为不小于20万标方/天的天然气液化工艺和设备试验验证;初步建立起FLNG设计建造规范与标准体系。具体如下:

1)天然气液化系统设计、集成及试验验证

研究目标:

掌握天然气液化系统的设计技术、集成技术,完成处理能力不小于20万方/天,且适用于LNG-FPSO的采用混合冷剂液化工艺的安全、可靠、高效的天然气液化系统设计和建造,开展工艺和关键设备试验验证。

研究内容:

(1)处理能力不小于20万标方/天的天然气液化系统总体方案设计。

(2)天然气液化系统集成技术研究。

(3)适用于LNG-FPSO的混合冷剂液化工艺和绕管式换热器等关键设备试验验证。

成果形式：

总体设计方案；处理能力不小于20万标方/天天然气液化系统及试验报告。

2）天然气预处理用大型塔器研制

研究目标：

掌握适合FLNG天然气预处理系统使用的大型塔器的设计制造关键技术，包括强度计算、填料和塔盘的水力学计算等，完成大型塔器详细设计和样机研制，具备工程化应用条件，与国际同类产品技术水平相当。

研究内容：

（1）工艺参数优化和工艺流程设计。

（2）大型塔器的材料选型、强度计算及分析。

（3）大型塔器中填料、塔盘等内件水力学计算。

（4）大型塔器气液分布器的设计与优化。

（5）晃荡对大型塔器性能影响研究。

（6）适用于年产液化天然气300万吨LNG-FPSO使用的大型塔器详细设计。

（7）大型塔器样机研制。

成果形式：

相关设计图纸、计算书、研究报告；样机及试验验证报告，并通过船级社认可。

3）天然气液化用大型混合冷剂压缩机研制

研究目标：

完成满足LNG年产量约为200~300万吨的LNG-FPSO要求的大型混合冷剂压缩机的选型方案，攻克设计制造关键技术，完成详细设计和样机研制，具备工程化应用条件，与国际同类产品技术水平相当。

研究内容：

（1）压缩机选型方案论证。

（2）设计制造关键技术研究。

（3）大型混合冷剂压缩机详细设计。

（4）大型混合冷剂压缩机样机研制。

成果形式：

相关设计图纸、计算书、研究报告；样机及试验验证报告，并通过船级社认可。

4）天然气液化用大型板翅式换热器冷箱研制

研究目标：

掌握板翅式换热器冷箱均布、安全性相关技术等关键技术，完成相应的试验研究和样机研制，满足LNG-FPSO的技术要求。

研究内容：

（1）多联板翅式换热器均布技术研究。

（2）板翅式换热器应用于FLNG的安全性和可靠性研究。

（3）板翅式换热器样机研制。

成果形式：

相关设计图纸、计算书、研究报告；适用于处理能力为不小于20万标方/天天然气液化系统的样机及试验验证报告，并通过船级社认可。

5）海水－混合冷剂换热器研制

研究目标：

掌握海水-混合冷剂换热器设计、制造、检验等关键技术，开展满足LNG年产量约为200~300万吨的LNG-FPSO要求的海水-混合冷剂换热器详细设计方案，完成中试研究和小型样机研制，设计、制造、检验能力达到LNG-FPSO技术要求。

研究内容：

（1）海水-混合冷剂换热器选型研究。

（2）设计关键技术研究。

（3）制造和检验关键技术研究。

（4）海水-混合冷剂换热器小型样机研制。

成果形式：

相关设计图纸、计算书、研究报告；适用于处理能力不小于20万标方/天；天然气液化系统的样机及试验验证报告，并通过船级社认可。

6）LNG 液力透平研制

研究目标：

掌握LNG液力透平的关键技术，完成小型样机设计制造及现场试验，开展适用LNG-FPSO的LNG液力透平详细设计，完成中试研究和样机研制。

研究内容：

（1）LNG液力透平设计关键技术研究。

（2）LNG液力透平样机设计制造。

（3）适用LNG-FPSO的LNG液力透平详细设计。

（4）LNG液力透平样机研制及现场性能试验。

（5）技术标准研究。

成果形式：

相关设计图纸、计算书、研究报告；样机及试验验证报告，并通过船级社认可。

7）天然气液化系统硫回收装置研制

研究目标：

研究适用于浮式条件下的硫磺回收工艺，研制橇装的硫磺回收装置，具备效率高、安全性高、占地少和轻量化的特点，完成样机研制。

研究内容：

（1）硫回收装置关键设备选型研究。

（2）硫回收工艺的工艺包设计。

（3）硫回收装置服役可靠性技术研究。

（4）硫回收装置的橇块化技术研究。

（5）硫回收装置样机研制及验证。

（6）LNG-FPSO硫磺回收装置的技术标准研究。

成果形式：

相关设计图纸、计算书、研究报告；样机及试验验证报告，并通过船级社认可。

8）LNG 蒸发汽再液化装置研制

研究目标：

根据LNG蒸发汽（BOG）和浮式平台的特点设计出适合浮式平台上的BOG再液化工艺，完成BOG再液化装置的橇块化设计，达到能够制造的深度，完成小型样机研制。

研究内容：

（1）核心设备选型研究和浮式条件下的适应性研究。

（2）橇块化设计方案研究。

（3）再液化装置的橇块化设计。

（4）再液化装置样机研制。

（5）相关技术标准研究。

成果形式：

相关设计图纸、计算书、研究报告；样机及试验验证报告，并通过船级社认可。

9）货物外输 / 转驳装置研制

研究目标：

研究开发适用于LNG-FSRU、LNG-FPSO与穿梭LNG船之间的货物外输/转驳装置，能够实现低温液体和气体的输送，具备较高的可靠性。货物外输/转驳装置在满足旁靠相关海况的相对运动和串联情况下，转运能力达到1.0万立方米/小时。

研究内容：

（1）两船并靠水动力分析与试验验证。

（2）旁靠转驳与串联转驳的比较论证。

（3）刚性装卸臂与低温软管输送比较论证。

（4）旁靠输送装置样机研制。

（5）旁靠转运的模拟海况试验和液体试验。

（6）串联输送技术预研。

成果形式：

两船旁靠水动力分析和水池模型试验报告；旁靠转驳与串联转驳设计图纸和计算书；旁靠输送装置样机及试验验证报告，并通过船级社认可。

10）LNG 潜液泵研制

研究目标：

掌握水力技术、结构优化设计、密封技术等LNG潜液泵关键设计制造技术，开展适用LNG-FPSO的LNG潜液泵详细设计，完成中试研究和小型样机研制。

研究内容：

（1）水力计算与选型。

（2）泵体结构优化设计。

（3）密封设计。

（4）适用LNG-FPSO的LNG潜液泵详细设计。

（5）LNG潜液泵小型样机研制及试验研究。

（6）技术标准研究。

成果形式：

相关设计图纸、计算书、研究报告；小型样机及试验验证报告，并通过船级社认可。

（二）自升式平台品牌工程

1. 工程总目标

把握自升式平台技术发展趋势，瞄准自升式钻井平台和自升式作业支持平台两类主流产品，对标世界品牌产品，结合国内批量建造平台的工程实践经验，开发市场定位清晰、具有当今国际先进水平的3型自升式钻井平台和1型自升式作业支持平台，全面提升平台适应性、作业效率、经济性、安全性、环保性等，掌握自主设计建造核心技术，实现承接工程订单，带动关键系统和设备应用，增强我国在自升式平台领域的国际竞争力。

2. 重点研究方向

1）自升式钻井平台

研究目标：

分别对标自升式钻井平台国际主流品牌，开发高规格大水深3型系列自升式钻井平台，平台主要技术性能指标达到或超过同类国际品牌产品，最大钻井深度35 000~40 000英尺，作业工况下最大甲板可变载荷提高5%~10%，钻井系统大钩载荷提高25%左右，悬臂梁纵向最大外伸距离75~80英尺，经济性达到国际先进水平，平台居住房间达到欧洲北海高舒适性标准，关键系统和设备自主化配套率达到80%以上，完成基本设计并通过船级社认证，承接工程订单。

表19　自升式钻井平台

最大作业水深	350英尺
适用海洋环境	温和海域+欧洲北海
最大波浪高/周期	10.0/11s
气隙	15.24m
环境温度	-20~45摄氏度
最大钻井深度	35 000英尺
悬臂梁最大外伸距离	纵向：75英尺；横向：+/- 15英尺
定员	120人
最大甲板可变载荷(风暴自存工况)	3 200吨
最大甲板可变载荷(作业工况)	4 600吨
钻井系统大钩载荷	1 000短吨
升降系统(齿轮数量)	3×18个齿轮，具备预压载状态升船能力
钻井作业效率	自动排管/Off-line

研究内容：

（1）自升式钻井平台作业环境和适应性研究。

（2）平台总体性能优化研究。

（3）平台主体结构轻量化设计和桩腿结构优化设计。

（4）平台悬臂梁及钻台优化设计研究。

（5）平台关键系统集成优化及国产化应用技术研究。

(6)平台环保性和舒适性设计技术研究。

(7)平台高效建造技术研究。

(8)平台重量控制技术研究。

(9)桩腿国产化技术研究。

成果形式:

(1)自主品牌自升式平台基本设计图纸、船级社审核报告等。

(2)相关研究报告、试验报告、计算分析报告等。

(3)相关专利、论文、标准和指导性文件。

研究内容:

(1)自升式钻井平台作业环境和适应性研究。

(2)平台总体性能优化研究。

表20 自升式钻井平台II

最大作业水深	400英尺
适用海洋环境	温和海域+欧洲北海
最大波浪高/周期	14.4m/14.1s
气隙	15.0m
环境温度	-20~45摄氏度
最大钻井深度	40000英尺
悬臂梁最大外伸距离	纵向:75英尺,横向:+/-15英尺
定员	140人
最大甲板可变载荷(风暴自存工况)	3145吨
最大甲板可变载荷(作业工况)	6850吨
钻井系统大钩载荷	1250短吨
升降系统(齿轮数量)	3×18个齿轮,具备预压载状态升船能力
钻井作业效率	自动排管/Off-line

(3)平台主体结构轻量化设计和桩腿结构优化设计。

(4)平台悬臂梁及钻台优化设计研究。

(5)平台关键系统集成优化及国产化应用技术研究。

(6)平台环保性和舒适性设计技术研究。

(7)平台高效建造技术研究。

(8)平台重量控制技术研究。

(9)桩腿国产化技术研究。

成果形式:

(1)自主品牌自升式平台基本设计图纸、船级社审核报告等。

(2)相关研究报告、试验报告、计算分析报告等。

(3)相关专利、论文、标准和指导性文件。

表21 自升式钻井平台III

最大作业水深	500英尺
适用海洋环境	温和海域+欧洲北海
最大波浪高/周期	24.0m/14s
气隙	24.0m
环境温度	-20~45摄氏度
最大钻井深度	40 000英尺
悬臂梁最大外伸距离	纵向:80英尺,横向:+/-20英尺
定员	150人
最大甲板可变载荷(风暴自存工况)	3 400吨
最大甲板可变载荷(作业工况)	8 350吨
钻井系统大钩载荷	1 250吨
升降系统(齿轮数量)	3×18个齿轮,具备预压载状态升船能力
钻井作业效率	自动排管/Off-line

研究内容：

（1）自升式钻井平台作业环境和适应性研究。

（2）平台总体性能优化研究。

（3）平台主体结构轻量化设计和桩腿结构优化设计。

（4）平台悬臂梁及钻台优化设计研究。

（5）平台关键系统集成优化及国产化应用技术研究。

（6）平台环保性和舒适性设计技术研究。

（7）平台高效建造技术研究。

（8）平台重量控制技术研究。

（9）桩腿国产化技术研究。

成果形式：

（1）自主品牌自升式平台基本设计图纸、船级社审核报告等。

（2）相关研究报告、试验报告、计算分析报告等。

（3）相关专利、论文、标准和指导性文件。

2）自升式作业支持平台

研究目标：

瞄准多功能自升式作业支持平台国内外市场需求和技术发展趋势，采用“平台通用化、功能模块化、接口标准化”的设计理念，开发市场定位清晰、具有当代国际先进水平的自升式作业支持平台，具备助航定位、快速提升、起重作业等功能，最大作业水深为350英尺，平台最大连续升降速度为72米/小时，轻量化起重机起重能力不小于200吨，甲板面积不小于1 600平方米，甲板载荷不小于2 500吨，关键系统和设备配套率90%以上，实现工程示范应用。

研究内容：

（1）多功能作业支持平台通用化及模块化技术研究。

（2）自升式支持平台环境和地质条件适应性技术研究。

（3）平台升降等核心系统模块化标准化系列化设计技术研究。

（4）平台关键系统集成优化及国产化应用技术研究。

（5）关键系统调试验证技术研究。

成果形式：

（1）自升式作业支持平台基本设计图纸、船级社审核报告等。

（2）相关研究报告、试验报告、计算分析报告等。

（3）自升式作业支持平台及关键系统和设备工程示范应用。

（4）相关专利、论文、标准和指导性文件。

（三）水下油气生产系统（一期工程）

1. 工程总目标

以我深海油气田开发为工程背景，系统开展水下生产系统、控制系统、安防系统、铺管系统等的总体设计技术研究，以及水下采油树、混输增压泵、脐带缆、水下阀门、水下作业工具等关键设备的研制，初步形成水下油气生产系统的标准体系。掌握3 000米水深水下生产系统及关键设备设计、制造、测试与安装技术；实现1 500米水深水下生产系统及关键设备产业化。

工程分两期实施，一期目标是：具备500米水深水下油气生产系统及关键设备的工程设计、制造、测试与安装能力，初步实现产业化。二期目标：具备1 500米水深水下油气生产系统及关键设备的工程设计、制造、测试与安装能力，初步实现产业化；掌握3 000米水深水下油气生产系统关键技术。

2. 重点研究方向

2015年前，重点围绕一期目标，开展水下油气生产系统核心技术与设备、水下专用作业设备的研制。重点研究方向如下：

1）水下控制系统与关键设备研发

研究目标：

掌握500米水下控制系统设计、制造、测试与安装技术能力，完成水下控制产品的功能分析、设计要求及总体系统集成技术研究，掌握水下控制模块、水下分配单元的设计、制造、安装技术。

研究内容：

（1）功能分析和设计要求。

（2）系统总体设计、测试和总体系统集成技术研究。

（3）水下控制模块（SCM）设计、制造、测试和安装技术研究。

（4）水下分配单元（SDU）设计、制造、测试和安装技术研究。

成果形式：

（1）水下控制系统方案设计与研究报告。

（2）水下控制产品的功能分析、设计要求及总体系统集成技术研究报告。

（3）水下控制模块产品设计、制造、测试与安装的设计文件、研究报告。

（4）500米可回收式水下控制模块原理样机及全套设计文件。

（5）500米可回收式水下分配单元原理样机及全套设计文件。

2）水下安防系统工程化研制

研究目标：

掌握500米水下安防系统产品设计、制造、测试与安装技术，完成500米水下安防系统的工程样机研制及工程化应用。

研究内容：

（1）水下安防系统设计、制造、测试、安装技术研究。

（2）水下安防系统工程样机研制。

（3）水下安防系统设计、制造与测试标准研究。

成果形式。

（1）水下安防系统设计、制造与测试的设计与研究报告。

（2）以水下设施为中心的500米水下安防系统工程样机。

（3）相关标准研究报告，设计、制造及验收指南，陆上测试报告，压力舱测试报告，海试试验报告。

3）水下混输增压泵研制

研究目标：

掌握适用于1 500米深海环境水下混输增压泵的设计、制造、测试与安装等关键技术，开展相关技术研究和设备研制。

研究内容：

（1）混输增压泵总体方案研究。

（2）混输增压泵压缩单元关键技术研究。

（3）配套大功率水下电机及动力传输系统研究。

（4）均化器结构方案研究。

（5）密封技术研究。

（6）防腐处理措施研究。

（7）冷却及润滑方案研究。

（8）水下控制系统设计技术研究。

（9）混输增压泵测试、安装技术研究。

成果形式：

（1）各种相关技术研究报告，设计指导性文件。

（2）水下混输增压泵系统及关键部件设计图纸、计算书、测试报告等。

（3）水下混输增压泵样机一套。

（4）陆上工厂混输运行试验报告，压力舱试验报告，水池试验报告，相关标准研究报告及设计指南。

4）水下两相湿气流量装置研制

研究目标：

掌握500米水下两相湿气流量装置产品设计、制造、测试与安装技术，完成500米水下两相湿气流量装置工程样机的研制。

研究内容：

（1）水下两相湿气流量装置设计、制造、测试、安装技术研究。

（2）工程样机研制。

（3）水下两相湿气流量装置设计、制造与测试标准研究。

成果形式：

（1）水下两相湿气流量装置产品设计、制造与测试的文件与研究报告。

（2）500米水下两相湿气流量装置工程样机。

（3）陆上混输试验报告、压力舱试验、水下模拟海试。

相关标准研究报告及设计、制造指南。

5）水下阀门工程化研制

研究目标：

掌握500米水深水下阀门及执行机构的设计、制造与测试技术，具备500米水深水下阀门高压舱测试能力，完成500米水深水下阀门工程样机研制及海试。

研究内容：

（1）典型水下阀门（闸阀、球阀）设计、制造与测试技术研究。

（2）水下阀门执行机构的设计、制造与测试技术研究。

（3）水下阀门高压舱测试技术研究。

成果形式：

（1）水下闸阀及执行机构样机及相关支持文件。

（2）水下球阀及执行机构样机及相关支持文件。

（3）5000 磅/平方英寸的6英寸水下闸阀工程样机、2500磅的12英寸水下球阀工程样机各一台。

（4）水下阀门压力舱测试报告、水下阀门海试测试报告。

（5）相关标准研究报告及设计、制造指南。

6）水下工程安全作业仿真测试装备研制及关键技术研究

研究目标：

面向海洋工程大型装备安全作业需求，通过开展海洋工程大型装备作业仿真测试系统技术研究、海洋水动力环境模型及海洋工程大型装备动力学与运动模型研究、海洋工程水下作业风险分析评估与控制技术研究，研制海洋工程水下作业仿真测试系统，以安装、铺管作业为核心，兼顾水下维修等作业，构建一套500米水深水下工程安全作业的方案预演与评估平台。

研究内容：

（1）水下工程安全作业仿真测试装备总体技术研究。

（2）海洋水动力环境模型与海洋工程大型装备建模与仿真研究。

（3）水下工程安全作业风险分析评估与控制技术研究。

（4）水下系统生产运营仿真测试装备研制。

（5）水下工程安全作业仿真测试装备研制。

（6）工程应用示范。

成果形式：

（1）水下工程安全作业仿真测试装备、海洋水动力环境模型与海洋工程大型装备仿真软件系统、水下工程安全作业风险分析评估方法及风险预测分析系统软件、水下生产运营仿真测试系统软件各一套。

（2）典型海洋工程水下安全作业仿真系统评估工程示范。

（3）软件著作权与专利。

7）水下多路液压快速接头及单路液压接头研制

研究目标：

掌握适合500米水深水下采油树控制系统所需多路液压快速接头及液压接头的设计制造关键技术，包括多路液压快速接头及液压接头设计、强度计算、密封、防腐、水下安装、高压测试等，完成多路液压快速接头详细设计和样机研制，多路液压快速接头在额度工作压力下可实现ROV插拔连接，具备工程化应用条件，与国际同类产品技术水平相当。

研究内容：

（1）水下液压接头结构设计、材料开发、密封及测试技术研究。

（2）多路液压快速接头结构设计与测试技术研究。

（3）多路液压快速接头安装技术研究。

成果形式：

（1）相关设计图纸、计算书与研究报告。

（2）多路液压快速接头1:1工程样机及水下液压接头1:1工程样机。

（3）压力舱试验验证报告、海试测试报告。

8）水下湿式电气通用接头及水下电缆小型连接器研制（I期）

研究目标：

掌握适合500米水深，水下生产系统中控制系统所需的水下湿式电接头的设计制造关键技术，以及500米水深不同型号的水下电缆小型连接器设计制造关键技术。

研究内容：

（1）水下湿式电接头研究，包括：水下湿式电接头的总体方案设计技术，以及密封、压力补偿、水下带电插拔、可靠性和疲劳性等多项关键技术；水下湿式电接头的关键零部件制造和产品测试技术；水下湿式电接头产品系列化设计技术，完成多种类多规格工程样机研制。

（2）水下电缆小型连接器研究，包括：水下电缆小型连接器设计技术、可靠性技术；水下电缆小型连接器样机研制；水下电缆小型连接器电路性能、耐高压和密封性测试技术。

成果形式：

（1）水下湿式电接头及水下电缆小型连接器相关设计图纸、计算书、研究报告。

（2）三种类型共9个规格的水下湿式电接头1:1尺寸工程样机、水下电缆小型连接器（干式）1:1尺寸工程样机。

（3）制造、测试文件与及验证试验（包括外压测试）报告、专利、论文。

（9）水下通用仪控部件研制（I期）

研究目标：

掌握500米水深水下温压变送器设计、制造、测试及安装技术，深海电液控制阀研制设计、制造、测试及安装技术，以及水下仪表阀及其配套工具研制设计、制造、测试及安装技术。

研究内容：

（1）深海温压变送器研制。

（2）深海电液控制阀研制。

（3）水下仪表阀及其配套工具研制。

成果形式：

（1）温压变送器工程样机及相关设计文件、报告。

（2）一台10 000磅/平方英寸的1英寸水下仪表闸阀及其配套工具工程样机及相关设计文件、报告。

（3）三个规格的水下电液控制阀1:1尺寸工程样机及相关设计文件、报告；专利、论文。

10）水下控制系统对接盘、锁紧机构研制

研究目标：

针对500米水深水下控制系统的需求，突破深水环境下深水控制系统对接盘、锁紧机构的设计、制造、测试关键技术，完成500米深水控制系统对接盘、锁紧机构工程样机的研制。

研究内容：

(1)研究水下控制模块上、下对接盘多路高低压接头(12路)、电气接头(2路)水下同步对接和解脱方法；

(2)研究方便ROV水下操作的对接盘锁机构，完成水下控制模块上、下对接盘、锁紧机构设计及制造。

成果形式：

(1)对接盘、锁紧机构相关设计图纸、计算书与研究报告。

(2)1:1尺寸工程样机。

(3)压力舱试验验证报告、水池测试报告、专利。

二、特种作业装备

(一)500米水深油田生产装备TLP自主研发

研究目标：

瞄准我国海洋油田开发现实需求，满足恶劣海洋环境条件，开展500米水深TLP生产平台总体设计技术、建造技术、安装及调试关键技术研究，完成500米水深TLP平台的自主开发和工程化应用。

研究内容：

(1)500米水深TLP平台基本设计技术研究，包括：设计环境条件及总体方案、平台工艺流程设计、运动性能数值预报及模型试验、平台主体结构设计和分析、立管系统与立管张紧装备设计关键技术、张力筋腱系统设计关键技术、TLP锚固基础设计分析技术、系统集成及集成控制设计研究；

(2)500米水深TLP平台建造技术及关键设备安装调试技术研究，包括：关键建造工艺、关键设备安装调试技术研究。

成果形式：

(1)完成500米水深TLP平台基本设计、详细设计，设计图纸通过船级社审查。

(2)相关技术研究报告、计算书、试验报告。

(3)相关专利及TLP平台设计、建造和调试指导性文件和相关标准研究报告。

(二)10万吨级半潜工程船自主研发

研究目标：

结合海洋工程运输和安装的需要，开发一型具备载重量大、定位能力强、下潜安全迅速、经济环保等特点的10万吨级半潜工程船，掌握设计建造关键技术；完成基本设计并通过相关船级社审查，承接工程订单。

研究内容：

(1)船型及总体方案论证研究。

(2)结构设计技术研究。

(3)推进器配置和动力定位能力分析技术研究。

(4)快速压载及调载系统设计技术研究。

(5)大功率电站系统设计技术研究。

(6)半潜工程船建造及调试技术研究。

成果形式：

(1)完成基本设计并通过船级社审查，主要技术性能指标达到并超过国外同类船型；

(2)相关技术研究报告、计算书、试验报告。

(3)相关专利及设计、建造与调试作业指导性文件。

(三)3 000米深潜水作业支持船自主研发

研究目标：

针对深海油气开采的技术需求，开展深潜水多功能作业支持船的研发，具备3 000米潜水作业支持、DP-3动力定位、深水起重、多种(S型、J型、flex型和reel型)铺管能力，掌握设计、建造、安装调试关键技术，具备自主开发能力，总体性能指标达到国际先进水平，承接工程订单。

研究内容：

（1）3 000米深潜水作业支持的安全高效船型总体设计。

（2）水动力性能分析与性能优化。

（3）饱和潜水与深水ROV选型设计与作业支持技术。

（4）深水多功能水下作业系统的综合布置优化。

（5）关键区域结构优化设计与分析。

（6）减振降噪与舒适性设计技术研究。

（7）自动化系统设计与安装调试。

成果形式：

（1）深潜水多功能作业支持船基本设计、详细设计图纸，并通过船级社审查。

（2）相关技术研究报告、制造安装调试工艺文件、相关专利。

（四）海工装备建造专用大型超吊高浮吊船自主研发

研究目标：

针对典型海工装备建造特点，通过开展海工装备建造专用浮吊船的总体方案、起重机主要功能参数和使用特点研究，掌握160米超吊高、3 000吨大起重量浮吊船的关键技术，开发出拥有自主知识产权的专用浮吊船型，承接工程订单。

研究内容：

（1）超吊高、大起重量浮吊船船型总体设计技术研究。

（2）超吊高、大起重量、大工作幅度、特殊主辅臂架专用起重机设计技术研究。

（3）起重机新型机构驱动方式及整体安装方法研究。

（4）起重机高大臂架结构风浪激振分析及安全性研究。

（5）大型起重机建造工艺技术研究。

成果形式：

（1）完成基本设计和详细设计，并通过船级社审核。

（2）大型起重系统设计通过船级社审核，功能通过样机测试。

（3）相关技术研究报告和工艺文件、计算书、试验报告、相关专利。

三、关键系统和设备

（一）浮式钻井补偿系统研制

研究目标：

掌握深水浮式钻井补偿系统设计制造关键技术，完成工程样机研制。

研究内容：

（1）钻井升沉补偿绞车设计研究。

（2）天车型钻柱升沉补偿装置技术研究。

（3）液缸式隔水管张紧装置技术研究。

成果形式：

（1）天车型钻柱升沉补偿装置、升沉补偿绞车、液缸式隔水管张紧装置的设计图纸、计算书及相关技术报告。

（2）1 000马力钻井升沉补偿绞车的工程样机，天车型钻柱升沉补偿装置、液缸式隔水管张紧装置原理样机，获得船级社认可。

（3）相关测试及试验报告、专利。

（二）海洋大功率往复式压缩机研制

研究目标：

开展海洋大功率往复式压缩机设计、制造、测试试验与安装等关键技术研究，掌握核心技术，形成我国海洋大功率往复式压缩机设计制造能力。

研究内容：

（1）海洋大功率往复式压缩机总体方案及设计技术研究；

（2）高速条件下运动副平衡技术及关键零件疲劳寿命分析研究；

（3）耐高压气缸及密封技术研究；

（4）机组材料选择及防腐蚀技术研究；

（5）管道系统气流脉动分析技术研究；

（6）海洋大功率往复式压缩机减振降噪技术研究。

（7）压缩气高效冷却技术研究。

（8）海洋压缩机组智能控制技术研究。

成果形式：

（1）海洋大功率往复式压缩机设计图纸、研究报告、试验报告。

（2）海洋大功率往复式压缩机工程样机一台。

（3）海洋大功率往复式压缩机设计与制造技术标准研究报告、相关专利。

（三）高性能大型拖缆机关键技术及核心部件研制

研究目标：

满足深海工程装备发展需要，采用数字样机设计、智能制造以及新材料技术，开展高性能大型拖缆机设计开发，及低压大功率马达等核心部件的研制，形成深海拖缆机产品体系和技术规范，实现600吨级大型拖缆机自主制造能力。

研究内容：

（1）高性能大型拖缆机及其配套的低压大功率马达等核心部件关键技术研究。

（2）大型拖缆机数字样机设计技术研究。

（3）850千瓦低压马达、泵等关键部件研制及实船应用研究。

（4）大功率低压马达、泵核心部件的系列化设计开发。

成果形式：

（1）600吨级大型拖缆机用850千瓦低压马达、泵样机。

（2）相关设计图纸及计算书、说明书、试验大纲、研究报告等。

（3）关键技术研究报告、技术规范与专利。

（四）FPSO失效数据库及风险评估系统研发

研究目标：

在借鉴国外海洋工程风险数据库的基础上，针对我国FPSO的特点，重点研究FPSO的四大主要风险源、风险成因、致灾机理及防损措施，系统掌握FPSO风险评估技术和基于风险的设计方法，开发具有自主知识产权的FPSO失效数据库和FPSO风险评估软件，结合失效数据库、风险评估系统形成基于风险的FPSO结构设计技术并应用于目标FPSO，找出重大安全隐患，以避免FPSO前期失误导致的错误和运营期间的重大损失。

研究内容：

（1）FPSO风险辨识技术研究。

（2）FPSO失效数据库设计及研发。

（3）FPSO风险评估方法研究。

（4）FPSO风险评估系统设计及研发。

（5）基于风险的FPSO设计技术研究。

（6）FPSO重大风险监测系统设计。

成果形式：

（1）FPSO失效数据库、风险评估系统、风险监测系统各1套。

（2）一套基于爆炸、碰撞等风险的FPSO结构设计指南。

（3）FPSO失效数据库及风险评估系统说明书、软件使用手册、测试报告等；示范应用报告；专利、软件著作权及论文。

（编写：王 静 周长江 张广浩 栗超群 李 威）

第十章　国际合作与交流

第十四届中国国际石油石化技术装备展览会

第十四届中国国际石油石化技术装备展览会（CIPPE）于2014年3月19日至21日在北京举行，展会面积超过90 000平米。本届展会有美国、德国、英国、法国、加拿大、挪威、意大利、俄罗斯、韩国、丹麦等12大国家展团，国际化比例达到35%以上。德国展团面积增加了50%。美国展团面积比以往增加了30%。

国际著名参展企业包括俄油、GE、贝克休斯、国民油井、斯伦贝谢、卡麦龙、施耐德、霍尼韦尔、API、卡特彼勒、康明斯、MTU、泰科、赫普等。国内知名参展企业包括中石油装备展团、中石化石油工程机械有限公司、中海油、中国船舶、中船重工、中集来福士、南阳二机、宏华、烟台杰瑞、山东科瑞、山东骏马、胜利高原、上海神开、华北荣盛、天津立林等。本届展会中，总计有沙特阿拉伯国家石油公司、壳牌、道达尔、俄气、俄油、巴西石油等160余个国内外专业采购团赴现场参观。

展览会作为行业的风向标，充分演绎了石油装备业的“热点”。贝克休斯、国民油井华高、中石化石油工程机械、杰瑞集团、四川宏华、南阳二机、山东科瑞、上海神开等众多展商推出钻机、压裂车组、井下设备等页岩气勘探开发装备。伴随着巨大的市场需求，众多国际石油巨头与国内知名企业也在展会上全面展示了页岩气装备的。其中很多技术装备均为在中国首次亮相。

在各国加强海洋油气开发的背景下，海洋工程装备也成为关注的重点。本次展会，海工装备企业比例接近40%。赫普、盖茨、霍尼韦尔、中海油、中国船级社、中国船舶、中船重工、中集来福士、宏华、振华重工等企业均参加了展会。

2014 中国海洋油气水下技术国际峰会

2014 中国海洋油气水下技术国际峰会于2014年4月9日至10日在上海国际展览中心举办。峰会吸引了来自20多个国家和地区的供应商参展，通过展示国内外顶尖技术、设备，推动中国、亚洲乃至全球在海洋资源开发利用、海洋生态环境保护、海洋石油天然气勘探、海洋工程及海洋监测等领域的学术研究、信息交流和国际合作。

第 5 届中国国际船舶工业博览会

第5届中国国际船舶工业博览会于2014年4月9日至11日在南京国际博览中心举办。博览会展览面积为24 000平方米，汇聚600家中外展商参展，20 000名海内外专业观众到会洽谈。

博览会重点展示了船舶产业升级改造、产业链优化、信息化等方面的重点技术与产品。各类绿色环保船舶、特种船、工作船、游艇、渔船及与之配套的动力推进、通讯、自动化系统等在展会上大放异彩。另外，本届博览会新增“航运展区”，通过展览与论坛加强航运公司、船舶经纪、船舶修造、港口、金融、外贸领域的合作交流。

2014 中国（南京）国际海洋工程与石油天然气技术装备展览会

2014中国国际海洋工程与油气技术展览会（OTE）于5月15至17日在南京国际博览中心举行。展会展出面积20 000平米，参展企业总数达到476家。其中境外参展企业达58家（占展商总数的12%）。

展会重点展示了国内外高端创新技术，包括海洋油气资源勘探、开发、储运、加工、管理，以及为海洋工程平台和作业船配套的关键配套设备与系统。

展会吸引了来自荷兰、美国、德国、法国、芬兰、丹麦、土耳其、日本、韩国、俄罗斯等境外展商。Van der Leun、Bakker、SafeTmade、CSI、Winmag、Bierens、Neway Oil、DESMI 、WASI、Kamat、Afriso、Terex、Dassaul、3C TAEYANG、FSUE CRISM等境外品牌携最新技术参展，参展的高新技术、高附加值、绿色环保产品比例进一步提高。

2014 中国（北京）国际海洋工程与技术装备展览会

2014中国（北京）国际海洋工程与技术装备展览会（OTES 2014）于2014年5月26日至28日在中国国际展览中心举行。展览会汇聚了来自奥地利、比利时、加拿大、中国、捷克共和国、丹麦、芬兰、法国、德国、希腊、香港特别行政区、以色列、意大利、日本、韩国、荷兰、新西兰、挪威、葡萄牙、巴拿马、罗马尼亚、俄罗斯、新加坡、西班牙、瑞典、瑞士、台湾地区、土耳其、阿拉伯联合大公国、英国等31个国家和地区的企业300余家，与会参观人数达8 000余人，并得到了行业内多家协会、学会、科研院校及海内外100余家知名媒体的支持合作与报道。

作为海工领域世界创新、亚洲首屈一指的国际性专业展会，OTES 2014通过展示国内外顶尖技术、装备，推动了中国、亚洲乃至全球在海洋资源开发利用、海洋生态环境保护、海洋石油天然气勘探、海洋工程及海洋监测等领域的学术研究、信息交流和国际合作。

2014 中国海洋工程国际研讨会召开

2014中国海洋工程国际研讨会（COES 2014）于2014年7月9日至10日在北京召开。大会以“迈向深海——海洋工程业面临的全球挑战与本土视角”为主题，在总体能源需求背景下，邀请行业专家和政府机构对关于海洋工程业的政策与升级方案进行全面分析和解读。另外，大会也探讨了深水区域特殊的自然环境和复杂的油气储藏条件使我国深水油气开发在钻采、开发工程、建造等方面面临诸多技术难题，如何应对；对中国海洋工程业有何要求等等诸多问题。

第二届上海国际海洋技术与工程设备展览会

第二届上海国际海洋技术与工程设备展览会（OI China 2014）于2014年9月3日至5日在上海国际展览中心举办。OI China 2014吸引了来自20多个国家和地区的供应商参展，通过展示国内外顶尖技术、设备，推动中国、亚洲乃至全球在海洋资源开发利用、海洋生态环境保护、海洋石油天然气勘探、海洋工程及海洋监测等领域的学术研究、信息交流和国际合作。另外，OI China 2014展会现场新增了海洋可再生能源专区，是本次展会的一大亮点。

中国国际海洋工程发展论坛暨外高桥造船论坛

“2014中国国际海洋工程发展论坛暨外高桥造船论坛”于2014年10月18日在上海外高桥船厂举办。论坛在上海市经济和信息化委员会的支持下，由中国船舶工业集团、上海外高桥造船有限公司、上海市船舶与海洋工程学会主办，长兴海洋装备产业基地开发有限公司协办。本次论坛的主题为“拓宽海洋经贸合作，引领多元转型升级”。与会嘉宾就当前国际船舶及海洋工程市场的发展趋势，以及如何利用上海作为中国经济发展前沿阵地的优势展开了广泛的交流和深入的讨论，共同探寻船舶及海洋工程制造发展的未来之路。

中国大连国际海事展览会

2014中国大连国际海事展览会于2014年10月21日至24日在大连世界博览广场举行。展会围绕“打造国际海事展会中国品牌”的目标，结合目前船舶市场结构调整，化解造船产能过剩，促进海洋产业健康发展，确定了“依托国际海事盛会，助力海洋强国建设”的主题。

本届展会设立的展区涉及“船舶与配套、海洋工程、海事服务、海洋开发、港口航运”等五大领域；举办的论坛涵盖“海洋与船舶科学技术、国际海洋工程、国际航运、北方机务”等四方面内容；组织策划了“国际船级社大会、国际船东机务大会、海事大讲堂、新闻沙龙、船厂对接、校友联谊、商务考察”等七项丰富多彩的展会活动，许多内容和形式在国内外海事展览会中是首次推出的。展会吸引了包括中国船舶重工集团公司、中国船舶工业集团公司及其所属的大中型船厂在内的国内外参展企业共400余家，展览面积2.3万平方米。

国际滨海海工产业发展与创新论坛

首届“国际（滨海）海工产业发展与创新论坛”于2014年11月5日至6日在天津市滨海新区召开。论坛由北京大学、天津市滨海人民政府、美国国际海洋工程师协会主办，中国区域科学协会承办；依托天津（滨海新区）独特的区位优势和产业发展政策，构建国际联合的“海洋工程产业与科技创新平台”。来自美国、欧洲、东南亚等等国家和地区的产业、科研、政府等40多家单位的专家100多人参加了本次论坛，共同促进海洋工程产业、科技、金融、服务等各方深度合作，提升海工产业的创新力和国际竞争力。

2014 FPSO设计与技术国际大会

2014 FPSO（浮式生产储卸油装置）设计与技术国际大会于2014年11月26至27日在大连召开。大会汇聚了包括油田开发商、FPSO业主、运营商、船厂与承包商在内的FPSO专业人士，共同分享对FPSO产业的深度见解，并就FPSO设计与改装、系泊系统、破冰技术、船队管理、分类管理、浮式液化天然气新技术等热点话题开展对话，帮助与会代表们解决其关于运营、船队与资产完整性管理策略方面的问题。

2014中国（北京）国际海洋石油天然气技术技术大会暨展览会

2014中国（北京）国际海洋石油天然气技术大会暨展览会（CIOTC 2014）于2014年12月2至4日在中国北京国际会议中心举办。CIOTC已发展成为中国最专业的海洋油气行业例会，于每年下半年在中国北京举办。第四届CIOTC由工业和信息化部、国家能源局指导，中国海洋石油总公司、中国石油天然气集团公司和中国石油化工集团公司为战略协合作单位，中国石油学会、中国船舶工业行业协会、中国石油和化学工业联合会、德国易能集团和北京美沙会展有限公司联合举办。

CIOTC 2014围绕海洋油气领域展开，涵盖海洋油气开发的创新技术与设备，由一场破冰主论坛、12场专业技术分论坛，以及高端技术装备展览会构成，旨在为海洋油气产业提供全套行业分析、政策指导、技术解决方案、新产品发布的全方位交流平台。另外，展会划分了4个主题展区，分别是：国际油公司/国家油公司展区、油气田服务展区、海工装备展区和石油设备及配套展区。CIOTC 2014吸引了260余家的企业参展，总计与会观众达19 000余名。

（编写：王　静　周长江　张广浩　栗超群　李东亮）

第十一章　2014-2015年全球海洋工程装备产业数据

2014年7月全球海洋工程装备成交情况

一、油气钻采装备成交情况

表22　钻井装备成交一览表(2014年6月16日-2014年7月15日)

装备类型		数量	单价/亿美元	装备制造商		装备订购商
钻井装备	自升式钻井平台	2	共计3.984	振华重工	中国	KS Drilling
生产装备	FLNG改装	1		Keppel Shipyard	新加坡	Golar LNG
	FPSO改装	1		Keppel Shipyard	新加坡	Armada Kraken
	生产平台	1	共计7	现代重工	韩国	Hess Exploration and Production Malaysia B.V 公司
	气体中央处理平台	1				
其他设备	FOSO模块	2		大船重工	中国	GE公司
	井口平台EPCIC合同	2	4.15	SapuraKencana Petroleum	马来西亚	Carigali-PTTEPI Operating Company
	自航自升式多功能服务平台	1	0.56	江苏大津重工	中国	Centaur Marine
	自升自航式修井船	2		Triyards	新加坡	

二、海洋工程船舶成交情况

表23　辅助船舶等装备部分订单(2014年6月16日-2014年7月15日)

装备类型	数量	单价/亿美元	装备制造商		装备订购商
自卸船	1+4	0.2305/艘	润邦海洋和润邦船舶	中国	CorretajeMaritimoSudAmericanoInc.(CMSA)
平台供应船	1		福建马尾造船	中国	中石化上海海洋石油局
三用工作船	1		江苏镇江船厂	中国	上海打捞局
潜水维修支援船	2	约0.4	Grandweld船厂	阿联酋	阿布扎比国家石油公司(ADNOC)
平台供应船	2	共计0.86	VARD船厂	挪威	Nordic American Offshore(NAO)
居住工作驳船	2	总计0.84	Nam Cheong	马来西亚	Perdana Petroleum
半潜船	2		青岛武船	中国	信群集团
平台供应船	3		Nam Cheong	马来西亚	Maridiveand Oil Services
居住工作驳船	1		Nam Cheong	马来西亚	Maridiveand Oil Services
饱和潜水支援/海上施工船	1	近2	振华重工	中国	Toisa
锚拖供应船	6		东南造船厂	中国	Vroon Offshore Services
半潜式起重运输船	6	至少1/艘	台船	中国台湾	FALCON集团
平台供应船	4		达门造船	荷兰	Atlantic Towing
半潜式起重运输船	1		广船国际	中国	中远航运(香港)
居住船	1	0.325	马尾造船	中国	EOC
平台供应船	2		广东中远船务	中国	Vroon Offshore Services
平台供应船	2		Wilson Sons	巴西	荷兰Damen造船

2014年8月全球海洋工程装备成交情况

一、油气钻采装备成交情况

表24 钻井装备成交一览表(2014年7月16日-2014年8月15日)

装备类型		数量	单价/亿美元	装备制造商		装备订购商
生产装备	FPSO改装	2	4.83	胜宝旺船厂	中国	Saipem
其他装备	自升式海工平台	10	约16	中船重工	中国	东方华晨集团
	生活平台	1		南通中远船务	中国	Teekay Offshore Partners LP
	自升自航式修井船	1	总价值1.1	Nakilat-Keppel Offshore & Marine	卡塔尔	Gulf Drilling International

二、海洋工程船舶成交情况

表25 辅助船舶等装备部分订单(2014年7月16日-2014年8月15日)

装备类型	数量	单价/亿美元	装备制造商		装备订购商
溢油回收船	2+2		芜湖新联造船	中国	新加坡船东
平台供应船	1		VARD船厂	挪威	E.R.Offshore
居住船	2+2	约0.36/艘	厦船重工	中国	EOC
住宿驳船	1		舟山中远船务	中国	
半潜船	1		黄埔文冲	中国	中远航运

（续表）

装备类型	数量	单价/亿美元	装备制造商		装备订购商
溢油回收船	1		紫金山船厂	中国	南京油运
多用途支援船	2		Kleven Maritime	挪威	IES Pioneer
三用工作船	3		太平洋造船	中国	华威近海船舶
平台供应船	2		太平洋造船	中国	华威近海船舶
高速船员船	3		Baku船厂	阿塞拜疆	阿塞拜疆国家里海船运
生活驳船	1		舟山中远船务	中国	BAOS PROVIDER LTD
深水挖沟多功能工程船	1	约2.3			深圳海油工程水下技术
锚拖供应船	2		南通通顺船舶	中国	Pacific Radiance
多用途油田支援船	1		东方造船	美国	Harvey Gulf International Marine
海洋工程支持船	3		太平洋造船	中国	NavieraPetrolera Integral S.A. de C.V.
海洋工程支持船	4		太平洋造船	中国	Vallianz Holdings Limited
半潜船	1		广船国际	中国	广州中远航运
海底作业潜水支援船	1		马尾造船厂	中国	Tasik Subsea
多用途平台供应船	4		Tersan造船厂	土耳其	Troms Offshore Supply
海底支援船	4+2	总计超过4.7	大连中远船务	中国	Maersk Supply Service

2014年9月全球海洋工程装备成交情况

一、油气钻采装备成交情况

表26　钻井装备成交一览表(2014年8月16日-2014年9月15日)

装备类型		数量	单价/亿美元	装备制造商		装备订购商
钻井装备	半潜式钻井平台	4	总计约3.2	宏华海洋	中国	Orion Engineering and Management Limited
	自升式钻井平台	1		上海外高桥造船	中国	中国船舶(香港)航运租赁有限公司
	自升式钻井平台	1		黄埔文冲	中国	Alliance Offshore Drilling
生产装备	FPSO改装	1		Bumi Armada	马来西亚	Eni Angola S. p. A.

二、海洋工程船舶成交情况

表27　辅助船舶等装备部分订单(2014年8月16日-2014年9月15日)

装备类型	数量	单价/亿美元	装备制造商		装备订购商
多用途重吊船	8		泰州三福船舶	中国	Nordana
甲板驳	1		舟山五洲船舶	中国	Guangdong Sunrise Shipping
平台供应船	1				
平台供应船	4+4		武船重工	中国	Otto Marine
平台供应船	1		Vard Holdings	挪威	NordmoonSchiffharts
三用工作船	2		福建东南造船厂	中国	Vroon Offshore Services
潜水支持施工船	1	近2	振华重工	中国	Ultra Deep Solutions Ltd
海底岩石安放船	1		太平洋造船	中国	Van Oord

2014年10月全球海洋工程装备成交情况

一、油气钻采装备成交情况

表28 钻井装备成交一览表(2014年9月16日–2014年10月15日)

装备类型		数量	单价/亿美元	装备制造商		装备订购商
钻井装备	自升式钻井平台	1+2		吉宝远东船厂	新加坡	Gulf Drilling International (GDI)
	自升式钻井平台	2		外高桥造船	中国	蓝色海洋钻井
生产装备	FPSO改装	1	6.96	Jurong造船厂	新加坡	Odebrecht Oil & Gas
	FPSO改装	1		Keppel Shipyard	新加坡	Armada Cabaca
其他设备	自升自航式修井船	1	约0.505	Triyards	新加坡	
	自升自航式修井船	1	0.56			Swissco Holdings
	圆筒型半潜式海上生活平台	1		南通中远船务	中国	Teekay Offshore Partners

二、海洋工程船舶成交情况

表29 辅助船舶等装备部分订单(2014年9月16日–2014年10月15日)

装备类型	数量	单价/亿美元	装备制造商		装备订购商
浮式住宿船	1		启东中远海工	中国	
海工支援船	7	总计约1.364	COASTAL离岸(纳闽)	马来西亚	Thaumas海事有限公司
高速海洋工程船	2		达门造船	荷兰	SeaZip Offshore Service
海洋工程船	1	约0.459	Vard Holdings	新加坡	Island Offshore
三用工作船	3		武船重工	中国	中海油服

2014年11月全球海洋工程装备成交情况

一、油气钻采装备成交情况

表30　钻井装备成交一览表(2014年10月16日-2014年11月15日)

<table>
<tr><th colspan="2">装备类型</th><th>数量</th><th>单价
/亿美元</th><th colspan="2">装备制造商</th><th>装备订购商</th></tr>
<tr><td rowspan="4">钻井装备</td><td>自升式生活平台</td><td>2</td><td></td><td>振华重工</td><td>中国</td><td>阿联酋国家石油工程公司</td></tr>
<tr><td>半潜式钻井平台</td><td>1</td><td>3.2</td><td>宏华海洋</td><td>中国</td><td>Jas Marine</td></tr>
<tr><td>自升式钻井平台</td><td></td><td>2.4</td><td>Keppel FELS</td><td>新加坡</td><td>BOT Lease</td></tr>
<tr><td>自升式钻井平台</td><td></td><td>2.4</td><td>PPL造船厂</td><td>新加坡</td><td>BOT Lease</td></tr>
<tr><td rowspan="2">生产装备</td><td>LNG-FSRU</td><td>1</td><td></td><td>现代重工</td><td>韩国</td><td>Hoegh LNG</td></tr>
<tr><td>浮式生产装置</td><td>1</td><td rowspan="2">总计约7</td><td rowspan="2">三星重工</td><td rowspan="2">韩国</td><td>Royal Dutch Shell</td></tr>
<tr><td rowspan="4">其他装备</td><td>海洋平台</td><td>1</td><td></td></tr>
<tr><td>张力腿井口平台</td><td>1</td><td></td><td>现代重工</td><td>韩国</td><td>Maersk Supply Service</td></tr>
<tr><td>自升式钻井平台</td><td>2</td><td>3.65</td><td>Lamprell</td><td>阿联酋</td><td>National Drilling Company(NDC)</td></tr>
<tr><td>(固定式海上平台等)EPC合同</td><td>4</td><td>19.11</td><td>现代重工</td><td>韩国</td><td>ADMA-OPCO</td></tr>
</table>

二、海洋工程船舶成交情况

表31　辅助船舶等装备部分订单(2014年10月16日-2014年11月15日)

<table>
<tr><th>装备类型</th><th>数量</th><th>单价
/亿美元</th><th colspan="2">装备制造商</th><th>装备订购商</th></tr>
<tr><td>风电安装船</td><td>1</td><td></td><td>振华重工</td><td>中国</td><td>中交三航局</td></tr>
<tr><td>三用工作船</td><td>12</td><td>1.86</td><td>Nam Cheong</td><td>马来西亚</td><td>Bumi Armada</td></tr>
<tr><td>三用工作船</td><td>6+4</td><td></td><td>Kleven Maritime</td><td>挪威</td><td>Maersk Supply Services</td></tr>
<tr><td>快速船员供应船</td><td>2</td><td></td><td>达门造船</td><td>荷兰</td><td>Naviera Integral</td></tr>
<tr><td>深水矿产勘探船</td><td>1</td><td></td><td>Kleven Maritime</td><td>挪威</td><td>De Beers Marine Namibia</td></tr>
<tr><td>三用工作船</td><td>2</td><td>约0.57</td><td>Muhibbah Marine Engineering</td><td>马来西亚</td><td>JasaMerin</td></tr>
</table>

2014年12月全球海洋工程装备成交情况

一、油气钻采装备成交情况

表32　钻井装备成交一览表(2014年11月16日–2014年12月15日)

<table>
<tr><th colspan="2">装备类型</th><th>数量</th><th>单价
/亿美元</th><th colspan="2">装备制造商</th><th>装备订购商</th></tr>
<tr><td rowspan="5">钻井装备</td><td>半潜式钻井平台</td><td>2+4</td><td></td><td>中集来福士</td><td>中国</td><td></td></tr>
<tr><td>半潜式生活平台</td><td>1</td><td></td><td>中集来福士</td><td>中国</td><td>C. Helios Limited</td></tr>
<tr><td>半潜式辅助钻井平台</td><td>1+3</td><td></td><td>大船海工</td><td>中国</td><td>Upstream Drilling</td></tr>
<tr><td>自升式钻井平台</td><td>1</td><td></td><td>惠蓬海洋</td><td>中国</td><td>招商局重工</td></tr>
<tr><td>自升式钻井平台船</td><td>1+1</td><td></td><td>Uljanik</td><td>克罗地亚</td><td>DEME</td></tr>
<tr><td>生产装备</td><td>FPSO</td><td>1</td><td></td><td>MODEC</td><td>日本</td><td>巴西国家石油公司</td></tr>
</table>

二、海洋工程船舶成交情况

表33　辅助船舶等装备部分订单(2014年11月16日–2014年12月15日)

装备类型	数量	单价 /亿美元	装备制造商		装备订购商
供应船	1		Besiktas	土耳其	Myklebusthaug
溢油回收船	5	1.3	达门造船	荷兰	Compagnie Maritime Monegasque
油田守护船	1	2.45	现代重工	韩国	ONGC

2015年1月全球海洋工程装备成交情况

一、油气钻采装备成交情况

表34 钻井装备成交一览表(2014年12月16日-2015年1月15日)

装备类型		数量	单价/亿美元	装备制造商		装备订购商
钻井装备	自升助航式作业平台	1+1		招商局重工	中国	TYM Group
	半潜式钻井平台	1		中集来福士	中国	Beacon Pacific Group Ltd
	自升式钻井平台	1		中集来福士	中国	中石化
	自升式海工辅助平台	3	约1.77	武汉船机	中国	QMS1公司
生产装备	FLNG	1		惠生海洋	中国	EXMAR
	FLNG改装		7.05	Keppel Shipyard	新加坡	GolarGimi公司
其他设备	FPSO上层建筑模块	10		Dyna-Mac	新加坡	BW Offshore
	多功能服务型平台	1		Keppel Singmarine	新加坡	N-KOM

二、海洋工程船舶成交情况

表35 辅助船舶等装备部分订单(2014年12月16日–2015年1月15日)

装备类型	数量	单价/亿美元	装备制造商		装备订购商
海底施工船	1		Vard Holdings	挪威	Farstad Shipping
海上风电场服务船	1		哈佛船厂	挪威	ESVAGT
三用工作船	1		Nam Cheong	马来西亚	Vroon
平台供应船	1		Nam Cheong	马来西亚	EA Temile Development Company
多功能服务平台	2	0.754	Triyards	新加坡	
多用途重吊船	4+2		沪东中华 上海船厂	中国	中远航运
三用工作船	1		Keppel Singmarine	新加坡	Seaways
快速供应船	2		Swiftships	美国	Rodi Marine Services
交通巡井船	1		同方江新造船	中国	中石化胜利油田
三用工作船	16		武船重工	中国	
风电场服务运营船	2		Ulsterin	挪威	WINDEA Offshore
多用途平台供应船船	1	约2	Keppel Singmarine	新加坡	New Orient Marine

2015年2月全球海洋工程装备成交情况

一、油气钻采装备成交情况

表36 钻井装备成交一览表(2015年1月16日-2015年2月15日)

装备类型		数量	单价/亿美元	装备制造商		装备订购商
其他设备	气田软管系统	2		Technip	法国	Stone Energy
	EPMA合同	1	约5.8	Aker Solutions	挪威	Statoil

二、海洋工程船舶成交情况

表37 辅助船舶等装备部分订单(2015年1月16日-2015年2月15日)

装备类型	数量	单价/亿美元	装备制造商		装备订购商
多用途工作船	1		Uljanik	克罗地亚	DEME
自航自升式船	1		La Naval	西班牙	DEME
三用工作船	4		广新海事重工	中国	中海油服
快速船员供应船	1		达门造船	荷兰	Van Oord
海上施工船	1		TAS Offshore	马来西亚	
三用工作船	2				
油田守护船	6		振华重工	中国	中海油服
风电场支援船	1		CIG Shipbuilding	荷兰	Acta Marine

2015年3月全球海洋工程装备成交情况

一、油气钻采装备成交情况

表38 钻井装备成交一览表(2015年2月16日–2015年3月15日)

<table>
<tr><th colspan="2">装备类型</th><th>数量</th><th>单价/亿美元</th><th colspan="2">装备制造商</th><th>装备订购商</th></tr>
<tr><td rowspan="2">其他设备</td><td>钻井平台模块</td><td>1</td><td>约10.54</td><td>Aibel</td><td>挪威</td><td></td></tr>
<tr><td>水下工程</td><td>1</td><td></td><td>Technip</td><td>法国</td><td>Total E&P</td></tr>
</table>

二、海洋工程船舶成交情况

表39 辅助船舶等装备部分订单(2015年2月16日–2015年3月15日)

<table>
<tr><th>装备类型</th><th>数量</th><th>单价/亿美元</th><th colspan="2">装备制造商</th><th>装备订购商</th></tr>
<tr><td>海工支援船</td><td>2</td><td>约0.54</td><td>Coastal Contracts</td><td>马来西亚</td><td></td></tr>
<tr><td>居住船</td><td>1</td><td rowspan="2">总计约0.58</td><td rowspan="2">Nam Cheong</td><td rowspan="2">马来西亚</td><td>Marco Polo Marine</td></tr>
<tr><td>三用工作船</td><td>1</td><td>Topaz Energy & Marine</td></tr>
<tr><td>IMR海工船</td><td>1</td><td></td><td>NorYardsFosen</td><td>挪威</td><td>BOA IMR AS</td></tr>
<tr><td>多用途供应船</td><td>2</td><td></td><td>Triyards</td><td>新加坡</td><td>Ocean Energy Ventures</td></tr>
</table>

2015年4月全球海洋工程装备成交情况

一、油气钻采装备成交情况

表40 钻井装备成交一览表(2015年3月16日-2015年4月15日)

装备类型		数量	单价/亿美元	装备制造商		装备订购商
钻井装备	钻井平台	12		俄罗斯远东红星造船厂	俄罗斯	俄罗斯石油公司
其他设备	自升式碎石桩海洋施工平台	1	约0.13	上海佳豪	中国	中交二航局
	自升自航式修井船	1		Triyards	新加坡	

二、海洋工程船舶成交情况

表41 辅助船舶等装备部分订单(2015年3月16日-2015年4月15日)

装备类型	数量	单价/亿美元	装备制造商		装备订购商
勘探船(改装)	1		Nauplius Workboats	荷兰	De Vries& Van de Wiel
半潜式起重船	1		裕廊船厂	新加坡	Heerema Offshore Services
平台供应船	2		达门造船	荷兰	LATC Marine
快速供应船					
自航式重吊起重船	2		南通润邦海洋	中国	Royal IHC

2015年5月全球海洋工程装备成交情况

一、油气钻采装备成交情况

表42　钻井装备成交一览表(2015年4月16日–2015年5月15日)

装备类型		数量	单价/亿美元	装备制造商		装备订购商
钻井装备	自升式钻井平台	1		Lamprell	阿联酋	阿布扎比国家钻井公司
	半潜式钻井平台	2		中集来福士	中国	
生产设备	FPSO改装	1		达门鹿特丹修船厂	荷兰	Teekay
	FPSO改装	1	0.95	大连中远船务	中国	MODEC Offshore Production Systems
	FSO改装	1	0.416	胜科海事	新加坡	Teekay Offshore

二、海洋工程船舶成交情况

表43　辅助船舶等装备部分订单(2015年4月16日2015年5月15日)

装备类型	数量	单价/亿美元	装备制造商		装备订购商
多用途海上施工及ROV支持船	2	共1.2	青岛武船	中国	Toisa
海底抛石船	2		中航威海	中国	Jan De Nul
平台供应船	1		Tersan船厂	土耳其	Tidewater
快速船员供应船	1		达门造船	荷兰	Groen Offshore
多用途潜水施工支援船	1+2		招商局重工(深圳)	中国	Ultra Deep Solutions

2015年6月全球海洋工程装备成交情况

一、油气钻采装备成交情况

表44　钻井装备成交一览表(2015年5月16日–2015年6月15日)

装备类型		数量	单价/亿美元	装备制造商		装备订购商
钻井装备	钻井平台	2	共1.16	上海佳船机械设备	中国	美克斯海洋工程设备
生产装备	LNG–FSRU	1+1		现代重工	韩国	Hoegh LNG Holdings公司
其他设备	平台上层建筑	1	约8.6	Kvaerner和KBR	挪威	Statoil

二、海洋工程船舶成交情况

表45　辅助船舶等装备部分订单(2015年5月16日–2015年6月15日)

装备类型	数量	单价/亿美元	装备制造商		装备订购商
应急救援船	1		广东中远船务	中国	Sentinel Marine
勘探船	2		上海船厂	中国	
浮式生产储油船	1		现代重工	韩国	Hoegh LNG
潜水船	1		VARD船厂	挪威	Kreuz Subsea

2014–2015年全球海洋油气钻井装备利用率数据

2014年6月至2015年6月，受油价大幅下跌等因素影响，全年海洋油气钻井装备利用率整体呈下滑态势，尤其钻井船和自升式钻井平台下行特征明显。

钻井船方面，全年有合同的钻井船数目在钻井船总数上升的同时呈持续下降趋势，导致全年钻井船的利用率不断下降。2014年6月中旬有合同钻井船的数目为100座，而2015年同期该数目降至90座，下降幅度为10%。钻井船利用率在2014年6月中旬至7月中旬稳定保持在97%，在2014年7月中旬至8月中旬经历一个下跌过程，最终跌至93%，2014年9月底开始，钻井船利用率进入持续半年的深度下跌过程，期间仅出现过3次短暂的回弹，及至2015年3月中旬，钻井船利用率已经跌至78%；其后钻井船利用率在2015年3月中旬之后出现又一轮小幅震荡，至2015年6月中旬钻井船利用率反弹至81%。

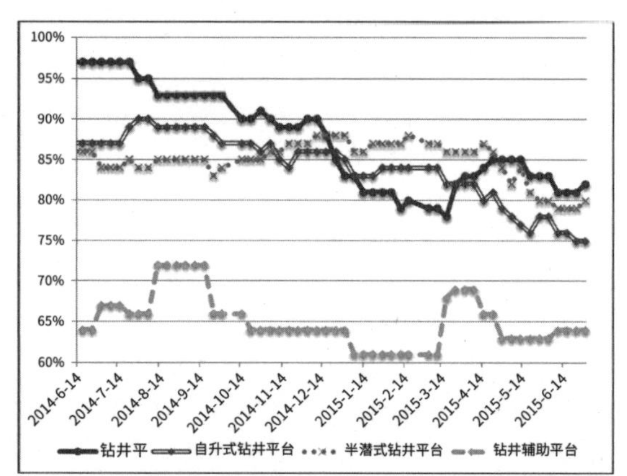

图9　2014–2015年全球海洋油气钻井装备利用率走势图

自升式钻井平台方面，全年有合同的自升式钻井平台数目亦呈不断下降趋势，2015年6月中旬有合同的平台数目为319座，比2014年同期下降45座，下降幅度达12%。而自升式钻井平台利用率在2014年7月下旬经历一个短暂的上涨后到达全年最高值90%；其后在2014年8月初至2015年1月中旬经历了一轮震荡下跌的过程，总体降幅为6%；而后2015年3月中旬至6月中旬的3个月时间内，自升式钻井平台利用率又快速下跌了8%，降至全年最低点76%。

半潜式钻井平台方面，全年平台总数和有合同的平台数目均呈现不断下降趋势。其中，半潜式钻井平台总数从2014年6月中旬的192座下降至2015年6月中旬的163座；有合同的半潜式钻井平台数目从2014年6月中旬的166座降至2015年6月中旬的129座，下降幅度达22%。另一方面，半潜式钻井平台利用率下降相较于钻井船和自升式钻井平台略为缓慢，2014年6月中旬，该利用率为86%，而2015年同期，该数值为79%。

表46　2014–2015年全球海洋油气钻井装备利用情况表

装备种类	钻井船			自升式平台			半潜式平台			辅助钻井平台		
日期	总数	有合同	利用率%	总数	有合同	利用率%	总数	有合同	利用率%	总数	有合同	利用率%
2014年6月18日	103	100	97	418	364	87	192	166	86	34	22	64
2014年7月16日	104	101	97	420	367	87	192	162	84	34	23	67

（续表）

装备种类	钻井船			自升式平台			半潜式平台			辅助钻井平台		
日期	总数	有合同	利用率%	总数	有合同	利用率%	总数	有合同	利用率%	总数	有合同	利用率%
2014年8月20日	106	99	93	424	381	89	191	163	85	33	24	72
2014年9月17日	106	99	93	424	381	89	191	163	85	33	24	72%
2014年10月15日	109	99	90	426	373	87	188	161	85	33	22	66
2014年10月22日	110	100	90	427	373	87	186	159	85	34	22	64
2014年11月19日	111	99	89	427	361	84	182	159	87	34	22	64
2014年12月17日	111	98	88	426	370	86	183	161	88	34	22	64
2015年1月21日	112	91	81	424	356	83	179	157	87	34	21	61
2015年2月17日	113	90	80	420	356	84	177	156	88	34	21	61
2015年3月18日	114	90	78	418	345	82	174	150	86	32	22	68
2015年4月15日	110	93	84	420	336	80	168	147	87	33	22	66
2015年5月20日	109	91	83	417	321	76	164	133	81	33	21	63
2015年6月17日	111	90	81	417	319	76	163	129	79	31	20	64

数据来源于：澜玛资本

（表中统计数据不包含在建、退役、毁坏、非竞争性（国有石油公司拥有的平台或在非竞争性地区作业的平台）或被长期搁置的平台）

2014–2015年全球海洋工程船舶租赁市场分析

一、三用工作船租赁市场分析

2014年6月的13~8 000 bhp和18 000bhp以上三用工作船租金均处于近几年的低位水平。而2014年7月到8月，13~18 000 bhp三用工作船的平均日租金迅速升至近5年来的最高点51 443英镑/天；同一时期18 000 bhp以上三用工作船同样经历了骤升过程，至2014年9月，平均日租金达到76 993英镑/天。并且，在接下来的3个月内（2014年9月–12月），两类三用工作船平均日租金均迅速下降至6 000~7 000英镑/天。2015年的上半年，13~18 000 bhp和18 000bhp以上三用工作船平均日租金出现几次反弹，并最终回升至2015年6月的平均日租金分别为19 461英镑/天和28 647英镑/天。

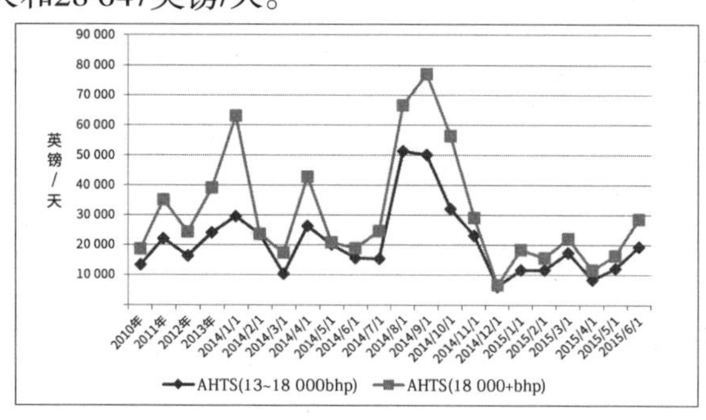

图10　三用工作船（AHTS）平均日租金走势图

二、平台供应船租赁市场分析

2014年6月至2015年6月，平台供应船租赁市场相对于前几年显示出明显的低迷。不同往年6、7月平均日租金的峰位特征，2014年6月小于600平方米和大于800平方米平台供应船平均日租金均在约10 000英镑/天水平，季节的优势并未带来平均日租金的骤升，相反两类船的平均日租金处于历史较低位。而全年除了2014年6月至8月大于800平方米平台供应船经历了一次不大显著的上升之外，整体都是处于疲软的状态。尤其在2014年8月以来，小于600平方米和大于800平方米平台供应船平均日租金均经历了不断下降的过程，直至2015年6月，两类平台供应船平均日租金仍在5 000英镑/天以内的低位徘徊。

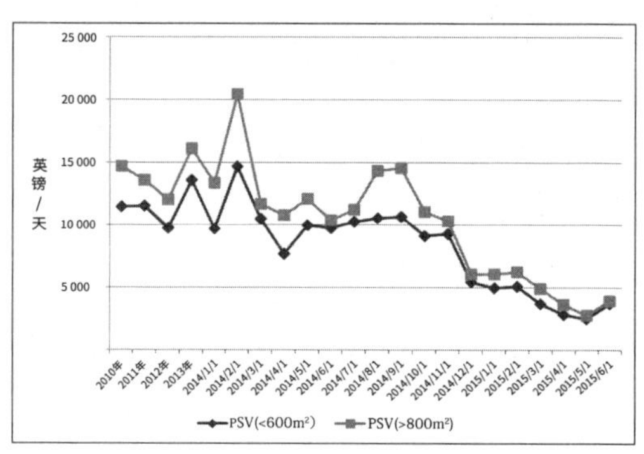

图11　平台供应船（PSV）平均日租金走势

三、国际原油价格走势

2014年6月以来，由于石油供需关系不平衡、美国页岩油气革命等多方面原因，国际原油价格高台跳水，在超过半年的时间内持续下行，国际原油期货价格跌幅超过50%。塔皮斯原油现货方面，2014年6月中旬价格为112.8美元/桶，直至2015年1月中旬跌至此次下跌过程的最低点45.2美元/桶，其后经过两轮震荡反弹，最终在2015年6月徘徊在60美元/桶附近。

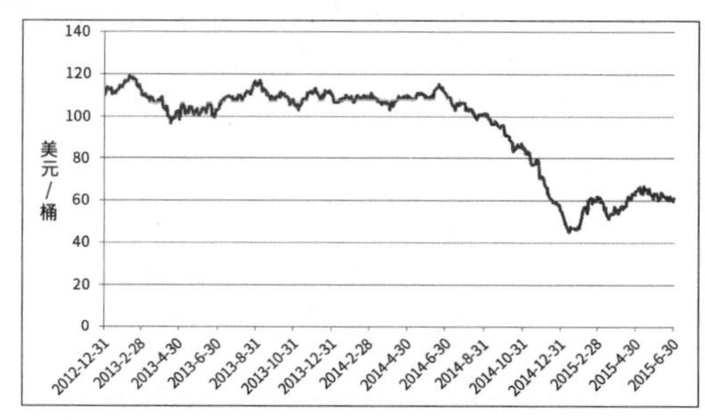

图12　塔皮斯原油现货价格走势

（编写：唐晓丹　曲　杰　刘祯祺　李　威）

第十二章 2014年中国海洋工程发展大事记

1月

2014年1月1日，世界最先进的3 000米超深水DP-3动力定位的第六代钻井船生活模块N612在上海中远船务点火开工。N612钻井船生活模块长28.7米，宽36.5米，高23.7米，建成自重达1 900吨，其中钢结构约800吨；内安装应急电力系统、集成控制系统、内外通系统等，由上海中远船务负责设计、建造和调试。该项目设计难度大，建造技术要求高，在国内尚属首例，完工交付后，将打破国外此类项目的长期垄断。

2014年1月3日，由江苏省镇江船厂（集团）有限公司为美国潮水公司批量建造的VARDPSV08全电力推进海洋石油平台供应船（PSV）首船在镇江船厂顺利下水。该船是国内首次采用西门子最先进的BlueDrivePlusC交-直-交电力供应系统，运用变频电力驱动技术；船体采用高强度钢减轻空船重量，实现了同类船舶甲板载货能力的最大化。该船的外观设计采用了海洋工程船舶领域世界顶级流线型清洁设计，满足ABS船级社最新入级标志要求，处于同类产品的国际领先水平。

2014年1月3日，厦船重工与新加坡船东Nam Cheong, Sentinel及MK海事共签订5艘平台供应船的新船订单。

2014年1月5日，武船为巴西国家石油公司制造的世界最大型水下立管支撑浮体上的首套刚性立管在水下安装成功。武船共为巴西石油公司建造了四套浮体系统。每个浮体长52米、宽40米、高10米、重2 700多吨，承担着日产10万桶原油的重担，浮体的工作水深为250米，锚固系统达2 200米水深。浮体的最主要任务是支撑输油立管，减小立管在波带区下面的运动，从而大幅度降低深海油田立管系统的疲劳损坏。交付后，刚性立管系统将和海上浮式储油船FPSO进行连接投入到海底石油天然气生产。

2014年1月8日，大连中远船务承建的自升式钻井平台开工。该平台基于“LeTourneau Super 116E”设计进行建造，总长70.09米，型宽62.8米，型深7.92米，桩腿长度145.3米，最大工作水深350英尺，最大勘探深度3万英尺，是大连中远船务继Foresight 1号和2号自升式平台建造项目后开工的第三个自升式平台建造项目。

2014年1月14日，中海油服的大型钻井平台“海洋石油922”号入坞开始主要设施改装。“海洋石油922”号钻井平台型长57.2米，型宽53.34米，型深7.62米，可容纳100名作业人员，设有直升飞机平台。平台桩腿高度达94米，最大作业水深200英尺，最大钻井作业深度6 000米，主要用于渤海油田的钻井作业。

2014年1月15日，中集来福士再次获得新订单，包括从挪威Beacon公司获得1+1座半潜式钻井平台订单，从挪威Norshore公司获得1+3艘多功能钻井船订单，已生效合同均计划于2016年交付。半潜式钻井平台的市场价格为5~6亿美元/座，多功能钻井船的市场价格约为3亿美元/艘，此次相当于中集来福士获得8~9亿美元合同，并有14~15亿美元的备选合同。

2014年1月，中集来福士获得新订单，将为CentralShippingMonaco集团建造2座F&GJU2000E自升式平钻井台，计划2015年底交付，此外还获得4座平台的备选订单。该平台作业水深400英尺，钻井深度35 000英尺，可在墨西哥湾、中东、北不列颠及东非区域作业。中集来福士自2011年5月开始交付第1座自升式钻井平台，累计交付达到6座。

2014年1月16日，中国船舶（香港）航运租赁有限公司与上海外高桥造船有限公司签订了5+5艘20.8万吨散货船和2座自升式钻井平台建造合同。同时，中船租赁还与中国进出口银行签订10艘20.8万吨散货船和2座自升式钻井平台融资意向书，与希腊Ocean Bulk公司签订5+5艘20.8万吨散货船光船租赁合同。

2014年1月，新加坡海工船运营商Mermaid Maritime在招商局工业集团下单订造了1艘潜水支援船（DSV）和2座钻井平台，总价约为4.36亿美元。其中，DSV造价约为1.38亿美元，交付期定于2016年第三季度。钻井平台造价则为每艘1.49亿美元左右，预计将于2016年第一季度和第二季度交付。

2014年1月，由哈尔滨工程大学与大船重工等合作设计的我国120米及以上水深自升式钻井平台自主研发项目产品在市场投标中成功获得订单，此举使我国摆脱了百米水深以上大型自升式钻井平台设计依赖国外技术的局面。

2014年1月，惠生海工宣布与美国新泽西州VesselGasificationSolutions（VGS）公司签署一份具有约束力的协议，为其提供首个驳船装载的浮式LNG再气化装置（FRU），该装置将安装于印度近海。该FRU装置为VGS所有，在一个新建的非自航式驳船上执行再气化任务，每日气体输出最大值可达1 000MMscf，该装置将被固定在一个距离印度东海岸安得拉邦省约8公里近海、位于卡基纳达港（KAP）东北的码头结构上，在一个为LNG商运储罐用作卸载处的固定浮式存储装置（FSU）旁边。基于该协议，惠生海洋工程将负责该装置的设计、采购、建造、安装以及调试的一站式交钥匙服务，项目由上海运营中心主导，在惠生全资拥有的南通生产基地建造。

2014年1月，江苏新东方海洋装备有限公司开工建造江苏首艘海洋平台供应船。该供应船型号为UT755，总长76.7米，型宽16米，最大吃水约5.8米，入级挪威船级社，挂新加坡旗，建造周期为18个月。

2014年1月，江苏新扬子造船有限公司与新加坡primepoint钻井有限公司签订2+2座MossCS50半潜式钻井平台合同，总金额约20亿美金。

2014年1月，振华重工公布公司与英国Petrofac（JSD6000）Limited签订一艘5 000吨深水起重铺管船的销售合同，合同金额约为2亿美元，预计将于2016年交付。

2014年1月，太平洋造船建造的ULSTEINPX105系列平台供应船“SeaSpear”号正式交付挪威船东DeepSeaSupply。该船由DeepSeaSupply和BTGPactual共同拥有，双方各占50%股份。PX105系列大型平台供应船采用X-Bow型船体设计，长88.9米，宽19米，为47 00载重吨，可容纳23人。该船具有成本效益和节约燃油，船员不仅更舒适，还提高了航行的安全性。

2月

2014年2月16日、17日，由中远船务为船东公司设计建造的世界先进特种深水铺管重吊船“顺峰1号”、“顺峰2号”分别在南通中远船务、启东中远海工被命名为“SapuraKencana1200”、“SapuraKencana3500”。“顺峰”系列铺管船集输油管道加工、敷设、安装和起重功能于一体，入级ABS船级社，作业铺管直径为4~60英寸，可同时用10点锚泊系统在200米浅海工作，也可以利用DP-3级自动定位功能在1 500米深海工作，完成大型组块、平台模块、导管架等海洋工程结构物的起重吊装、S型铺管等作业。中远船务拥有该系列船详细设计和生产设计的自主知识产权，也为我国建造大型特种深水铺管重吊系列船积累了宝贵经验。其中，“顺峰1号”全长153.6米，型宽35米，吃水7.5米，具有1 300 吨起重能力；“顺峰2号”全长156.5米，型宽44.8米，吃水7.5米，具有3 500吨起重能力。在船体内部结构上，“顺峰2号”与“顺峰1号”相比有进一步的优化和改进。

2014年2月，振华重工分别与Lovanda Offshore LTD.和Lovansing Offshore LTD.签订F&G JU2000E 400英尺高规格自升式钻井平台销售合同，共计2台，总金额约为4亿美金左右，预计将于2016年至2017年间交付。

2014年2月17日，中远船务集团所属南通中远船务设计建造的“腾达18”钻井辅助船命名为“SKDT-18”，并于2月28日成功交付给船东公司。“SKDT-18”全长98米，型宽27米，型深11米，可供160人生活和居住，主要用于为油田提供钻井、修井服务，还可与世界先进的轻量钻井设备配套使用，在浅海到深海从事钻井作业。“SKDT-18”是南通中远船务承接该系列钻井辅助船中的第四艘。

2014年2月，润邦海洋首制60.5米三用工作船开工。该船设计总长60.5米，型宽15.8米，型深6.5米、吃水5.2米；两台主机总功率5 150BHP，配备CPP可调桨、艏艉侧推、DP-2动力定位系统和FI-FI一级外消防系统，服务航速12节，系柱拉力65吨，满足海上钻井平台及大型设施的拖带、定位、锚泊、救援作业要求，可以为平台运送燃油、淡水、钻井水、盐水、泥浆、干散料等物资和少量人员。该船是润邦海洋为新加坡Martens Marine公司建造的，是继PX121系列船后开工的又一型海工辅助船舶。

2014年2月22日，由上海中远船务承接并负责设计、建造、调试和运输的世界上最先进的3 000米超工作水深、12 000米钻深、DP-3动力定位的第六代钻井船NS CASSINO的核心钻台模块（N615）点火开工。此次开工建造的核心钻台模块（N615）主尺度长20米、宽24.6米、高13米，预计总重量超过1 500吨，其设计、建造技术要求高、难度大。

2014年2月，广东中远船务2艘总价值6 000万美元的平台供应船备选订单正式生效。这2艘平台供应船是新加坡船东在2013年9月订造6艘平台供应船中的2艘备选订单。

2014年2月25日，芜湖新联造船有限公司为CA Offshore Investment Inc.公司建造的首艘65米操锚拖带/浮油回收平台供应船点火开工。该船总长64米，型宽16米，型深6.5米，垂线间长57.6米，设计吃水4.9米，结构吃水5.4米。全船配员60人，无限航区航行，主要能够实现在钻井平台和岸线间运送甲板货物、淡水、燃油、散装水泥、泥浆、钻井水、盐水、甲醇及类似化学品，常用物资或设备等，并还兼有对外消防功能，救助功能和溢油回收功能。

2014年2月28日，中集来福士为挪威Frigstad Deepwater公司承建的第二座第七代超深水双钻塔半潜式钻井平台Frigstad Deepwater Rig Beta在海阳基地开工。Beta是开工的第二座Frigstad超深水钻井平台，第三座Frigstad超深水钻井平台也将在中集来福士船厂建造。

3月

2014年3月3日，广东中远船务为Energy Drilling

公司建造的首艘半潜式钻井辅助平台EDrill-3（N566）上船台。该平台全长102米，型宽63米，型深31米，总高约72米，作业吃水13~18米，最大作业排水量31 900吨。平台建成后将满足国际海事组织IMO MODU公约，同时满足美国船级社（ABS）MODU规范、国际劳工组织ILO、海上人命安全公约SOLAS、国际防止船舶造成污染公约MARPOL、美国工程师协会ASME、美国材料测试协会ASTM、美国石油协会API等相关标准。

2014年3月6日，上海船厂船舶有限公司为中海油服建造的两艘12 000马力深水三用工作船同时点火开工。

2014年3月7日，南通中远船务设计建造的特种深水铺管重吊船“顺峰1号”成功交付。该特种深水铺管重吊船的成功交付，为我国设计建造大型特种深水铺管重吊系列船积累了重要经验。

2014年3月9日，中集来福士自主设计建造的半潜式起重生活平台OOS GRETHA顺利抵达目的地巴西里约热内卢，即将开始为巴西国家石油公司提供长期服务。至此，中集来福士建造的两座半潜式起重生活平台均已到达巴西。

2014年3月10日，大连中远船务承建的因泰型28 000立方米LNG运输船（N588）正式点火开工。该船是国内首艘绿色新能源标准船舶，预计将于2015年建成交付。因泰型28 000立方米LNG运输船是集成了当今世界LNG运输船最先进的技术，采用C型液货舱型式和双燃料主机推进系统方式的中小型LNG运输船。

2014年3月12日，启东中远海工承建的“N650”半潜式生活平台开工。该半潜式生活平台主船体总长95米，型宽67米，型深35.7米，配有DP-3动力定位系统，配备300吨重吊车和10点锚泊设备，生活区可供500人同时入住。

2014年3月，中集来福士从马来西亚Coastal Contracts的子公司Thaumas Marine获得了1座自升式天然气压缩平台订单，该平台采用中集来福士自主设计Taisun 200B。这座自升式平台计划于2015年交付，交付后将前往墨西哥湾为墨西哥国家石油公司服务，租约为期8年，并可延长至12年。这座平台由四条圆筒式桩腿支撑，每条桩腿长度112米。该平台最大作业水深55米，日处理气体量2亿立方英尺。设计温度0~45℃，入级美国船级社（ABS）。

2014年3月17日，大连中远船务为交通运输部烟台打捞局建造的12 000吨抬浮力打捞工程船1号船（N620）点火开工。12 000吨抬浮力打捞工程船是交通运输部救助打捞系统“十二五”规划重点项目之一。为电力推进自航打捞工程船，具有快速调载功能，最大单边抬浮力可以达到12 000吨。总长159.6米，型宽38.80米，型深10.9米。该打捞工程船主要用于大型遇险破损船舶、舰艇的应急抢险打捞、破损船舶的装载与运输，同时兼顾海上大型设备及钢结构件、海上石油开采平台、厂房、船舶分段等超大件的运输任务。具备大型车辆、甩挂车辆等的滚装能力和危险货物适装能力。建成后将填补我国打捞工作船单边抬浮力12 000吨级别的空白。

2014年3月19日，振华重工为中交三航局建造的6 000吨半潜驳在上海振华重工启东海洋工程股份有限公司全面开工，这也是公司控股道达重工后建造的首个项目。该船是带辅助推进非自航半潜甲板驳，主要用于运输各类船舶设备以及运载和下潜安装大型钢筋混凝土沉箱、圆筒或其他混凝土构件。船长65米，型宽36米，型深5.4米，入中国船级社。船上设有一套电力全回转辅助推进系统，可辅助船舶进出港和在作业区域内移船定位，辅助推进时航速约4至5节，满足远海满载拖航、沿海下潜作业。

2014年3月21日，振华重工为新加坡KS能源公司建造的首座300英尺自升式钻井平台建造完工并正式命名为“爪哇之星2号”。该平台是公司建造的首座钻井平台，不仅具有100%设计自主知识产权、也是核心配套件国产化程度最高的钻井平台，填补了我国在钻井平台自主设计、核心配套件等相关领域的技术空白，标志着国产钻井平台的整体设计、建造技术水平进一步提升。该平台自重12 000吨，最大作业水深300英尺，钻井深度30 000英尺，甲板可变载荷2 722吨，可在墨西哥、波斯湾、东南亚地区等类似海域作业。该平台的升降系统、锁紧系统、悬臂梁及钻台滑移系统、桩腿材料、主配电系统、克令吊等核心配套件均由公司自主设计、制造。平台国产化配套件比例高达20%，远高于国内5%的平均水平，这些“中国芯”的使用至少降低了10%以上的建造成本。

2014年3月21日，广东中远船务承建荷兰Vroon B.V公司的第四艘平台供应船N571顺利开工。该船全长83.4米，宽18米，型深8米，设计吃水6.7米，航速14.5节，甲板面积达830平方米，载重吨达4 200吨，同时配备DP-2动力定位系统。广东中远船务共承接了Vroon B.V公司10艘船舶订单，其中4艘为平台供应船。

2014年3月，广东中远船务从新加坡Chellsea集团获得2艘平台供应船订单，合同包括2艘备选订单，新船预计在2015年末和2016年初交付。该系列平台供应船由Rolls-Royce提供设计和整套设备，采用Rolls-RoyceUT 771 WP型PSV设计，其穿浪弓不但使该系列船能够在波涛汹涌的大海以比较稳定的速度航行，并且降低油耗和提供船舶的安全性。

2014年3月，由扬帆集团舟山船厂为浙江新润海运建造的73米海洋平台供应船成功交付使用。该船总长73.3米，型宽17米，设计吃水5.5米，入中国船级社（CCS）。

4月

2014年4月1日，武船与国际知名船东签订DVC5000吨起重铺管船项目总承包合同。DCV5000为深水DP-3动力定位起重铺管船，配有一台5 000吨全回转吊机和一套600吨、3 000米水深的主动升沉补偿装置。该船还配有一套600吨S型铺管设备（带有90米长的托管架），铺设管径可达60英寸，配有双节点预制线工作站，并为增加Reel-lay和J-lay铺设系统进行了预留。该船最多载员400人，配有浅水领域里采用的10点锚泊定位系统。该船建成后将入级DNV GL船级社，可在全世界范围内进行海上施工、特殊起重作业、海底管线铺设、水下施工以及位于浅海和深水的海洋工程安装服务。整个工程合同价格约4亿多美金，建造周期为合同生效后39个月，预计于2017年下半年完工交付。该项目是武船与该国际知名公司的首个合作项目，也是武船迄今为止承接的单笔最大合同。

2014年4月16日，中集来福士为中海油建造的“海洋石油932”自升式钻井平台成功交付。该平台将赴渤海湾作业。“海洋石油932”型长59.745米，型宽55.78米，型深7.62米，桩腿长125米，最大工作水深91米，最大钻井深度9144米，额定居住110人，入级美国船级社（ABS）。该平台（Super M2船型）基础设计由Friede & Goldman提供，中集来福士完成详细设计和施工设计，由新加坡Ocean Challenger公司全程监造。该平台是中集来福士自2011年以来交付的第6座Super M2自升式平台。

2014年4月18日，武船与新加坡船东正式签订四艘PX121H平台供应船合同。该型船由挪威乌斯坦公司（Ulstein）公司设计，采用双机、固定桨全电力推进系统，总长83.4米，型宽18米，型深8米，载重吨为4 200吨，甲板载货1 500多吨，定员30人，采用

X-Bow专利型式船艏，配备DP-2动力定位系统，具有对外消防功能和溢油回收功能，可为平台供应燃油、淡水、钻井水、泥浆、盐水、原油、干粉及甲板货等各种物资。该船自动化程度高，利用微机网络即可进行操船、货物装卸、电站管理、全船报警和检测等各种工作，集成了单手柄操作、自动电站等多种先进技术。

2014年4月21日，中远投资宣布获得4艘应急搜救支援船（ERRV）和2艘平台支援船订单，总价值近1亿美元。其中，大连中远船务从一家亚洲公司获得4艘ERRV订单，预计在2016年上半年交付；广东中远船务从一家欧洲船东获得2艘PX121型平台供应船订单，预计分别在2016年第一季度和第二季度交付，此外，该合同还有2艘PX121型平台供应船备选订单，预计在6个月内生效。

2014年4月22日，太平洋造船为其自主品牌的小型三用工作船SPA80举行了交船命名仪式。来自中国进出口银行、工银金融租赁有限公司与船东法国波邦（BOURBON）公司和太平洋造船的代表出席仪式。SPA80是一型具有高科技含量的小型三用工作船，由太平洋造船麾下设计公司——上海斯迪安设计有限公司（SDA）设计，其在安全性、可靠性、操控性、运营效率，绿色环保等综合技术指标上均达到世界先进水平。SPA80采用全电力推进系统，配置3台柴油发电机组及艏部艉部的多个推进器，具备DP-2动力定位能力，同时添加了无人机舱控制功能，这些配备保证了其即使在恶劣的环境下，仍具有卓越的可靠性和操控性。

2014年4月22日，广东中远船务为新加坡Energy Drilling公司设计建造的海洋辅助钻井驳船"Edrill-1"签字交付。该船是广东中远船务建造的首艘海洋钻井辅助驳船，总长99.97米，宽29.87米，型深11.35米，可供170名船员生活居住，其功能主要是为边际油田提供钻井、修井服务，或为需插桩定位的海域进行钻井作业，作业水深可达到2 000米，钻井深度可达5 000米以上。

2014年4月25日，芜湖新联造船有限公司为新加坡建造的64米海洋平台供应船在三山新厂成功交付。64米平台供应船属于世界上高附加值海洋工程船之一，船体为钢质全焊接结构，由两台主机驱动两台全回转舵桨装置推进，并配备国际先进的动力定位系统（DP-2）。

2014年4月25日，上海外高桥造船有限公司与Blue Ocean Drilling Limited（BOD）公司签订2+2+2座CJ46型与CJ50型自升式钻井平台建造合同。根据合同约定，首先生效的两座CJ46型自升式钻井平台将分别于2016年4月底和9月底交付，随即生效的2+2座为CJ50型自升式钻井平台。

2014年4月26日，新加坡船东与中船重工国际贸易有限公司签订CJ46-X100-D自升式钻井平台合同。这是武船2013年9月份签订的CJ46自升式钻井平台1+1EPC合同的第二座，第一座CJ46平台已于2014年2月开工建造。

2014年4月，南通润邦海洋工程装备有限公司从船东Golden Energy Offshore获得2艘Ulstein PX121型平台供应船订单，该合同还有2艘备选订单。相关新造船采用Ulstein公司的PX121H设计，确定2艘在2016年第一季度及第二季度交付。此次订造的该系列平台供应船，已经按照Ulstein的设计标准进行修改，配备额外的甲板。该型平台供应船长83.4米，宽18米，为4 000DWT，甲板面积为850平方米，配备DP-2动力定位系统和FiFi装备，定员390人。安装67吨AHC起重机和ROV楼承板，意味着该船可以重新改装成IMR、ROV支援、挖沟和海底施工作业。Ulstein公司除了相关PSV设计以外，还提供各种配件、建造监督以及试验工作等项目。

2014年4月，中国福建马尾船厂为船东MAC建造的系列60米长DP-2 平台供应船中的首艘船下水。由MAC和马尾船厂共同设计的该型新船是基于过去8年MAC投资建造的系列9艘58米长平台供应船之后的又一系列船，当时9艘船中的6艘已被出售给迪拜的Stanford Marine。此次的新版60米长设计采用了所有最新的船级社规则和法规，满足船级社和挂旗国的要求，能为50人提供住宿，下甲板预留了一台船用起重机的空间。下水的首艘船按照美国船级社（ABS）规则建造，入级ABS A1、(E)海上支援船、FFV-1、SPS、AMS、DPS-2等符号。

2014年4月，中海油服新购置的一艘深水供应船“海洋石油613”顺利交付。该艘船舶主机功率6 000马力，配备DP-2动力定位系统，总长75米，载重3 300吨，与公司2013年购置的两艘深水供应船（“海洋石油611”、“海洋石油612”）属同一船型，除散料罐、泥浆舱外，“海洋石油613”还配备有150立方米的甲醇/乙二醇舱，可以为平台供应甲醇/乙二醇。

2014年4月，上海船厂船舶有限公司与新加坡船东Opus Offshore于2011年9月21日签订的2+2艘TIGER系列钻井船建造订单中的后续两艘选择船订单正式生效，预计于2016年和2017年交付。同月30日，该系列钻井船中的第二艘TIGER II成功下水。

2014年4月，中海油服与中海油国际融资租赁有限公司（简称“融资租赁公司”）签署合同，中海油服以干租形式租赁融资租赁公司购买的全新300英尺自升式钻井平台“海洋石油932”，租期5年。“海洋石油932”平台最大作业水深300英尺，钻井深度30 000英尺。目前该平台已开始在渤海湾为客户提供钻井服务。

5月

2014年5月6日，由振华重工提供全套桩腿、升降系统和电控系统的一艘阿联酋起重工程船在波斯湾顺利完成全程升降测试，标志着公司首次出口的核心配套件通过验收，成功交付用户。这也是国产海工核心配套件首次出口国外。长久以来，国内桩腿、升降系统、锁紧装置等海工装备的核心配套件依赖进口，本次成功交付改变了海工核心配套件受制于人的现状。此外，该项目的桩腿建造使用国产高强钢，实现了国产高强钢的首次出口。

2014年5月10日，中集来福士建造的“海湾钻探者一号”自升式钻井平台交付。该平台由工银租赁提供融资租赁、中海油服运营，赴渤海湾作业。“海湾钻探者一号”平台型长59.745米，型宽55.78米，型深7.62米，桩腿长125米，最大工作水深91米，最大钻井深度9 144米，额定居住110人，入级美国船级社（ABS）。该平台（Super M2船型）基础设计由Friede & Goldman提供，中集来福士完成详细设计和施工设计，由新加坡Ocean Challenger公司全程监造。该平台是2014年中集来福士交付中海油服使用的第3座自升式平台。这座平台的交付，使中海油服运营的自升式平台增至34座。“海湾钻探者一号”平台是工银租赁拥有的首座自升式钻井平台，也是由国内海工企业建造、国内金融租赁公司提供资金支持、国内油服公司运营高端海工平台的一次积极尝试。

2014年5月16日，南阳二机集团自主研制的国内首套自升式9 000米海洋模块钻机井架及提升系统，顺利完成了载荷试验、应力测试等全部试验，各项主要性能指标均达到设计要求，并通过中海油专家组验收。这是南阳二机集团超深井海洋钻井装备领域的又一重大突破。这套国内首创、具有国际先进水平的自升式9 000米海洋井架，是专门为平湖油气田综合平台设施升级改造项目量身定制的。此次南阳二机集团9 000米海洋井架及提升系统的成功研制，将进一步推动深海深层钻井装备的国产化。

2014年5月，中远投资（COSCO Corp）从一家新加坡船东手中，赢得4艘平台供应船建造订单，总价为1.2亿美元，将由广东中远船务承建。交付期定于2016年2季度至2017年1季度，随单另附2艘备选船。

2014年5月19日，芜湖新联造船有限公司与新加坡船东签订的2+2艘78米操锚拖带/供应/浮油回收船建造合同正式生效。该船体采用全焊接钢制结构，全长78米，型宽18米，型深8米，设计吃水5.2米，结构吃水6.8米。动力输出由两台6 000马力中速船用柴油机驱动两只4叶可调螺距螺旋桨提供，同时艏部配置两台艏侧推，艉部配置一台艉侧推，系住拖力达到150吨。主要用于近海平台间运送货物、消耗品（淡水、燃油、水泥、泥浆等）及特殊人员，兼配有对外消防功能，近海拖带功能、以及浮油回收功能，配备了先进的动力定位系统（DP-2），是一艘非常典型的海洋平台服务船型。

2014年5月20日，招商局重工海门基地为中海油服建造的“海洋石油944”自升式钻井平台开工。这一钻井平台总造价14亿元人民币，是招商局重工在海门基地的第3个大型海工项目。“海洋石油944”钻井平台船体型长70米、宽68米、深9.5米，桩腿长165米，最大作业水深400英尺，最大钻井可变载荷6 500吨，代表了我国自升式钻井平台的最高水平。其中采用大桩靴设计在全球尚属首次，填补了我国海域软层土区作业平台空缺，可同时一次定位钻探56座海底油井。

2014年5月，中国浙江造船向船东Seatankers深海供应部门交付平台供应船“Sea Springer”号，该船是该船东接收的12艘PX105型设计船中的第8艘，船长88.9米，型宽19米，配备了柴电推进系统，货物甲板面积大约1 000平方米，载重吨4 500吨。由Ulstein提供设计及各种设备包，包括所有的配电和电力推进系统、桥楼和通信系统等。

2014年5月，中海油服与工银金融租赁有限公司签署合同，租赁其购买的全新300英尺自升式钻井平台Gulf Driller I，租期6年。该平台与“海洋石油932”平台属同类型平台，最大作业水深300英尺，钻井深度30 000英尺。该平台交付后于2014年第三季度开始在渤海作业。

2014年5月29日，由中集来福士建造的Taisun 200B自升式气体压缩平台铺龙骨，该平台是中集来福士自主设计的第一座自升式生产平台。

6月

2014年6月3日，由上海外高桥造船为BOD公司建造的CJ46型自升式钻井平台H1378项目在加工部开工。H1378项目是公司与山东海工装备有限公司的境外公司BOD公司签定的2+2+2座自升式钻井平台的建造合同的第一座。同月5日，CJ46型自升式钻井平台H1369项目也正式开工建造。

2014年6月6日，中集来福士为中石化建设的“新胜利一号”自升式海上钻井平台于成功交付。该平台由胜利石油工程公司完全自主设计，设备国产化率超过90%。平台总长78.5米，总宽54米，最大作业水深50米，最大钻井深度7 000米，一次就位最多可钻36口井，是胜利石油工程公司目前尺寸最大、配套最先进的海上钻井平台，建成交付后，赴渤海湾施工。

2014年6月9日，航通船业一艘65米抛锚供应船顺利交付。该船全长65米，型宽16.8米，型深7米，航行于无限航区。该船同时具备岸上和海洋平台之间的一般材料、设备和人员的运输、离岸平台拖吊、锚操作、溢油回收、外消防等功能。其设计满足SPS2008（特种用途船舶安全规则）和MLC2006（海事劳工公约）的要求。同日，航通船业一艘85米多用途船举行铺龙骨仪式。

2014年6月9日，青岛武船重工有限公司（简称“青岛武船”）与信群集团签订2艘50 000吨半潜船建造合同。该船是一艘配有DP-2级动力定位系统的自航半潜船，采用双独立机舱、1台低速机带动CPP做主推进，装备2台艉部伸缩式全回转推进器和2台艏侧推。主甲板面积约7 000平方米，负载50 000吨，挂方便旗，无限航区，可承运目前世界上90%以上种类的石油钻井平台及大型海洋工程产品，在业内有着“海上叉车大力神”的美誉。

2014年6月10日，振华重工建造的“振海5号”（Lovanda）、“振海6号”（Lovansing）钻井平台正式开工建设。两座400英尺的平台总长70.4米，型宽76米，型深为9.45米，工作水深为122米。桩腿为带独立桩靴的桁架式型式，长度为167米，最大钻井深度35 000英尺。合同交船时间分别为27个月和30个月，即2016年4月27日和2016年7月27日。

2014年6月，振华重工与新加坡金声能源公司（KS Rig Invest Five Ltd.）签订一座400英尺自升式海上钻井平台销售合同，合同金额约为2亿美元，预计将于2016年至2017年间交付用户使用。该合同同时还包含一座备选平台。该400英尺平台为JU2000E型。此次签订的钻井平台在振华重工建造过程中的项目代号为“振海3号”，合同的备选项有望被命名为“振海4号”，除已经交付并投入使用的“振海1号”外，还有3个400英尺自升式海上钻井平台在振华重工石油平台及海上风电项目部建造，包括正在建造的“振海2号”、“振海5号”和“振海6号”。

2014年6月18日，烟台中集来福士承建的挪威Beacon公司北海深水半潜式钻井平台Beacon Atlantic开工建造。这是中集来福士承建的第六座将在挪威北海海域作业的深水半潜式钻井平台，将于2016年交付。该型深水半潜式钻井平台总长106.75米，型宽73.7米，型深42米，最大作业水深为500米，最大钻井深度为8 000米，采用GM4-D设计。这项设计是中集来福士在总结前5座系列化北海深水半潜式钻井平台设计和建造经验的基础上，与欧洲设计公司Global Maritime合作进行优化升级的，中集来福士拥有GM4-D设计80%的知识产权。该平台专为挪威大陆架和北海海域设计，可在包括北极圈内巴伦支海等所有挪威海域作业，装配国民油井华高（NOV）最新设计的井架系统，配置DP-3动力定位系统，满足挪威石油安全管理局、挪威海事局和挪威海上工业标准，入级挪威船级社。

2014年6月20日，由上海打捞局自筹资金建造的6500匹马力三用工作船，与江苏镇江船厂签订了合同。

2014年6月20日，武船与安徽华强天然气发展有限公司签订了十艘“华强号”系列LNG加注趸船的建造合同。此合同是继5月28日第一期三艘加注趸船之后的第二期订单。

2014年6月，中国浙江造船“Sea Supra”号平台供应船交付使用。该船是系列12艘Ulstein PX105型设计船中的第9艘，船东为Seatankers/Deep Sea Supply公司。该船长88.9米，型宽19米，配有一套柴电推进系统，货物甲板面积大约1 000平方米，4 500载重吨。除了设计，Ulstein还提供了广泛的设备包，包括所有的配电和电力推进系统、桥楼和通信系统等。

2014年6月26日，400英尺海上自升式钻井平台在江苏南通中远船务船厂正式交付并被命名为“凯旋一号”。该平台作业水深400英尺，钻井深度35 000英尺，技术水平和建造质量处于全球领先水平。目前，“凯旋一号”已在东海海域作业。

2014年6月，福建马尾造船有限公司与中石化上海海洋石油局签订了一艘Havyard 832 LSE型平台供应船的新造船建造合同，船号MW627L-1，交船时间为2016年3月。Havyard公司将为此项目提供基本设计和送审设计。Havyard 832 L SE型船是在Havyard 832 的基础上按船东和市场的要求发展而来。与标准型相比，有更大的载重吨，更大的居住舱室，适合更多种的海上作业。除了常规的平台供应船工作，还可做小型的海底设备安装，维修和保养作业。

2014年6月27日，中国船舶工业集团公司旗下沪东中华造船（集团）有限公司、中国船舶工业贸易公司，中海油能源发展投资管理（香港）有限公司、中国液化天然气运输（控股）有限公司、加拿大TEEKAY LNG Partners L.P.公司、香港环球航运集团（BW）组成的澳大利亚柯蒂斯液化天然气（LNG）运输项目船舶投资方以及租船方英国天然气集团，在香港共同举行“澳大利亚柯蒂斯LNG运输项目”签字仪式。本次签约的澳大利亚柯蒂斯LNG运输项目的4艘LNG船均由沪东中华承建。该型船舱容为17.4万立方米，货舱类型为GT No.96 E-2薄膜型，总长290米，型宽46.95米，型深26.25米，设计航速19.5节。1号船计划于2017年9月交付使用，2号船计划于2018年1月交付，3号船计划于2018年6月交付，4号船计划于2019年1月交付。该批船舶建成后将由英国天然气（BG）集团作为租船方，用于中海油（CNOOC）与BG集团签订的由澳大利亚供气的项目。根据中海油与BG集团签署的LNG项目协议，中海油向BG集团每年购买360万吨液化天然气，供气年限为20年。

7月

2014年7月1日，大船海工作为总包商为中海油服建造的“海洋石油982”半潜式深水钻井平台和为中国石油海洋工程有限公司建造的400英尺自升式系列19号平台开工。“海洋石油982”是一座5 000英尺半潜式钻井平台，最大钻井深度9 144米，可在1 500米水深海域内从事海上石油、天然气的勘探开发作业。是国内最先进的第六代钻井平台之一。该平台是大船海工为中海油服建造的A5000系列半潜式钻井平台的首制产品，预计于2016年下半年建成并交付使用，届时将入级挪威船级社和中国船级社。

2014年7月初，振华重工与TOISA公司签订一艘饱和潜水支持船销售合同，合同总金额近2亿美元，预计将于2017年交付。这是国内第二次承建300米水深饱和潜水船。该船将装备的全自动化双钟饱和潜水系统由全球最主要专业生产饱和潜水系统的意大利Drass公司提供，可同时搭载24名潜水员分批次进行最大水下深度300米的饱和潜水作业，并完全满足挪威科技标准协会制定的NORSOK U100潜水系统标准，其安全性和舒适性均为目前全球的最高水平。

2014年7月2日，中国华晨集团有限公司（简称“华晨集团”）与武汉船机签署了10座SE-300LB自升式海工平台订购合约。本次批量自升式海工平台是武汉船机青岛海西重机公司与东方华晨联袂合作的项目，采用3+3+4模式，分为3个批次进行设计、生产。该批平台最大作业水深60米，船体总长78.8米，型长63.6米，型宽40米，满载吃水3米。该种自升式海工平台主要用于配合钻井平台钻井、油田生产服务、海上油田建设、油田增产、修井作业、生活支持、风电安装等。

2014年7月，芜湖新联造船有限公司为新加坡建造的64米海洋平台供应船成功交付，标志着该公司建造国际高端海工船取得了新的突破。该类64米平台供应船属于当前世界上高附加值海洋工程船之一，每条平台供应船出口值约1 500万美元。

2014年7月12日，沪东中华造船公司为中远航运股份有限公司建造的28 000吨重吊船首制船“大信”号举行命名交船仪式。“大信”号全船长179.57

米，型宽28米，设计吃水9.2米，总载重28 000吨。

2014年7月14日，荷兰海工船东Vroon Offshore Services在广东中远船务下单再订造了2艘ULSTEIN PX121型设计平台供应船。广东中远船务已经与Ulstein签订协议，Ulstein将为这2艘平台供应船提供船型设计、电力与控制设备以及现场跟踪服务。此前，Vroon已经在广东中远船务下单订造了一系列6艘平台供应船，其中第一艘“VOS Pace”号已于2014年6月30日下水。这些平台供应船长83.4米，宽18米，甲板面积830平方米，运力为4 200载重吨；交付期均定于2015年，交付后将在欧洲地区运营。

2014年7月15日，广东中远船务为新加坡Chellsea公司建造的第三艘海洋工程平台供应船UT771-WP（N605）顺利开工。该平台供应船全长85.7米，宽18米，型深7.8米，甲板面积约840平方米，载重达4 400吨，满足DYNPOS AUTR动力定位能力的要求。

2014年7月28日，太平洋造船与上海打捞局深圳华威近海船舶运输股份有限公司（下称“上海打捞局华威公司”）签订5艘新造船合同。所涉船型均为太平洋造船拥有完全知识产权的自主品牌“SP”旗下产品，其中3艘为三用工作船SPA85L，2艘为平台供应船SPP35ML。这5艘船只将在太平洋造船旗下的浙江造船有限公司（下称“浙船基地”）建造，预计于2016年2月起陆续交船，并于当年内完成所有船只的交付。新船交付后将服务于南海的深海石油作业。

2014年7月，南通通顺船舶修造有限公司从Pacific Radiance接获2艘三用工作船，新船预计在2015年夏季交付。

2014年7月，福建省东南造船厂与荷兰船东Vroon Offshore Services公司签署了6艘三用工作船建造合同。

2014年7月，大船集团承接了GE公司2艘FPSO的4个模块建造项目。这是大船船务向海工转型升级以来承接的第二批海工模块建造项目。该项目包括FPSO的主发电机控制间和自动电气模块两个模块建造。钢结构总量约1 022吨，油漆面积约22 100平方米，电缆敷设约47.5千米，交工日期为2015年底。

2014年7月31日，宏华集团与上海船厂继TIGER I、TIGER II钻井船钻井包展开合作后，再次签订TIGER系列的TIGER III和TIGER IV钻井船钻井包销售协议，合计总值约5 600万美元。根据协议，宏华集团将于2015年年底前向上海船厂交付有关的钻井包，并配备大量由宏华集团自主研发的技术和新产品，极大地提高了钻井作业效率和钻井船工作的稳定性。

2014年7月，武汉船机历时9个月自主研制的船艉A型吊架及拖缆绞车顺利通过客户验收。这标志着武汉船机在该领域打破了国外垄断，填补了国内空白。船艉A型吊架及拖缆绞车是一种拖缆机与门架吊机的组合式设备，属于海工装备中的起重及收放设备，主要安装在各种海洋工程船艉部，用于水下设施如海缆埋设机、水下机器人的吊放、拖曳和回收，是海缆敷设、打捞系统的重要配套设备。

8月

2015年8月5日，舟山中远船务承建的FPSO P68项目顺利铺底。P68项目总长305米，型宽54米，型深31米，主要用于油气分离、处理含油污水、动力发电、供热、原油产品的储存和运输，是集人员居住与生产指挥系统于一体的综合性大型海上石油生产基地。该船具有抗风浪能力强、适应水深范围广、储卸油能力大，以及可转移、重复使用等优点，广泛适用于远离海岸的深海、浅海海域及边际油田开发。

2014年8月13日，中集来福士为马来西亚企业建造的最大作业水深400英尺的JU2000E型自升式钻井平台Coastal Driller 4001交付。这是中集来福士交付的第9座自升式钻井平台。这座钻井平台型长70.36米，型宽76米，型深9.45米，可以容纳140人居住。平台最大钻井深度10 668米，最大作业水深122米（400英尺），最低作业温度零下20度，入级美国船级社（ABS）。

2014年8月13日，大连中远船务与Maersk Supply Service公司签署了4+2艘海底工作船建造合同。确定4艘船舶的合同总值为4.7亿美元（除了船东提供的配件以外），安排从2016年第四季度开始到2017年上半年陆续交付。

2014年8月，振华重工与新加坡UDS公司签订1+1艘饱和潜水支持船供货合同，每艘总价近2亿美元。该船全长142.9米，型宽27米，型深11米，饱和潜水深度300米，最大作业水深可达4 000米，入籍挪威船级社，计划于2017年交付。该船配备全自动化双钟饱和潜水系统，可同时搭载18名潜水员分批次进行最大水下深度300米的饱和潜水作业。该系统可为潜水员在水下300米的高压环境下提供舒适的作业环境，其安全性和舒适性居全球最高水平。

2014年8月20日，紫金山船厂江南厂建造的平台供应船“蓝波83”轮开始进行水线工程。该船为全电力推进船，船长83.8米，型宽18米，型深8.4米，设计吃水6.7米，载重吨4 100吨，甲板面积870平方米，采用海洋工程船领域世界顶级流线型清洁设计，并首次采用西门子最先进的BlueDrive PlusC交–直–交电力供应系统。

2014年8月，舟山五洲船舶修造有限公司从Guangdong Sunrise Shipping公司获得了1艘平台供应船及1艘甲板货船订单。相关PSV（WZ1310）的船长54.5米，型宽12米，型深5.7米，交付期为2015年9月。

2014年8月，新加坡海工船东Otto Marine与武船重工签订了一份建造合同，订造4+4艘平台供应船，交付期定于2016年。这8艘船采用Ulstein的PX121型设计，最大航速约14.5节，能够容纳30人，船长83.4米，宽18米，甲板面积840平方米，运力为4 000载重吨，配备DP–2动态定位系统，配备海上起重机和ROV的夹层甲板。除了拥有能够容纳石油、水、钻井液等多种货物的储罐外，还拥有4个不锈钢储罐，用以运输易燃液体或腐蚀性化学制品。

2014年8月22日，大船集团为中国海洋石油总公司建造的“海洋石油118”FPSO–6号船签字交工。该项目合同周期仅21个月，集团实际建造周期小于15个月，打破了历次承接FPSO周期最短记录，创造了FPSO系列船建造最好水平。该项目是中国南海首艘采用双底双舷侧船体结构，国内首艘压载舱涂层执行PSPC标准、结构疲劳设计寿命为30年、15年单点不解脱、不进坞，且要求满足南海500年一遇台风不解脱条件的FPSO。

2014年8月25日，广东中远船务为荷兰Vroon B.V公司建造的第5艘PX121型平台供应船N618顺利开工。该船全长83.4米，宽18米，型深8米，设计吃水6.7米，航速14.5节，甲板面积达830平方米，载重达4 200吨，同时配备DP–2动力定位系统。

2014年8月，太平洋造船与新加坡Vallianz公司签订4艘SPA60新造船合同，订单所涉船只由太平洋造船旗下的浙船基地建造，预计将于2015年底至2016年初陆续完成所有船只的交付。这是太平洋造船自主设计品牌“SP”海洋工程支持船（OSV）首次在东南亚市场上斩获订单。SPA60是一型系柱拖力60mt、能满足浅吃水作业要求的锚作拖带供应船，总长64米，型宽16米，型深6米，结构吃水5米，航速达13节，可供28人居住。

2014年8月，太平洋造船与墨西哥航运公司Naviera Petrolera Integral S.A. de C.V.签订3艘SPP17A新造船合同。所有船只在太平洋造船旗下的浙船基地建造，预计于2015年年底之前交付。新船将服务于墨西哥最大的国有石油和化工公司——墨西哥国家石油公司（PEMEX）的墨西哥湾油气开发项目。这是太平洋造船自主设计品牌“SP”海洋工程支持船（OSV）第一次进入墨西哥市场。SPP17A是一型由太平洋造船自主研发的小型平台供应船总长61.8米，型宽14.0米，型深5.8米，载重1 700吨，设计吃水4.3米，可容纳24人居住。SPP17A采用非常高效且低油耗的全电力推进系统，凭借在主尺度、设备配置、舱室布置和结构设计等方面的深入优化，使得该船型在参数指标、货物配载、操船便利度、船员舒适度和载重量等方面均表现卓越，此前该船型也获得欧洲船东的多批次订单。

2014年8月，福建省东南造船厂与荷兰船东Vroon Offshore Services公司成功签署2艘三用工作船建造合同。根据签订的合同，该三用工作船的规格为1700DWT级，预计在2016年10月及12月交付。

2014年8月29日，上海佳豪船舶科技发展有限公司与关联方上海长海船务有限公司签订了两份合同，金额共计2.4亿元。其中，8 000HP三用工作船设计建造总承包合同（船号DJHC2001）总金额为12 000万元，8 000HP三用工作船设计建造总承包合同（船号DJHC2002）总金额为12 000万元。两合同交付时间分别为2016年3月31日和2016年5月31日。

9月

2014年9月2日，太平洋造船为塞浦路斯船东Deep Sea Supply新建的“Sea Swan”号平台供应船顺利交付。“Sea Swan”号平台供应船为太平洋造船建造、Ulstein设计的 PX105型平台供应船。该船为4 700DWT，甲板面积为1 000平方米，简洁的设计，柴电推进系统和X–弓形设计，能够显著降低油耗。

2014年9月5日，由武船南通分公司首次自主承建的65米三用工作船首制船完成全部航行试验项目，圆满交付。该船入级美国船级社（ABS）。65米三用工作船是武船全力打造的具备操锚、拖带、浮油回收、平台供应功能的高端工作船舶，是武船在海洋工程船舶领域极具竞争力的的主力船型。

2014年9月5日，振华重工为海隆石油工业集团有限公司建造的一艘3 000吨浅水石油铺管起重船成功交付并正式命名为“海隆106”。该铺管船具备水下8至300米铺管能力，铺管管径为6~60英寸（含包敷层）。船舶在固定起重高度30米的状态下，预计最大起重能力为3 000吨，在全回转35米的状态下预计最大吊重为2 000吨。其满载排水量、最大可作业水深和最大起重能力等重要技术参数都处于国内领先水平，在亚洲市场也具备强大的竞争力。

2014年9月，由南通润邦海洋工程装备有限公司自主研发设计并建造的国内首座适用于近海海域自升式风电安装作业平台成功交付。与此同时，润邦海洋第二代海上风电安装作业平台的设计方案也已进入验证收官阶段。该平台总长140米，型长89.9米，型宽39米，型深6.6米，桩腿长60米，最大作业水深（加入泥深度）达35米，入级中国船级社（ABS）。该平台的核心技术部分升降系统及吊机系统均为润邦海洋自主研发设计，充分拥有自主知识产权及相关专利（2项发明专利，8项实用新型专利），不仅突破了国外的技术垄断，并且针对我国近海海域泥层较厚等特殊地质条件进行了优化创新，是真正意义上的第一艘国产化自升式海上风电安装平台。

2014年9月17日，由江苏省镇江船厂（集团）有限公司为美国潮水公司批量建造的全电力推进海洋石油平台供应船第四艘船顺利下水。

2014年9月17日，芜湖新联造船厂为CA Offshore Investment Inc.公司建造的首艘65米操锚拖带/浮油回收平台供应船顺利下水。

2014年9月23日，中集来福士建造的两艘5万吨半潜运输船同时在烟台基地出坞。在坞内期间，完成了所有进坞前制定的坞内工作计划内容，同时还顺利的完成了应急发电机动车及负载试验、主发电机动车等一系列重要的交验项目。

2014年9月29日，大船集团与招商局能源运输股份有限公司签署了2+1艘31.9万吨新型节能环保型VLCC建造合同。此次签约的2+1艘31.9万吨新型节能环保型原油船，是大船集团与招商轮船最近两年批量订造5艘VLCC系列船型的后续船。

10月

2014年10月9日，厦船重工为南昌建造的第四艘75米平台供应船（SK712）成功交付，这也是该公司批量建造的第14艘75米平台供应船。10月11日，这艘75米平台供应船SK712成功换旗离港首航。

2014年10月17日，振华重工成功中标中交三航局1 000吨自升式风电安装船设计建造项目，这是振华重工迄今为止承接的最大起重能力的风电安装设备。该船集大型设备吊装、风电设备打桩、安装于一体，可在水深40米内的泥砂质海域作业。在该项目中，振华重工将首次使用了最新研发的新型升降系统。

2014年10月17日，上海外高桥造船有限公司为蓝色海洋钻井有限公司建造的CJ46型自升式钻井平台H1378举行铺底仪式。该自升式钻井平台是公司继2014年10月10日首次完成CJ46自升式钻井平台H1368平台铺底之后，第二次在平地上进行自升式平台的搭载。

2014年10月20日，中船黄埔文冲船舶有限公司交付黄埔型平台供应船——HPSV 86平台供应船2#船。该公司曾于2014年8月16日交付首艘拥有自主品牌的HPSV 86平台供应/溢油回收船。HPSV 86平台供应船总长86米，型宽20米，型深9米，载重量5 000吨，定员90人，航速14.5节。该型船采用电力推进，采用瓦锡兰专利技术LLC低损耗变频驱动方案，该方案在国内为首次实船应用。艉部设2台2 200 kW全回转舵桨，艏部设1台990 千瓦管隧式变频驱动固定螺距侧推、1台900 千瓦伸缩式变频驱动固定螺距全回转推进器。此外，该型船设槽式减摇水舱，具备DP-2级动力定位能力。该型船主要可用于对海洋平台的供应与守护，包括对平台供应淡水、钻井水、燃油、原油、散料、甲醇、泥浆等，运载钻井物资，并具备对外消防营救和溢油回收的功能。

2014年10月24日，太平洋海洋工程（舟山）有限公司建造的一座半潜式生活辅助平台开始首次试航。该平台可供750人居住，首制船POSH Xanadu预计于11月交付巴西石油公司。交付后将成为全球最大最顶级的海上生活辅助平台。该平台总长122.4米，宽度45 米，最大高度为48.1米。设计航速可达11海里每小时，由8台发电机组推动，位于平台底部的9台多类型的推进器以实现自航或动力定位的目的。平台配备DP-3动力定位系统，同时配备150~300吨和100吨克令吊各一台协助日常作业和补给，另配有伸缩式舷梯、人员实时追踪系统以及一个直径达22米可供目前最大岸外直升机停靠的直升机平台。

2014年10月24日、27日，由大连中远船务为巴西ENSEADA公司及日本MODEC改装的FPSO“PETROBRAS 76”轮和“阿尔加维”轮正式完工交付，两艘FPSO将服役于巴西国家石油公司。其中，“阿尔加维”轮改装后的系泊方式为发散式系泊，原油处理能力15万桶，天然气800万立方米，储油能力160万桶，作业水深达2 300米。

2014年10月25日，国内首艘中小型LNG运输船"海洋石油301"在上海江南造船厂下水，进入码头舾装和设备调试阶段。该船由中国海油投资建造，船长184.7米，船宽28.1米，满载排水量约27 750吨，货舱内置4个独立C型液货罐，可装载3万立方米的液化天然气。

2014年10月25日，中集来福士为中海油服建造的"兴旺号"深水半潜式钻井平台在渤海海域试航。"兴旺号"深水半潜式钻井平台型长104.5米，型宽70.5米，型高37.55米，最大工作水深1 500米，最大钻井深度7 600米，额定居住人员130人。该平台配置了世界最先进的钻井系统（NOV）和DP-3动力定位系统，是我国最先进的深水半潜式钻井平台之一。

2014年10月26日，江苏韩通船舶重工有限公司与CIMC ENRIC SJZ GAS签订了全球首艘CNG（压缩天然气）运输船建造合同。该船由中集海洋工程设计研究院设计，采用天然气为动力，双燃料主机驱动，船长110米，设计航速14节，入美国船级社和印尼船级社。这艘CNG船由印尼国电公司Perusahaan Listrik Negara（PT PLN）营运管理，将用于印尼岛屿之间的天然气运输。该船预计将于2016年5月交付运营。

2014年10月，山东海洋工程装备有限公司旗下的蓝色钻井有限公司与上海外高桥造船有限公司签订了2座GustoMSC CJ50高性能自升式海洋钻井平台建造合同。平台在原有GustoMSC CJ50基础上提升了设备性能和操作效能，用以满足日益增长的国际自升式平台市场需求。同时，平台将启用双钻井泥浆系统，居住区能容纳150人，远超过标准平台120人的容纳量。这两座高性能平台的设计达到了英国北海的钻井规范要求，同时适用于全球各地的钻井项目。平台预计于2017年一季度和三季度相继由中国上海外高桥造船有限公司交付。

2014年10月29日，由江苏省镇江船厂（集团）有限公司为国外客户建造的一艘66.5米多用途起锚供应船顺利下水。

2014年10月30日，宏华集团旗下宏华海洋与Jas Marine的附属公司签订了价值约3.2亿美元的半潜式钻井平台销售合同（Cobra项目）。

2014年10月，武船在中海油服成功中标3艘12 000HP深水三用工作船订单。12 000HP深水三用工作船为航行于无限航区的操锚拖带供应船，总长74.1米，型宽18.0米，型深7.50米，承担操锚、拖带、对外消防、守护和近海供应任务，可携带燃油、基油、淡水、泥浆、钻井水、盐水、干散货及甲板货物，具有DP-2动力定位功能。

2014年10月，粤新海工一艘58.7米锚拖供应船SC Universe交付给泰国客户。该船是粤新海工建造的58.7米系列船的升级优化产品，获得了船东的一致好评。SC Universe已入级美国船级社。动力系统配备两台马力为5150匹的CAT 3516C主机，符合美国环境保护署（EPA）所颁布的海洋2层商业法规。推进系统配备两台8吨Kawasaki艏侧推和一组Becker高程性能舵。同时船上的Kongsberg定位系统功能让船舶在4级浪高和7级风速以及洋流在2节的恶劣环境中仍能正常操作，并可胜任各种离岸海洋工程支持工作。该船为粤新海工成熟产品之一的58.7米锚拖供应船系列船的改良升级产品，设计和建造水平均达到了世界领先水准。

11月

2014年11月3日，外高桥造船有限公司为中国船舶（香港）航运租赁公司建造的JU2000E型自升式钻井平台开工。该平台是外高桥造船公司2014年开工建造的第六座自升式钻井平台。

2014年11月，Xcite Energy Limited的全资子公司Xcite Energy Resources plc（XER）与中海油服签署了一项谅解备忘录。中海油服将与其他主要参与方协作，为北海重油油田Bentley开发创新型特定领域钻机和钻井服务。中海油服将使用一座适用于恶劣海况作业环境的Keppel FELS N Class Plus型超高规格自升式钻井平台，还将为Bentley油田提供设备及人工。此外，该自升式钻井平台的最终规格已经达成一致，该平台将由新加坡吉宝远东船厂建造。

2014年11月6日，大船海工为Summit Drilling International Ltd.设计建造的JU2000E-13号平台（船名为TASHA）按期顺利交付。该平台将作业于东南亚海域。JU2000E-13号平台是大船海工首条执行PSPC标准的自升式平台。该平台为大船海工承接的第十三座JU2000E型自升式钻井平台。

2014年11月8日，中国首艘智能化、拥有完全自主知识产权的3 000英尺深水钻井船“OPUS TIGERI”号命名。该钻井船由华彬集团投资，并由其旗下的华彬海工集团与上海船厂船舶有限公司，以及宏华钻井设备公司联合设计监造、建造并运营，填补了中国在高端深水海洋钻井船的空白。其最大工作水深为5 000英尺，总长170.3米，型宽32米，定员150人，其船舶管理系统、中压变频管理系统和排管等系统都完全实现了智能化。

2014年11月10日和11日，润邦海洋工程装备有限公司分别为新加坡Martens Marine、ITG建造的60.5米三用工作船、PX121H平台供应船相继成功下水。PX121H载重量为4 000吨，系挪威Ulstein设计的中高端、电力推进的中型平台供应船。该船型长83.4米，型宽18米，货舱甲板面积840平方米，能装载燃油、淡水、压载水、钻井水和水泥多种货物；其独特的X-Bow型船艏设计，可有效减少海浪抨击，保持航速稳定，并可显著降低噪声等级。该船同时满足DNV GL船级社DYNPOS-AUTR（DP-2）动力定位要求和“Clean Design”标准，具有装载能力大、适航性好、操作灵便等特点，同时还具备了绿色环保的优点。系柱拉力65吨的三用工作船船长60.5米、型宽15.8米、型深6.5米，配备CPP可调桨、艏艉侧推、DP-2动力定位系统，为KCM 58.7米AHTS设计的改进版。该船入级美国船级社（ABS），可满足海洋钻井平台等大型设施的拖带、定位、锚泊、救援作业要求，也可以为海工平台运送物资和少量人员。

2014年11月19日，由我国自行研发、设计、建造的第一艘8.3万立方米超大型全冷式液化石油气运输船（VLGC）命名。同时命名的还有该船的姊妹船的2#船和3#船，标志着我国船舶工业全面跻身世界高端液化气体运输船设计、建造的先进行列。这艘备受瞩目的8.3万立方米VLGC由上海外高桥造船有限公司控股子公司长兴重工有限责任公司负责承建，江南造船（集团）有限公司研发设计。该船总长226米，型宽36.6米，型深22.2米，设计吃水11.4米，设有4个IMOA型自支承式独立菱形货舱，设计温度为零下50度，设计压力0.25帕，总容积8万3千立方米，有两套液相、两套气相的装卸总管，可以同时进行两种不同货物的装卸。该船入英国劳氏船级，满足最新的环保要求，其综合性能略优于韩国船厂的同期水平。

2014年11月19日，中集来福士建造的深水半潜式钻井平台“中海油服兴旺号”命名交付。“中海油服兴旺号”长104.5米，宽70.5米，高37.55米，最大工作水深1 500米，最大钻井深度7 600米，定员130人，配备了世界最先进的钻井系统，入级挪威船级社和中国船级社，可满足全球最严格的挪威石油管理局和挪威石油工业技术法规要求。该平台由中国企业完成全部详细设计、生产设计、建造和调试，采用全球最先进的能源管理和绿色设计理念，使用智能变频、滑道逃生、自动除冰等多项先进技术，与之前交付的中海油服系列深水半潜式钻井平台相比，这座平台可满足冰级、环保和低温作业要求，适用于全球90%的海域。这座深水半潜式钻井平台是2009年以来，同类深水半潜式钻井平台中建造周期最短的一座，从设计到交付仅用35个月。“中海油服兴旺号”是中集来福士交付的第七座深水半潜式钻井平台。

2014年11月19日，中国泰富重装集团有限公司与巴西Galaxia公司签署合同金额逾4亿美元的合作建造海工装备协议。协议约定双方将开展海工装备建造项目，共同为巴西石油公司海上钻井平台提供海工工程船等各项服务，打造8艘海工工程船，并与巴西石油公司签署16年的长期租约协议。其中，8艘工程船中40%的原材料和配件将从泰富重装出口巴西。

2014年11月19日，中集来福士获得C. Helios Limited公司1座深水半潜式生活平台CR600订单。该平台由中集来福士100%自主设计，是中集来福士获得的第14座深水半潜式平台订单。CR600半潜生活平台总长106.45米，宽68.9米，甲板面积2 100平方米，配置2台60MT甲板吊机，DP-3动力定位，居住能力600人，设计工作海域为巴西、墨西哥湾和西非，同时可兼顾英国北海使用需求。

2014年11月，中集来福士联合著名海工设计公司Bassoe Technology设计了中深水半潜式钻井平台BT5000。BT5000是针对英国北海大陆架设计的中深水半潜式钻井平台，装备有最新设计的钻井系统，最大工作水深可达1 500米，最大钻井深度为9 144米，服务温度为零下10度，采用8点锚泊定位系统，以及DP-Ⅰ动力定位辅助系统，整座平台的设计满足英国UK HSE相关规范要求，入级美国船级社（ABS），通过优化船体线型，具备在恶劣海况下的优良运动性能，相比现有同类型平台，作业能力明显提高，是最新一代性能优异的中深水经济型半潜式钻井平台。中集来福士已经与意向船东达成协议，设计建造2+4座BT5000中深水半潜钻井平台，BT5000将成为中集海工下一个半潜平台主打产品。

2014年11月20日，亚洲拖力最大，世界最先进、装置最齐全的深水三用工作船“海洋石油691”海试成功。该船是武船专为中海油服量身定制的，基础船型为UT788CD，由Rolls-Royce设计，主要服务于我国大型深海钻井平台“海洋石油981”，造价超过8亿元。总长93.4米、宽22米、深9.5米的“海洋石油691”代表着中国乃至世界海洋工程装备制造的最高水平，推进方式采用柴电混合，运用最先进的动力管理技术，比传统方式节能20%以上。“海洋石油691”号拖拽力高达366吨，堪称亚洲第一。“海洋石油691”还配备了ROV水下机器人库房，能够存放和便捷收放水下机器人，可在3 000米的深海起抛锚，并装备了最先进的环保处理装置，污染排放满足全球任何一个港口的现行标准，可通行全球。

2014年11月20日，中远船务集团所属南通中远船务设计建造的LeTourneau Workhorse自升式钻井平台“凯旋二号”（N408），被命名为“KS ORIENT STAR 2”。该平台是我国建造的自升式钻井平台中规格最高的平台之一，技术水平和生产能力处于全球领先水平。中远船务拥有生产设计和详细设计自主知识产权。其型长69.49米，型宽67.06米，型深7.92米。工作水深400英尺，桩腿长度536英尺，桩腿结构为齿条四角桁架式，钻井深度可达30 000英尺，钻井包负载1 000吨，生活区可供150人使用。

2014年11月21日，振华重工建造的“振海3号”400英尺自升式海上钻井平台正式开工。这是振华重工开建的第五个自升式钻井平台产品，标志着振华重工已经具备连续性、批量化钻井平台建造能力。“振海3号”为JU2000E型，其作业水深400英尺，桩腿长547英尺，住舱150人。

2014年11月，振华重工自主研发的第一座JU2000E型400英尺自升式钻井平台“振海2号”顺利下水。该平台也是继“振海1号”平台后振华重工建造的第二座自升式钻井平台。该平台主体型长70.4米，型宽76米，型深为9.45米。其工作水深为400英尺，最大钻井深度35 000英尺，额定人员140人，最大作业可变载荷6 488吨，入级美国船级社（ABS）。该平台基本设计由Friede & Goldman完成，详细设计、生产设计及平台制造由振华重工完成，平台关键核心配套设备件全部由振华重工独立研发制造，包括桩腿结构、抬升锁紧系统、滑移系统、克令吊、液压锚机以及钻井VFD控制。

2014年11月26日，“中油海16”自升式钻井平台成功交付。这是中国石油单体投资规模最大的钻井平台。该平台由中国石油海洋工程公司和上海外高桥船厂联合打造，作业水深可达400英尺，钻井能力3.5万英尺，代表了国内400英尺海洋石油钻井平台技术的最高水平。“中油海16”平台应用NOV（美国国民油井华高公司）钻井包，自动化程度达到国际同类型装备领先水平。管子处理系统、VFD750变频升降系统和高效钻井控制系统Amphion都是平台的新亮点。该平台具备美国船级社（ABS）和中国船级社（CCS）双船级，海外作业项目适应性更强。

2014年11月28日，总投资2.45亿美元的全球最大海上石油钻探生活辅助平台在浙江舟山太平洋海工船厂建造完成，正式命名为POSHXANAD。该石油钻探生活辅助平台长122米、宽45米、最大高度48.1米，建成后可供750人同时生活和居住。生活区域按照四星级宾馆的规格建造，生活设施齐全。该石油钻探生活辅助平台投入使用后，将超越目前使用的618人规模的墨西哥湾石油钻探生活平台，成为全球第一。

2014年11月，天津惠蓬海洋工程有限公司（下称“天津惠蓬”）与招商局重工有限公司签署了“GUSTO MSC CJ50-X120-E”型自升式钻井平台桩腿及有关配件的制作合同。根据合同，天津惠蓬将进行配备在COSL“HYSY944”号上的桩腿制作、安装以及建设工作。该平台将成为中国海洋石油总公司首次经营的“大型Pile Shoe自升式平台”，最大作业水深400英尺，最大钻井作业深度30 000英尺，并且在-20℃的海域上可以顺利进行钻井工作。

2014年11月，中海油服自主研发的Welleader®旋转导向钻井系统、顺利完成首次海上定向井作业。Welleader®是公司自2008年开始，历时5年自主研发的、具有完全知识产权的旋转导向钻井系统，打破了国外同类产品的技术垄断。

12月

2014年12月8日，芜湖新联造船厂为新加坡船东建造的首艘70米潜水支持船按期交付。该船总长70米，垂线间长62.4米，型宽16.6米，型深7.2米，设计吃水5.6米，结构吃水5.9米，最大载重量2800吨，定员60人，航速12.5节。该船船体为钢质全焊接结构，双全回转舵浆装置柴电推进系统。该船主要用于近海区域遥控水下机器人和潜水支持，在钻井平台和岸线间运输淡水、柴油、常用材料和设备等物资，服务于无限航区。

2014年12月10日，振华重工与江苏扬子江海洋油气装备有限公司签署钻井平台工程服务合同。根据合同要求，振华重工将为江苏扬子江海洋油气装备有限公司350英尺自升式钻井平台提供接载、下水、吊装等服务。这是振华重工首个钻井平台下水作业订单，是振华重工钻井平台下水业务首次走向市场。

2014年12月22日，广新海事重工股份有限公司自航自升式海洋服务平台开工。这类产品为电动式，并且采用自升自降系统，综合来说是国内首创。此次开工首造的自升自航式海洋服务平台，其主要作用是为钻井平台提供后勤、补给和服务的功能，介于海工辅助船和复杂海洋平台之间，属于比较简单的海洋平台。该平台船长69.5米、含直升机平台，船体型宽38米，船体型深5.8米、舱容约1 100平方米。

2014年12月23日，中石化与中集来福士签订了一座300英尺自升式钻井平台总包建造合同。该平台由中石化胜利石油管理局钻井工艺研究院自主设计，烟台中集来福士总包建造，交付后由胜利石油工程有限公司海洋钻井公司运营。该平台最大作业水深91.4米，最大钻井作业深度9 144米，最低设计温度-15℃，满足120人居住，适合于世界范围内15~91.4米水深海域的钻井作业。

2014年12月25日，中集来福士从Beacon Pacific Group Ltd获得一座GM4-D型号深水半潜式钻井平台订单。该类型平台是中国最先进的钻井平台之一，专供全球采油海况最恶劣的挪威北海市场。这也是中集来福士总包建造的第七座挪威北海系列平台。至此，中集来福士承建的深水半潜钻井平台已达12座。GM4-D是中集来福士在设计建造4座GM系列半潜钻井平台的基础上，与Global Maritime联合优化升级的新一代严酷环境半潜式钻井平台设计，中集来福士拥有80%知识产权。其最大工作水深500米，最大钻井深度8 000米，最低服务温度零下20度，配置DP-3动力定位系统和8点系泊系统，结构考虑了冰级设计，可在北极圈内的巴伦支海作业。

2014年12月28日，具有世界先进水平的多功能深海水下工程船“海洋石油286”号在中船黄埔文冲成功交付。该船具备在南海海域进行施工的能力，将成为中国深水石油勘探船队的重要一环，从而彻底填补上我国海上石油深水项目的整体开发能力的缺环。“海洋石油286”船由海洋石油工程股份有限公司出资，挪威的Skipsteknisk公司进行基本设计，上海船舶研究设计院进行详细设计，黄埔造船负责生产设计及建造，总造价超过10亿，船东为中国海洋石油工程股份有限公司，“海洋石油286”船总造价超过10亿，其总长约140.75米，型宽约29米，型深12.80米,最大吃水8.5米，服务航速11节，最大续航能力为10 000海里，最大载重量11 227.85吨，甲板面积1 900平方米，乘员150人。“海洋石油286”是中国首艘作业能力达到3 000米水深的世界顶级技术难度的海洋工程船舶，专门用于深海油气资源开发，具备水下结构物安装、脐带缆铺设等能力，整船技术含量相当高，具有优异的操纵性和耐波性，配有升沉补偿功能的400吨大型海洋工程起重机和最大作业水深达3 000米的水下机器人，具有深水大型结构物吊装、脐带缆与电缆敷设、饱和潜水作业支持以及深水设施检验、维护等多项功能，综合作业能力在国际同类船舶中处于领先地位。

2014年12月28日，中船重工国际贸易有限公司和武汉船用机械有限责任公司联合签订阿联酋三座海工辅助平台建造合同，合同总金额约合11亿人民币。此次签约的平台为多功能电动自升式海工辅助平台，为四桩腿三角桁架结构，具有80米水深作业功能和自航功能，采用电动齿轮齿条升降以及电力推进和DP-2系统控制，平台甲板面积1 400平方米，可变载荷达2 000吨，能够满足250人生活需要。该类型平台为国内首次自主研发，其升降系统、推进及动力定位系统等关键核心部套均为国内首创，平台设计总体功能强、配置高，在目前辅助平台领域处于领先地位。

（编写：唐晓丹　周长江　张广浩　栗超群　刘祯祺）

浙江恒安泰石油工程有限公司

海洋柔性软管、深水立管制造商

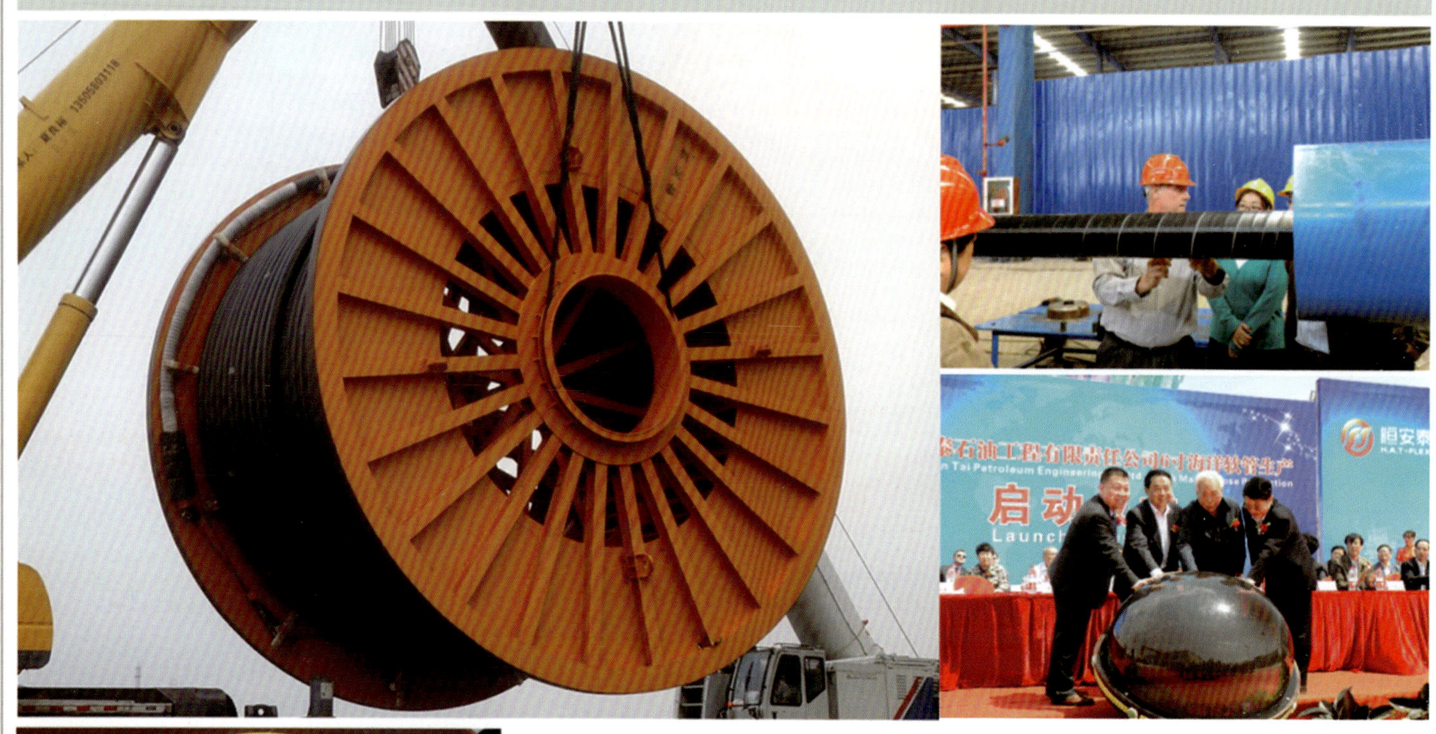

浙江恒安泰石油工程有限责任公司坐落在美丽的舟山，是一家集设计、研发、生产为一体的专业海洋软管生产企业，公司现有生产线两条，可提供3-16吋海洋输油、输水、油气混输等静态管线，和海洋柔性立式管线等产品。恒安泰集团下设河北陆地管线生产基地，舟山海洋管线生产基地，北京技术分公司，上海技术分公司，和休斯顿研发中心，现有员工257人。

2015年4月原中海油副总经理周守为院士与中国工程院李鹤林院士，共同参加了由我公司承担生产的涠洲12-2&11-4N 6吋海洋软管生产的启动仪式，同时对我公司进行了现场考察，提出了很多宝贵意见并对我公司研发及生产能力给予了肯定。

陈小姐
办公电话：0580-8063366
电子邮件：
info@hatflex.com
网址：
www.hatflex.com
地址：
浙江舟山市北马峙海洋产业集聚区